# KUHMINSA

한 발 앞서나가는 출판사, 구민사
독자분들도 구민사와 함께 한 발 앞서나가길 바랍니다.

## 구민사 출간도서 中 수험서 분야

- 용접
- 자동차
- 조경/산림
- 품질경영
- 산업안전
- 전기
- 건축토목
- 실내건축

- 기술사
- 기계
- 금속
- 환경
- 보일러
- 가스
- 공조냉동
- 위험물

## 전문가를 위한 첫걸음, 구민사는 그 이상을 봅니다!

### 전국 도서판매처

• 일산남부서점 • 안산대동서적 • 대전계룡서점 • 대구북앤북스 • 대구하나도서
• 포항학원사 • 울산처용서림 • 창원그랜드문고 • 순천중앙서점 • 광주조은서림

# 자격증 시험 접수부터 자격증 수령까지!

### 1. 필기 원서 접수
큐넷(www.q-net.or.kr)
필기 시험은 회원 가입 후
인터넷 접수만 가능
(사진 파일, 접수비(인터넷 결제) 필요)
응시자격 요건 반드시 확인

### 2. 필기 시험
입실 시간 미준수 시 시험 응시 불가
준비물 : 수험표, 신분증, 필기구 지참

### 5. 실기 시험
필답형과 작업형으로 분류
원서 접수 시 선택한 장소와
시간에 맞게 시험을 봅니다.
준비물 : 수험표, 신분증,
필기구 지참!

### 6. 최종합격 확인
큐넷(www.q-net.or.kr)
사이트에서 확인

전문가를 위한 첫걸음, 구민사는 그 이상을 봅니다!

**상시시험 12종목**

미용사(일반) | 미용사(피부) | 한식·양식·일식·중식 조리기능사
굴착기 운전기능사 | 제과·제빵 기능사 | 정보처리기능사 | 정보기기운용기능사

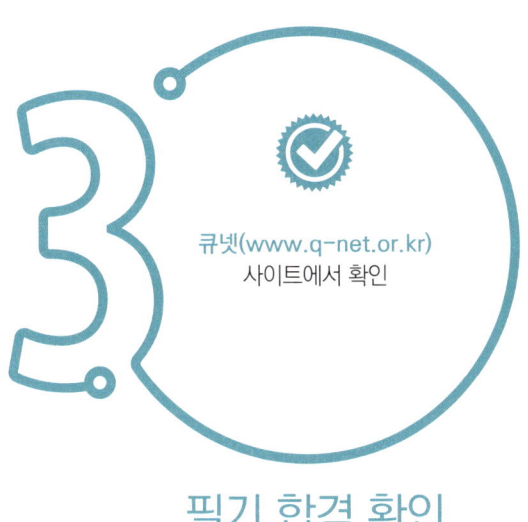

**필기 합격 확인**

큐넷(www.q-net.or.kr)
사이트에서 확인

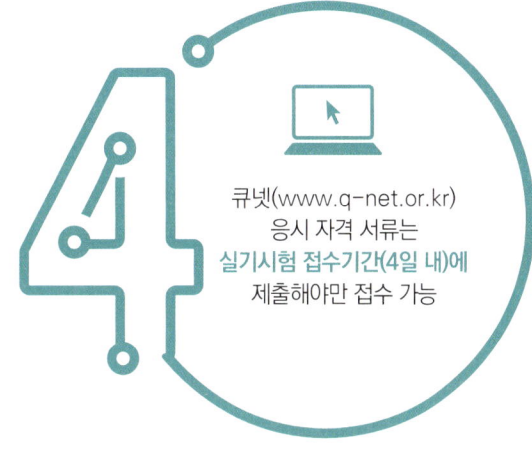

**실기 원서 접수**

큐넷(www.q-net.or.kr)
응시 자격 서류는
**실기시험 접수기간(4일 내)**에
제출해야만 접수 가능

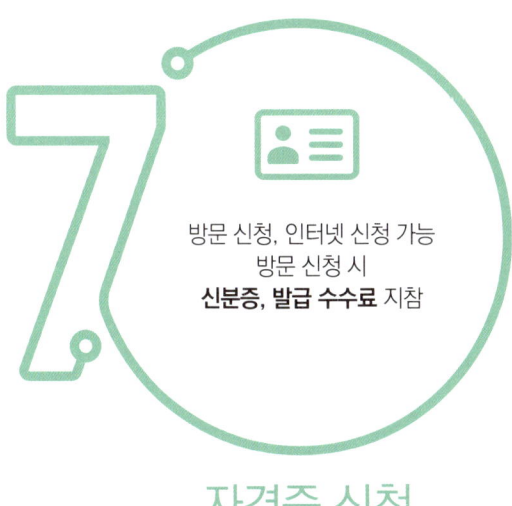

**자격증 신청**

방문 신청, 인터넷 신청 가능
방문 신청 시
**신분증, 발급 수수료** 지참

**자격증 수령**

방문 수령, 등기 우편 수령 가능
등기 비용을 추가하면 우편으로
받을 수 있습니다.

# 머리말 Preface

자동차정비 기능장 1차 시험(필기)에 통과하신 분들! 축하드립니다.
그러나, 끝이 아닙니다. 2차 시험도 통과해야 "자격증"이 주어집니다.
마지막까지 유종의 미를 거둘 수 있기를 기원합니다.

모든 책과 마찬가지로 어떻게 하면 학생들이 쉽게 공부하면서 합격의 문턱에 가깝게 갈 것인가에 대하여 고민하게 됩니다. 저자 역시 수많은 책과 씨름해 본 경험이 이 책을 만들게 된 동기가 되었습니다.

일반 대입 수험서는 주변의 대학생에게 얼마든지 물어볼 수 있으나, 특히 자동차정비에 관한 내용은 정비공장이나 카센터 사장님께 여쭤보아도 사업에 바쁘셔서 충분한 대답을 얻을 수 없었습니다. 물론 질문할 용기가 없기도 하였습니다. 용기도 없고 궁금은 하니 독학은 해야겠고….

예전에는 혼자 독학한다는 것이 매우 어려웠던 시절이었습니다. 도서관에 가도 조금만 늦으면 자리가 없었고, 혹여 들어가도 책을 찾느라 많은 시간을 허비하였습니다. 그나마 찾을 수 있으면 횡재였습니다. 요즘은 네이버 형님과 다음 언니가 다 알려주지 않나요? 이 책은 그런 부분에서도 채울 수 없는 자동차정비 내용에 초점을 맞춰 자동차정비를 배우는 사람들이 혼자서도 독학이 가능하도록 집필하였습니다.

본 자동차정비 기능장 실기 교재의 특징은

**첫째.** 실기 시험에 필요한 부분을 단기간에 마스터할 수 있도록 각 안별로 간략하게 정리하였습니다.
**둘째.** 최대한 산업인력공단 출제기준에 맞춰 구성하도록 하였습니다.
**셋째.** 단원별 설명과 문제 해설을 통해 충분히 습득하도록 하였습니다.
**넷째.** 모든 지면은 컬러 인쇄를 하여 시인성이 좋게 구성하였습니다.

책을 집필한다는 것이, 감히 어려운 일이건만 다른 교재보다 조금이라도 쉽게 내용을 전달해 줄 수만 있다면 하는 바람으로 시작하였습니다. 내용 중 많은 오류가 있을진대 독자 여러분의 정 넘치는 관심으로 지적해주길 바라면서 자동차를 공부하기 위해 이 책을 선택한 모든 독자들이 자동차를 혼자 공부하기에 너무 쉬웠다는 자랑을 하는 상상을 하면서 이 책을 여러분에게 부탁합니다.

저자

# 목차
Contents

## 01안

### 가. 엔진

**1. 타이밍벨트와 스로틀 바디 탈·부착 및 점검** ..... 2
   1-1. 엔진 분해 및 조립 ..... 2
   1-2. 스로틀 바디 탈·부착 ..... 18
   1-3. 엔진 점검 및 시동 ..... 21
   1-4. 흡기 매니폴드 진공도 측정 ..... 24

**2. 점검 및 측정** ..... 26
   2-1. 점화 1차 파형 출력 및 분석 ..... 26
   2-2. 점화 2차 파형 출력 및 분석 ..... 32
   2-3. 가솔린 배기가스 측정 ..... 39

**3. 시동 결함, 부조 점검** ..... 42
   3-1. 시동 결함 점검 ..... 42
   3-2. 부조 점검 ..... 45
   3-3. 답안지 작성 ..... 46
   3-4. 정비 및 조치사항 ..... 46

### 나. 섀시

**1. 브레이크 마스터 실린더 탈·부착 및 점검** ..... 47
   1-1. 브레이크 마스터 실린더 탈·부착 ..... 47
   1-2. 제동력 측정 ..... 49

**2. 파워 스티어링 펌프 탈·부착 및 에어빼기, 조향장치 점검** ..... 52
   2-1. 파워 스티어링 펌프 탈·부착 및 에어빼기 ..... 52
   2-2. MDPS 모터 전류 파형 출력 및 분석 ..... 55
   2-3. 오일 펌프 배출 압력 측정 ..... 60
   2-4. 유량 제어 솔레노이드 저항 측정 ..... 62
   2-5. 답안지 작성 ..... 62
   2-6. 정비 및 조치사항 ..... 63

## 다. 전기

### 1. 시동모터 탈·부착 및 점검    64
     1-1. 시동모터 탈·부착    64
     1-2. 시동모터 부하시험    67

### 2. 회로 점검    69
     2-1. 파워윈도우 회로 점검    69
     2-2. 미등 회로 점검    71
     2-3. 와이퍼 회로 점검    74

### 3. CAN 통신 파형 출력 및 분석    78
     3-1. CAN 통신 파형 측정    78
     3-2. AQS 출력 전압 측정    82
     3-3. 핀 서모센서 저항, 출력 전압 측정    84
     3-4. 답안지 작성    86
     3-5. 정비 및 조치사항    86

# 02안

## 가. 엔진

### 1. 타이밍체인과 인젝터 탈·부착 및 점검    88
     1-1. 엔진 분해 및 조립    88
     1-2. 인젝터 탈·부착    102
     1-3. 연료 펌프 점검    104

### 2. 점검 및 측정    107
     2-1. 가솔린 인젝터 전압 및 전류 파형 측정    107
     2-2. TPS, AFS(MAP) 전폐, 전개 시 전압 측정    112

### 3. 시동 결함, 부조 점검    116
     3-1. 시동 결함 점검    116
     3-2. 부조 점검    116

## 나. 섀시

### 1. 파워 오일 펌프 탈·부착 및 점검    117
     1-1. 파워 오일 펌프 탈·부착    117
     1-2. 파워 스티어링 펌프 압력 측정    121
     1-3. 유량 제어 솔레노이드 저항 측정    123
     1-4. 답안지 작성    123
     1-5. 정비 및 조치사항    124

## 2. 스티어링 컬럼 샤프트 탈·부착 및 점검 … 125
- 2-1. 스티어링 컬럼 샤프트 탈·부착 … 125
- 2-2. 자동 변속기 입·출력 센서 파형 측정 … 128
- 2-3. 휠 얼라이먼트 측정 … 133

### 다. 전기

## 1. 와이퍼 모터 탈·부착 및 점검 … 138
- 1-1. 와이퍼 모터 탈·부착 … 138
- 1-2. 와이퍼 모터 점검 … 140

## 2. 회로 점검 … 144
- 2-1. 에어컨 회로 수리 … 144
- 2-2. 전조등 회로 수리 … 148
- 2-3. 방향지시등 회로 수리 … 150

## 3. 점검 및 측정 … 154
- 3-1. 와이퍼 INT모드 시 측정 … 154
- 3-2. 도어록, 도어 S/W 점검 … 160

# 03안

### 가. 엔진

## 1. 디젤 엔진 크랭크축 리테이너와 고압 펌프 탈·부착 … 166
- 1-1. CRDI 디젤 엔진 분해 및 조립 … 166
- 1-2. 엔진 점검 및 시동 … 189
- 1-3. 연료펌프 점검 … 189

## 2. 점검 및 측정 … 190
- 2-1. 디젤 인젝터 전압 및 전류 파형 측정 … 190
- 2-2. 연료 압력 조절 밸브 듀티 값 측정 … 195
- 2-3. 연료 온도 센서 출력 전압 측정 … 198
- 2-4. 액셀 포지션 센서 1, 2 출력 전압 측정 … 198
- 2-5. 답안지 작성 … 201
- 2-6. 정비 및 조치사항 … 201

## 3. 시동 결함, 부조 점검 … 202
- 3-1. 시동 결함 점검 … 202
- 3-2. 부조 점검 … 202

### 나. 섀시

#### 1. 전륜 현가장치 쇽업쇼버 코일 스프링 탈·부착 및 점검 … 203
- 1-1. 전륜 현가장치 쇽업쇼버 코일 스프링 탈·부착 … 203
- 1-2. 쇽업쇼버 스프링 탈·부착 … 205
- 1-3. 사이드슬립 측정 … 209
- 1-4. 타이어 점검 … 212
- 1-5. 답안지 작성 … 213

#### 2. 인히비터 스위치 탈·부착 및 점검 … 214
- 2-1. 인히비터 스위치 탈·부착 … 214
- 2-2. N→D 변속 시 유압제어 솔레노이드 파형 측정 … 216
- 2-3. 자동 변속기 점검 … 221

### 다. 전기

#### 1. 에어컨 컴프레셔 탈·부착, 가스 충전 … 224
- 1-1. 에어컨 컴프레셔 탈·부착 … 224
- 1-2. 냉매 압력과 토출 온도 측정 … 230

#### 2. 회로 점검 … 233
- 2-1. 블로워 모터 회로 점검 … 233
- 2-2. 정지등 회로 점검 … 235
- 2-3. 실내등 회로 점검 … 237

#### 3. 점검 및 측정 … 239
- 3-1. CAN 통신 파형 측정 … 239
- 3-2. 도어 S/W 작동 시 전압 측정 … 239
- 3-3. 도어 록 액추에이터 작동 시 출력 전압 측정 … 239

## 04안

### 가. 엔진

#### 1. 엔진 분해 조립 및 시동 … 242
- 1-1. 타이밍벨트와 가변 밸브 타이밍 장치(CVVT 또는 VVT) 탈·부착 … 242
- 1-2. 엔진 시동 … 250
- 1-3. 캠 높이, 양정, 오일 컨트롤 밸브 저항 측정 … 251

#### 2. 점검 및 측정 … 254
- 2-1. AFS 파형 측정 … 254
- 2-2. 공기 유량 센서(MAP, AFS), TPS 출력 전압(파형) 측정 … 258

### 3. 시동 결함, 부조 점검 — 258
- 3-1. 시동 결함 점검 — 258
- 3-2. 부조 점검 — 258

## 나. 섀시

### 1. 브레이크 마스터 실린더 탈·부착 및 점검 — 259
- 1-1. 브레이크 마스터 실린더 탈·부착 — 259
- 1-2. 제동력 측정 — 259

### 2. 브레이크 캘리퍼 탈·부착 및 에어빼기, 측정 및 점검 — 260
- 2-1. 브레이크 캘리퍼 탈·부착 — 260
- 2-2. 에어빼기 — 262
- 2-3. ABS 휠 스피드 센서 파형 측정 — 264
- 2-4. 브레이크 디스크 런아웃, 에어 갭 점검 — 268

## 다. 전기

### 1. 블로워 모터 탈·부착 및 점검 — 270
- 1-1. 블로워 모터 탈·부착 — 270
- 1-2. 블로워 모터 점검 — 272

### 2. 회로 점검 — 274
- 2-1. 에어컨 및 공조 회로 점검 — 274
- 2-2. 사이드미러 회로 점검 — 274
- 2-3. 와이퍼 회로 점검 — 276

### 3. CAN 통신, 경음기 점검 — 277
- 3-1. CAN 통신 파형 출력 및 분석 — 277
- 3-2. CAN 라인 저항, 경음기 점검 — 277

## 05안

## 가. 엔진

### 1. 타이밍벨트, 배기가스 재순환 장치(EGR) 탈·부착 및 점검 — 282
- 1-1. 엔진 분해 및 조립 — 282
- 1-2. 엔진 점검 및 시동 — 282
- 1-3. AFS, $O_2$ 센서 출력 전압 측정 — 283

### 2. 점검 및 측정 — 286
- 2-1. 가변 밸브 타이밍 기구 파형 측정 — 286
- 2-2. CRDI 엔진 점검 — 290

### 3. 시동 결함, 부조 점검 — 291
- 3-1. 시동 결함 점검 — 291
- 3-2. 부조 점검 — 291

## 나. 섀시
### 1. 로어암 탈·부착 및 점검 — 292
- 1-1. 로어암 탈·부착 — 292
- 1-2. 최소 회전 반경 측정 — 296

### 2. 인히비터 스위치 탈·부착 및 측정 — 299
- 2-1. 인히비터 스위치 탈·부착 — 299
- 2-2. 자동 변속기 입(출)력 센서 파형 — 299
- 2-3. 작동 시 변속기 클러치 압력 측정 — 299
- 2-4. 변속기 솔레노이드 저항 측정 — 299

## 다. 전기
### 1. 발전기 탈·부착 및 점검 — 300
- 1-1. 발전기 탈·부착 — 300
- 1-2. 암 전류 측정 — 304
- 1-3. 발전기 출력 전류 측정 — 305

### 2. 회로 점검 — 307
- 2-1. 방향지시등 회로 점검 — 307
- 2-2. 경음기 회로 점검 — 308
- 2-3. 뒷유리 열선 회로 점검 — 310

### 3. 점검 및 측정 — 312
- 3-1. CAN 통신 파형 측정 — 312
- 3-2. 전조등 광도, 광측 측정 — 312

## 06안

## 가. 엔진
### 1. 타이밍벨트의 아이들(공전) 베어링과 고압 펌프 탈·부착 및 점검 — 318
- 1-1. 아이들 베어링 탈·부착 — 318
- 1-2. 고압 펌프 탈·부착 — 318
- 1-3. 엔진 점검 및 시동 — 319
- 1-4. 연료 펌프 작동 전류, 공급 압력 측정 — 319

## 2. 점검 및 측정    319
    2-1. 디젤 인젝터 전압, 전류 파형 측정    319
    2-2. 배기가스 측정(HC, CO, λ)    319

## 3. 시동 결함, 부조 점검    320
    3-1. 시동 결함 점검    320
    3-2. 부조 점검    320

## 나. 섀시
## 1. 자동 변속기 분해 및 점검    321
    1-1. 자동 변속기 분해 및 조립    321
    1-2. 변속기 오일 온도 센서 저항 측정    323
    1-3. 인히비터 스위치 점검    323
    1-4. 답안지 작성    324
    1-5. 정비 및 조치사항    325

## 2. 인히비터 스위치 탈·부착 및 점검    326
    2-1. 인히비터 스위치 탈·부착    326
    2-2. 레인지 변환 시(N→D) 솔레노이드 점검    326
    2-3. 작동 시 변속기 클러치 압력 점검    331
    2-4. 변속기 시프트 솔레노이드 점검    332
    2-5. 답안지 작성    333
    2-6. 정비 및 조치사항    333

## 다. 전기
## 1. 라디에이터 팬 탈·부착 및 점검    334
    1-1. 라디에이터 팬 탈·부착    334
    1-2. 라디에이터 팬 모터 전압, 전류 측정    336

## 2. 회로 점검    338
    2-1. 에어컨 및 공조 회로 점검    338
    2-2. 사이드미러 회로 점검    338
    2-3. 방향지시등 회로 점검    338

## 3. 점검 및 측정    339
    3-1. LIN 통신 파형 측정    339
    3-2. 전조등 광도, 광측 측정    343

## 07안

### 가. 엔진

**1. 흡기 캠축과 오일 펌프 탈·부착 및 점검** — 346
- 1-1. 엔진 분해 및 조립 — 346
- 1-2. 엔진 점검 및 시동 — 346
- 1-3. 오일 압력 S/W 점검 — 347

**2. 점검 및 측정** — 349
- 2-1. 노크 센서 파형 측정 — 349
- 2-2. 배기가스 측정(CO, HC, λ) — 353

**3. 시동 결함, 부조 점검** — 353
- 3-1. 시동 결함 점검 — 353
- 3-2. 부조 점검 — 353

### 나. 섀시

**1. 허브베어링(전륜 또는 후륜) 탈·부착 및 점검** — 354
- 1-1. 허브베어링 탈·부착 — 354
- 1-2. 사이드슬립 양 측정 — 356
- 1-3. 타이어 점검 — 356

**2. 등속 조인트 부트 탈·부착 및 측정** — 356
- 2-1. 등속 조인트 부트 탈·부착 — 356
- 2-2. ABS 휠 스피드 센서 파형 측정 — 360
- 2-3. 브레이크 디스크 런아웃, 에어 갭 측정 — 360

### 다. 전기

**1. 파워윈도우 레귤레이터 탈·부착 및 점검** — 361
- 1-1. 파워윈도우 레귤레이터 탈·부착 — 361
- 1-2. 파워윈도우 작동 시 전압, 전류 측정 — 363

**2. 회로 점검** — 368
- 2-1. 안전벨트 회로 점검 — 368
- 2-2. 에어백 회로 점검 — 370
- 2-3. 파워윈도우 회로 점검 — 371

**3. 점검 및 측정** — 372
- 3-1. 충전 전압, 전류 측정 — 372
- 3-2. CAN 라인 저항(High - Low 라인 간) 측정 — 373
- 3-3. 배기음(소음) 측정 — 374

## 08안

### 가. 엔진

#### 1. 배기 캠축, 인젝터 탈·부착 및 점검 — 378
- 1-1. 엔진 분해 및 조립 — 378
- 1-2. 엔진 점검 및 시동 — 378
- 1-3. 연료탱크 압력 센서(FTPS) 출력 전압, 연료 펌프, 구동 전류 측정 — 379

#### 2. 점검 및 측정 — 381
- 2-1. 가솔린 인젝터 전압, 전류 파형 측정 — 381
- 2-2. 배기가스 측정(HC, CO, λ) — 381

#### 3. 시동 결함, 부조 점검 — 382
- 3-1. 시동 결함 점검 — 382
- 3-2. 부조 점검 — 382

### 나. 섀시

#### 1. MDPS 조향 기어 박스 탈·부착 및 점검 — 383
- 1-1. MDPS 조향 기어 박스 탈·부착 — 383
- 1-2. 최소 회전 반경 측정 — 386

#### 2. MDPS 컬럼 샤프트 탈·부착 및 측정 — 387
- 2-1. MDPS 컬럼 샤프트 탈·부착 — 387
- 2-2. MDPS 모터 전류 파형 측정 — 388
- 2-3. 토크 센서, 조향각 센서 값 측정 — 389

### 다. 전기

#### 1. 에어컨 컴프레셔 탈·부착 및 가스충전, 측정 — 394
- 1-1. 에어컨 컴프레셔 탈·부착 및 가스 충전 — 394
- 1-2. 냉매 압력 측정 — 394
- 1-3. 토출 온도 측정 — 394

#### 2. 회로 점검 — 395
- 2-1. 파워윈도우 회로 점검 — 395
- 2-2. 미등 회로 점검 — 395
- 2-3. 와이퍼 회로 점검 — 395

#### 3. 점검 및 측정 — 396
- 3-1. 안전벨트 차임벨 타이머 파형 측정 — 396
- 3-2. 유해가스 감지 센서(AQS) 출력 전압 측정 — 400

## 09안

### 가. 엔진

**1. 배기 캠축과 오토 래쉬(HLA) 탈·부착 및 점검** ... 402
- 1-1. 엔진 분해 및 조립 ... 402
- 1-2. 엔진 점검 및 시동 ... 402
- 1-3. 캠 높이, 양정, 오일컨트롤 밸브 저항 측정 ... 403

**2. 점검 및 측정** ... 403
- 2-1. 가솔린 점화 파형 측정 ... 403
- 2-2. 공기유량 센서(MAP, AFS), TPS 출력 전압(파형) 측정 ... 403

**3. 시동 결함, 부조 점검** ... 404
- 3-1. 시동 결함 점검 ... 404
- 3-2. 부조 점검 ... 404

### 나. 섀시

**1. 전륜 현가장치 로어암 탈·부착 및 점검** ... 405
- 1-1. 로어암 탈·부착 ... 405
- 1-2. P/S 펌프 압력 측정 ... 405
- 1-3. 핸들 유격 점검 ... 405

**2. P/S 오일 펌프 탈·부착 및 측정** ... 406
- 2-1. P/S 오일 펌프 탈·부착 ... 406
- 2-2. EPS 솔레노이드 밸브(밸브 작동 시) 파형 ... 406
- 2-3. 전륜 캠버, 토(toe) 측정 ... 411

### 다. 전기

**1. 와이퍼 모터 탈·부착 및 측정** ... 412
- 1-1. 와이퍼 모터 탈·부착 ... 412
- 1-2. 와이퍼 Low 모드 시 작동 전압 측정 ... 412
- 1-3. 와이퍼 와셔모터 작동 전압 측정 ... 412

**2. 회로 점검** ... 413
- 2-1. 도난 방지 회로 점검 ... 413
- 2-2. 미등 회로 점검 ... 415
- 2-3. 와이퍼 회로 점검 ... 415

**3. 점검 및 측정** ... 416
- 3-1. 감광식 룸 램프 작동 시 파형 측정 ... 416
- 3-2. CAN 라인 저항(High –Low 라인 간) 측정 ... 420
- 3-3. 경음기(혼) 측정 ... 420

## 10안

### 가. 엔진

**1. MLA와 흡기 캠 샤프트 탈·부착 및 점검**   422
- 1-1. MLA와 흡기 캠 샤프트 탈·부착   422
- 1-2. MLA 밸브 간극 측정   431
- 1-3. 엔진 점검 및 시동   434
- 1-4. OCV 유량 조절 밸브 저항   434

**2. 점검 및 측정**   435
- 2-1. 가변 밸브 타이밍 기구 파형 측정   435
- 2-2. 연료 압력 조절 밸브 듀티 값 측정   435
- 2-3. 연료 온도 센서(FTS) 출력 전압 측정   435
- 2-4. 액셀 포지션 센서 1, 2 전압 측정   435

**3. 시동 결함, 부조 점검**   436
- 3-1. 시동 결함 점검   436
- 3-2. 부조 점검   436

### 나. 섀시

**1. ABS 모듈 탈·부착, 제동력 측정**   437
- 1-1. ABS 모듈 탈·부착   437
- 1-2. 제동력 측정   441

**2. P/S 펌프 탈·부착 및 에어빼기, 측정**   441
- 2-1. P/S 펌프 탈·부착   441
- 2-2. MDPS 모터 전류 파형 측정   441
- 2-3. 오일 펌프 배출 압력 측정   441
- 2-4. 유량 제어 솔레노이드 저항 측정   441

### 다. 전기

**1. ETACS(BCM) 탈·부착 후 리모컨 입력**   442
- 1-1. ETACS(BCM) 탈·부착   442
- 1-2. 도어 액추에이터 작동 전압 측정   445

**2. 회로 점검**   448
- 2-1. 도난 방지 회로 점검   448
- 2-2. 사이드미러 회로 점검   448
- 2-3. 전조등 회로 점검   448

**3. 점검 및 측정**   449
- 3-1. LIN 통신 파형 측정   449
- 3-2. 외기온도 센서 저항, 출력 전압 측정   450

## 11안

### 가. 엔진

**1. 타이밍벨트 가변 타이밍 장치(CVVT, VVT) 탈·부착 및 측정** ............ 456
    1-1. 엔진 분해 및 조립 ............ 456
    1-2. 엔진 점검 및 시동 ............ 456
    1-3. 캠, 높이 양정 측정 ............ 457
    1-4. 오일 컨트롤 밸브 저항 측정 ............ 457

**2. 점검 및 측정** ............ 457
    2-1. 가변 밸브 타이밍 기구 파형 측정 ............ 457
    2-2. 공기 유량 센서(MAP, AFS) 출력 전압(파형) 측정 ............ 457
    2-3. TPS출력 전압(파형) 측정 ............ 457

**3. 시동 결함, 부조 점검** ............ 458
    3-1. 시동 결함 점검 ............ 458
    3-2. 부조 점검 ............ 458

### 나. 섀시

**1. 전륜 현가장치 쇽업쇼버 코일 스프링 탈·부착 및 점검** ............ 459
    1-1. 전륜 현가장치 쇽업쇼버 코일 스프링 탈·부착 ............ 459
    1-2. 사이드슬립 측정 ............ 459
    1-3. 타이어 점검 ............ 459

**2. 핸들 컬럼 샤프트 탈·부착 및 점검** ............ 460
    2-1. 핸들 컬럼 샤프트 탈·부착 ............ 460
    2-2. 자동 변속기 입(출)력 센서 파형 ............ 460
    2-3. 전륜 캠버, 토(toe) 측정 ............ 460

### 다. 전기

**1. 파워윈도우 레귤레이터 탈·부착 및 측정** ............ 461
    1-1. 파워윈도우 레귤레이터 탈·부착 ............ 461
    1-2. 파워윈도우 작동 시 전압, 전류 파형 측정 ............ 461

**2. 회로 점검** ............ 462
    2-1. 에어컨 및 공조 회로 점검 ............ 462
    2-2. 전조등 회로 점검 ............ 462
    2-3. 방향지시등 회로 점검 ............ 462

**3. 점검 및 측정** ............ 463
    3-1. 안전벨트 차임벨 타이머 파형 측정 ............ 463
    3-2. 유해가스 감지 센서(AQS) 출력 전압 측정 ............ 463
    3-3. 핀 서모센서 저항, 출력 전압 측정 ............ 463

## 12안

### 가. 엔진

**1. MLA와 배기 캠 샤프트 탈·부착 및 측정** ... 466
    1-1. 엔진 분해 및 조립 ... 466
    1-2. 엔진 점검 및 시동 ... 466
    1-3. 캠, 높이 양정 측정 ... 467
    1-4. 오일 컨트롤 밸브 저항 측정 ... 467

**2. 점검 및 측정** ... 467
    2-1. 가솔린 인젝터 전압, 전류 파형 측정 ... 467
    2-2. 공기 유량 센서(MAP, AFS) 출력 전압(파형) 측정 ... 467

**3. 시동 결함, 부조 점검** ... 468
    3-1. 시동 결함 점검 ... 468
    3-2. 부조 점검 ... 468

### 나. 섀시

**1. 전륜(또는 후륜)의 한쪽 허브베어링 탈·부착 및 점검** ... 469
    1-1. 허브베어링 탈·부착 ... 469
    1-2. 사이드슬립, 타이어 점검 ... 469

**2. 브레이크 캘리퍼 탈·부착 및 에어빼기, 점검 및 측정** ... 470
    2-1. 브레이크 캘리퍼 탈·부착 ... 470
    2-2. 휠 스피드 센서 파형 측정 ... 470
    2-3. 브레이크 디스크 런아웃, 에어 갭 점검 ... 470

### 다. 전기

**1. 라디에이터 팬 탈·부착 및 점검** ... 471
    1-1. 라디에이터 팬 탈·부착 ... 471
    1-2. 라디에이터 팬 점검 ... 471

**2. 회로 점검** ... 472
    2-1. 에어컨 회로 점검 ... 472
    2-2. 사이드미러 회로 점검 ... 472
    2-3. 와이퍼 회로 점검 ... 472

**3. 점검 및 측정** ... 473
    3-1. CAN 통신 파형 측정 ... 473
    3-2. 외기온도 센서, 냉매 압력 점검 ... 473

# 부록

## 부록 – 실기시험 문제

| | |
|---|---|
| 국가기술자격검정 실기시험문제 01안 | 477 |
| 국가기술자격검정 실기시험문제 02안 | 482 |
| 국가기술자격검정 실기시험문제 03안 | 487 |
| 국가기술자격검정 실기시험문제 04안 | 492 |
| 국가기술자격검정 실기시험문제 05안 | 497 |
| 국가기술자격검정 실기시험문제 06안 | 502 |
| 국가기술자격검정 실기시험문제 07안 | 507 |
| 국가기술자격검정 실기시험문제 08안 | 512 |
| 국가기술자격검정 실기시험문제 09안 | 517 |
| 국가기술자격검정 실기시험문제 10안 | 522 |
| 국가기술자격검정 실기시험문제 11안 | 527 |
| 국가기술자격검정 실기시험문제 12안 | 532 |

## 부록 – 필답형 문제

| | |
|---|---|
| 엔진 | 538 |
| 섀시 | 565 |
| 전기 | 589 |
| 차체 | 601 |
| 도장 | 608 |

#  출제기준 – 자동차정비기능장 실기

| 직무분야 | 기계 | 중직무분야 | 자동차 | 자격종목 | 자동차정비기능장 | 적용기간 | 2025. 1. 1 ~ 2027. 12. 31 |
|---|---|---|---|---|---|---|---|

- 직무내용 : 자동차정비에 관한 최상급의 숙련기능을 가지고, 현장지도 및 감독을 수행하며, 경영층과 생산계층을 유기적으로 결합시켜주는 현장의 관리자로서의 역할에 대한 직무이다.

- 수행준거 : 1. 자동차 정비실무에 관한 지식 및 안전기준을 바탕으로 성능을 분석하고 시험성적서를 작성할 수 있다.
  2. 자동차의 정비용 장비 및 공구를 사용해 자동차 엔진을 분해 측정하고 고장을 진단할 수 있고 규정된 엔진의 성능 상태로의 정비를 수행할 수 있다.
  3. 자동차의 정비용 장비 및 공구를 사용해 자동차 섀시장치를 분해 측정 검사할 수 있고 규정된 섀시의 성능 상태로의 정비를 수행할 수 있다.
  4. 자동차의 정비용 장비 및 공구를 사용해 자동차 전기전자장치를 분해 측정 검사할 수 있고 규정된 성능 상태로의 정비를 수행할 수 있다.
  5. 자동차의 정비용 장비 및 공구를 사용해 친환경자동차를 측정 검사할 수 있고 규정된 성능 상태로의 정비를 수행할 수 있다.
  6. 자동차 차체 및 보수도장에 관한 실무지식으로 수리작업 내용을 분석하고 작업 및 지시를 할 수 있다.

| 필기검정방법 | 복합형 | 시험시간 | 7시간 30분 정도 (필답형 1시간 30분, 작업형 6시간 정도) |
|---|---|---|---|

| 실기과목명 | 주요항목 | 세부항목 |
|---|---|---|
| 자동차정비 실무 | 1. 자동차 일반사항 | 1. 자동차 정비 안전 및 장비 관련사항 이해하기 |
| | 2. 자동차 실무에 관한사항 | 1. 엔진 실무에 관한사항 이해하기 |
| | | 2. 섀시 실무에 관한사항 이해하기 |
| | | 3. 전기전자장치 실무에 관한 사항 이해하기 |
| | | 4. 차체수리 및 보수도장 실무에 관한 사항 이해하기 |
| | 3. 엔진정비작업 | 1. 엔진 정비·검사하기 |
| | | 2. 연료장치 정비·검사하기 |
| | | 3. 배출가스장치 및 전자제어 장치 정비·검사하기 |
| | | 4. 엔진 부수장치 정비하기 |
| | 4. 섀시정비작업 | 1. 동력전달 장치정비·검사하기 |
| | | 2. 조향 및 현가장치 정비·검사하기 |
| | | 3. 제동 및 주행 장치 정비하기 |
| | 5. 전기전자장치정비작업 | 1. 엔진 관련 전기전자장치 정비·검사하기 |
| | | 2. 차체 관련 전기전자장치 정비·검사하기 |
| | | 3. 친환경자동차 정비하기 |

## 시험정보 – 자동차정비기능장

**자격명** : 자동차정비기능장
**관련부처** : 국토교통부
**시행기관** : 한국산업인력공단

### • 개요

자동차의 제작 및 부품생산이 첨단기술화 되어감에 따라 자동차정비는 단순한 재생수리에서 종합정비 형태로 바뀌어가고 있으며, 시설장비의 현대화와 정비기술의 고도화가 추구되고 있다. 이에 따라 자동차정비의 효율성 및 안전성을 위한 제반 환경을 조성하고, 기능인력을 지도·감독할 최상급의 숙련기능인력을 양성하기 위하여 자격을 제정

### • 수행직무

자동차 정비에 관한 최상급 숙련기능을 가지고 산업현장에서 작업관리, 소속 기능자의 지도 및 감독, 현장훈련, 경영층과 생산계층을 유기적으로 결합시키주는 현장의 중간관리 등의 업무 수행

### • 출제경향

자동차정비 및 검사에 관한 최상급의 숙련기능 및 지식을 가지고 현장의 지도 및 감독, 경영층과 생산계층을 유기적으로 결합시키주는 현장의 관리자로서 각종 공구 및 기기와 점검장비를 이용하여 엔진, 섀시, 전기장치 등의 고장결함이나 진단을 통해 이상부위를 진단, 정비, 검사하며 안전사항 등을 준수하는 직무 수행능력을 평가

### • 취득방법

① 시 행 처 : 한국산업인력공단
② 관련학과 : 대학 및 전문대학의 자동차정비, 자동차공학, 자동차시스템 관련학과
③ 시험과목
  – 필기 : 1.자동차공학  2.자동차전기전자정비  3.자동차섀시정비  4.자동차엔진정비  5.자동차차체정비
        6.공업경영에 관한 사항
  – 실기 : 자동차정비 실무
④ 검정방법
  – 필기 : 객관식 4지 택일형 60문항(60분)
  – 실기 : 복합형[필답형(1시간30분, 50점) + 작업형(6시간 30분, 50점)]
⑤ 합격기준
  – 필기·실기 : 100점을 만점으로 하여 60점 이상

### • 시험수수료
  – 필기 : 34,400 원
  – 실기 : 101,600 원

## 자동차정비기능장 실기시험 공개문제

| 구분 | | 1 | 2 | 3 | 4 | 5 | 6 | 7 | 8 | 9 | 10 | 11 | 12 |
|---|---|---|---|---|---|---|---|---|---|---|---|---|---|
| 엔진 | 1 교환 | • 타이밍벨트(체인)<br>• 스프롤 바디 | • 타이밍벨트(체인)<br>• 인젝터 | • 디젤 크랭크축<br>리데이너,<br>고압 펌프 | • 타이밍벨트(체인)<br>• CVVT | • 타이밍벨트<br>• EGR | • 디젤 타이밍벨트<br>• 아이들 베어링<br>고압 펌프 | • 흡기 캠축<br>• 오일 펌프 | • 배기 캠축<br>• 인젝터 | • 배기 캠축<br>• 오토래셔 | • 흡기 캠축<br>• MLA | • 타이밍벨트<br>(체인)<br>• CVVT | • 배기 캠축<br>• MLA |
| | 1-1 시동 | | | | | | 1항 부품 교환 후 엔진 시동 | | | | | | |
| | 1-2 측정 | • 흡기 매니폴드<br>진공도 | • 연료 펌프 작동<br>전류, 공급 압력 | • 연료 펌프 작동<br>전류, 공급 압력 | • 캠 높이, 양정<br>오일컨트롤<br>밸브 저항 | • 공기 유량센서<br>산소센서 S1,<br>S2 | • 연료 펌프 작동<br>전류, 공급 압력 | | • 연료압력<br>압력센서<br>연료 펌프 전류 | • 캠 높이, 양정<br>오일컨트롤<br>밸브 저항 | • MLA 밸브간극<br>OCV 유량 조정<br>밸브 저항 | • 캠 높이, 양정<br>오일컨트롤<br>밸브 저항 | • 캠 높이, 양정<br>오일컨트롤<br>밸브 저항 |
| | 2 파형 | • 점화 파형 | • 인젝터 파형<br>(전압, 전류) | • CRDI<br>인젝터 파형<br>(전압, 전류) | • 공기 유량 센서 | • 가변 밸브<br>타이밍 기구 | • CRDI<br>인젝터 파형<br>(전압, 전류) | • 노크 센서 | • CRDI<br>인젝터 파형<br>(전압, 전류) | • 점화 파형 | • 가변 밸브<br>타이밍 기구 | • 가변 밸브<br>타이밍 기구 | • CRDI<br>인젝터 파형<br>(전압, 전류) |
| | 2-1 점검 | • CO, HC, λ | • TPS<br>• AFS & MAP | • 연료압력 조절<br>밸브 듀티<br>FTS, APS<br>출력 전압 | • MAP, AFS<br>• TPS | • 연료압력 조절<br>밸브 듀티<br>FTS, APS<br>출력 전압 | • HC, CO, λ | • HC, CO, λ | • HC, CO, λ | • MAP, AFS<br>• TPS | • 연료압력 조절<br>밸브 듀티<br>FTS, APS<br>출력 전압 | • MAP, AFS<br>• TPS | • MAP, AFS<br>• TPS |
| | 3 교장 | | | | | 시동 결함 2개소 - 부조 발생 2개소(전자제어 기솔린 엔진) | | | | | | | |
| 새시 | 1 교환 | • 브레이크<br>마스터실린더 | • P/S 펌프 | • 전륜 속업소버<br>스프링 | • 브레이크<br>마스터실린더 | • 로어암 | • A/T 분해 조립 | • 전후 허브베어링 | • MDPS 기어박스 | • 로어암 | • ABS 모듈 | • 전륜 속업소버<br>스프링 | • 전후 허브베어링 |
| | 1-2 측정 | • 제동력 측정 | • P/S 펌프 압력<br>핸들 유격 | • 사이드슬립<br>타이어 점검 | • 제동력 측정 | • 최소 회전 반경 | • A/T 오일 온도<br>센서<br>인히비터 스위치 | • 사이드슬립<br>타이어 점검 | • 최소 회전 반경 | • P/S 펌프 압력<br>핸들 유격 | • 제동력 측정 | • 사이드슬립<br>타이어 점검 | • VDC 브레이크<br>패드, 캘리퍼 에<br>어빼기 |
| | 2 교환 | • EPS & MDPS<br>파워펌프 교환,<br>에어빼기 | • 스티어링 컬럼<br>샤프트 | • 인히비터 스위치 | • VDC 브레이크<br>패드, 캘리퍼<br>에어빼기 | • 인히비터 스위치 | • 인히비터 스위치 | • 등속 축기<br>부트 교환 | • MDPS<br>컬럼샤프트 | • P/S 오일 펌프 | • EPS & MDPS<br>파워펌프 교환<br>에어빼기 | • P/S 핸들 에어<br>샤프트 | • ABS 휠스피드<br>센서 |
| | 2-1 파형 | • MDPS 모터<br>전류 파형<br>(정지시 측정) | • A/T 입·출력<br>센서 | • N - D 변속시<br>파형 | • ABS 휠<br>스피드 센서 | • A/T 입·출력<br>센서 | • N - D 변속시<br>파형 | • ABS 휠스피드<br>센서 | • MDPS 모터<br>전류 파형<br>(정지시 측정) | • EPS<br>솔레노이드<br>(밸브 작동시) | • MDPS 모터<br>전류 파형<br>(정지시 측정) | • A/T 입·출력<br>센서 | • ABS 휠스피드<br>센서 |
| | 2-2 측정 | • P/S 펌프 배출<br>압력<br>유압제어<br>솔레노이드 저항 | • 전륜 캠버, 토 | • 클러치 압력<br>S/V 저항 | • 디스크 런아웃<br>휠 스피드 센서<br>에어 갭 | • 클러치 압력<br>S/V 저항 | • 클러치 압력<br>S/V 저항 | • 디스크 런아웃<br>휠 스피드 센서<br>에어 갭 | • MDPS 토크센서,<br>조향각센서 | • 전륜 캠버, 토 | • P/S 펌프 압력<br>유압제어<br>솔레노이드 저항 | • 전륜 캠버, 토 | • 디스크 런아웃<br>휠 스피드 센서<br>에어 갭 |
| 전기 | 1 교환 | • 시동모터 탈·부착<br>작동시험 | • 와이퍼 모터<br>탈·부착작동시험 | • 에어컨 컴프레서<br>탈·부착<br>가스 회수, 충전 | • 블로워 모터<br>탈·부착작동시험 | • 발전기 & 벨트 | • 라디에이터 팬<br>탈·부착 작동 시험 | • 윈도우<br>레귤레이터 | • 에어컨 컴프레서<br>탈·부착<br>가스 회수, 충전 | • 와이퍼 모터<br>탈·부착작동시험 | • 중앙잠금<br>제어장치<br>(리모컨 입력) | • 윈도우<br>레귤레이터 | • 라디에이터 팬<br>탈·부착 작동<br>시험 |
| | 1-1 측정 | • 크랭킹 시<br>방전 전류<br>선간 전압강하<br>(모터→배터리) | • 와이퍼 모터<br>작동 전류(Low)<br>와셔 모터<br>작동 전류 | • 냉매 압력,<br>토출 온도 | • 블로워 모터<br>작동 전류 | • 암 전류<br>발전기 출력 전류 | • 라디에이터 모터<br>작동 전류 | • 파워윈도우<br>작동 전류 파형<br>전압, 전류 | • 냉매 압력,<br>토출 온도 | • 와이퍼 모터<br>작동 전류(Low)<br>와셔 모터<br>작동 전류 | • 도어어<br>액추에이터 전압<br>작동 전류 | • 파워윈도우<br>작동 전류 파형<br>전압, 전류 | • 라디에이터<br>팬 작동 전류 |
| | 2 점검 | • 파워윈도우<br>• 미등<br>• 와이퍼 | • 에어컨 공조<br>• 전조등<br>• 방향지시등 | • 블로워 모터<br>• 정지등<br>• 실내등 | • 에어컨 공조<br>• 사이드미러<br>• 와이퍼 | • 방향지시등<br>• 경음기<br>• 뒷 유리열선 | • 에어컨 공조<br>• 사이드미러<br>• 방향지시등 | • 안전벨트<br>• 에어백<br>• 와이퍼 | • 에어컨 압력<br>• 냉매 온도<br>• 뒷유리 열선 | • 도난 방지<br>• 미등<br>• 와이퍼 | • 도어 러닝<br>사이드미러<br>전조등 | • 파워윈도우<br>• 전조등<br>• 방향지시등 | • 에어컨 공조<br>• 사이드미러<br>• 와이퍼 |
| | 3 파형 | • CAN 파형 | • 와이퍼 INT 모드<br>(S - F 출력전압) | • 도어 S/W<br>작동 시 점등<br>도어래 작동 시<br>전압, 전류 | • CAN 파형 | • CAN 파형 | • LIN 파형 | • 충전 전압, 전류<br>(부하 시<br>- 무부하시) | • 안전벨트 차임벨<br>타이머 파형 | • 감광식 룸램프<br>파형 | • LIN 파형 | • 안전벨트 차임벨<br>타이머 파형 | • CAN 파형 |
| | 3-1 측정 | • AQS 출력전압<br>피, 서모센서 저<br>항, 전압 | • 도어 S/W<br>작동 시 점등<br>도어래 작동 시<br>전압, 전류 | • CAN 파형 | • CAN 라인 저항<br>(H - L 라인간)<br>혼 음량 | • 전조등 광도,<br>광축 | • 전조등 광도,<br>광축 | • CAN 라인 저항<br>(H - L 라인)<br>배기 음량 | • AQS 출력전압<br>피, 서모센서 저<br>항, 전압 | • CAN 라인 저항<br>(H - L 라인간)<br>혼 음량 | • 외기온도 센서<br>냉매 압력 측정 | • AQS 출력전압<br>피, 서모센서 저<br>항, 전압 | • 외기온도 센서<br>냉매 압력 측정 |

# 자동차 정비 기/능/장

Master Craftsman Motor Vehicles Maintenance

## 01 안

**가. 엔진**
1. 타이밍벨트와 스로틀 바디 탈·부착 및 점검
2. 점검 및 측정
3. 시동 결함, 부조 점검

**나. 섀시**
1. 브레이크 마스터 실린더 탈·부착 및 점검
2. 파워 스티어링 펌프 탈·부착 및 에어 빼기, 조향장치 점검

**다. 전기**
1. 시동모터 탈·부착 및 점검
2. 회로 점검
3. CAN 통신 파형 출력 및 분석

# 국가기술자격검정 실기시험문제

**01안**

Master Craftsman Motor Vehicles Maintenance

| 자격종목 | 자동차정비 기능장 | 작품명 | 자동차정비 작업 |

비 번호(등번호) :

※ **시험시간** : [표준시간 : 6시간 30분, 연장시간 없음]
  엔진 : 140분 | 섀시 : 130분 | 전기 : 120분

## 요구사항

### Engine 가. 엔진

1. 주어진 전자제어 엔진에서 감독위원의 지시에 따라 타이밍벨트(체인)와 스로틀 바디를 탈거하고 감독위원에게 확인 후 다시 조립(부착)하여 엔진 및 시동 관련회로를 점검한 후 시동 작업과 기록표의 요구사항을 점검 및 측정하고 기록표에 기록하시오.(단, 시동되지 않는 경우 2항은 작업할 수 없음.)

## 1. 타이밍벨트와 스로틀 바디 탈·부착 및 점검

### 1-1. 엔진 분해 및 조립

1) 시험용 엔진의 흡기 다기관을 확인한다.

2) 흡기 다기관을 탈거한다.

3) 탈거한 흡기 다기관을 정렬한다.

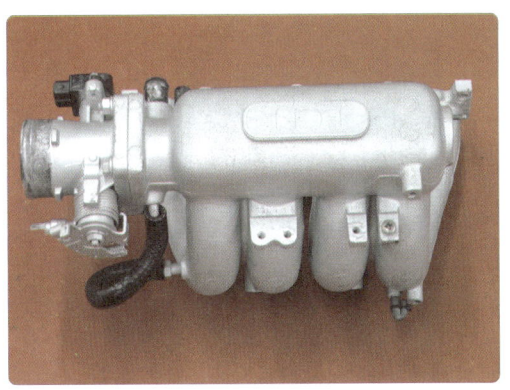

4) 배기 다기관 위치를 확인한다.

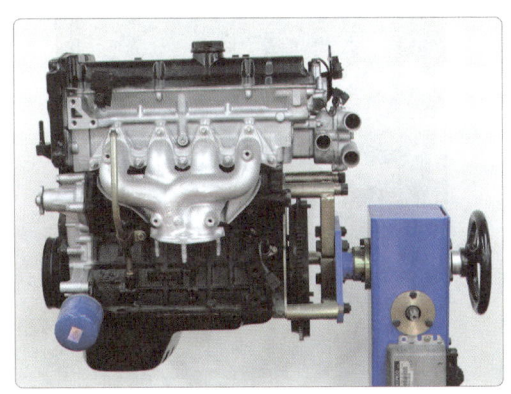

5) 배기 다기관을 탈거한다.

6) 탈거한 배기 다기관을 정렬한다.

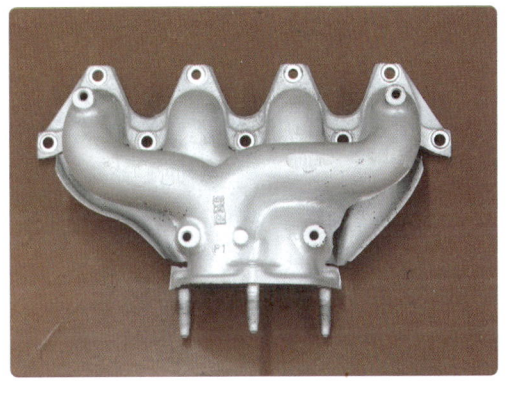

7) 크랭크축을 회전시켜 캠축 타이밍마크를 정렬한다.

8) 크랭크축을 회전시켜 크랭크축 타이밍마크를 정렬한다.

9) 타이밍벨트 아이들 베어링을 확인한다.

10) 아이들 베어링과 타이밍벨트를 탈거한다.

11) 탈거한 아이들 베어링을 정렬한다.

12) 탈거한 타이밍벨트를 정렬한다.

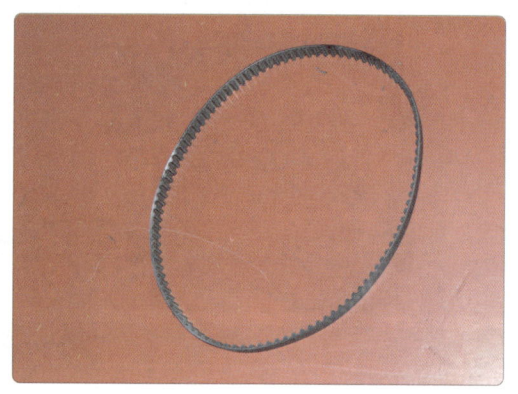

13) 텐션 베어링을 확인한다.

14) 텐션 베어링을 탈거한다.

15) 탈거한 텐션 베어링을 정렬한다.

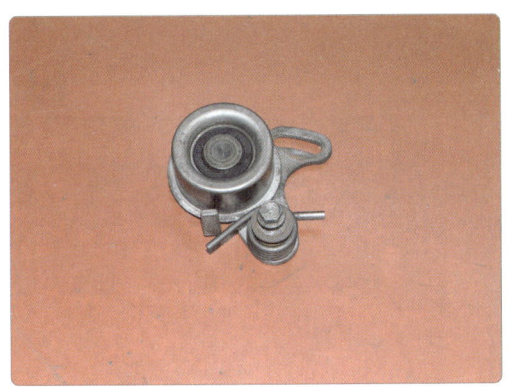

16) 워터 펌프를 확인한다.

17) 워터 펌프를 탈거한다.

18) 탈거한 워터 펌프를 정렬한다.

19) 크랭크축 벨트 풀리를 탈거한다.

20) 벨트 풀리와 키를 정렬한다.

21) 로커암 커버를 확인한다.

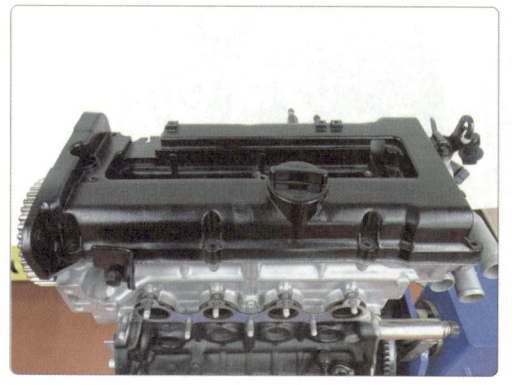

22) 로커암 커버를 탈거한다.

23) 로커암 커버를 정렬한다.

24) 흡·배기 캠축을 확인한다.

25) 흡기 베어링 캡을 탈거 후 정렬한다.

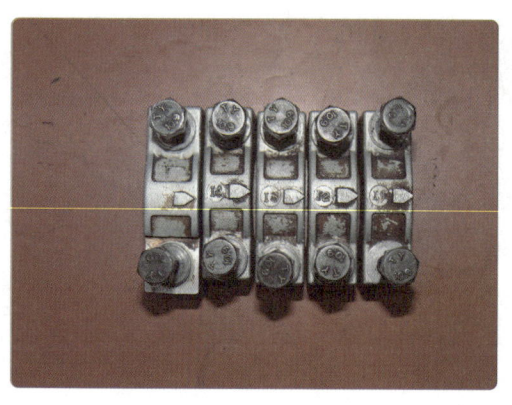

26) 배기 베어링 캡을 탈거 후 정렬한다.

27) 흡·배기 캠축을 탈거 후 정렬한다.

28) 바깥쪽에서 안쪽으로 헤드 볼트를 탈거한다.

29) 탈거한 헤드 볼트를 정렬한다.

30) 실린더 헤드를 탈거한다.

31) 실린더 헤드를 정렬한다.

32) 헤드 가스켓을 탈거한다.

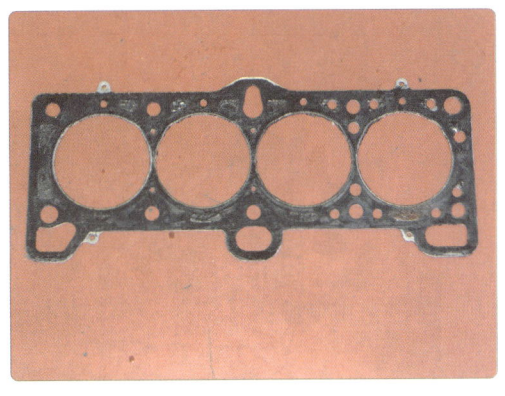

33) 오일팬을 확인한다.

34) 오일팬을 탈거한다.

35) 탈거한 오일팬을 정렬한다.

36) 오일 스트레이너를 확인한다.

37) 오일 스트레이너를 탈거한다.

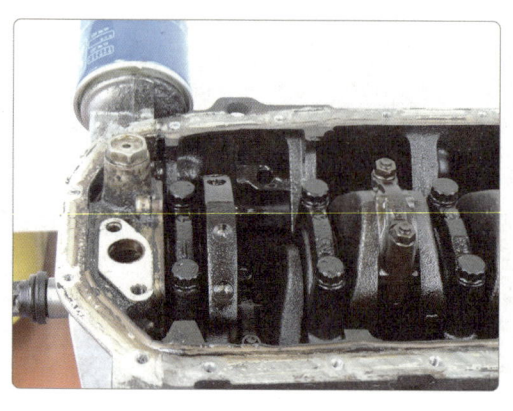

38) 오일 스트레이너를 정렬한다.

39) 프런트 케이스를 확인한다.

40) 프런트 케이스를 탈거한다.

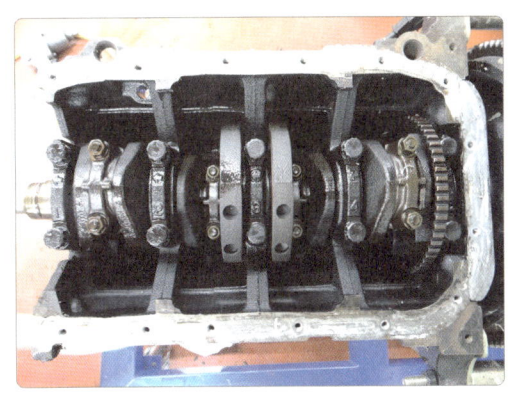

41) 프런트 케이스를 정렬한다.

42) 1, 4번 커넥팅 로드를 12시 방향으로 돌린다.

43) 1, 4번 피스톤을 탈거한다.

44) 1, 4번 피스톤을 정렬한다.

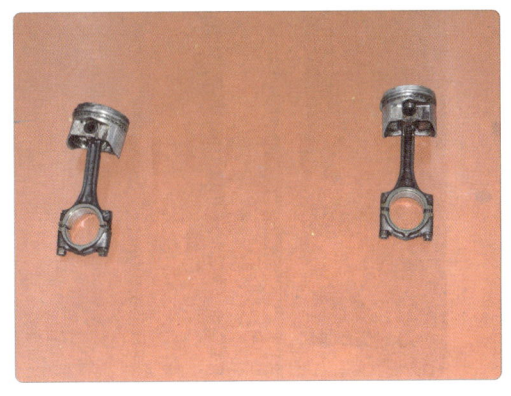

45) 2, 3번 커넥팅 로드를 12시 방향으로 돌린다.

46) 2, 3번 피스톤을 탈거한다.

47) 2, 3번 피스톤을 정렬한다.

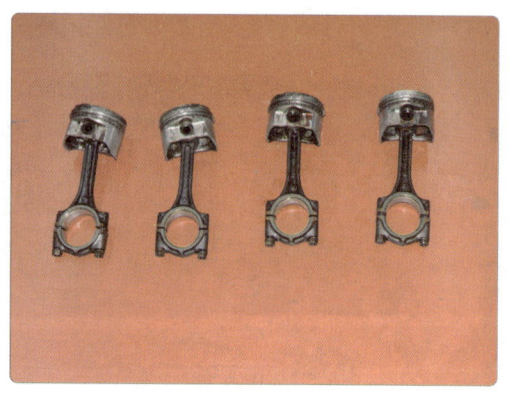

48) 크랭크축 리테이너를 확인한다.

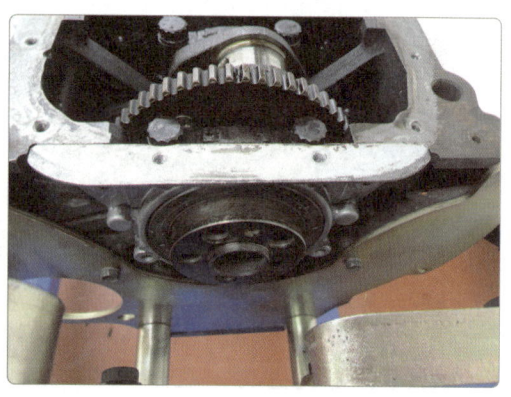

49) 크랭크축 리테이너를 탈거한다.

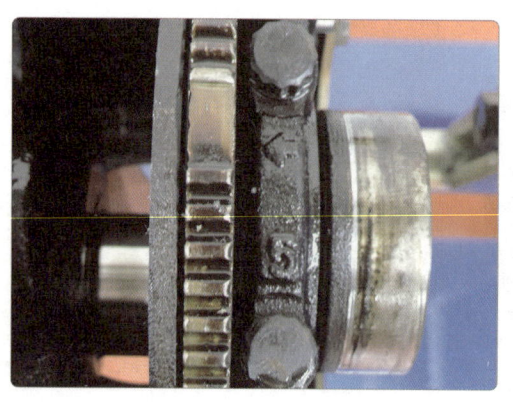

50) 크랭크축 리테이너를 정렬한다.

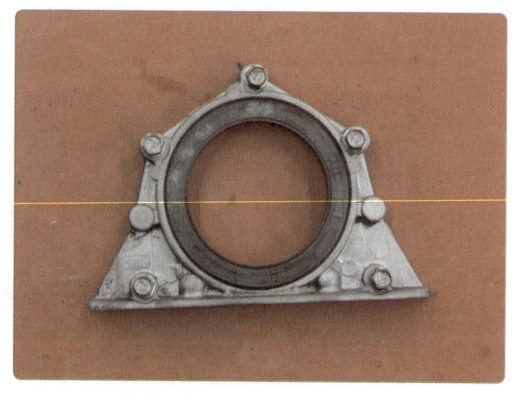

51) 크랭크축 메인 베어링을 확인한다.

52) 1→5→2→4→3 순서로 베어링 캡을 탈거한다.

53) 크랭크축 메인 베어링 캡을 정렬한다.

54) 크랭크축을 확인한다.

55) 크랭크축을 탈거한다.

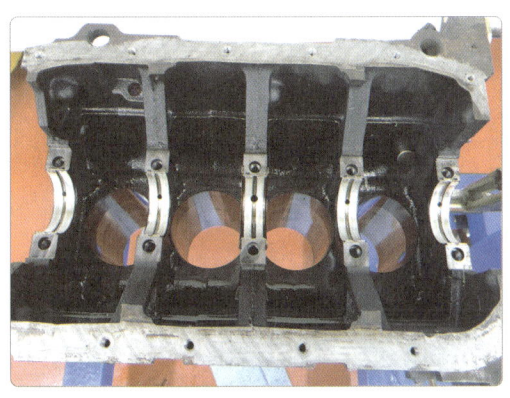

56) 크랭크축을 정렬 후 감독위원에게 확인받는다.

57) 크랭크축을 장착한다.

58) 3→2→4→1→5 순서로 베어링 캡을 장착한다.

59) 토크 렌치를 사용하여 규정 토크로 체결한다.
   (3→2→4→1→5)

60) 크랭크축 오일실을 장착한다.

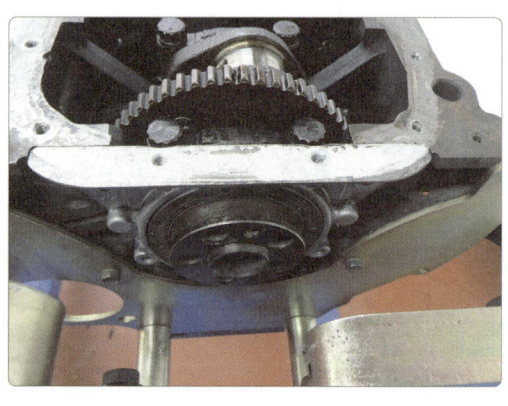

61) 1, 4번 핀 저널이 12시 방향으로 향하도록 크랭크축을 회전한다.

62) 엔진을 180° 회전시킨 후 밸브 노치가 흡기 방향(왼쪽)으로 향하도록 1번 피스톤을 장착한다.

63) 피스톤링 컴프레서로 피스톤링을 압축 후 밀어 넣는다.

64) 1번 베어링 노치를 확인한다.

65) 커넥팅 로드쪽 베어링 노치를 확인한다.

66) 베어링 노치가 같은 방향으로 가도록 조립 후 규정 토크로 체결한다.

67) 크랭크축을 돌려 가면서 1→4→2→3 순서로 피스톤을 장착한다.

68) 프런트 케이스를 장착한다.

69) 오일 스트레이너를 장착한다.

70) 오일팬을 장착한다.

71) 실린더 헤드 가스켓을 장착한다.

72) 실린더 헤드 장착 후 중앙에서 바깥쪽 방향으로 규정 토크를 사용하여 헤드 볼트를 체결한다.

73) 검정색 체인 2조는 배기 캠축 방향으로, 1조는 흡기 방향으로 타이밍체인을 조립한다.

74) 흡·배기 캠축을 장착한다.

75) 배기 캠축 베어링을 번호(E2→E3→E1→E4→R 리테이너 커버) 순서대로 장착한다.

76) 흡기 캠축 베어링을 번호(I3→I2→I4→I1→L) 순서대로 장착한다.

77) 로커암 커버를 장착한다.

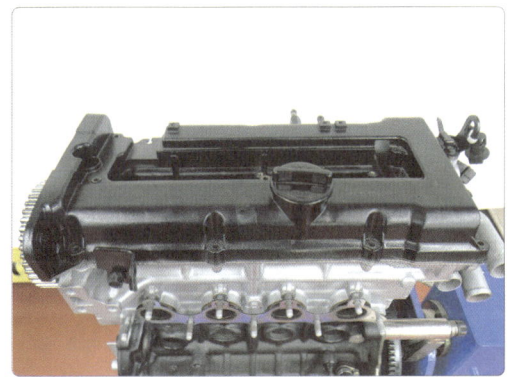

78) 아이들 베어링을 장착한다.

79) 텐션 베어링을 장착한다.

80) 스프링 위쪽을 거치 후 아래쪽을 드라이버를 이용하여 밀어 넣는다.

81) 타이밍벨트를 베어링에 걸고 당긴 후 고정볼트를 고정한다.

82) 드라이버를 사용하면 텐셔너가 손상되므로 "절대 사용 금지"

83) 크랭크축 타이밍마크를 정렬한다.

84) 캠축 타이밍마크 ①을 정렬한다.

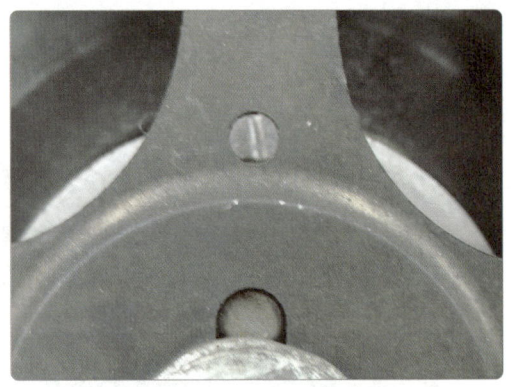

85) 타이밍벨트를 크랭크축에서 우측 방향으로, 캠축에서는 벨트의 1/2만 풀리에 접촉되도록 장착한다.

86) 타이밍벨트 1/2 장착 후 벨트를 밀어 넣는다.

87) 텐션 베어링 장력 조정 볼트를 좌측으로 1회전 한다.(스프링 장력에 의해 벨트 텐션이 오른쪽으로 작동하는지 확인)

88) 타이밍벨트에 장력을 주기 위해 크랭크축을 오른쪽으로 45°회전시킨다.

89) 장력 조정 볼트를 규정 토크로 체결한다.

90) 고정볼트를 규정 토크로 체결한다.

91) 크랭크축을 오른쪽으로 2회전한 후 타이밍마크를 확인한다.

92) 배기 다기관을 장착한다.

93) 흡기 다기관을 장착한다.

## 1-2. 스로틀 바디 탈·부착

1) 시험 차량의 스로틀 바디를 확인한다.

2) 인테이크 호스 어셈블리를 탈거한다.

3) TPS 커넥터를 탈거한다.

4) 악셀레이터 케이블을 탈거한다.

5) 스로틀 바디를 탈거한다.

6) 냉각수 호스를 탈거한다.

7) 스로틀 바디를 탈거한다.

8) 탈거한 스로틀 바디를 감독위원에게 확인받는다.

9) 스로틀 바디의 냉각수 호스를 조립한다.

10) 스로틀 바디를 장착한다.

11) 악셀레이터 케이블을 장착한다.

12) TPS 커넥터를 장착한다.

13) 인테이크 호스 어셈블리를 장착 후 감독위원의 확인을 받는다.

## 1-3. 엔진 점검 및 시동

1) 시동용 엔진을 확인한다.

2) 키박스 커넥터를 점검한다.

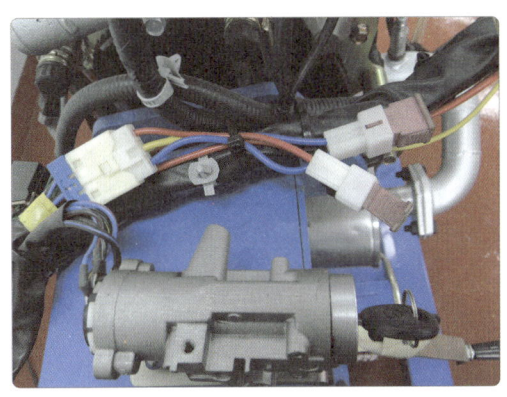

3) 기동전동기 ST 단자를 점검한다.

4) 연료 펌프 커넥터를 점검한다.

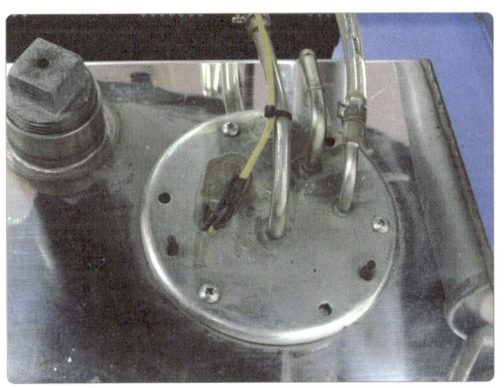

5) 메인 퓨즈를 점검한다.

6) ECU 커넥터를 점검한다.

7) 메인 릴레이를 점검한다.

8) 크랭크 각 센서 커넥터를 점검한다.

9) #1번 TDC 센서 커넥터를 점검한다.

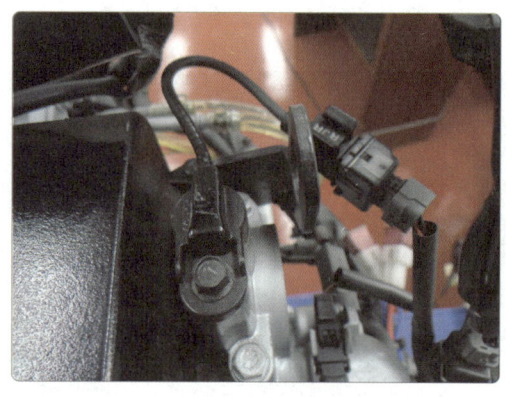

10) ISC 밸브 커넥터를 점검한다.

11) TPS 커넥터를 점검한다.

12) MAP 센서 커넥터를 점검한다.

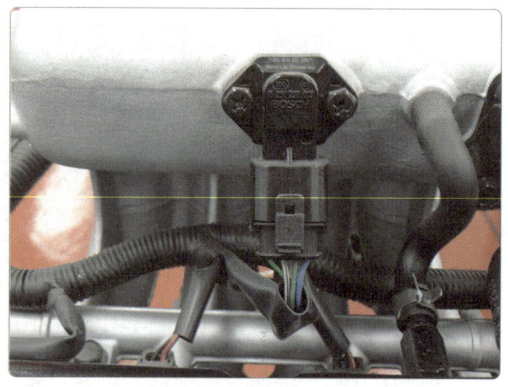

13) 점화 1차 코일 커넥터와 고압 케이블을 점검한다.

14) 시동 준비가 되면 감독위원에게 확인 후 시동한다.

## 1-4. 흡기 매니폴드 진공도 측정

### 1-4-1 측정

1) 측정 차량을 확인한다.

2) 게이지를 설치할 진공 포트를 확인한다.

3) PCSV 진공 호스를 빼고 게이지를 설치한다.

4) 엔진 시동 후 게이지를 읽는다.(45cmHg)

5) 시뮬레이터 엔진인 경우 설치되어 있는 게이지를 읽는다.(48cmHg)

## 1-4-2. 답안지 작성

1) 측정값 45cmHg를 답안지에 기입한다.
2) 규정값을 답안지에 기입한다.(예 40~50cmHg)

### [엔진 1 기록표]

자동차 번호 :

| 항목 | 측정(또는 점검) | | 판정 및 정비(또는 조치)사항 | | 득점 |
|---|---|---|---|---|---|
| | 측정값 | 규정(정비한계)값 | 판정 (□에'∨'표) | 정비 및 조치사항 | |
| 흡기 매니폴드 진공도 | 45cmHg | 40~50cmHg | ☑ 양호<br>□ 불량 | 없음 | |

비번호 / 감독위원 확인

## 1-4-3. 정비 및 조치사항

1) 측정값이 규정값 범위 내에 있으므로 양호에 ☑ 표시한다.
2) 판정이 양호이므로 정비 및 조치사항에 "없음"으로 기입한다.
3) 불량 판정 시 원인을 찾아서 기입한다.(예 진공호스 탈거, 각종 센서 액추에이터 등)

2. 주어진 엔진에서 감독위원의 지시에 따라 기록표 요구사항을 점검 및 측정하여 기록하시오.

## 2. 점검 및 측정

### 2-1. 점화 1차 파형 출력 및 분석

2-1-1. 측정

1) 시험 차량의 점화 방식을 확인한다.

2) 측정할 실린더의 점화코일 1차 커넥터에 Hi-DS 1번 프로브를 연결한다.(예 1번 실린더)

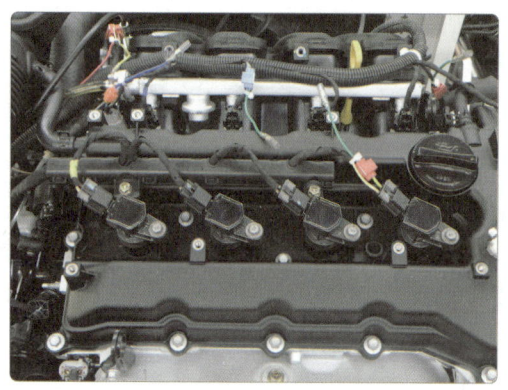

3) 바탕화면에서 Hi-DS를 클릭한다.

4) 로그인 취소를 클릭한다.

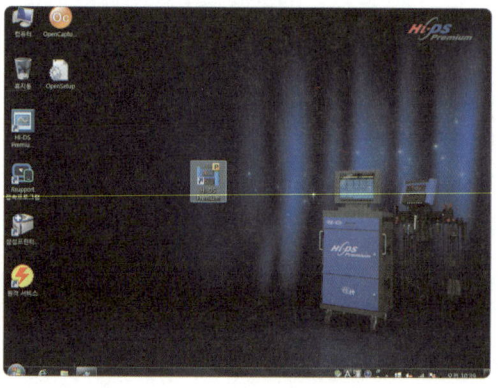

5) 경고 문구가 뜨면 확인을 클릭한다.

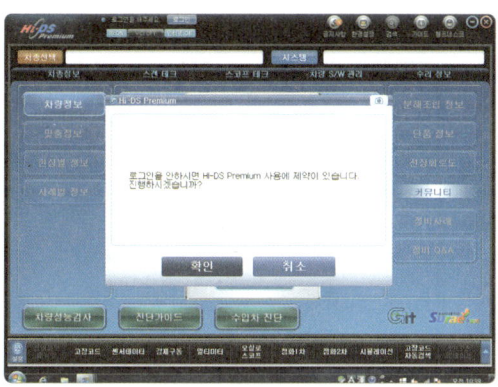

6) 차종 선택을 클릭한다.

7) 제작사, 차명, 연식, 엔진 형식을 입력 후 확인을 클릭한다.

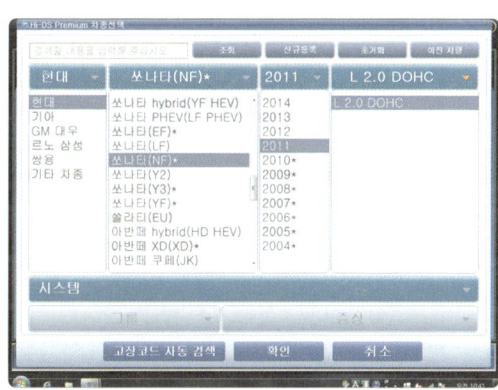

8) 엔진제어 선택 후 확인을 클릭한다.

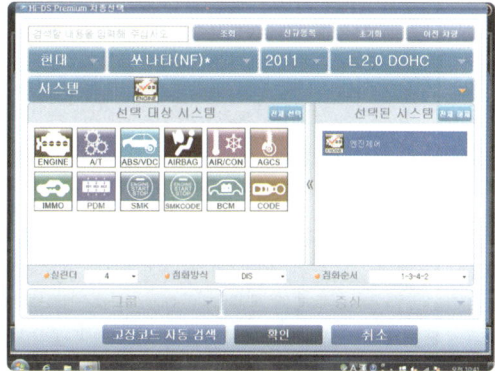

9) 오실로스코프를 클릭한다.

10) 파형 표시창 확장 버튼을 클릭한다.

11) 환경설정을 클릭한다.

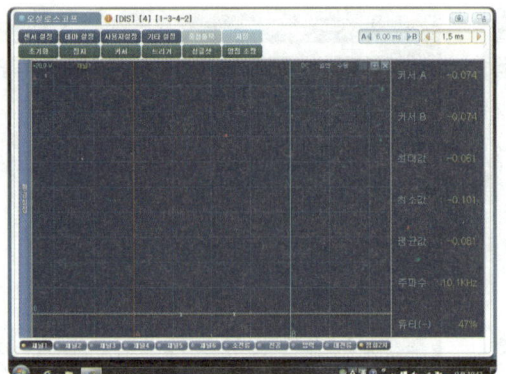

12) 전압 300V에 3ms로 설정한다.

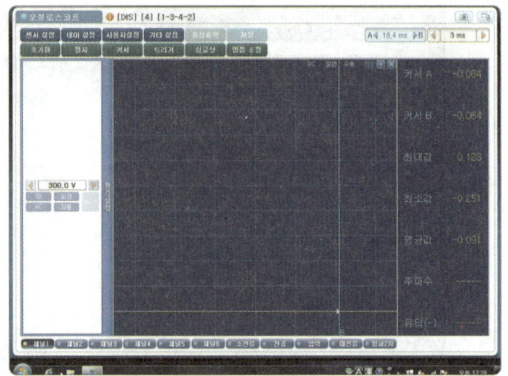

13) 환경설정 창을 닫는다.

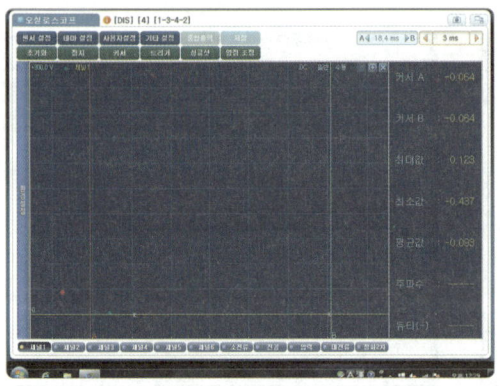

14) Brake S/W를 누르고 엔진을 시동한다.

15) 트리거 버튼을 클릭하여 파형을 고정한다.

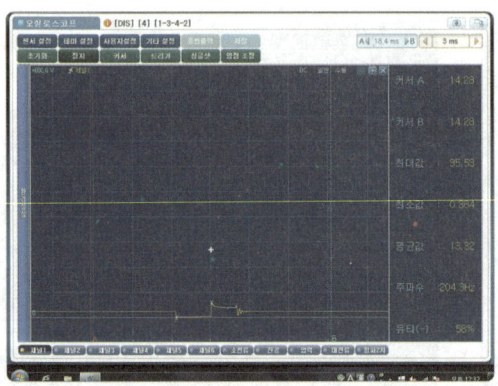

16) 저장 버튼을 클릭하여 파형을 저장한다.

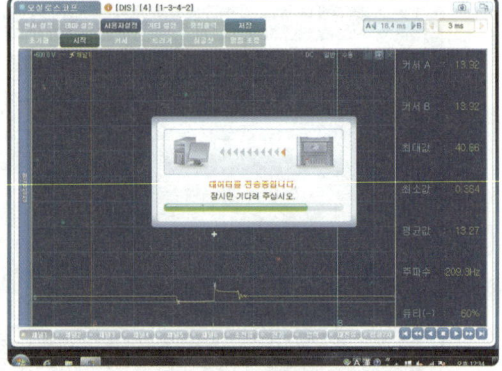

17) 파형 재생 바를 움직여 하나의 파형을 선택한다.

18) 시험용 엔진을 정지한다.

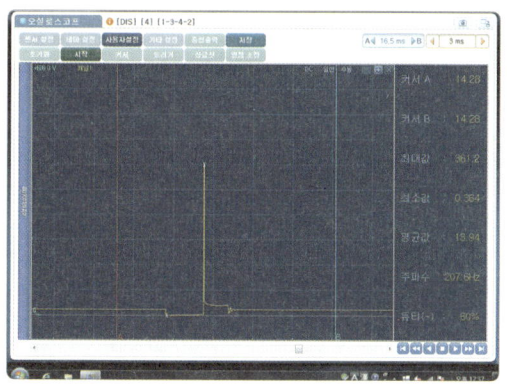
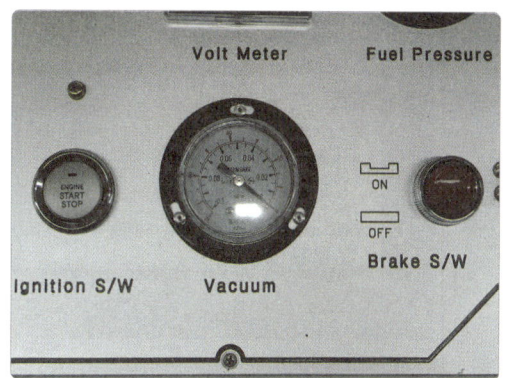

19) A 커서를 파형 시작점에 고정한다.

20) B 커서를 서지 전압 끝점에 고정한다.

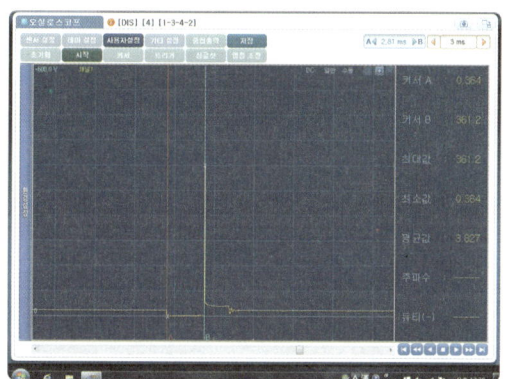
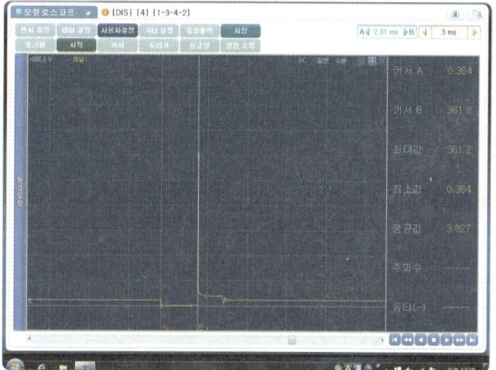

21) 서지 전압 최대값 361.2V, 드웰 시간 2.81ms를 답안지에 기입한다.

22) 갭처 인쇄 아이콘을 클릭 후 확인 버튼을 누른다.

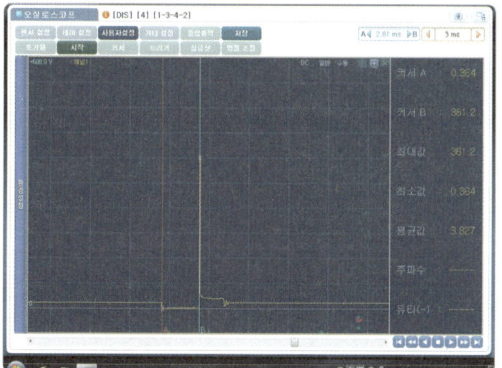
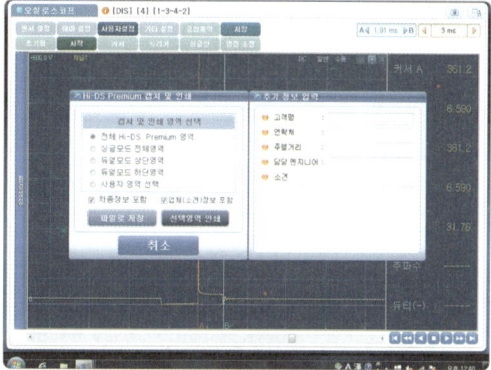

23) 프린터 창이 뜨면 확인 버튼을 눌러 프린트한다.

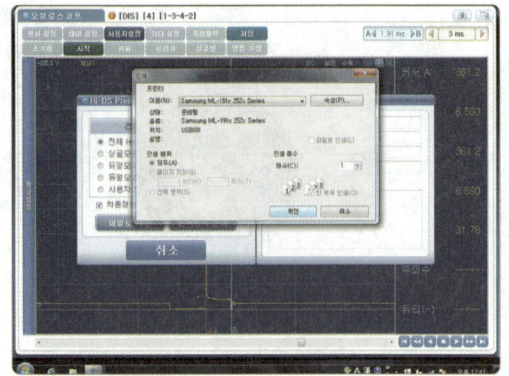

24) A 커서를 화염 전파 구간 끝부분에 고정한다.

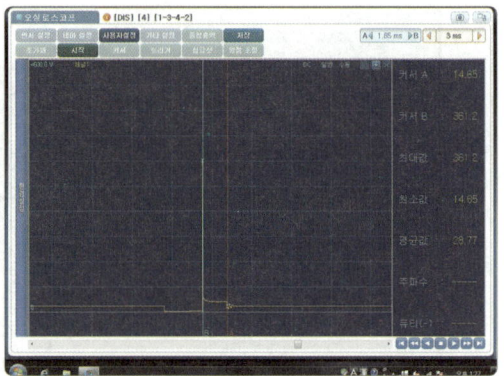

25) 화염 전파 시간 1.85ms를 답안지에 기입한다.

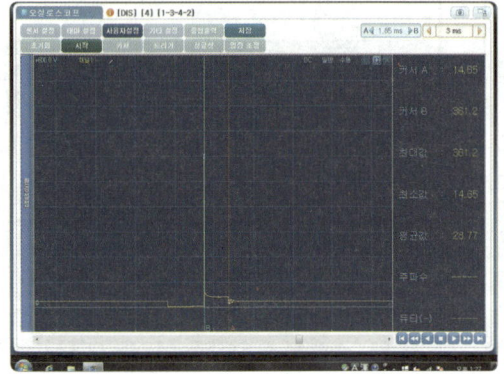

26) 캡쳐 인쇄 아이콘을 클릭 후 확인 버튼을 누른다.

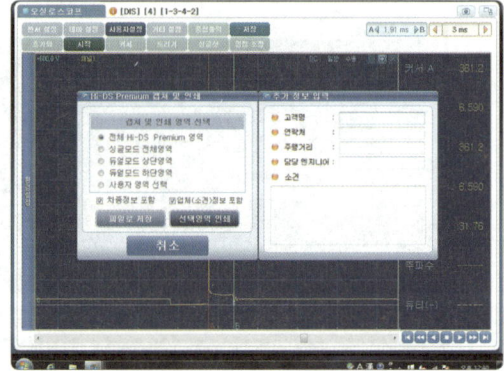

27) 프린터 창이 뜨면 확인 버튼을 눌러 프린트한다.

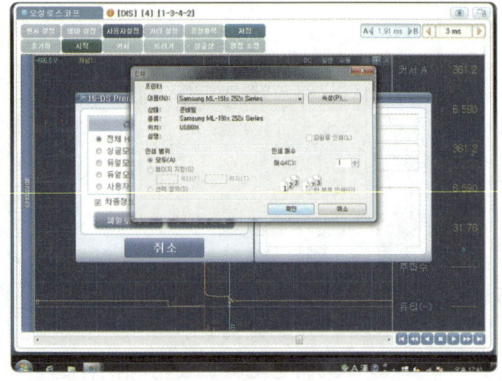

28) 화염 전파 시간 1.85ms, 서지 전압 361.2V, 드웰 시간 2.81ms를 출력한 파형에 기입한다.

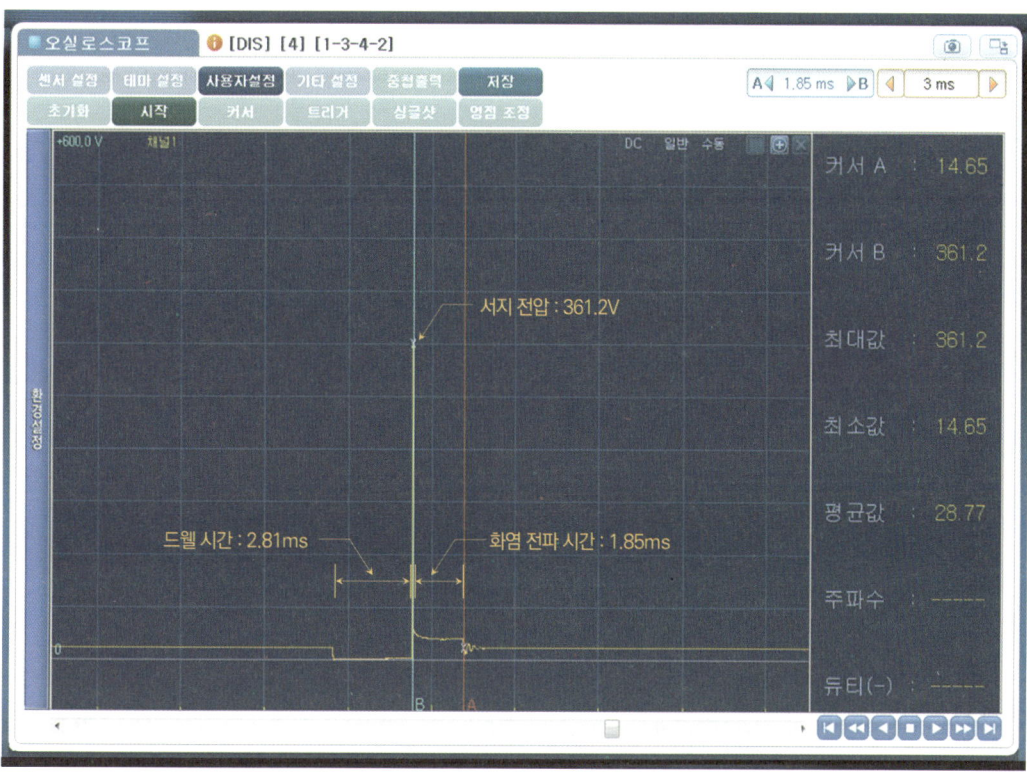

## 2-1-2. 답안지 작성

1) 서지 전압, 드웰 시간 측정 부분에서 1회 프린트를 할 것인지 감독위원에게 질의한다.
2) 화염 전파 시간 측정 후 프린트한다.

### [엔진 2 기록표]

| 비번호 | | 감독위원 확인 | |
|---|---|---|---|

1) 1차 파형        자동차 번호 :

| 항목 | 파형 분석 및 판정 ||| 득점 |
|---|---|---|---|---|
| | 분석항목 || 분석내용 | 판정 (□에 'V'표) | |
| 1차 점화 파형 측정 | 화염 전파 시간 | 1.85ms | 분석내용은 출력물에 표시하시오. | ☑ 양호<br>□ 불량 | |
| | 서지 전압 | 361.2V | | | |
| | 드웰 시간 | 2.81ms | | | |

### 2-1-3. 정비 및 조치사항

1) 출력한 파형에 화염 전파 시간, 서지 전압, 드웰 시간 측정 부위와 값이 표시되어야 한다.
2) 파형을 1장만 출력해서는 모든 부위 측정값을 증명할 수 없으므로 감독위원에게 필히 질의한다.
3) 규정값을 참고하여 판정한다.
   (예) 화염 전파 시간 : 1.50~2.54ms, 서지 전압 : 230~480V, 드웰 시간 : 2.3~3.4ms)
4) 측정값이 규정값 범위 내에 있으므로 양호에 ☑ 표시한다.
5) 측정값이 규정값 범위를 벗어나면 불량에 ☑ 표시한다.

## 2-2. 점화 2차 파형 출력 및 분석

### 2-2-1. 측정

1) 시험 차량의 점화 방식을 확인한다.

2) 측정할 실린더의 점화 코일 커넥터를 탈거한다.
   (예) 3번 실린더)

3) 3번 실린더 점화 코일을 탈거한다.

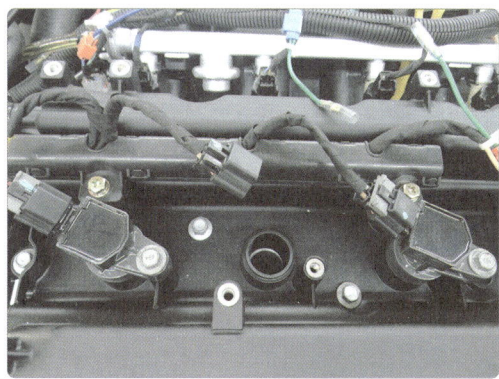

4) 점화 2차 연장 케이블을 준비한다.

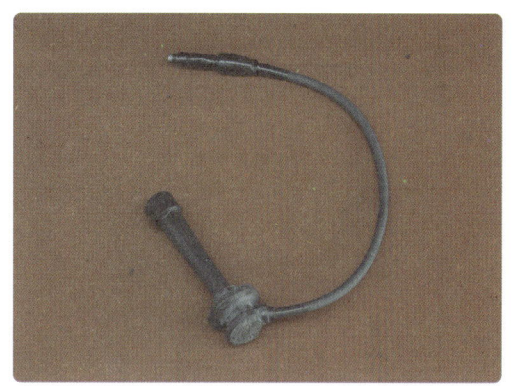

5) 점화 코일에 연장 케이블을 이용하여 플러그로 연결한다.

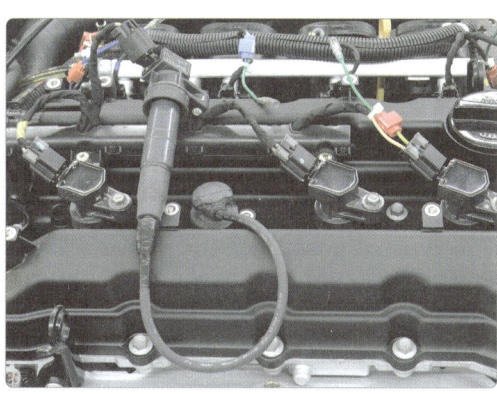

6) Hi-DS 2차 픽업프로브를 연장 케이블에 연결한다.

7) 바탕화면에서 Hi-DS를 클릭한다.

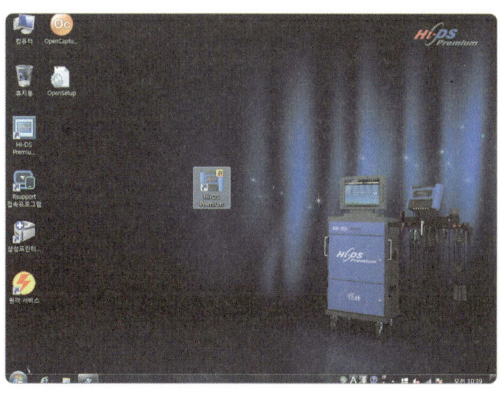

8) 로그인 취소를 클릭한다.

9) 경고 문구가 뜨면 확인을 클릭한다.

10) 차종 선택을 클릭한다.

11) 제작사, 차명, 연식, 엔진 형식을 입력 후 확인을 클릭한다.

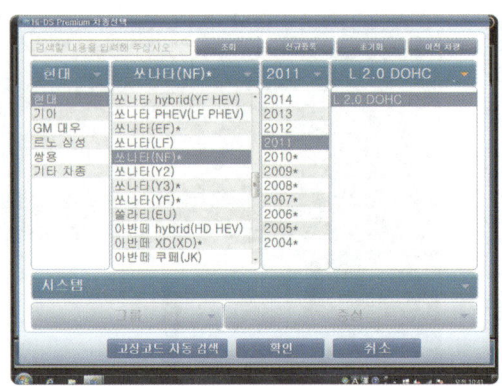

12) 엔진제어 선택 후 확인을 클릭한다.

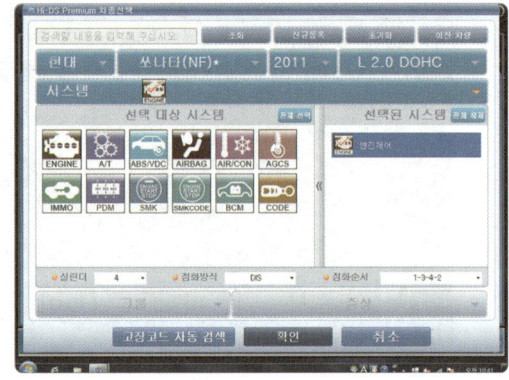

13) 오실로스코프를 클릭한다.

14) 파형 표시창 확장 버튼을 클릭한다.

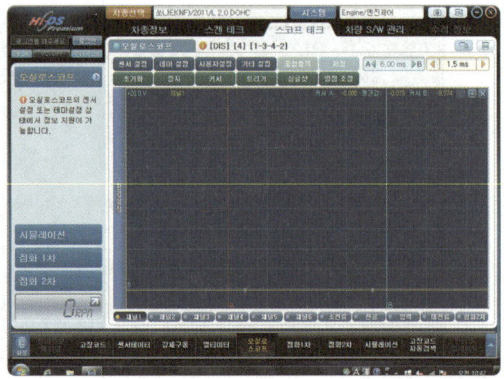

15) 환경설정을 클릭 후 점화 2차를 선택한다.

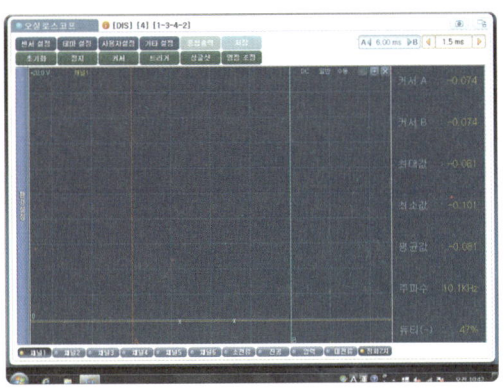

16) 전압 5.0kV에 3ms로 설정한다.

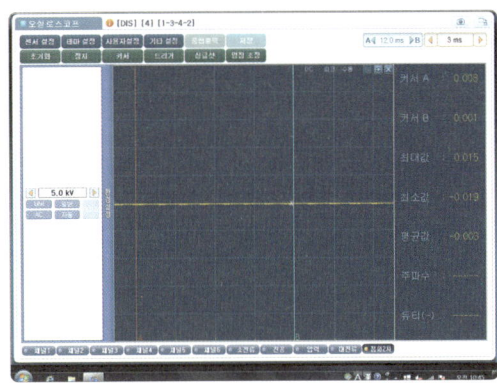

17) 환경설정 창을 닫는다.

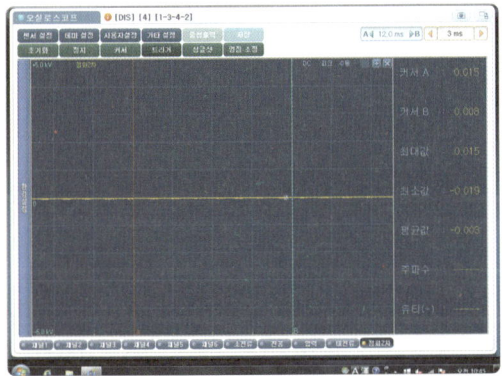

18) Brake S/W를 누르고 엔진을 시동한다.

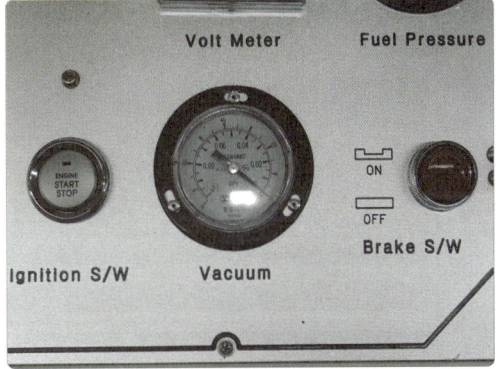

19) 트리거 버튼을 클릭하여 파형을 고정한다.

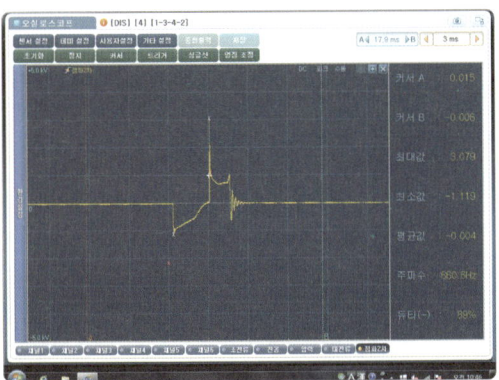

20) 저장 버튼을 클릭하여 파형을 저장한다.

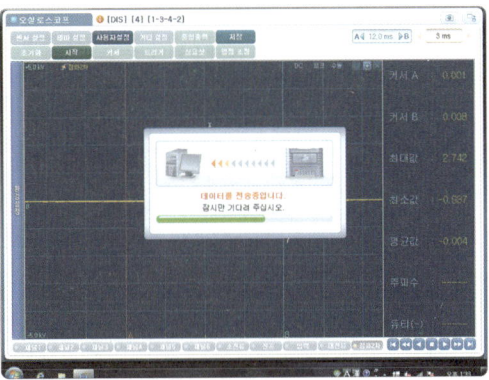

21) 파형 재생 바를 움직여 하나의 파형을 선택한다.

22) 시험용 엔진을 정지한다.

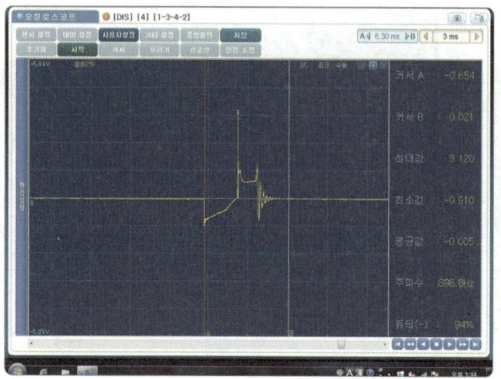
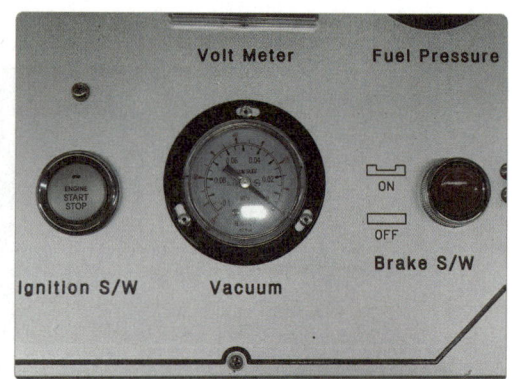

23) A 커서를 파형 시작점에 고정한다.

24) B 커서를 서지 전압 끝점에 고정한다.

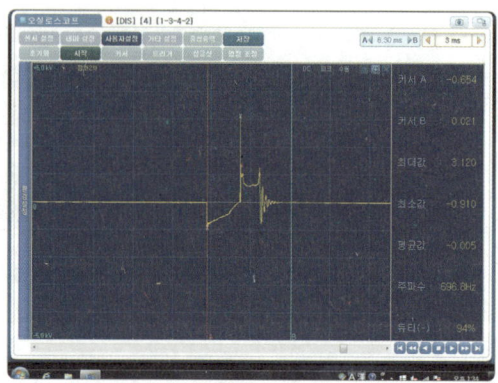
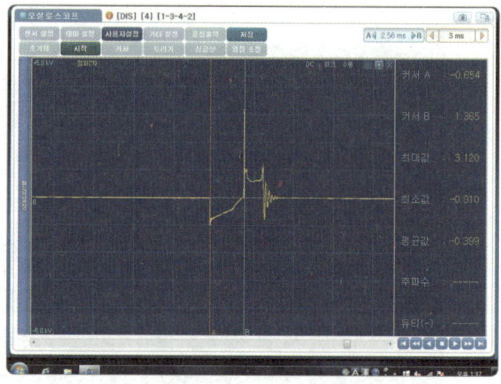

25) 서지 전압 최대값 3.120kV, 드웰 시간 2.56ms 를 답안지에 기입한다.

26) 캡쳐 인쇄 아이콘을 클릭 후 확인 버튼을 누른다.

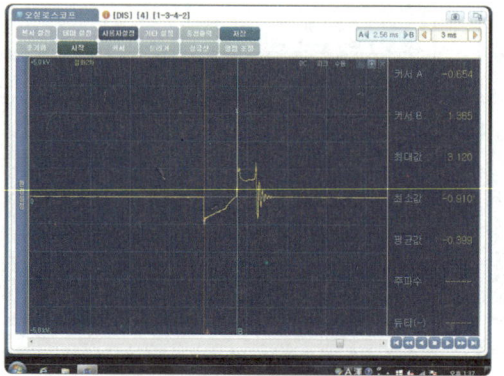
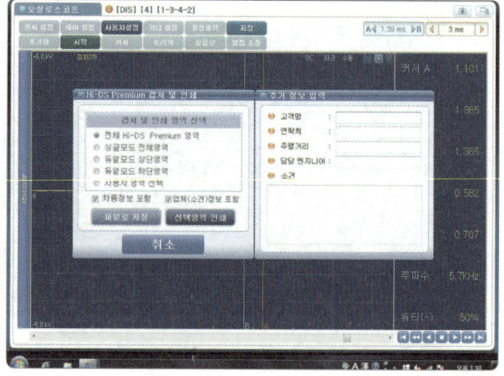

27) 프린터 창이 뜨면 확인 버튼을 눌러 프린트한다.

28) A 커서를 화염 전파 구간 끝부분에 고정한다.

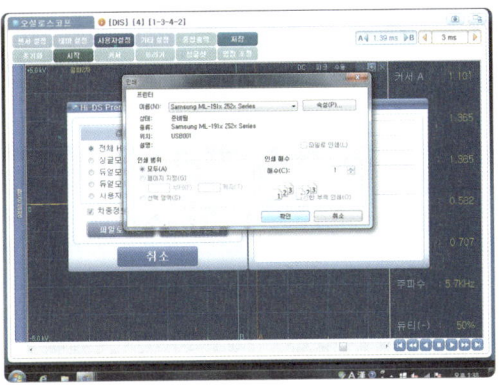
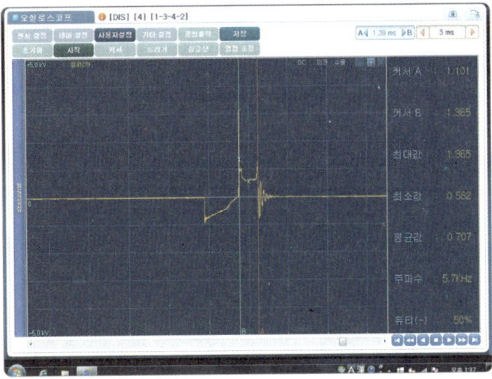

29) 화염 전파 시간 1.39ms를 답안지에 기입한다.

30) 캡쳐 인쇄 아이콘을 클릭 후 확인 버튼을 누른다.

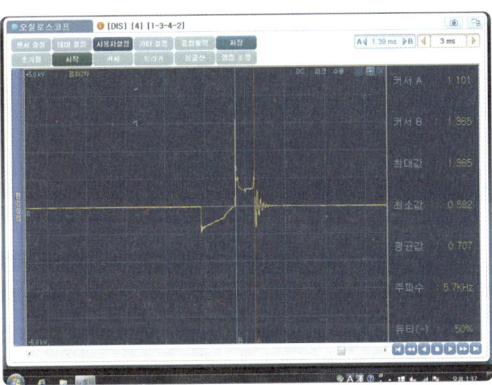
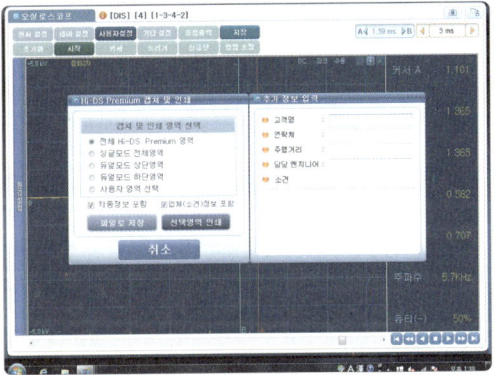

31) 프린터 창이 뜨면 확인 버튼을 눌러 프린트한다.

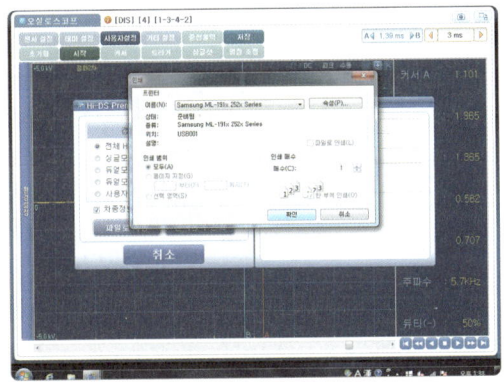

32) 화염 전파 시간 1.39ms, 서지 전압 3.120kV, 드웰 시간 2.56ms를 출력한 파형에 기입한다.

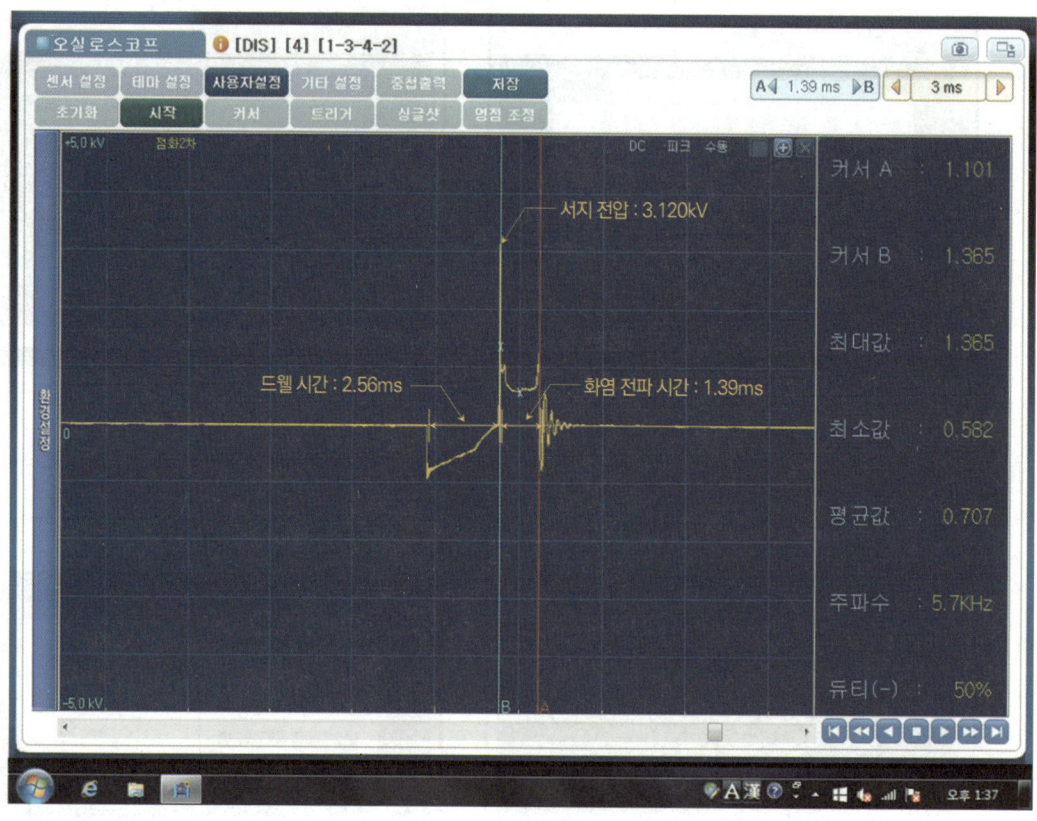

2-2-2. 답안지 작성

1) 서지 전압, 드웰 시간 측정 부분에서 1회 프린트를 할 것인지 감독위원에게 질의한다.
2) 화염 전파 시간 측정 후 프린트한다.

### [엔진 2 기록표]

2) 2차 파형    자동차 번호 :

| 비번호 | | 감독위원 확인 | |
|---|---|---|---|

| 항목 | 파형 분석 및 판정 ||| 득점 |
| | 분석항목 || 분석내용 | 판정 (□에 'V'표) | |
|---|---|---|---|---|---|
| 2차 점화 파형 측정 | 화염 전파 시간 | 1.39ms | 분석내용은 출력물에 표시하시오. | ☑ 양호 □ 불량 | |
| | 서지 전압 | 3.120kV | | | |
| | 드웰 시간 | 2.56ms | | | |

### 2-2-3. 정비 및 조치사항

1) 출력한 파형에 화염 전파 시간, 서지 전압, 드웰 시간 측정 부위와 값이 표시되어야 한다.
2) 파형을 1장만 출력해서는 모든 부위 측정값을 증명할 수 없으므로 감독위원에게 필히 질의한다.
3) 규정값을 참고하여 판정한다.
   (예) 화염 전파 시간 : 1.20~1.85msms, 서지 전압 : 2.5~4.8kV, 드웰 시간 : 1.2~3.3ms)
4) 측정값이 규정값 범위 내에 있으면 양호에 ☑ 표시한다.
5) 측정값이 규정값 범위를 벗어나면 불량에 ☑ 표시한다.

## 2-3. 가솔린 배기가스 측정

### 2-3-1. 측정

1) 배출가스 시험기 설치 후 시험 차량을 시동하고 채취프로브를 배기 머플러에 연결 후 예열한다.

2) 측정기 전면의 측정 버튼을 누른다.

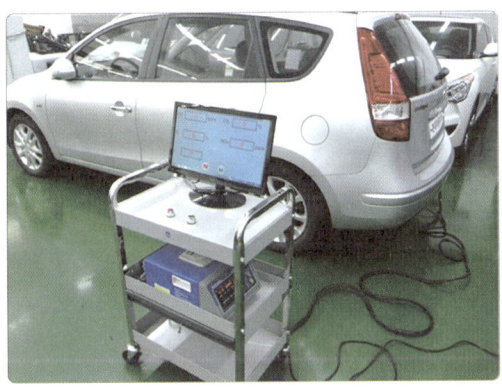
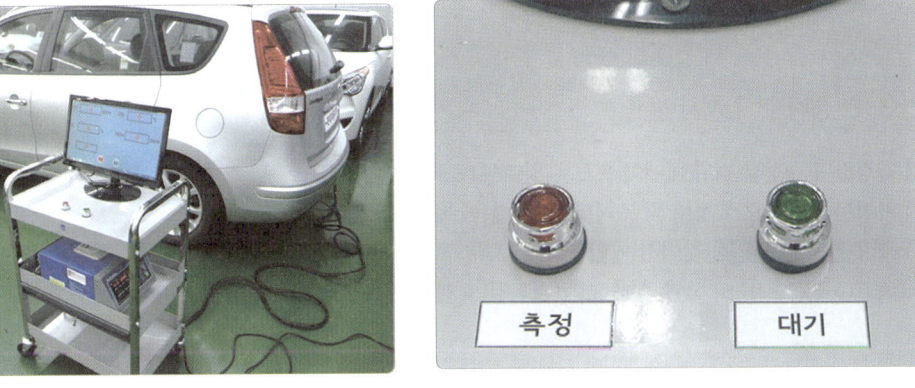

3) 시험기가 순서대로 측정되면서 측정이 완료되면 측정값이 홀드된다.

4) 측정이 완료되면 측정값을 읽는다.
   (CO : 0.8%, HC : 94ppm, $\lambda$ : 1.0)

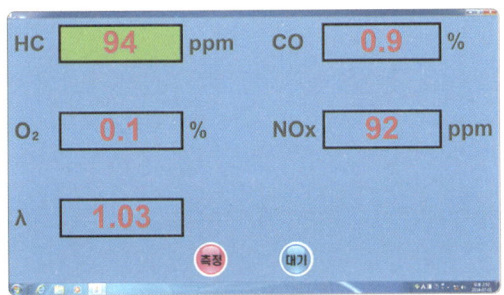
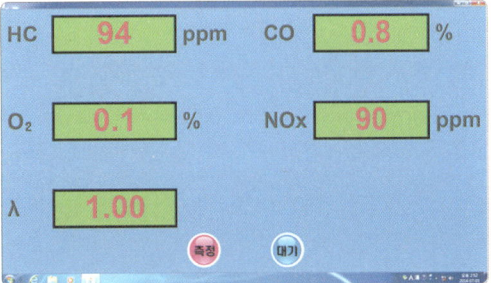

## 2-3-2. 답안지 작성

1) 측정값 CO : 0.8%, HC : 94ppm, λ : 1.0을 답안지에 기입한다.
2) 규정값은 차량 등록증 차대번호에서 연식을 확인 후 기입한다.(예 2006년식)
   (예 CO : 1.0% 이하, HC : 120ppm 이하, λ : 1±0.1)

### [엔진 2 기록표]

2) 점검 및 측정    자동차 번호 :

| 항목 | | 측정(또는 점검) | | 판정 및 정비(또는 조치)사항 | | 득점 |
|---|---|---|---|---|---|---|
| | | 측정값 | 규정(정비한계)값 | 판정 (□에 'V'표) | 정비 및 조치사항 | |
| 배기가스 | CO | 0.8% | 1.0% 이하 | ☑ 양호<br>□ 불량 | 없음 | |
| | HC | 94ppm | 120ppm 이하 | | | |
| | λ | 1.0 | 1±0.1 | | | |

※ 주의사항 : 감독위원은 해당차량의 차대번호에 대한 정보를 제공합니다.
　　　　　　 CO는 소수점 둘째자리 이하는 버리고 0.1%당위로 기록합니다.
　　　　　　 HC는 소수점 첫째자리 이하는 버리고 1ppm%당위로 기록합니다.

## 2-3-3. 정비 및 조치사항

1) 측정값이 규정값 범위 내에 있으므로 양호에 ☑ 표시한다.
2) 판정이 양호이므로 정비 및 조치사항에 "없음"으로 기입한다.
3) 불량 판정 시 원인을 찾아서 기입한다.
   (예 CO, HC 불량 시 삼원 촉매 교환/재점검, λ 불량 시 산소센서 교환/재점검)

## 2-3-4. 연도별 규정값

| 대기환경보전법 [별표21](개정 2013.02.01) | | | | |
|---|---|---|---|---|
| 승용 | 수시, 정기검사 | | | 정밀검사 |
| | 배기가스 | | | |
| | CO | HC | λ | 연도별, 배기량별로 구분 |
| 2005년까지 | 1.2% 이하 | 220ppm 이하 | 1±0.1 | |
| 2006년 이후 | 1.0% 이하 | 120ppm 이하 | | |

## 2-3-5. 등록증 판독법

| 자동차 등록증 | | | | | |
|---|---|---|---|---|---|
| 제 0호 | | | | 최초등록일 : 000000 | |
| ① 자동차 등록번호 | 서울1저 1234 | ② 자동차의 종별 | 소형 승용 | ③ 용도 | 자가용 |
| ④ 차 명 | i30 | ⑤ 형식 및 연식 | | YR-A-S-1 | |
| ⑥ 차대번호 | KMHCH31GP6U123456 | ⑦ 원동기 형식 | | G4CP | |
| ⑧ 사용본거지 | | 서울특별시 노원구 덕능로 70가길 81 | | | |
| 소유자 | ⑨ 성명(상호) | 홍 길 동 | ⑩ 주민등록번호 | 760407-1234567 | |
| | ⑪ 주 소 | 서울특별시 중랑구 상봉동 100번지 10호 | | | |

| K | M | H | C | H | 3 | 1 | G | P | 6 | U | 1 | 2 | 3 | 4 | 5 | 6 |
|---|---|---|---|---|---|---|---|---|---|---|---|---|---|---|---|---|
| 1 | 2 | 3 | 4 | 5 | 6 | 7 | 8 | 9 | 10 | 11 | 12 | | | | | |
| 제작회사군 | | | 자동차 특성군 | | | | | | 제작 일련번호군 | | | | | | | |

1. 지역, 국가 (K : 한국, J : 일본, I : 미국)
2. 제작사 (M : 현대자동차, L : 대우, N : 기아, P : 쌍용)
3. 차량(종별) 구분 (H : 승용차, F : 화물트럭, J : 승합)
4. 차종 (C : 베르나, E : 쏘나타3, J : 엘란트라)
5. 세부차종 및 등급
6. 차체형상 (3 : 세단3도어, 4 : 세단4도어, 5 : 세단5도어)
7. 안전장치 (1 : 엑티브 벨트, 2 : 패시브 벨트)
8. 원동기 (B : 1,500CC DOHC 가솔린 엔진, F : 1,300CC SOHC 가솔린 엔진, G : 1,500CC SOHC 가솔린 엔진)
9. 운전석 위치 (P : 왼쪽, R : 오른쪽)
10. 생산연도 (M : 91, N : 92, P : 93, R : 94, S : 95, T : 96, V : 97, W : 98, X : 99, Y : 2000, 1 : 2001, 2 : 2002, 3 : 2003……, 2010 : A……)(I, O, Q,제외)
11. 생산공장 (U : 울산공장, C : 전주공장)
12. 생산 일련번호 (000001-999999)

3. 주어진 자동차에서 크랭킹은 가능하나 시동되지 않고, 시동된 후에도 부조가 발생한다. 고장 원인을 찾아 수리 후 기록표에 기록하시오.

## 3. 시동 결함, 부조 점검

### 3-1. 시동 결함 점검

1) 엔진 룸 메인 퓨즈박스에 30A 이그니션 IGN 퓨즈, 20A ECU 퓨즈, 50A B+ 퓨즈를 확인한다.

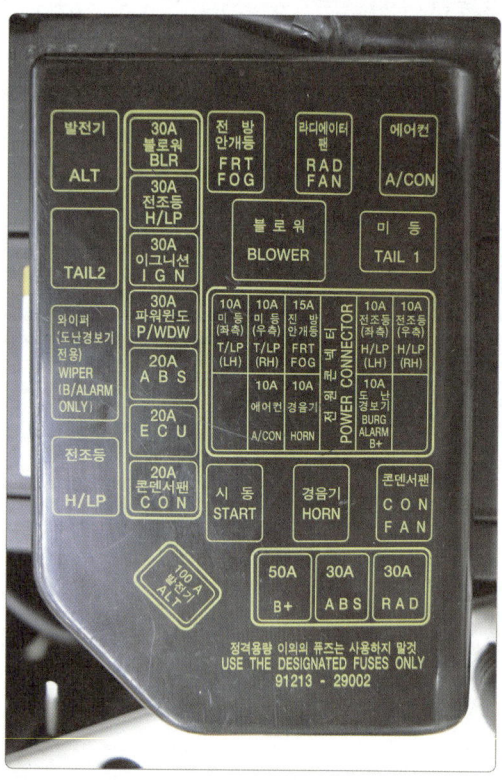
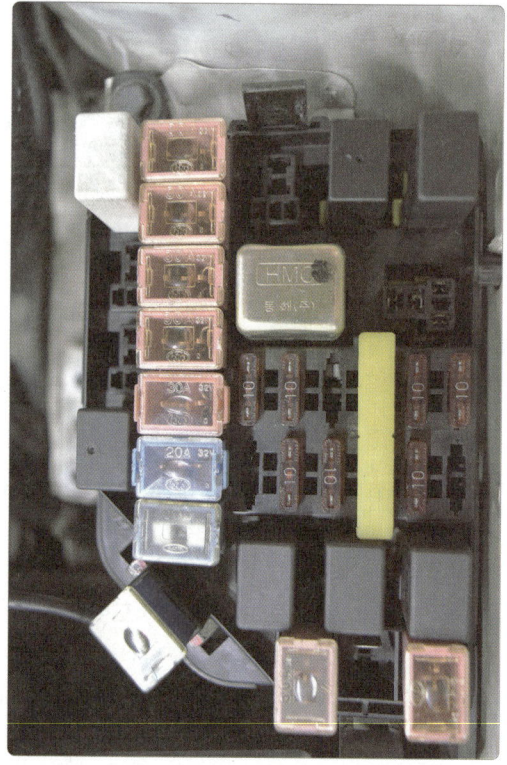

2) 핸들 칼럼 아래 부분에 장착된 파워 릴레이를 확인한다.

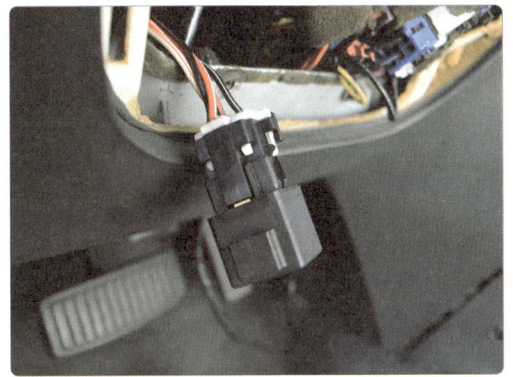

3) 릴레이 상단에서 87번 커넥터를 확인한다.

4) 엔진 키 ON 상태에서 87번 출력 전압을 측정한다.(배터리 전압 출력 시 양호)

5) TDC 센서 커넥터를 확인한다.

6) 크랭크 각 센서 커넥터를 확인한다.

7) 점화코일 1, 2차 커넥터를 확인한다.

8) 기동전동기 B, ST 단자를 확인한다.

9) 변속 레버를 N에 위치시킨다.

10) 변속 케이블과 인히비터 스위치를 확인한다.

11) 고장부위를 찾으면 답안지를 작성한다.

12) 감독위원의 확인을 받고 기관을 시동한다.

## 3-2. 부조 점검

1) AFS 커넥터를 확인한다.

2) TPS 커넥터를 확인한다.

3) ISA 커넥터를 확인한다.

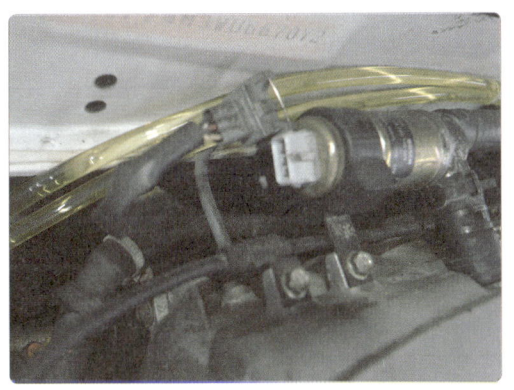

4) 인젝터 커넥터를 확인한다.

5) 고압 케이블이 단선되었는지 확인한다.

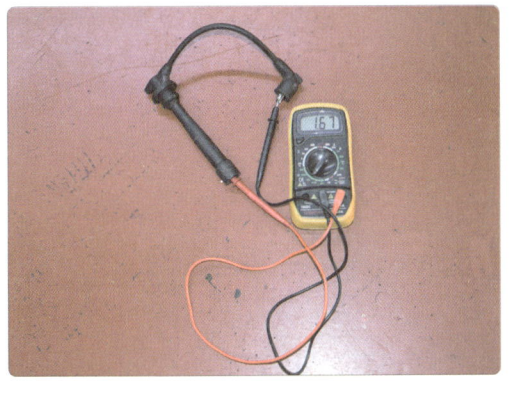

6) 점화 플러그를 탈거하여 간극을 확인한다.

7) 고장부위를 찾으면 답안지를 작성한다.

8) 감독위원의 확인을 받고 기관을 시동한다.

## 3-3. 답안지 작성

### 3-3-1. 시동 결함

본인이 확인한 고장 부위를 답안지에 기입한다. (예 20A ECU 퓨즈 단선, 크랭크 각 센서 불량)

### 3-3-2. 부조

본인이 확인한 고장 부위를 답안지에 기입한다. (예 2번 점화 플러그 간극 불량, 4번 고압 케이블 단선)

**[엔진 3 기록표]**

| 점검 및 측정 | | 자동차 번호 : | | 비번호 | 감독위원 확인 | |
|---|---|---|---|---|---|---|
| 항목 | 점검(원인 부위) | 내용 및 정비(또는 조치)사항 | | | | 득점 |
| | | 원인 내용 및 상태 | 정비 및 조치사항 | | | |
| 시동 결함 | 20A ECU 퓨즈 | 단선 | 20A ECU 퓨즈 교환/재점검 | | | |
| | 크랭크 각 센서 | 센서 불량 | 크랭크 각 센서 교환/재점검 | | | |
| 부조 발생 | 2번 점화 플러그 | 간극 불량 | 플러그 간극 조정/재점검 | | | |
| | 4번 고압 케이블 | 케이블 단선 | 4번 고압케이블 교환/재점검 | | | |

## 3-4. 정비 및 조치사항

해당 부품을 교환·수리하고 재점검한다.

Master Craftsman Motor Vehicles Maintenance

## Chassis 나. 섀시

1. 주어진 자동차에서 감독위원의 지시에 따라 브레이크 마스터 실린더를 탈거하고 감독위원에게 확인 후 다시 조립(부착)하여 작동 상태를 확인하고 기록표 요구사항을 점검 및 측정하여 기록하시오.

# 1. 브레이크 마스터 실린더 탈·부착 및 점검

## 1-1. 브레이크 마스터 실린더 탈·부착

1) 클러치 마스터 오일 공급 파이프를 분리한다.

2) 전·후륜 브레이크 파이프를 분리한다.

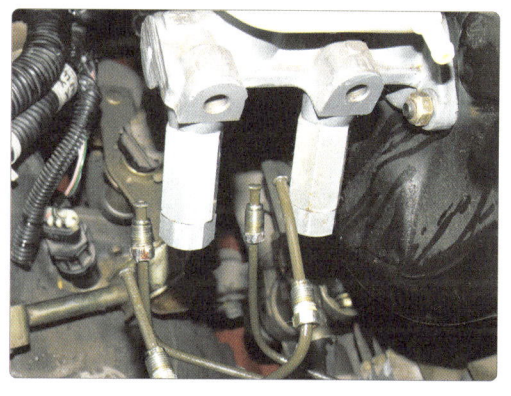

3) 마스터 실린더 고정너트를 풀고 마스터 실린더를 탈거한다.

4) 탈거한 마스터 실린더를 감독위원에게 확인받는다.

5) 마스터 실린더를 장착한다.

6) 전·후륜 브레이크 파이프를 조립한다.

7) 브레이크 오일을 주입 후, 4바퀴 모두 에어를 배출한 뒤 감독위원에게 확인받는다.

## 1-2. 제동력 측정

### 1-2-1. 측정

1) 제동력 측정 차량을 준비한다.

2) 메인 화면에서 제동력 시험기를 클릭한다.

3) 시험기 화면에서 제동력을 클릭한다.

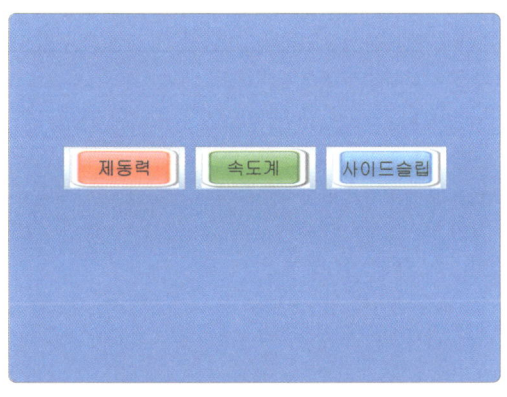

4) 화면 상단에서 전륜을 클릭한다.

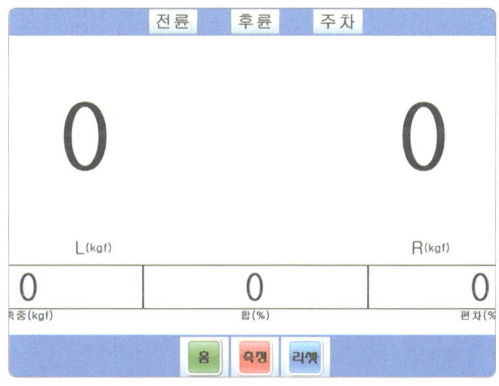

5) 전륜이 활성화되고 축중이 자동 입력된다.

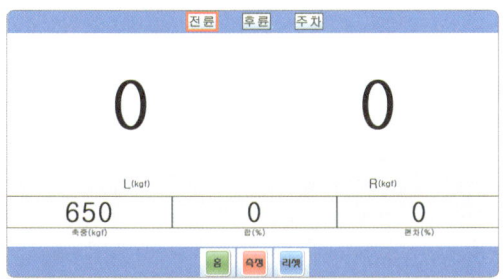

6) 측정 버튼을 클릭하면 좌우측 제동력이 측정된다.

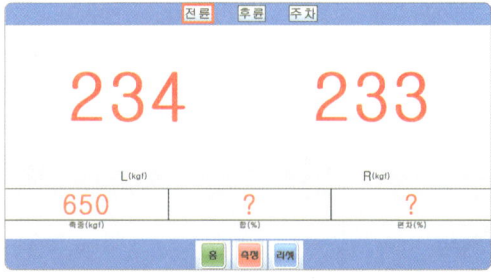

## 1-2-2. 답안지 작성

1) 위치 앞에 ☑ 표시한다.
2) 측정값 좌 : 234kgf, 우 : 233kgf을 기입한다.
3) 기준값 축중, 합, 편차를 기입한다.(법규 암기해야함)
4) 산출 근거 제동력 합, 제동력 편차를 계산 후 기입한다.

**[섀시 1 기록표]**

자동차 번호 :   비번호 :   감독위원 확인 :

| 측정(또는 점검) |||| 산출 근거 및 판정 ||| 득점 |
|---|---|---|---|---|---|---|---|
| 항목 | 구분 | 측정값 | 기준값 (□에 'V'표) | 산출 근거 || 판정 (□에 'V'표) | |
| 제동력 위치 (□에 V표) 앞☑ 뒤□ | 좌 | 234kgf | 앞☑ 축중의 뒤□ | 편차 | $\dfrac{234-233}{650} \times 100$ = 0.15% | ☑ 양호 □ 불량 | |
| | 우 | 233kgf | 제동력 편차  8% 이하 | 합 | $\dfrac{234+233}{650} \times 100$ = 71% | | |
| | | | 제동력 합  50% 이상 | | | | |

## 1-2-3. 정비 및 조치사항

1) 판정 양호에 ☑ 표시한다.
2) 정비 및 조치사항에 "없음"으로 기입한다.
3) 측정값이 기준값을 벗어나면 불량에 ☑ 표시한다.

## 1-2-4. 제동력 판정 공식

- 제동력의 총합 = $\dfrac{\text{앞·뒤, 좌·우 제동력의 합}}{\text{차량 총 중량}} \times 100$ = 차량 총 중량의 50% 이상 합격

- 앞바퀴 제동력의 총합 = $\dfrac{\text{앞, 좌·우 제동력의 합}}{\text{앞 축중}} \times 100$ = 앞 축중의 50% 이상 합격

- 뒷바퀴 제동력의 총합 = $\dfrac{\text{뒤, 좌·우 제동력의 합}}{\text{뒤 축중}} \times 100$ = 뒤 축중의 20% 이상 합격

- 좌·우 제동력의 편차 = $\dfrac{\text{큰 쪽 제동력 − 작은 쪽 제동력}}{\text{해당 축중}} \times 100$ = 해당 축중의 8% 이하 합격

- 주차 브레이크 제동력 = $\dfrac{\text{뒤, 좌·우 제동력의 합}}{\text{차량 총 중량}} \times 100$ = 차량 총 중량의 20% 이상 합격

2. 주어진 전자제어 전기유압식 동력 조향장치(EPS) 및 전자식 동력 조향장치(MDPS) 자동차에서 감독위원의 지시에 따라 파워 펌프를 교환(탈·부착)하여 에어빼기 작업을 실시하고 조향장치 작동 상태를 확인하고 기록표의 요구사항을 점검 및 측정하여 기록하시오.

## 2. 파워 스티어링 펌프 탈·부착 및 에어빼기, 조향장치 점검

### 2-1. 파워 스티어링 펌프 탈·부착 및 에어빼기

1) 파워 오일 펌프 흡입구 호스를 탈거 후 오일을 배출한다.

2) 파워 오일 펌프 토출구 파이프를 탈거한다.

3) 파워펌프 풀리 너트를 돌려 고정볼트가 보이는 위치로 한다.

4) 파워펌프 상부 장력 조정용 볼트를 탈거한다.

5) 파워펌프 벨트를 탈거한다.

6) 파워펌프 하부 고정볼트를 탈거한다.

7) 파워펌프를 탈거한다.

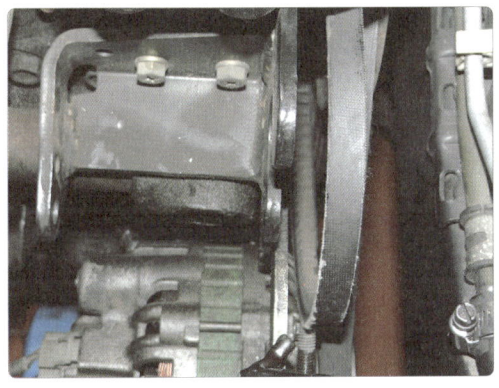

8) 탈거한 파워펌프를 감독위원에게 확인받는다.

9) 파워펌프를 장착하고 고정볼트를 체결한다.

10) 파워펌프 벨트를 장착한다.

11) 레버로 펌프 몸체를 당기면서 벨트 장력을 조정하고 볼트를 체결한다.

12) 흡입구 호스를 장착한다.

13) 토출구 파이프를 장착한다.

14) 오일을 주입하고 핸들을 좌우로 돌려 에어를 배출한 뒤 감독위원의 확인을 받는다.

## 2-2. MDPS 모터 전류 파형 출력 및 분석

### 2-2-1. 측정

1) 시험 차량과 GDS를 확인한다.

2) OBD 커넥터에 VCI를 연결한다.

3) 기관 시동 후 핸들을 우측으로 돌려놓는다.

4) 윈도우 화면에서 GDS를 실행한다.

5) 로그인 창이 뜨면 GDS를 클릭한다.

6) 경고 문구가 뜨면 확인을 클릭한다.

7) 차종 선택을 클릭한다.

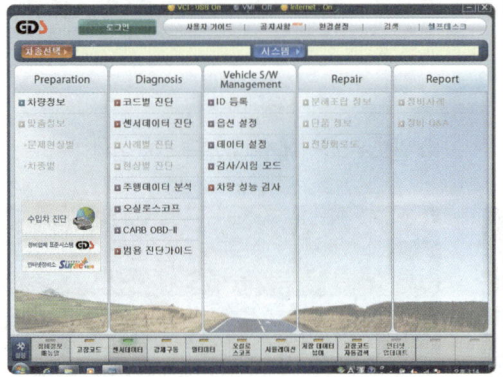

8) 제작사, 차종, 연식, 엔진 형식을 선택한다.

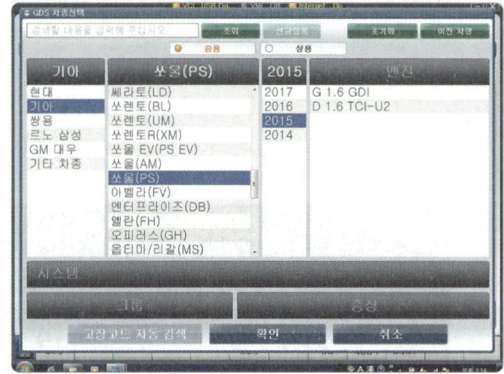

9) 시스템 선택에서 EPS를 선택한다.

10) 센서 데이터를 확인한다.

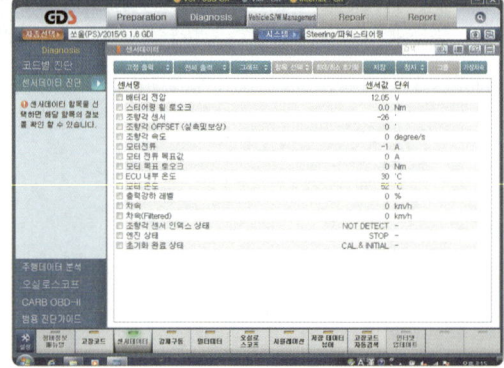

11) 배터리 전압과 모터 전류에 ☑표시한다.

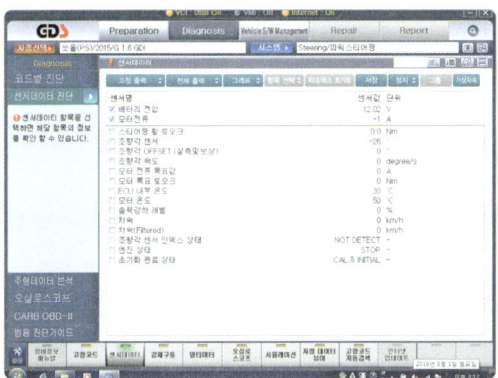

12) 메뉴 바에서 그래프를 클릭한다.

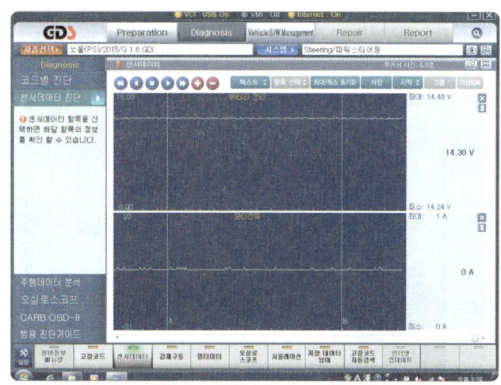

13) 차량 핸들을 좌측으로 90° 회전 후 파형을 정지한다.

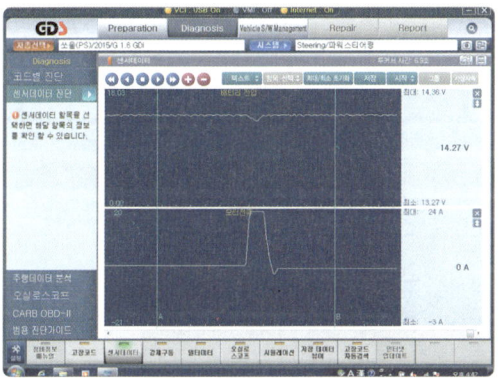

14) 전류 최대값 24A와 측정 전류 24A가 일치하도록 A 커서를 조정한다.

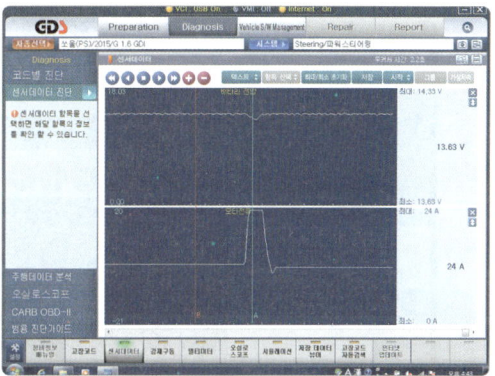

15) B 커서를 전류 파형 잎쪽에 위치한 후, 직동 진압 13.63V, 최소 전류 0A, 최대 전류 24A를 답안지에 기록한다.

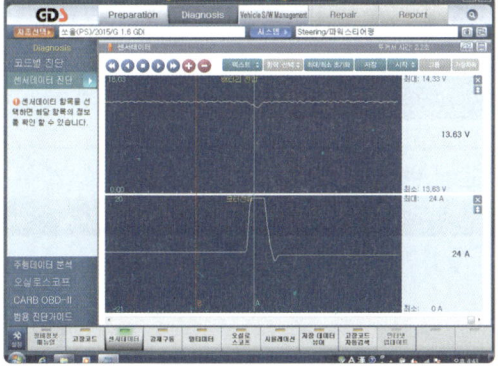

16) 카메라 아이콘을 클릭한다.

17) 선택영역 인쇄 확인을 클릭한다.

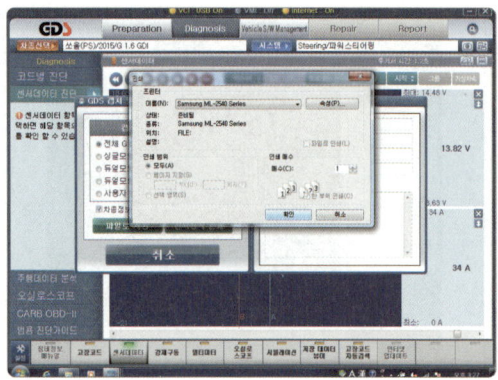

18) 작동 전압 13.63V, 최소 전류 0A, 최대 전류 24A를 출력된 파형에 기입한다.

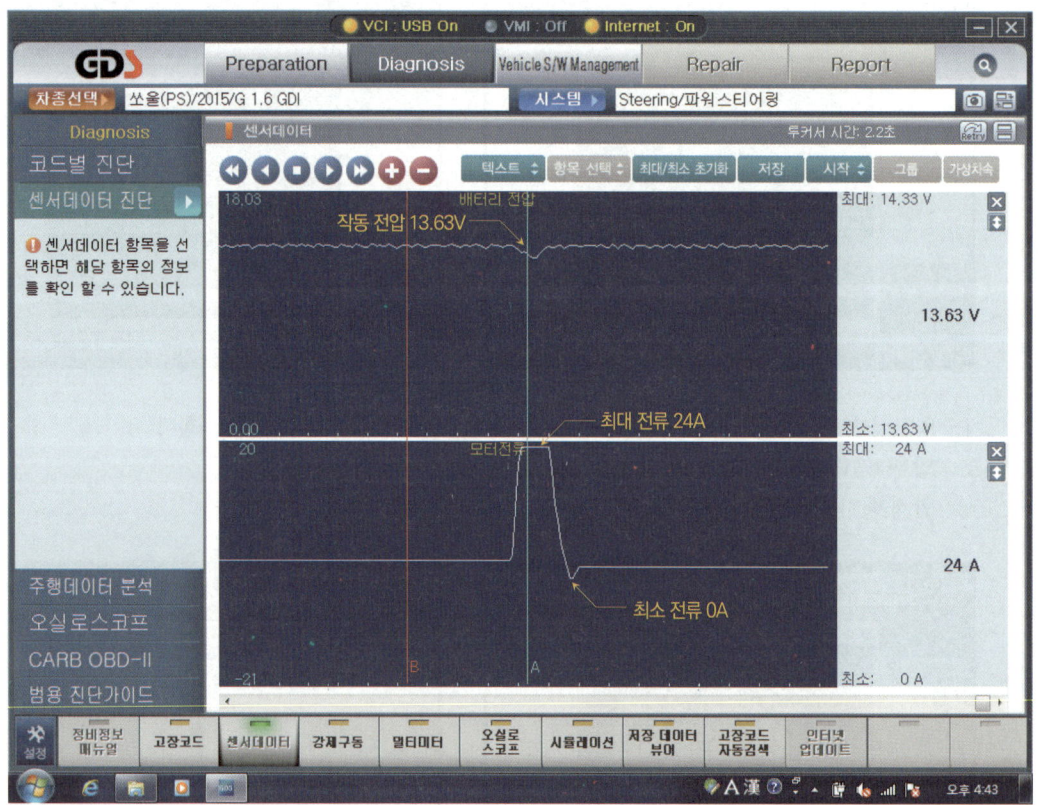

2-2-2. 답안지 작성

1) 작동 전압 13.63V, 최소 전류 0A, 최대 전류 24A를 답안지에 기록한다.
2) 프린트한 파형에 측정된 값과 답안지 기입값이 일치해야 한다.

## [섀시 2 기록표]

1) 파형        자동차 번호 :

| 항목 | 파형 분석 및 판정 ||| 득점 |
| --- | --- | --- | --- | --- |
| | 분석항목 || 분석내용 | 판정 (□에 'V'표) |
| MDPS 모터 전류 파형 | 작동 전압 | 13.63V | 분석내용은 출력물에 표시하시오. | ☑ 양호 □ 불량 |
| | 작동 최소 전류 | 0A | | |
| | 작동 최대 전류 | 24A | | |

비번호 / 감독위원 확인

2-2-3. 분석 내용 및 판정

1) 측정값을 파형 위치에 맞게 기입해야 한다.
2) 기준값(예) 작동 전압 : 12~14.5V, 최소 전류 : -5~3A, 최대 전류 : 20~28A)
3) 측정값이 기준값 범위 내에 있으므로 양호에 ☑ 표시한다.
4) 불량 시 불량에 ☑ 표시한다.

## 2-3. 오일 펌프 배출 압력 측정

1) 파워펌프 토출구 고압 호스를 분리한다.

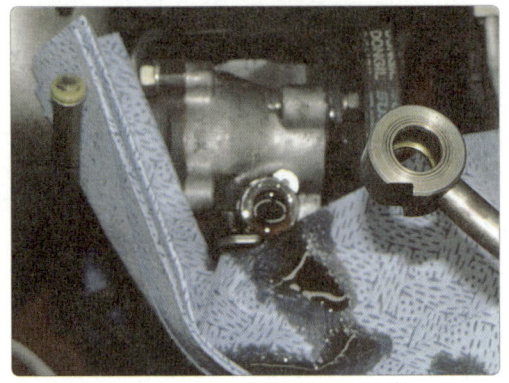

2) 펌프 토출구에 게이지 커플러를 장착한다.

3) 고압 호스에 게이지 커플링을 장착한다.

4) 컷오프 밸브를 개방한다.

5) 파워 스티어링 오일을 보충한다.

6) 엔진을 시동하고 핸들을 좌우로 돌려 에어를 배출한다.

7) 컷오프 밸브를 잠근다.(5초 이내)

8) 측정값을 읽는다.(7MPa)

9) 컷오프 밸브를 개방한다.

10) 엔진 시동 정지 후 유압 호스를 연결한다.

11) 파워 스티어링 오일을 보충 후 에어 작업을 한다.

## 2-4. 유량 제어 솔레노이드 저항 측정

1) 조향 기어에서 유량 조절 솔레노이드 밸브를 확인한다.

2) 솔레노이드 밸브 저항을 측정한다.(6.5Ω)

## 2-5. 답안지 작성

1) 펌프 압력 측정값 7MPa을 답안지에 기입한다.
2) 규정값(예) 6.5~7.5MPa)을 답안지에 기입한다.
3) 유량 제어 솔레노이드 저항 6.5Ω을 답안지에 기입한다.
4) 규정값(예) 5.5~7.5Ω)을 답안지에 기입한다.

### [섀시 2 기록표]

2) 점검 및 측정   　　자동차 번호 :

| 비번호 | 감독위원 확인 |
|---|---|
|  |  |

| 항목 | 측정(또는 점검) | | 판정 및 정비(또는 조치)사항 | | 득점 |
|---|---|---|---|---|---|
| | 측정값 | 규정(정비한계)값 | 판정 (□에'∨'표) | 정비 및 조치사항 | |
| 오일 펌프 배출 압력 | 7MPa | 6.5~7.5MPa | ☑ 양호<br>□ 불량 | 없음 | |
| 유량 제어 솔레노이드 저항 | 6.5Ω | 5.5~7.5Ω | ☑ 양호<br>□ 불량 | 없음 | |

## 2-6. 정비 및 조치사항

1) 측정값이 규정값 범위 내에 있으므로 양호에 ☑ 표시한다.
2) 판정이 양호이므로 정비 및 조치사항에 "없음"으로 기입한다.
3) 펌프 압력 불량 시 불량에 ☑ 표시 후 "P/S 펌프 교환/재점검"으로 답안지를 작성한다.
4) 솔레노이드 불량 시 불량에 ☑ 표시 후 "유량 제어 솔레노이드 밸브 교환/재점검"으로 답안지를 작성한다.

## Electric 다. 전기

1. 감독위원의 지시에 따라 자동차에서 시동모터를 탈거하고 감독위원에게 확인 후 다시 조립(부착)하여 작동 상태를 확인하고, 기록표의 요구사항을 점검 및 측정하고 기록표에 기록하시오.

## 1. 시동모터 탈·부착 및 점검

### 1-1. 시동모터 탈·부착

1) 축전지 ⊖ 단자의 케이블을 분리한다.

2) 기동 모터의 솔레노이드 스위치 B 단자 보호 튜브를 밀어낸다.

3) B 단자 고정너트를 탈거한다.

4) B 단자 축전지 케이블을 분리한다.

5) ST 단자 커넥터를 분리한다.

6) 트랜스 액슬 하우징에서 두 개의 고정볼트를 탈거한다.

7) 기동 모터를 떼어낸다.

8) 기동 모터를 탈거하여 감독위원의 확인을 받는다.

9) 기동 모터를 트랜스 액슬 하우징에 장착하고 두 개의 고정볼트를 조립한다.

10) 기동 모터의 솔레노이드 스위치 단자의 B 단자 배선을 연결한다.

11) 기동 모터의 솔레노이드 스위치 ST 단자 배선을 연결한다.

12) 기동 모터의 솔레노이트 스위치 단자 B 단자 보호 튜브를 장착한다.

13) 축전지 ⊖ 단자의 케이블을 연결하고 감독위원의 확인을 받는다.

## 1-2. 시동모터 부하시험

### 1-2-1. 측정

1) 연료 펌프 릴레이를 탈거하여 기관 시동을 방지한다.

2) 배터리 ⊕에서 기동 전동기 B 단자 연결선에 전류계를 설치한다.(DC 200A 선택)

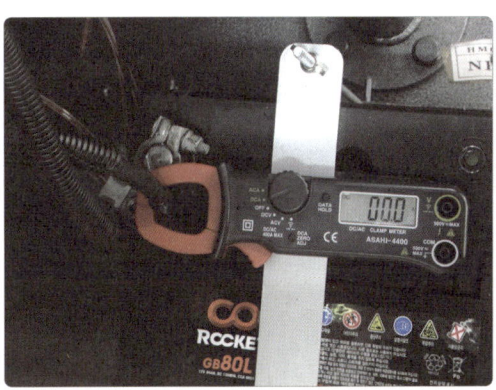

3) 엔진 크랭킹 3회전 정도에서 측정값을 홀드 후 읽는다.(108.4A)

4) 배터리 터미널 ⊕에 전압계 ⊕프로브를 연결한다.

5) 기동 전동기 B 단자에 전압계 ⊖프로브를 연결한다.

6) 엔진 크랭킹 3회전 정도에서 측정값을 홀드 후 읽는다.(202.4mV)

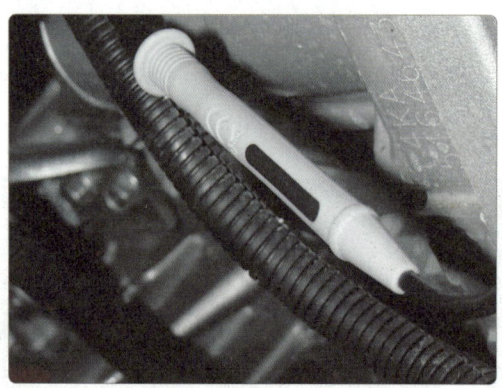

1-2-2. 답안지 작성

1) 크랭킹 시 방전 전류량 측정값 108.4A를 답안지에 기입한다.
2) 배터리와 시동모터 간 전압 강하 측정값 202.4mV를 답안지에 기입한다.
3) 기준값(예) 방전 전류 240A 이하, 전압 강하 1500mV 이하)을 참고한다.

[전기 1 기록표]

| | 자동차 번호 : | | 비번호 | | 감독위원 확인 | |
|---|---|---|---|---|---|---|
| 항목 | 측정(또는 점검) | | 판정 및 정비(또는 조치)사항 | | | 득점 |
| | 측정값 | | 판정 (□에 'V'표) | 정비 및 조치사항 | | |
| 부하시험 | 크랭킹 시 방전 전류량 | 배터리와 시동모터 간 전압 강하 | ☑ 양호 □ 불량 | 없음 | | |
| | 108.4A | 202.4mV | | | | |

※ 주의사항 : 배터리의 용량을 기준으로 판정합니다.

1-2-3. 정비 및 조치사항

1) 측정값이 기준값 범위 내에 있으므로 양호에 ☑ 표시한다.
2) 판정이 양호이므로 정비 및 조치사항 "없음"으로 답안지를 작성한다.
3) 방전 전류 불량 판정 시 "기동 전동기 교환/재점검"으로 답안지를 작성한다.
4) 전압 강하 불량 판정 시 "배터리 ⊕에서 기동 전동기 B 단자 사이의 배선 교환/재점검"으로 답안지를 작성한다.

2. 주어진 자동차에서 정비지침서의 회로도를 이용하여 기록표에서 요구하는 회로를 점검하고, 이상이 있으면 이상 내용을 기록표에 기록한 후 정비하시오.

## 2. 회로 점검

### 2-1. 파워윈도우 회로 점검

#### 2-1-1. 점검

1) 엔진룸 퓨즈 박스에서 IG 2 퓨즈(30A), 파워윈도우 퓨즈(30A), 파워윈도우 릴레이를 확인한다.

2) 키 박스 커넥터를 확인한다.

3) 좌·우 파워윈도우 S/W 커넥터를 확인한다.

### 2-1-2. 답안지 작성

1) 부품의 정확한 명칭을 이상 부위 답안지에 기입한다.
2) 퓨즈가 끊어진 경우 "단선", 퓨즈, 전구 릴레이가 없는 경우 "없음", 퓨즈, 릴레이 터미널이 부러진 경우 "파손"으로 기입한다.
3) 예상 답안
   ① 파워윈도우 퓨즈(30A) 단선(또는 없음, 파손)
   ② IG 2(30A) 퓨즈 단선(또는 없음, 파손)
   ③ 파워윈도우 릴레이 파손(또는 없음)
   ④ 키 박스 커넥터 탈거
   ⑤ 좌·우 파워윈도우 S/W 커넥터 탈거(좌·우측 방향 표시)

## 2-2. 미등 회로 점검

### 2-2-1. 점검

1) 엔진룸 퓨즈 박스에서 좌·우측 미등 퓨즈(10A), 미등 퓨즈(20A), 미등 릴레이를 점검한다.

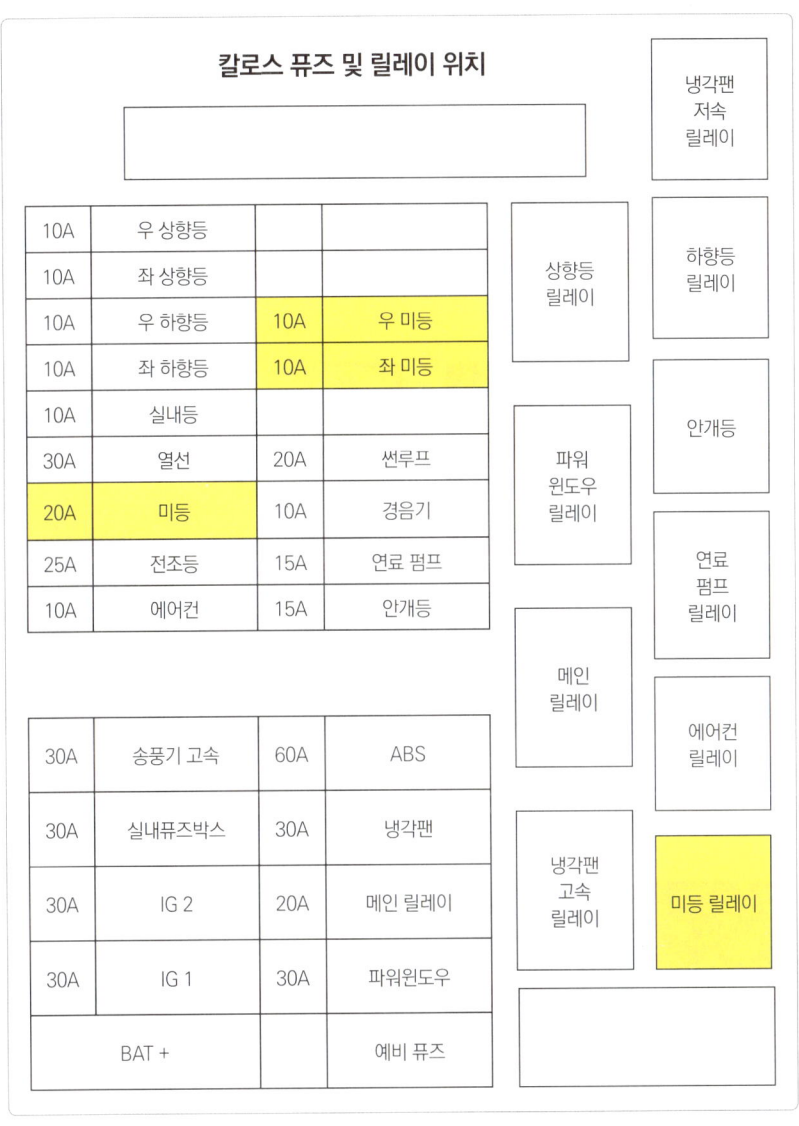

2) 미등 S/W 커넥터를 탈거한다.

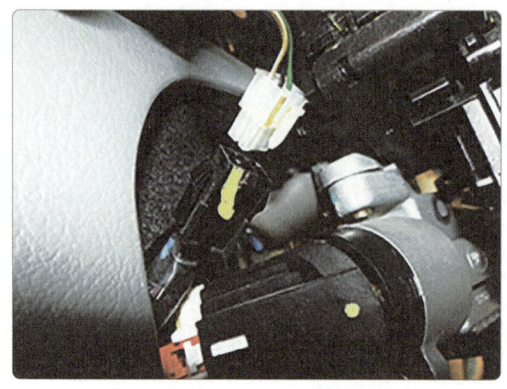

3) 앞 좌·우측 미등 커넥터 탈거를 확인한다.

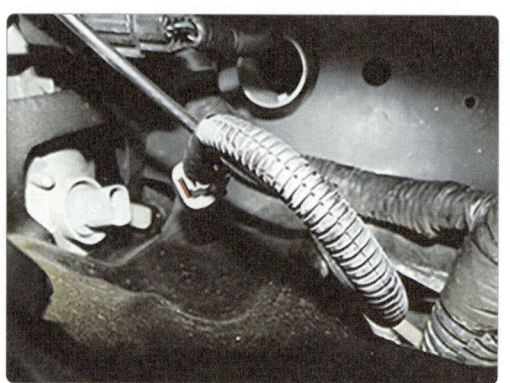

4) 앞 좌·우측 미등 전구 단선을 확인한다.

5) 뒤 좌·우측 미등 커넥터 탈거를 확인한다.

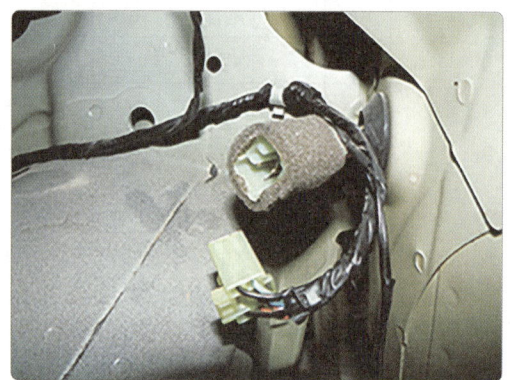

6) 뒤 좌·우측 미등 전구를 확인한다.

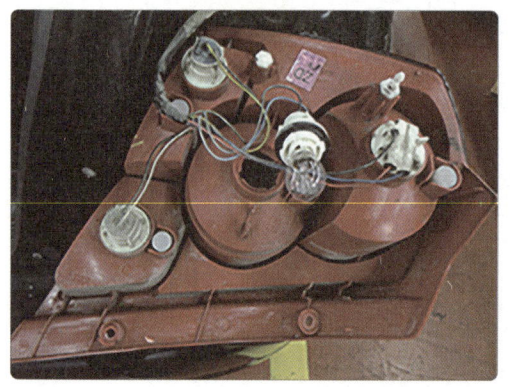

## 2-2-2. 답안지 작성

1) 부품의 정확한 명칭을 고장 부분 답안지에 기입한다.
2) 전구가 끊어진 경우 "단선", 퓨즈, 전구, 릴레이가 없는 경우 "없음", 퓨즈, 릴레이 터미널이 부러진 경우 "파손"으로 기입한다.
3) 예상 답안
   ① 미등 커넥터 탈거(앞, 뒤, 좌·우측 방향 표시)
   ② 미등 전구 단선(앞, 뒤, 좌·우측 방향 표시)
   ③ 미등 S/W 커넥터 탈거
   ④ 미등 퓨즈(20A) 단선, 파손(좌·우측(10A) 방향 표시)

## 2-3. 와이퍼 회로 점검

### 2-3-1. 점검

1) 엔진룸 퓨즈 박스에서 IG 2 퓨즈(30A)를 확인한다.

**칼로스 퓨즈 및 릴레이 위치**

| | | | | |
|---|---|---|---|---|
| 10A | 우 상향등 | | | |
| 10A | 좌 상향등 | | | |
| 10A | 우 하향등 | 10A | 우 미등 | |
| 10A | 좌 하향등 | 10A | 좌 미등 | |
| 10A | 실내등 | | | |
| 30A | 열선 | 20A | 썬루프 | |
| 20A | 미등 | 10A | 경음기 | |
| 25A | 전조등 | 15A | 연료 펌프 | |
| 10A | 에어컨 | 15A | 안개등 | |

| | | | |
|---|---|---|---|
| 30A | 송풍기 고속 | 60A | ABS |
| 30A | 실내퓨즈박스 | 30A | 냉각팬 |
| 30A | IG 2 | 20A | 메인 릴레이 |
| 30A | IG 1 | 30A | 파워윈도우 |
| BAT + | | 예비 퓨즈 | |

릴레이: 냉각팬 저속 릴레이, 상향등 릴레이, 하향등 릴레이, 파워 윈도우 릴레이, 안개등, 메인 릴레이, 연료 펌프 릴레이, 냉각팬 고속 릴레이, 에어컨 릴레이, 미등 릴레이

2) 실내 퓨즈 박스에서 와이퍼, 퓨즈(20A)와 와이퍼 릴레이를 확인한다.

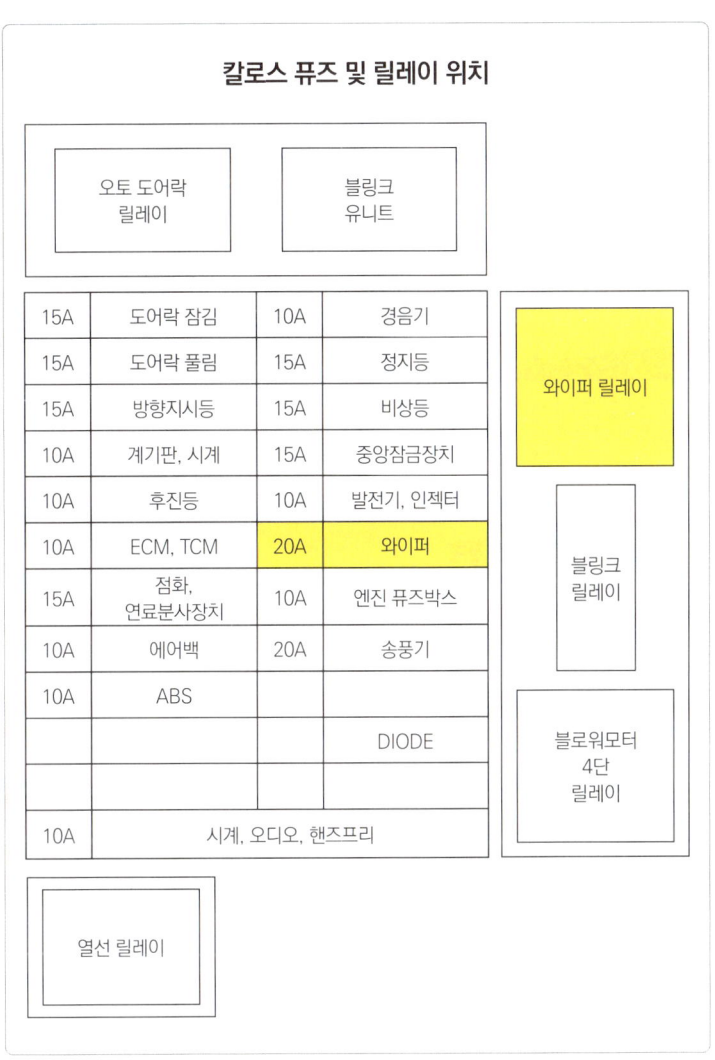

3) 와이퍼 모터 커넥터 탈거를 확인한다.

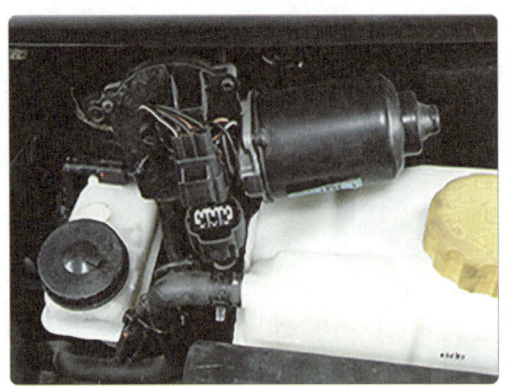

4) 시동 키 박스 커넥터를 확인한다.

5) 와이퍼 스위치 커넥터를 확인한다.

### 2-3-2. 답안지 작성

1) 부품의 정확한 명칭을 고장 부분 답안지에 기입한다.
2) 전구가 끊어진 경우 "단선", 퓨즈, 전구, 릴레이가 없는 경우 "없음", 퓨즈, 릴레이 터미널이 부러진 경우 "파손"으로 기입한다.
3) 예상 답안
   ① 와이퍼 모터 커넥터 탈거
   ② IG 2 퓨즈(30A) 단선(또는 없음, 파손)
   ③ 와이퍼 퓨즈(20A) 단선(또는 없음, 파손)
   ④ 와이퍼 릴레이 없음(또는 파손)
   ⑤ 엔진 시동 키 박스 커넥터 탈거

## [전기 2 기록표]

자동차 번호 :

| 항목 | 점검(원인 부위) | | 내용 및 정비(또는 조치)사항 | 득점 |
|---|---|---|---|---|
| | 고장 부분 | 원인 내용 및 상태 | 정비 및 조치사항 | |
| 파워윈도우 회로 | 파워윈도우 퓨즈(30A) | 단선 | 파워윈도우 퓨즈(30A) 교환/재점검 | |
| 미등 회로 | 우측 미등 퓨즈(10A) | 단선 | 우측 미등 퓨즈(10A) 교환/재점검 | |
| 와이퍼 회로 | 와이퍼 모터 커넥터 | 탈거 | 와이퍼 모터 커넥터 연결/재점검 | |

비번호 / 감독위원 확인

3. 주어진 자동차에서 감독위원의 지시에 따라 기록표의 요구사항을 점검 및 측정하여 기록하시오.

## 3. CAN 통신 파형 출력 및 분석

### 3-1. CAN 통신 파형 측정

3-1-1. 측정

1) 시험 차량의 OBD 커넥터를 확인한다.

2) Hi-DS 전원공급 케이블을 연결한다.

3) Hi-DS 1번 프로브를 3번 핀에, 2번 프로브를 11번 핀에 연결한다.

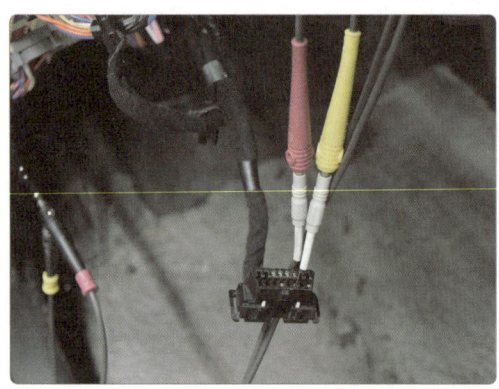

4) 바탕화면에서 Hi-DS를 클릭한다.

5) 로그인 취소를 클릭한다.

6) 경고 문구가 뜨면 확인을 클릭한다.

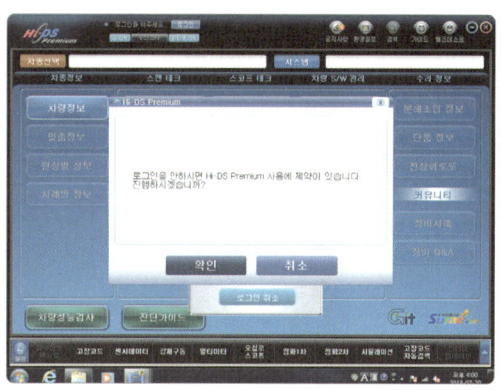

7) 오실로스코프를 클릭한다.

8) 제작사, 차명, 연식, 엔진 형식을 입력 후 확인을 클릭한다.

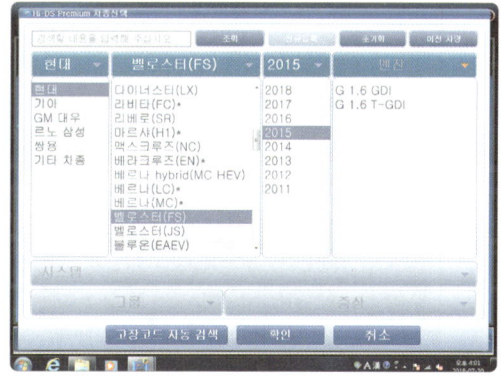

9) 엔진제어 선택 후 확인을 클릭한다.

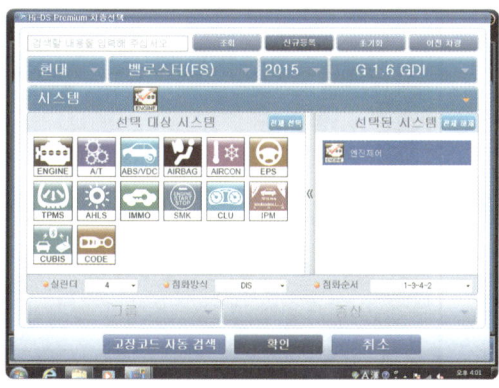

10) 1, 2번 채널을 활성화한다.

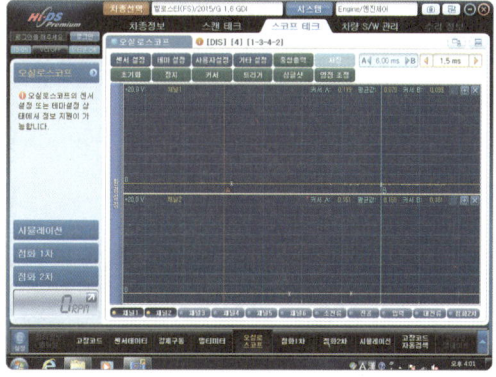

11) 설정에서 전압 5V, 1.5ms로 설정한다.

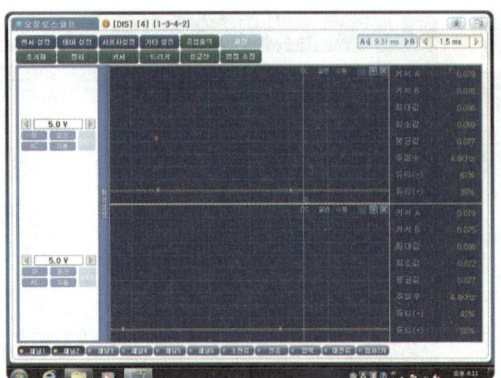

12) 시동키를 ON한다.

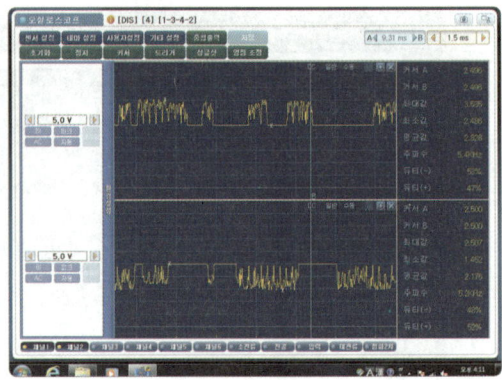

13) 창 확장 후 저장버튼을 누른다.

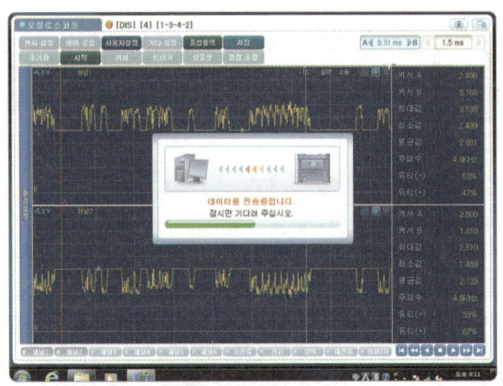

14) 슬라이드 바를 움직여 파형을 선택한다.

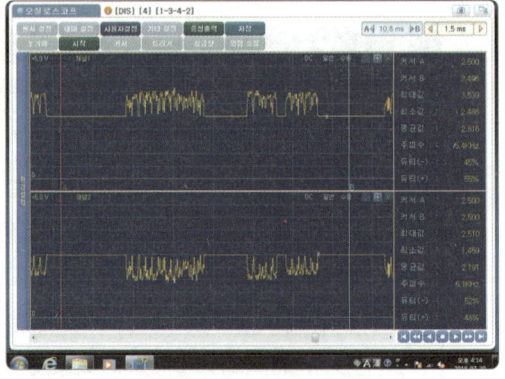

15) 카메라 아이콘을 클릭한다.

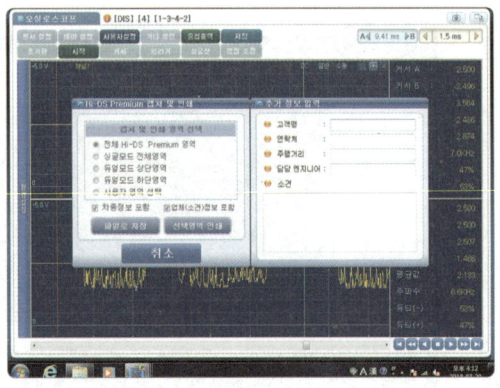

16) 선택영역 인쇄 확인을 클릭한다.

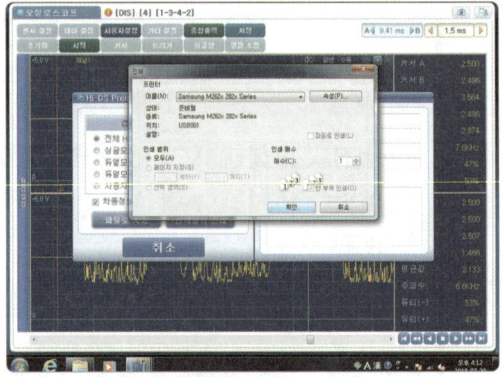

17) High/Low 기준 전압 2.5V/2.5V, High 전압 3.539V, Low 전압 1.459V를 출력된 파형에 기입한다.

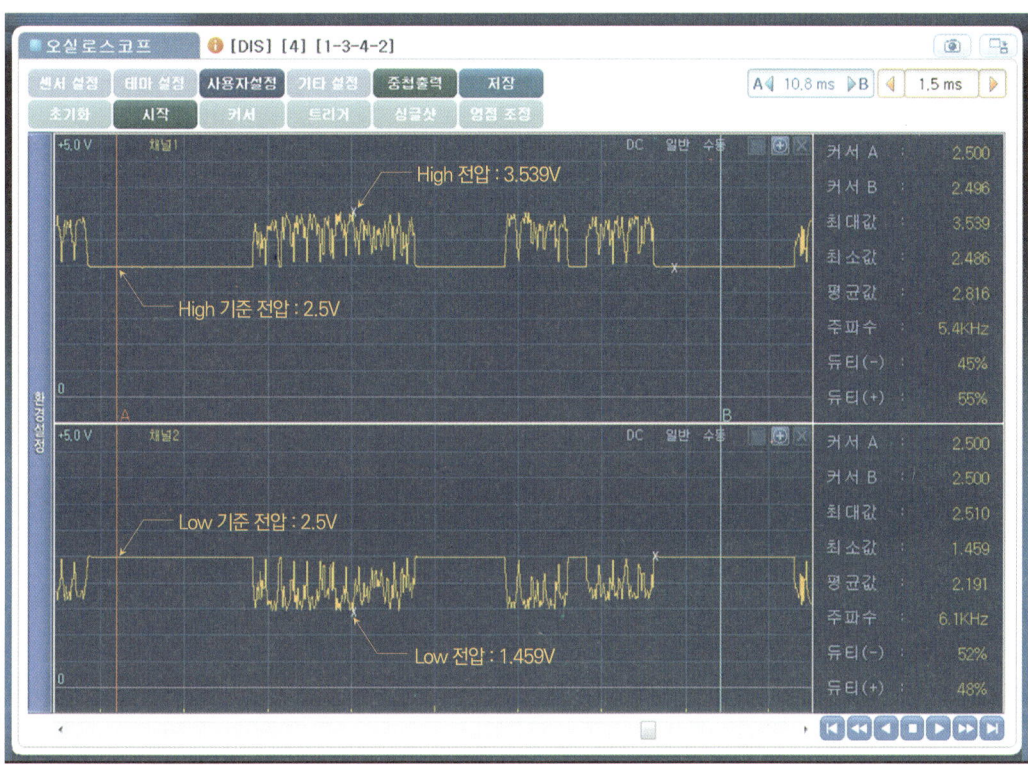

## 3-1-2. 답안지 작성

1) High/Low 기준 전압 : 2.5V, High 전압 : 3.539V, Low 전압 : 1.459V를 답안지에 기입한다.
2) 기준값(예) 기준 전압 : H - 2.5V, L - 2.5V, H 전압 - 3~4V, L 전압 - 1~2V)을 참고한다.
3) 파형에 표기한 측정값과 답안지 값이 일치해야 한다.

### [전기 3 기록표]

| | | | 비번호 | | 감독위원 확인 | |
|---|---|---|---|---|---|---|
| 1) 파형 | | 자동차 번호 : | | | | |

| 항목 | 파형 분석 및 판정 | | | | 득점 |
|---|---|---|---|---|---|
| | 분석항목 | | 분석내용 | 판정 (□에 'V' 표) | |
| CAN 통신 파형 측정 | High/Low 기준 전압 | 2.5V | 분석내용은 출력물에 표시하시오. | ☑ 양호 <br> □ 불량 | |
| | High 전압 | 3.539V | | | |
| | Low 전압 | 1.459V | | | |

### 3-1-3. 정비 및 조치사항

1) 측정값이 기준값 범위 내에 있으므로 양호에 ☑ 표시한다.
2) 측정값이 기준값 범위를 벗어나면 불량에 ☑ 표시한다.

### 3-2. AQS 출력 전압 측정

1) 커넥터 표에서 M25-3 12번 GND, 7번 AQS를 확인한다.

**AVANTE XD ETACS, A/C**

| 1 | 2 | 3 | 4 | 5 | 6 | | 8 | 9 | 10 |
|---|---|---|---|---|---|---|---|---|---|
| 11 | 12 | 13 | 14 | 15 | 16 | 17 | 18 | 19 | 20 |

| 1 | 2 | | 4 | 5 | 6 | 7 | 8 |
|---|---|---|---|---|---|---|---|
| 9 | 10 | 11 | 12 | 13 | 14 | | |

| 2 | 3 | 4 | 7 | 8 |
|---|---|---|---|---|
| 9 | 10 | 11 | 12 | |

(M25-1)

| 1 | B+ |
|---|---|
| 2 | "P"포지션 신호 |
| 3 | 뒷도어 록/언록 신호 |
| 4 | 파워윈도우 릴레이 컨트롤 |
| 5 | ON/ST 전원 |
| 6 | IG 전원 |
| 7 | |
| 8 | 운전석앞 도어 스위치 |
| 9 | 조수석앞 도어 스위치 |
| 10 | 트렁크 램프 컨트롤 |
| 11 | 실내등 |
| 12 | 디포거 릴레이 컨트롤 |
| 13 | 시트벨트 경고등 |
| 14 | 도어록 릴레이(록) |
| 15 | 미등 릴레이 컨트롤 |
| 16 | GND |
| 17 | 파킹브레이크 신호 |
| 18 | 전도어 스위치 |
| 19 | 엔진회전시 입력신호 |
| 20 | 도어록 릴레이(언록) |

(M25-2)

| 1 | 키홀조명 |
|---|---|
| 2 | 도어 경고 스위치 신호 |
| 3 | |
| 4 | 시트벨트 스위치 |
| 5 | |
| 6 | |
| 7 | 와셔신호 |
| 8 | 간헐와이퍼 |
| 9 | 간헐와이퍼 시간지연조절 |
| 10 | 와이퍼 릴레이 컨트롤 |
| 11 | 엔진체크 경고등 컨트롤 |
| 12 | 디포거 스위치 |
| 13 | IG 릴레이(1) 컨트롤 |
| 14 | 미등 스위치 입력 |
| 15 | |
| 16 | |

(M25-3)

| 2 | 외기온도 센서 |
|---|---|
| 3 | |
| 3 | |
| 4 | 증발기 온도센서 |
| 5 | |
| 6 | |
| 7 | AQS |
| 8 | |
| 10 | |
| 11 | |
| 12 | GND |

2) 엔진 키 ON 상태에서 A/C켜고 AQS를 작동시킨다.

3) 커넥터표 7번 핀에 멀티미터 ⊕를, 12번 핀에 ⊖를 연결한 후 AQS 미감지 시 출력값을 측정한다.(4.80V)

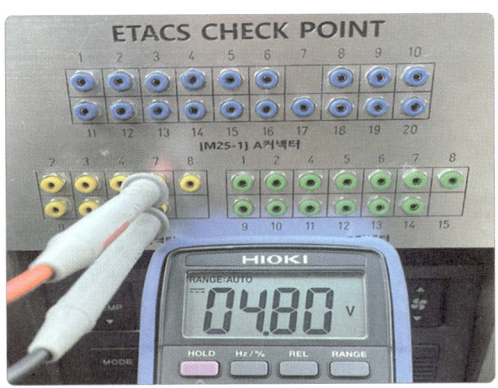

4) 컨덴서 앞쪽 AQS 센서에 가스를 주입한다.

5) 가스 감지 시 AQS 출력 전압을 측정한다. (0.737V)

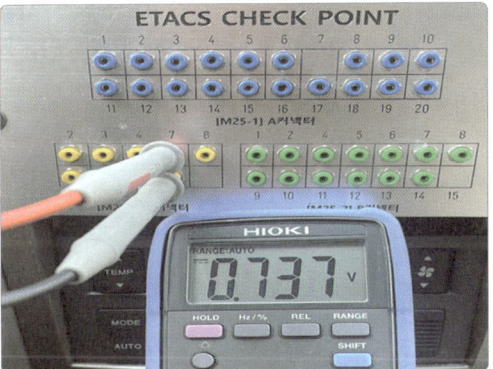

## 3-3. 핀 서모센서 저항, 출력 전압 측정

1) 엔진 키 OFF에서 (M25-3)4번 핀 서모센서(증발기 온도센서) 출력 단자를 확인한다.

**AVANTE XD ETACS, A/C**

(M25-1)

| | |
|---|---|
| 1 | B+ |
| 2 | "P"포지션 신호 |
| 3 | 뒷도어 록/언록 신호 |
| 4 | 파워윈도우 릴레이 컨트롤 |
| 5 | ON/ST 전원 |
| 6 | IG 전원 |
| 7 | |
| 8 | 운전석앞 도어 스위치 |
| 9 | 조수석앞 도어 스위치 |
| 10 | 트렁크 램프 컨트롤 |
| 11 | 실내등 |
| 12 | 디포거 릴레이 컨트롤 |
| 13 | 시트벨트 경고등 |
| 14 | 도어록 릴레이(록) |
| 15 | 미등 릴레이 컨트롤 |
| 16 | GND |
| 17 | 파킹브레이크 신호 |
| 18 | 전도어 스위치 |
| 19 | 엔진회전시 입력신호 |
| 20 | 도어록 릴레이(언록) |

(M25-2)

| | |
|---|---|
| 1 | 키홀조명 |
| 2 | 도어 경고 스위치 신호 |
| 3 | |
| 4 | 시트벨트 스위치 |
| 5 | |
| 6 | |
| 7 | 와셔신호 |
| 8 | 간헐와이퍼 |
| 9 | 간헐와이퍼 시간지연조절 |
| 10 | 와이퍼 릴레이 컨트롤 |
| 11 | 엔진체크 경고등 컨트롤 |
| 12 | 디포거 스위치 |
| 13 | IG 릴레이(1) 컨트롤 |
| 14 | 미등 스위치 입력 |
| 15 | |
| 16 | |

(M25-3)

| | |
|---|---|
| 2 | 외기온도 센서 |
| 3 | |
| 3 | |
| 4 | 증발기 온도센서 |
| 5 | |
| 6 | |
| 7 | AQS |
| 8 | |
| 10 | |
| 11 | |
| 12 | GND |

2) 시동키를 탈거한다.

3) 멀티미터 ⊕를 프로브 (M25-3) 4번 핀에, ⊖를 프로브 12번 핀에 연결 후 저항을 측정한다.(1.131㏀)

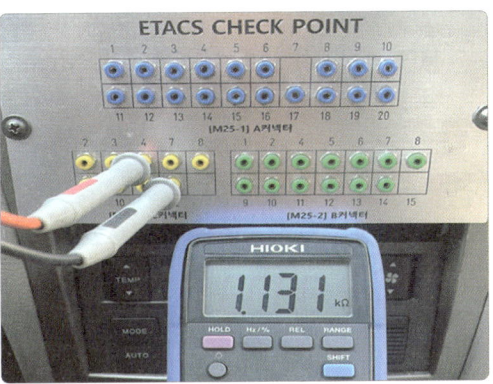

4) 시동 키를 IG On 상태로 한다.

5) 엔진 시동키 ON 후 출력 전압을 측정한다.(1.3V)

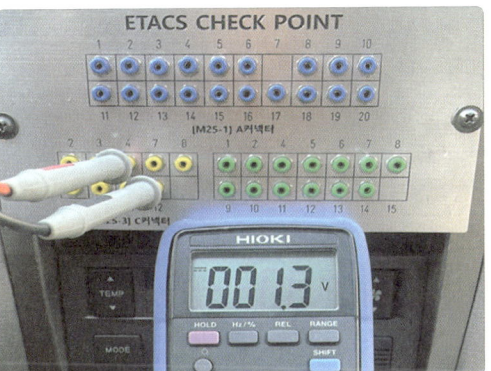

## 3-4. 답안지 작성

1) AQS 측정값 감지 : 0.737V, 미감지 : 4.80V를 답안지에 기입한다.
2) 규정값(예) 감지 : 0~1.5V, 미감지 : 4.5~5.5V)을 답안지에 기입한다.
3) 핀 서모센서 측정값 저항 1.131㏀, 전압 : 1.3V를 답안지에 기입한다.
4) 규정값(예) 저항 2.5~3.5㏀, 전압 2.5~3.5V)을 답안지에 기입한다.

### [전기 3 기록표]

2) 점검 및 측정    자동차 번호 :

| 비번호 | | 감독위원 확인 | |
|---|---|---|---|

| 위치 | 측정(또는 점검) | | 판정 및 정비(또는 조치)사항 | | 득점 |
| | 측정값 | 규정(정비한계)값 | 판정 (□에 'V'표) | 정비 및 조치사항 | |
|---|---|---|---|---|---|
| 유해 가스 감지 센서 (AQS) 출력 전압 | 감지 0.737V | 0.05~2.5V | ☑ 양호 □ 불량 | 없음 | |
| | 미감지 4.80V | 4.1~5.5V | | | |
| 핀 서모센서 저항 및 출력 전압 | 저항 1.131㏀ | 11.5~12.5㏀ | □ 양호 ☑ 불량 | 핀 서모센서 교환/재점검 | |
| | 전압 1.3V | 4.5~5.3V | | | |

## 3-5. 정비 및 조치사항

1) AQS 측정값이 규정값 범위 내에 있으므로 양호에 ☑ 표시 후 조치사항 "없음"으로 답안지를 작성한다.
2) AQS 측정값이 규정값 범위를 벗어나면 불량에 ☑ 표시 후 정비 및 조치사항에 "AQS 교환/재점검"으로 답안지를 작성한다.
3) 핀 서모센서 저항 값이 규정값 범위를 벗어나 므로 불량에 ☑ 표시 후 정비 및 조치사항에 "핀 서모센서 교환/재점검"으로 답안지를 작성한다.
4) 핀 서모센서 측정값이 규정값 범위 내에 있으면 양호에 ☑ 표시 후 정비 및 조치사항 "없음"으로 답안지를 작성한다.

# 자동차 정비 기/능/장

Master Craftsman Motor Vehicles Maintenance

## 02안

**가. 엔진**
    1. 타이밍체인과 인젝터 탈·부착 및 점검
    2. 점검 및 측정
    3. 시동 결함, 부조 점검

**나. 섀시**
    1. 파워 오일 펌프 탈·부착 및 점검
    2. 스티어링 컬럼 샤프트 탈·부착 및 점검

**다. 전기**
    1. 와이퍼 모터 탈·부착 및 점검
    2. 회로 점검
    3. 점검 및 측정

# 02안 국가기술자격검정 실기시험문제

| 자격종목 | 자동차정비 기능장 | 작품명 | 자동차정비 작업 |

비 번호(등번호) :

※ 시험시간 : [표준시간 : 6시간 30분, 연장시간 없음]
　　　　　　엔진 : 140분 │ 섀시 : 130분 │ 전기 : 120분

## 요구사항

### Engine  가. 엔진

1. 주어진 전자제어 엔진에서 감독위원의 지시에 따라 타이밍벨트(체인)와 인젝터를 탈거하고 감독위원에게 확인 후 다시 조립(부착)하여 엔진 및 시동 관련회로를 점검한 후 시동 작업과 기록표의 요구사항을 점검 및 측정하고 기록표에 기록하시오.(단, 시동되지 않는 경우 2항은 작업할 수 없음.)

## 1. 타이밍체인과 인젝터 탈·부착 및 점검

### 1-1. 엔진 분해 및 조립

1) LH, RH 실린더헤드 커버를 탈거한다.

 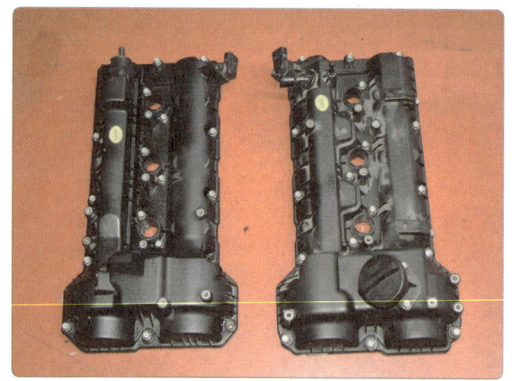

2) 크랭크축을 회전시켜 커버의 타이밍마크와 풀리의 홈을 일치시킨다.

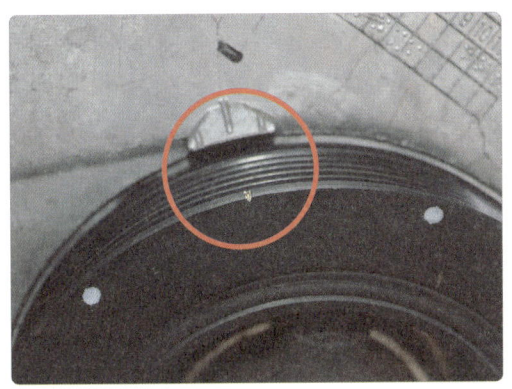

3) 캠샤프트의 LH, RH 타이밍마크를 확인한다.

4) 오일팬을 탈거한다.

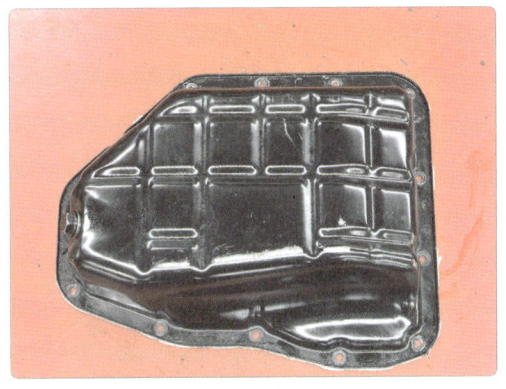

5) 크랭크샤프트 댐퍼풀리를 탈거한다.

6) 타이밍체인 커버를 탈거한다.

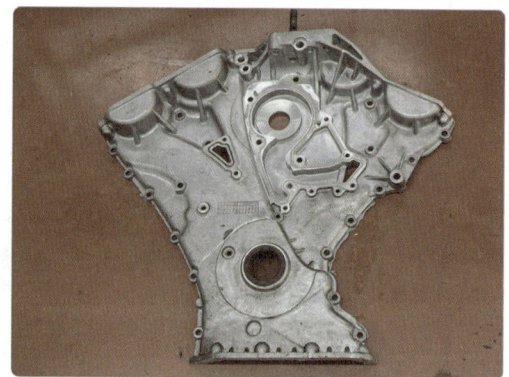

7) 텐셔너의 라쳇 홀에 드라이버를 이용하여 라쳇을 해제시킨 상태에서 피스톤을 뒤로 밀고, 고정용 핀으로 고정 후 탈거한다.

8) 타이밍체인 가이드를 탈거한다.

9) 타이밍체인 텐셔너 암을 탈거한다.

10) RH 타이밍체인 가이드를 탈거한다.

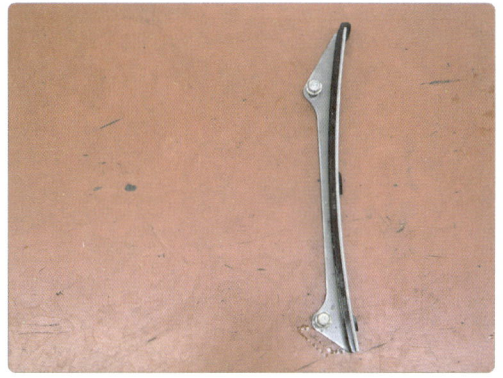

11) RH 타이밍체인을 탈거한다.

 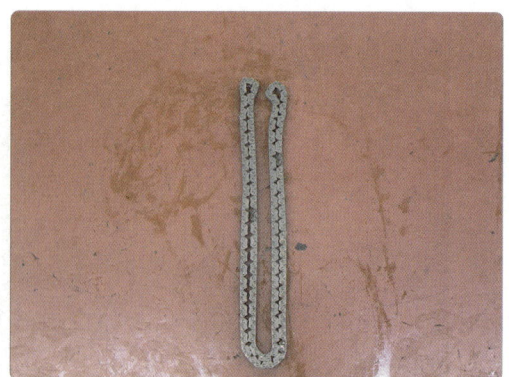

12) 오일 펌프 체인 커버를 탈거한다.

13) 오일 펌프 체인 텐셔너 어셈블리를 탈거한다.

 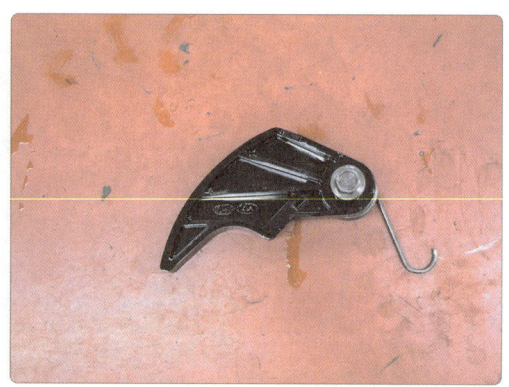

14) 오일 펌프 체인 가이드를 탈거한다.

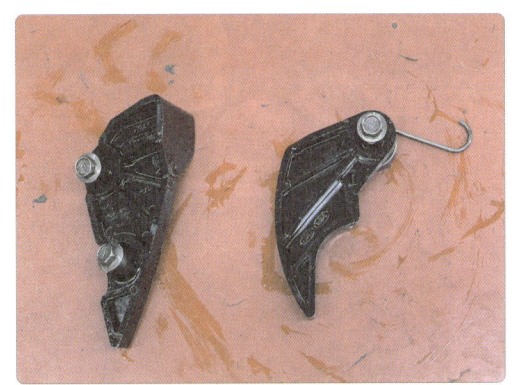

15) 오일 펌프 체인 스프로켓 볼트를 탈거 후 체인을 탈거한다.

16) LH 텐셔너의 라쳇 홀에 드라이버를 이용하여 라쳇을 해제시킨 상태에서 피스톤을 뒤로 밀고, 고정용 핀으로 고정 후 탈거한다.

17) LH 타이밍체인 텐셔너 암을 탈거한다.

18) LH 타이밍체인을 탈거한다.

19) LH 타이밍체인 가이드 탈거 후 감독위원의 확인을 받는다.

 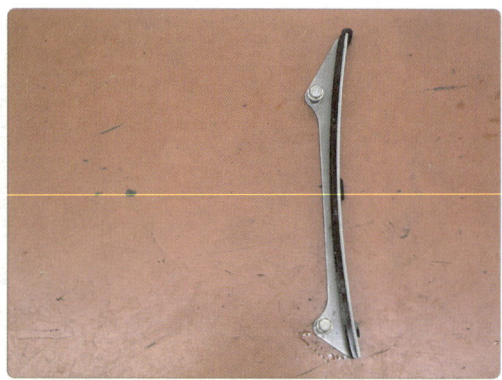

20) 크랭크샤프트 키와 실린더 블록의 타이밍마크를 정렬한다.

21) RH 흡·배기 캠축 타이밍마크를 정렬한다.

22) LH 흡·배기 캠축 타이밍마크를 정렬한다.

23) LH 타이밍체인 가이드를 장착한다.

 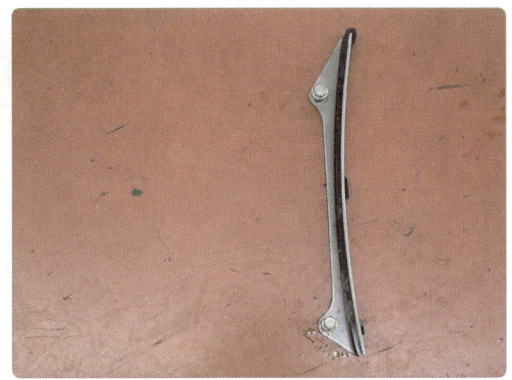

24) LH 크랭크샤프트 스프로켓 → 타이밍체인 가이드 → 배기 캠샤프트 스프로켓 → 흡기 캠샤프트 스프로켓 순서로 각 스프로켓의 타이밍마크는 타이밍체인의 타이밍마크와 일치되도록 타이밍마크를 주의하여 장착한다.

25) LH 타이밍체인 텐셔너 암을 장착한다.

 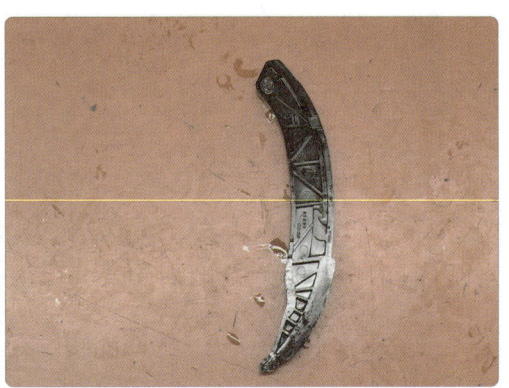

26) LH 타이밍체인 오토텐셔너를 장착하고 고정핀을 뽑는다.

27) LH 캠샤프트 사이에 타이밍체인 가이드(A)를 장착한다.

28) RH, 오일 펌프 크랭크샤프트 스프로켓을 장착한다.

29) 오일 펌프 체인가이드, 체인 텐셔너, 체인 커버를 장착한다.

 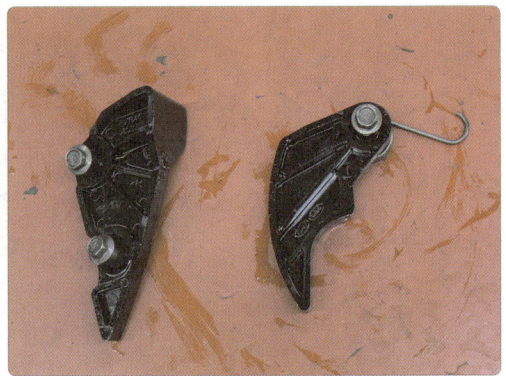

30) RH 타이밍체인을 장착한다. 크랭크샤프트 스프로켓 → 흡기 캠샤프트 스프로켓 → 배기 캠샤프트 스프로켓 순으로 장착한다.

31) RH 타이밍체인 가이드, 텐셔너 암을 장착한다.

 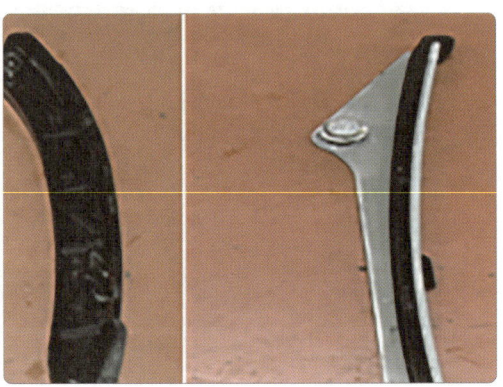

32) RH 타이밍체인 오토텐셔너를 장착하고 고정핀을 뽑는다.

33) RH 캠샤프트 사이의 타이밍체인 가이드를 장착한다.

34) 타이밍마크를 재확인 후 감독위원의 확인을 받는다.

35) 타이밍체인 커버를 장착한다.

 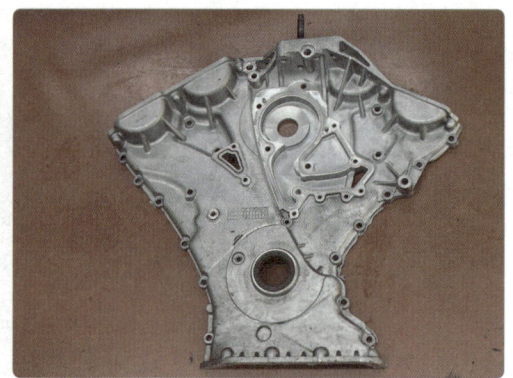

36) 크랭크샤프트 댐퍼풀리를 장착한다.

37) 오일팬을 장착한다.

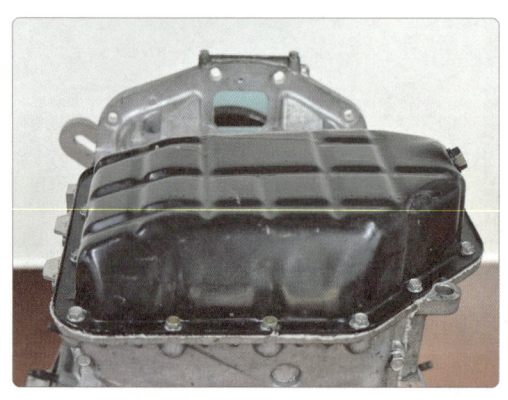 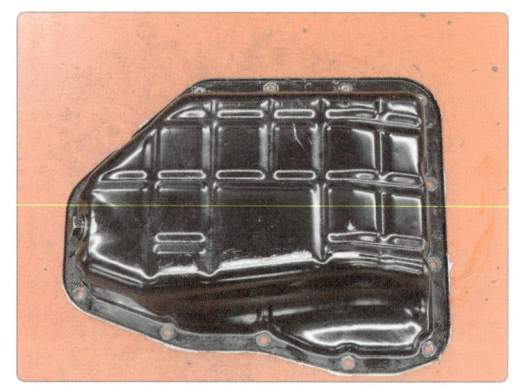

38) LH, RH 실린더헤드 커버를 장착 후 감독위원의 확인을 받는다.

 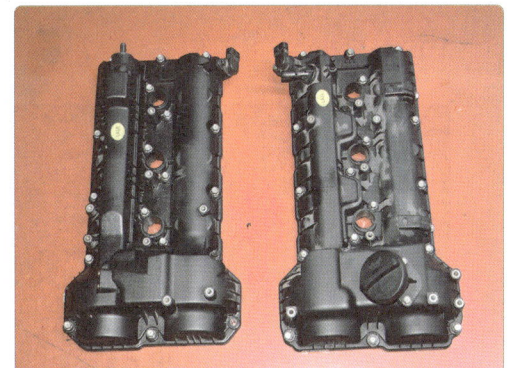

## 1-2. 인젝터 탈·부착

1) ISA를 탈거한다.

2) 연료 압력 조절기 진공호스를 분리한다.

3) 연료 공급 파이프와 리턴파이프를 분리한다.

4) 인젝터 커넥터를 분리한다.

5) 인젝터 레일 고정볼트를 탈거한다.

6) 인젝터 어셈블리를 탈거한다.

7) 인젝터 레일 받힘키를 탈거한다.

8) 연료 레일과 인젝터를 탈거 후 감독위원에게 확인받는다.

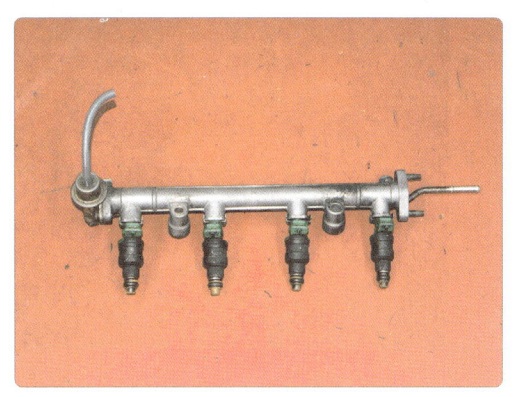

9) 인젝터 어셈블리를 조립한다.

10) 연료 공급 파이프와 리턴 파이프를 조립한다.

11) 연료 압력조절기 진공 호스를 연결한다.

12) 인젝터 커넥터를 연결한다.

13) ISA를 장착 후 감독위원의 확인을 받는다.

## 1-3. 연료 펌프 점검

### 1-3-1. 연료 펌프 작동 시 전류 측정

1) 연료 펌프 모터 전원 공급 케이블에 전류계를 설치한다.

2) 엔진 시동 후 측정값을 읽는다.(5.3A)

## 1-3-2. 연료 펌프 작동 시 공급압력 측정

1) 시험용 엔진의 연료 레일 입구에 압력계를 설치한 후 시동을 건다.

2) 연료 압력을 측정한다.(4.6kgf/cm²)

3) 시뮬레이터 엔진인 경우 게이지를 찾아서 읽는다. (3.5kgf/cm²)

## 1-3-3. 답안지 작성

1) 작동 전류 측정값 5.3A를 답안지에 기입한다.
2) 공급 압력 측정값 3.5kgf/cm²를 답안지에 기입한다.
3) 기준값(예 작동 전류 4.8~5.5A, 공급 압력 3.2~3.8kgf/cm²)을 답안지에 기입한다.

[엔진 1 기록표]

| 항목 | | 측정(또는 점검) | | 판정 및 정비(또는 조치)사항 | | 득점 |
|---|---|---|---|---|---|---|
| | | 측정값 | 규정(정비한계)값 | 판정 (□에 'V'표) | 정비 및 조치사항 | |
| 연료 펌프 | 작동 전류 | 5.3A | 4.8~5.5A | ☑ 양호<br>□ 불량 | 없음 | |
| | 공급 압력 | 3.5kgf/cm² | 3.2~3.8kgf/cm² | ☑ 양호<br>□ 불량 | 없음 | |

자동차 번호 :   비번호     감독위원 확인

1-3-4. 정비 및 조치사항

    1) 측정값이 규정값 범위 내에 있으므로 양호에 ☑ 표시한다.
    2) 판정이 양호이므로 정비 및 조치사항에 "없음"으로 기입한다.
    3) 작동 전류 불량 시 "연료 펌프 교환/재점검"으로 답안지를 작성한다.
    4) 공급 압력 불량 시 "연료 압력 조절기 교환, 재점검"으로 답안지를 작성한다.

2. 주어진 엔진에서 감독위원의 지시에 따라 기록표 요구사항을 점검 및 측정하여 기록하시오.

## 2. 점검 및 측정

### 2-1. 가솔린 인젝터 전압 및 전류 파형 측정

#### 2-1-1. 측정

1) 시험 차량의 인젝터 위치를 확인한다.

2) 측정할 실린더의 인젝터 ⊖커넥터에 Hi-DS 1번 프로브를, ⊕에는 전류계를 연결한다.(예 3번 실린더)

3) 바탕화면에서 Hi-DS를 클릭한다.

4) 로그인 취소를 클릭한다.

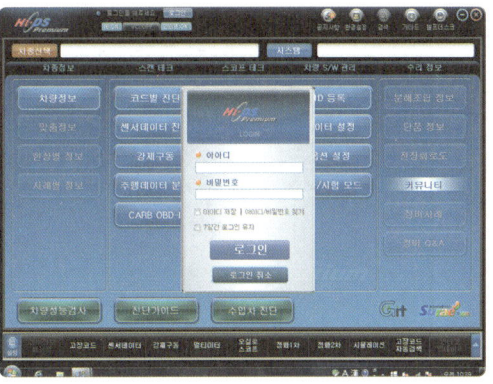

5) 경고 문구가 뜨면 확인을 클릭한다.

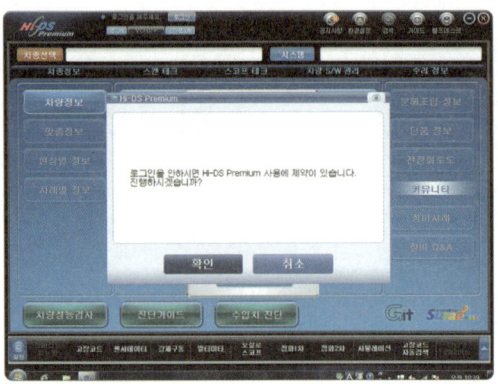

6) 차종 선택을 클릭한다.

7) 제작사, 차명, 연식, 엔진 형식을 입력 후 확인을 클릭한다.

8) 엔진제어 선택 후 확인을 클릭한다.

9) 오실로스코프를 클릭한다.

10) 1번 채널과 소전류를 클릭한다.

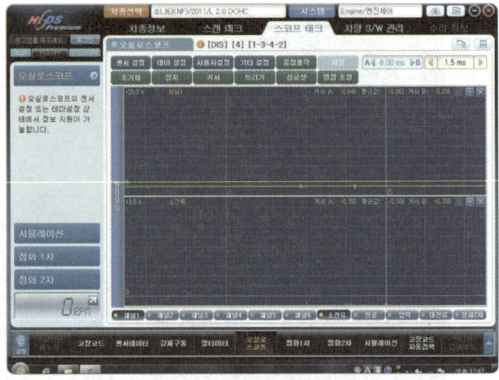

11) 창을 확장 후 전압 60V, 전류 1A로 설정한다.

12) Brake S/W를 누르고 엔진을 시동한다.

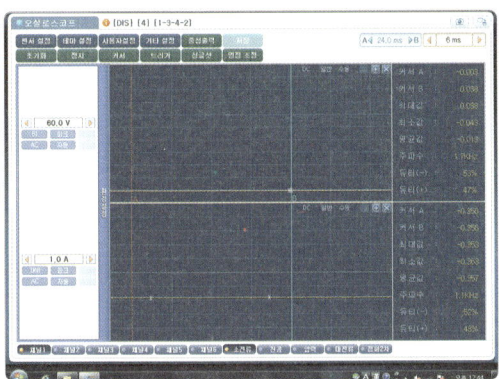
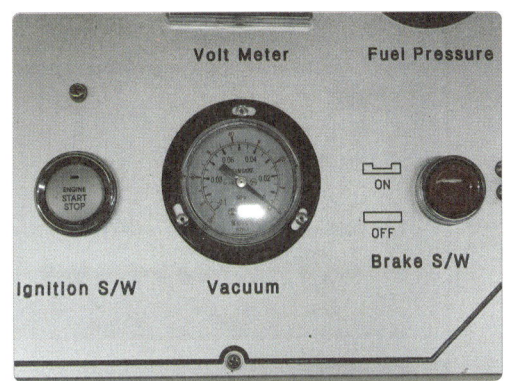

13) 트리거를 실행해서 파형을 고정한다.

14) A 커서를 TR ON 시작점에 위치시킨다.

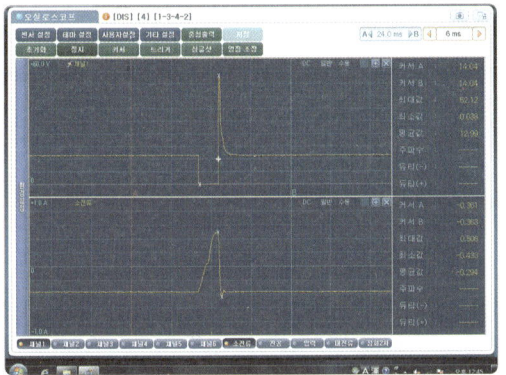
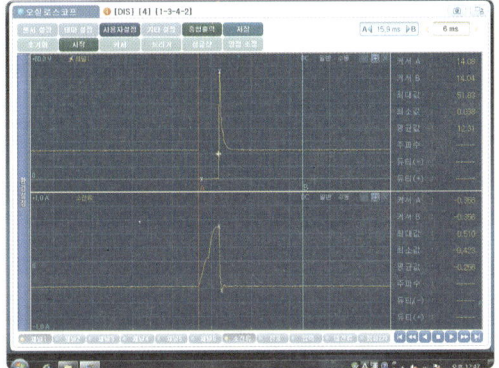

15) B 커서를 서지 전압 최대값 51.83V와 B 커서 값 51.83V가 일치하도록 커서를 조정한다.

16) 카메라 아이콘을 클릭한다.

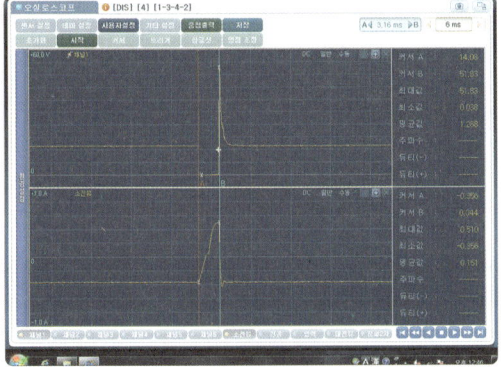
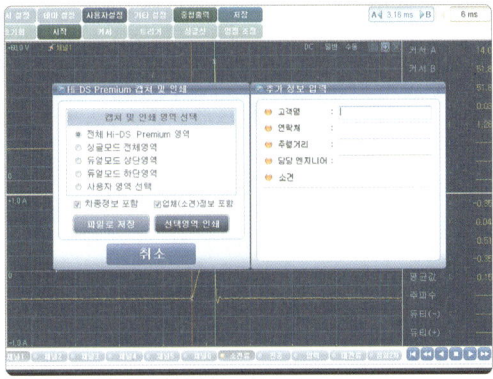

17) 선택영역 인쇄 확인을 클릭한다.

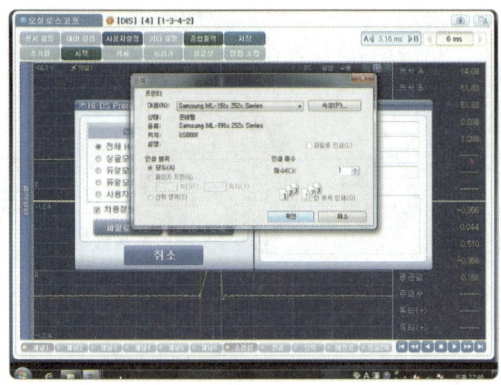

18) TR ON 작동 전압 0.038V, 서지 전압 51.83V, 연료 분사 시간 3.16ms를 출력된 파형에 기입한다.

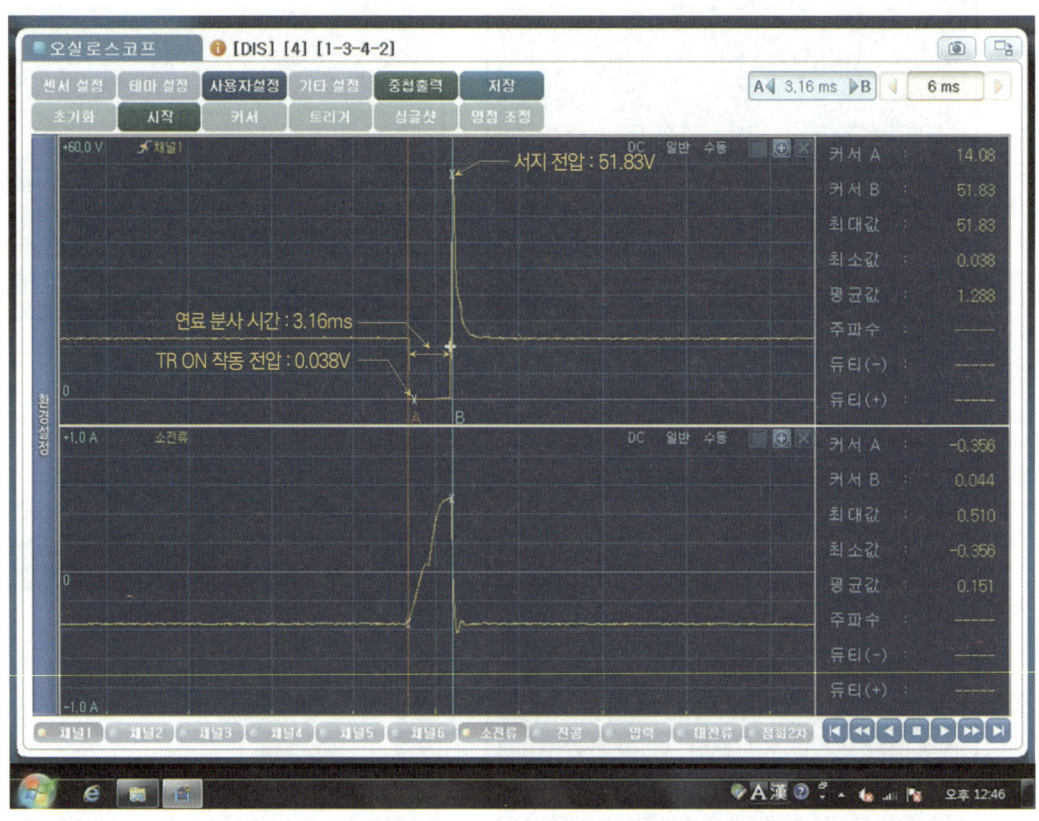

## 2-1-2. 답안지 작성

1) TR ON 작동 전압 0.038V, 서지 전압 51.83V, 연료 분사 시간 3.16ms를 답안지에 기록한다.
2) 프린트한 파형에 측정된 값과 답안지 기입값이 일치해야 한다.

### [엔진 2 기록표]

1) 파형    자동차 번호 :

| 항목 | 파형 분석 및 판정 ||| 득점 |
|---|---|---|---|---|
| | 분석항목 || 분석내용 | 판정 (□에 'V'표) | |
| 가솔린 인젝터 전압 및 전류 파형 | TR ON(작동) 전압 | 0.038V | 분석내용은 출력물에 표시하시오. | ☑ 양호<br>□ 불량 | |
| | 서지 전압 | 51.83V | | | |
| | 연료 분사 시간 | 3.16ms | | | |

※ 주의사항 : 분석 항목 및 내용은 출력물에 표기하며 관련 사항은 감독위원의 지시를 따른다.

## 2-1-3. 정비 및 조치사항

1) 측정값을 파형 위치에 맞게 기입해야 한다.
2) 기준값(예 TR ON(작동) 전압 0~0.5V, 서지 전압 50~55V, 연료 분사 시간 2.5~3.5ms)을 참고한다.
3) 측정값이 기준값 범위 내에 있으므로 양호에 ☑ 표시한다.
4) 불량 시 불량에 ☑ 표시한다.

## 2-2. TPS, AFS(MAP) 전폐, 전개 시 전압 측정

### 2-2-1. Hi-DS로 측정(AFS&MAP)

1) Hi-DS 1번 프로브를 TPS에, 2번 프로브를 MAP 센서에 연결한다.

2) 바탕화면에서 Hi-DS를 클릭한다.

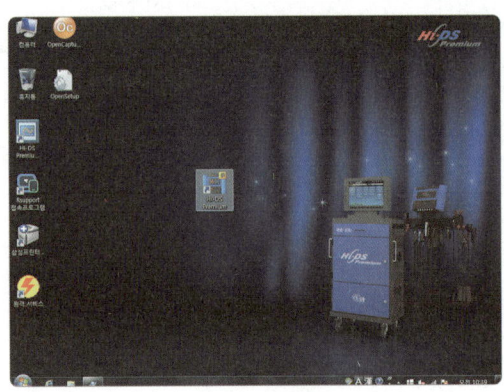

3) 로그인 취소를 클릭한다.

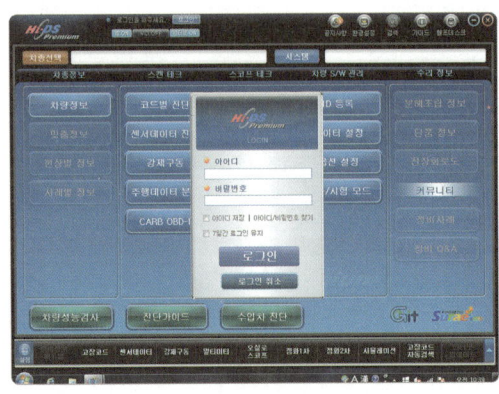

4) 경고 문구가 뜨면 확인을 클릭한다.

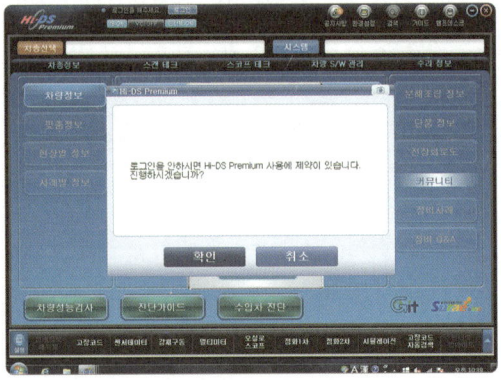

5) 차종 선택을 클릭한다.

6) 제작사, 차형, 연식, 엔진 형식을 입력 후 확인을 클릭한다.

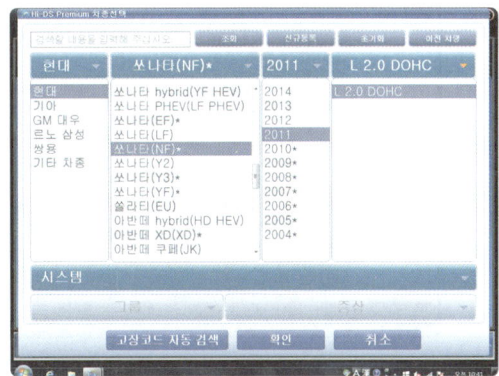

7) 엔진제어 선택 후 확인을 클릭한다.

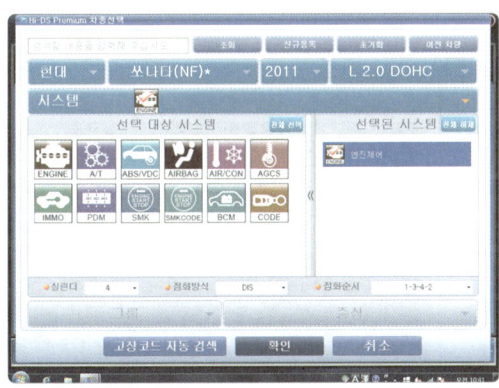

8) 오실로스코프를 클릭한다.

9) 2번 채널을 활성화시킨다.

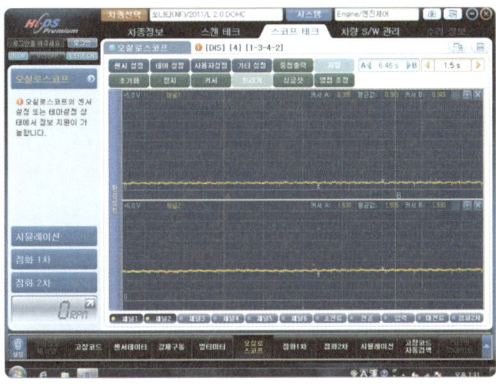

10) 파형 표시창 확장 버튼을 클릭한다.

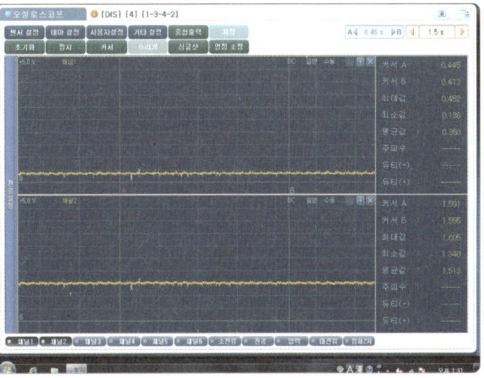

11) 설정에서 전압 5V, 1.5S로 설정한다.

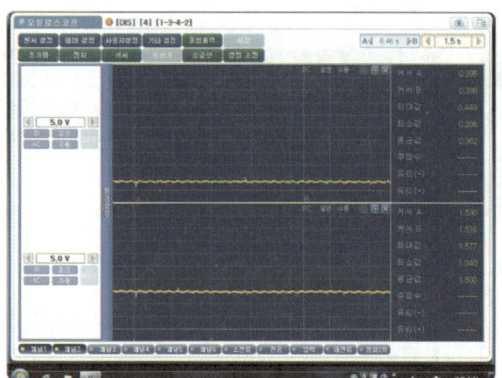

12) Brake S/W를 누르고 엔진을 시동한다.

13) 엔진을 급가속 후 파형을 정지한다.

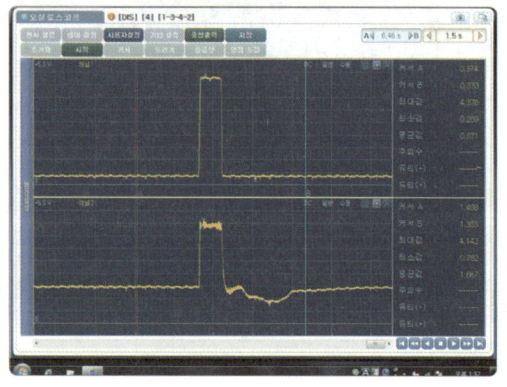

14) A, B 커서를 화면 양단에 위치시킨 후 측정값을 읽는다.

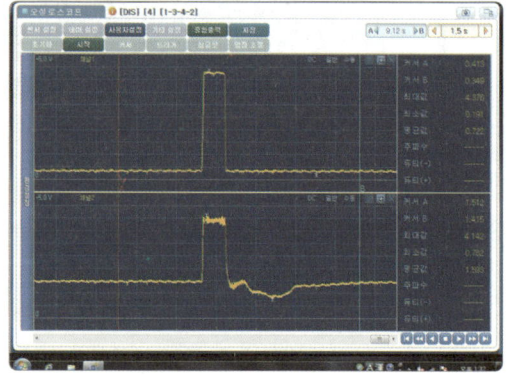

2-2-2. 답안지 작성

1) TPS 측정값 전폐 0.413V, 전개 4.376V를 답안지에 기입한다.
2) TPS 기준값(예) 전폐 0~0.5V, 전개 4~4.8V을 답안지에 기입한다)
3) MAP 측정값 전폐 1.512V, 전개 4.142V를 답안지에 기입한다.
4) MAP 기준값(예) 전폐 0.5~1.8V, 전개 3.2~4.5V)을 답안지에 기입한다)

## [엔진 2 기록표]

2) 점검 및 측정    자동차 번호 :     비번호 :     감독위원 확인 :

| 위치 | 측정(또는 점검) | | 판정 및 정비(또는 조치)사항 | | 득점 |
| --- | --- | --- | --- | --- | --- |
| | 측정값 | 규정(정비한계)값 | 판정 (□에 'V' 표) | 정비 및 조치사항 | |
| 스로틀 위치 센서(TPS) | 전폐 0.413V | 0~0.5V | ☑ 양호<br>□ 불량 | 없음 | |
| | 전개 4.376V | 4~4.8V | | | |
| 공기 유량 센서 (AFS&MAP) | 스로틀 전폐 1.512V | 0.5~1.8V | ☑ 양호<br>□ 불량 | 없음 | |
| | 스로틀 전개 4.142V | 3.2~4.5V | | | |

2-2-3. 판정 및 조치사항

1) 측정값이 규정값 범위 내에 있으므로 양호에 ☑ 표시한다.
2) 판정이 양호이므로 정비 및 조치사항에 "없음"으로 기입한다.
3) TPS 불량 시 불량에 ☑ 표시 후 "TPS 교환/재점검"으로 답안지를 작성한다.
4) MAP(AFS) 불량 시 불량에 ☑ 표시 후 "MAP(AFS) 센서 교환/재점검"으로 답안지를 작성한다.

3. 주어진 자동차에서 크랭킹은 가능하나 시동되지 않고, 시동된 후에도 부조가 발생한다. 고장 원인을 찾아 수리 후 기록표에 기록하시오.

## 3. 시동 결함, 부조 점검

### 3-1. 시동 결함 점검

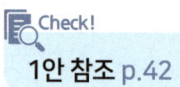

### 3-2. 부조 점검

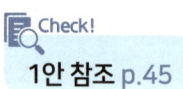

## 나. 섀시

1. 주어진 자동차에서 감독위원의 지시에 따라 유압식 동력 조향장치 오일 펌프를 탈거하고 감독위원에게 확인 후 다시 조립(부착)하여 에어빼기 작업을 실시한 뒤 조향장치 작동 상태를 확인하고 기록표의 요구사항을 점검 및 측정하여 기록하시오.

## 1. 파워 오일 펌프 탈·부착 및 점검

### 1-1. 파워 오일 펌프 탈·부착

1) 파워 오일 펌프 흡입구 호스를 탈거 후 오일을 배출한다.

2) 파워 오일 펌프 토출구 파이프를 탈거한다.

3) 파워 오일 펌프 풀리 너트를 돌려 고정볼트가 보이는 위치로 한다.

4) 파워 오일 펌프 상부 장력 조정용 볼트를 탈거한다.

5) 파워 오일 펌프 벨트를 탈거한다.

6) 파워 오일 펌프 하부 고정볼트를 탈거한다.

7) 파워 오일 펌프를 탈거한다.

8) 탈거한 파워 오일 펌프를 감독위원에게 확인받는다.

9) 파워 오일 펌프를 장착하고 고정볼트를 체결한다.

10) 파워 오일 펌프 벨트를 장착한다.

11) 레버로 펌프 몸체를 당기면서 벨트 장력을 조정하고 볼트를 체결한다.

12) 흡입구 호스를 장착한다.

13) 토출구 쪽 파이프를 장착한다.

14) 오일을 주입하고 핸들을 좌우로 돌려 에어를 배출한다.

## 1-2. 파워 스티어링 펌프 압력 측정

1) 파워 스티어링 펌프 토출구 고압 호스를 분리한다.

2) 펌프 토출구에 게이지 커플러를 장착한다.

3) 고압 호스에 게이지 커플링을 장착한다.

4) 컷오프 밸브를 개방한다.

5) 파워 스티어링 오일을 보충한다.

6) 엔진을 시동하고 핸들을 좌우로 돌려 에어를 배출한다.

7) 컷오프 밸브를 잠근다.(5초 이내)

8) 측정값을 읽는다.(7MPa)

9) 컷오프 밸브를 개방한다.

## 1-3. 유량 제어 솔레노이드 저항 측정

1) 조향 기어에서 유량 조절 솔레노이드 밸브를 확인한다.
2) 솔레노이드 밸브 저항을 측정한다.(6.5Ω)

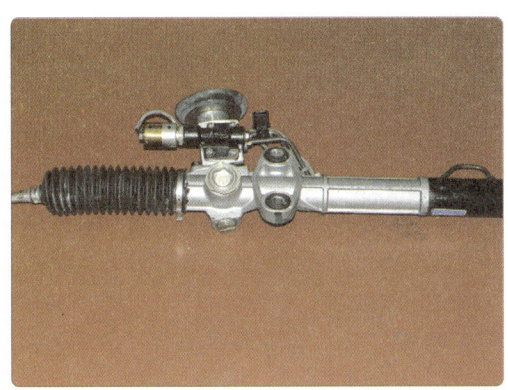

## 1-4. 답안지 작성

1) 펌프 압력 측정값 7MPa을 답안지에 기입한다.
2) 규정값(예) 6.5~7.5MPa)을 답안지에 기입한다.
3) 유량 제어 솔레노이드 저항 6.5Ω을 답안지에 기입한다.
4) 규정값(예) 5.5~7.5Ω)을 답안지에 기입한다.

### [섀시 1 기록표]

| 항목 | 측정(또는 점검) | | 판정 및 정비(또는 조치)사항 | | 득점 |
| --- | --- | --- | --- | --- | --- |
| | 측정값 | 규정(정비한계)값 | 판정 (□에 'V' 표) | 정비 및 조치사항 | |
| P/S펌프 배출압력 | 7MPa | 6.5~7.5MPa | ☑ 양호<br>□ 불량 | 없음 | |
| 유량제어 솔레노이드 밸브 저항 | 6.5Ω | 5.5~7.5Ω | ☑ 양호<br>□ 불량 | 없음 | |

자동차 번호 :  비번호 :  시험위원 확인 :

## 1-5. 정비 및 조치사항

1) 1) 측정값이 규정값 범위 내에 있으므로 양호에 ☑ 표시한다.
2) 판정이 양호이므로 정비 및 조치사항에 "없음"으로 기입한다.
3) 펌프 압력 불량 시 불량에 ☑ 표시 후 "P/S 펌프 교환/재점검"으로 답안지를 작성한다.
4) 솔레노이드 불량 시 불량에 ☑ 표시 후 "유량 제어 솔레노이드 밸브 교환/재점검"으로 답안지를 작성한다.

Master Craftsman Motor Vehicles Maintenance

2. 주어진 현가장치에서 스티어링 컬럼 샤프트를 탈거하여 감독위원의 확인 후 다시 조립(부착)하고, 기록표의 요구사항을 점검 및 측정하여 기록하시오.

## 2. 스티어링 컬럼 샤프트 탈·부착 및 점검

### 2-1. 스티어링 컬럼 샤프트 탈·부착

1) 조향핸들 고정너트를 나사면까지 풀어놓는다.

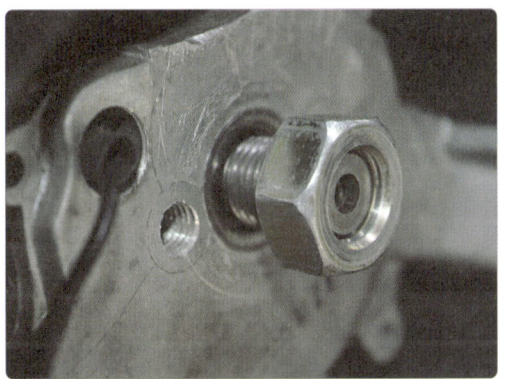

2) 조향핸들을 좌우로 흔들어 핸들을 탈거한다.

3) 다기능 스위치 고정볼트를 탈거한다.

4) 다기능 스위치 커넥터를 탈거한다.

5) 다기능 스위치를 탈거한다.

6) 조향기어 십자축 고정볼트를 탈거한다.

7) 핸들축 고정볼트 4개를 탈거한다.

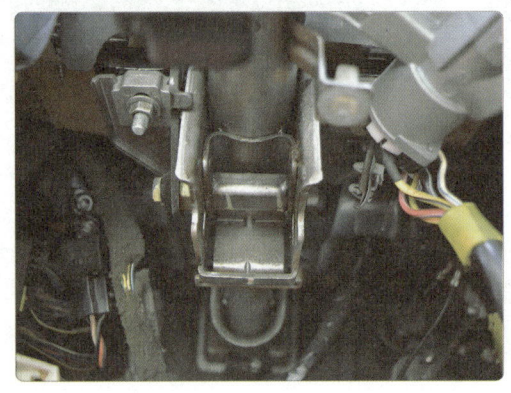

8) 핸들축을 탈거한다.

9) 탈거한 핸들축을 감독위원에게 확인받는다.

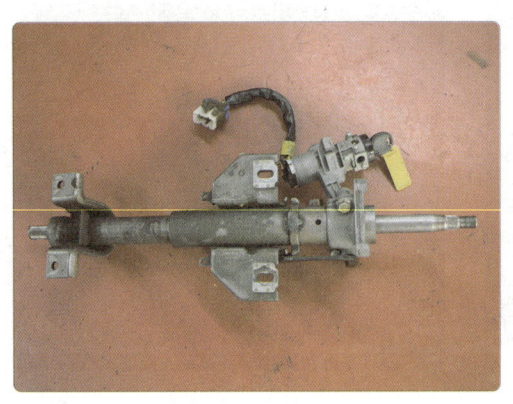

10) 핸들축에 볼트 자리를 확인한다.

11) 조향기어 쪽 볼트 자리를 확인한다.

12) 조향기어 십자축을 연결하고 고정볼트를 장착한다.

13) 핸들축 고정볼트 4개를 장착한다.

14) 다기능 스위치를 장착한다.

15) 다기능 스위치의 방향지시등 리턴 레버를 9시 방향으로 조립한다.

16) 핸들을 장착할 때 리딘키가 맞는지 확인한다.

17) 핸들 고정너트를 장착 후 감독위원의 확인을 받는다.

## 2-2. 자동 변속기 입·출력 센서 파형 측정

### 2-2-1. 파형 측정

1) 시험 차량의 입·출력 센서 위치를 확인한다.

2) 감독위원이 지정한 센서에 Hi-DS 1번 프로브를 연결한다.(예 출력축 속도 센서)

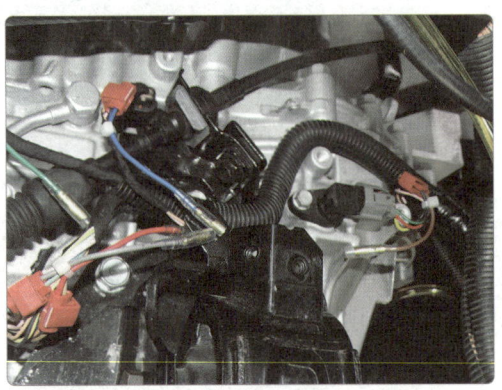

3) 바탕화면에서 Hi-DS를 클릭한다.

4) 로그인 취소를 클릭한다.

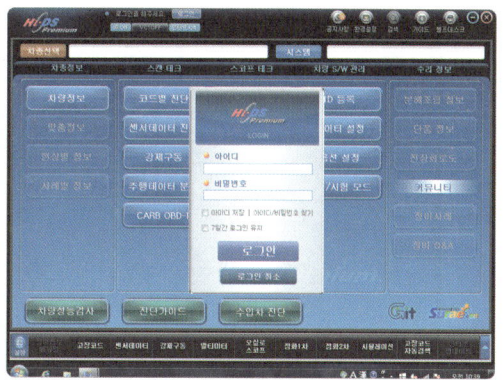

5) 경고 문구가 뜨면 확인을 클릭한다.

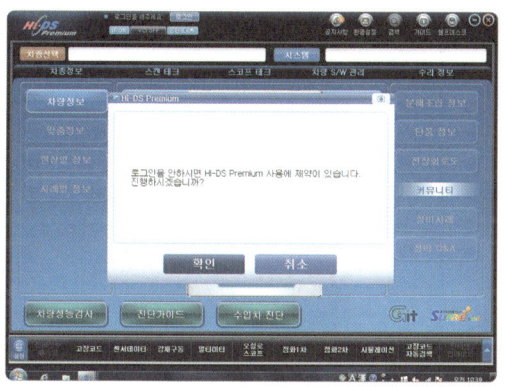

6) 차종 선택을 클릭한다.

7) 제작사, 차형, 연식, 엔진 형식을 입력 후 확인을 클릭한다.

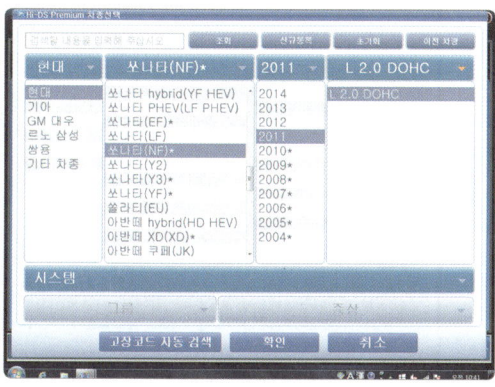

8) A/T 제어를 선택 후 확인을 클릭한다.

9) 오실로스코프를 클릭한다.

10) 화면 확대 후 전압 10V, 1.5ms로 설정한다.

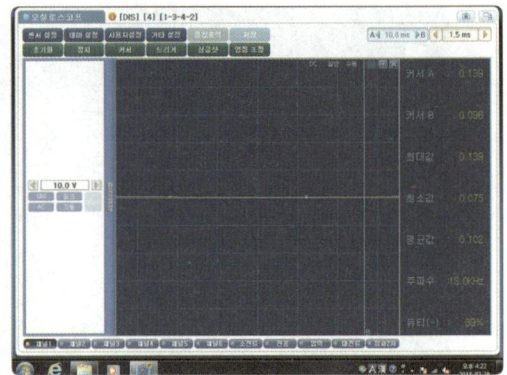

11) 변속 레버 "N"에서 엔진을 시동한다.

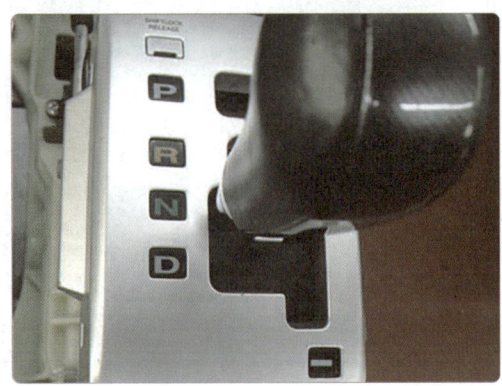

12) 변속기 공전 중 파형이 표시된다.

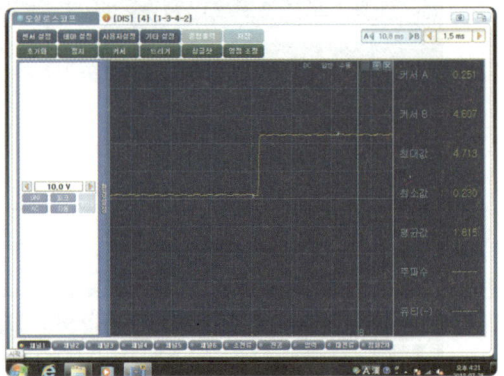

13) 변속기어를 "D" 위치로 이동한다.

14) 출력축 센서 파형이 출력된다.

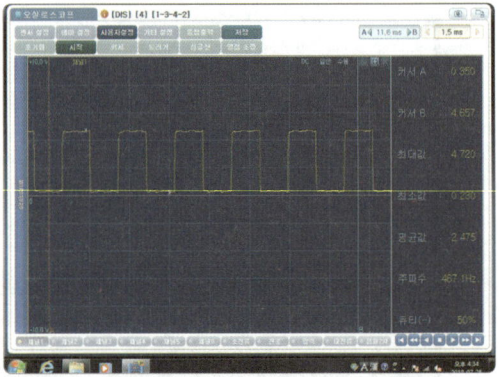

15) 파형 정지 후 카메라 아이콘을 클릭한다.

16) 확인을 클릭하여 파형을 출력한다.

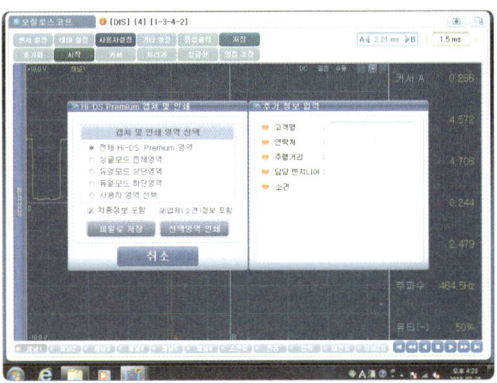 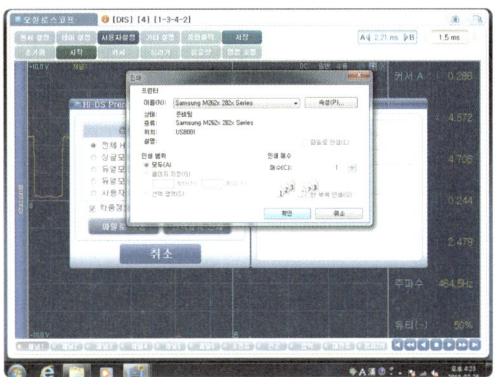

17) 주파수 467.1Hz, PP전압 4.720V, 듀티 50%를 출력된 파형에 기입한다.

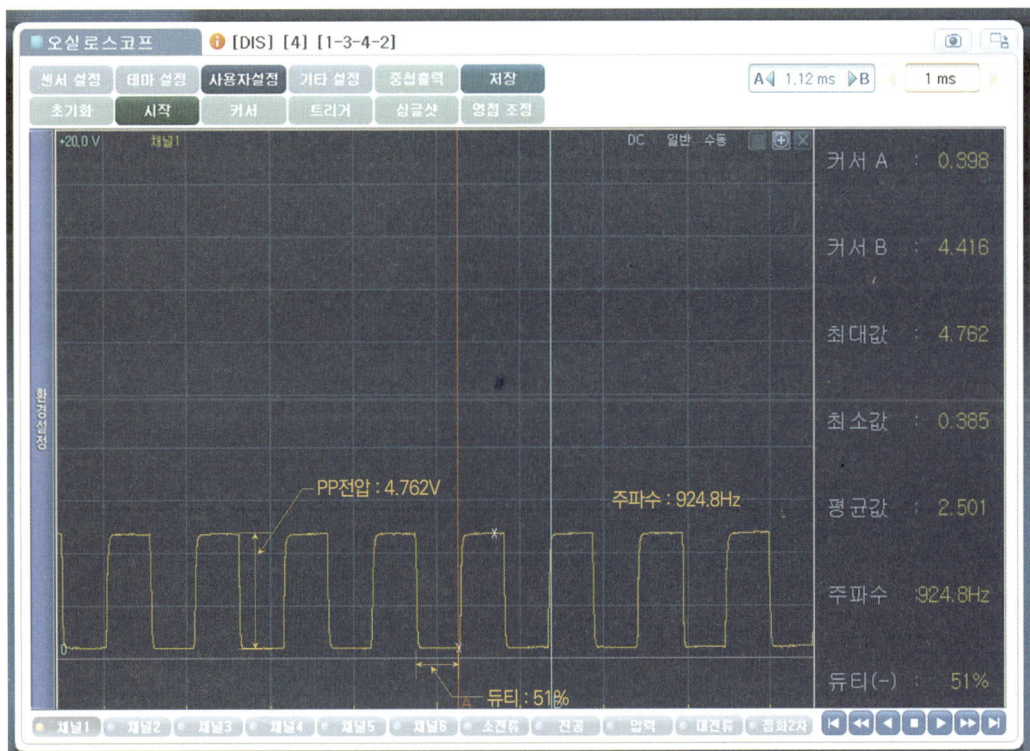

### 2-2-2. 답안지 작성

1) 주파수 924.8Hz, PP전압(최대값) 4.762V, 듀티 51%를 답안지에 기입한다.
2) 프린트한 파형에 측정된 값과 답안지 기입값이 일치해야 한다.

### [섀시 2 기록표]

1) 파형      자동차 번호 :

| 항목 | 파형 분석 및 판정 ||| 판정 (□에 'V'표) | 득점 |
|---|---|---|---|---|---|
| | 분석항목 | | 분석내용 | | |
| | | | | | |
| 자동 변속기 입(출)력 센서 파형 | 주파수 | 924.8Hz | 분석내용은 출력물에 표시하시오. | ☑ 양호<br>□ 불량 | |
| | 전압(Peak to Peak) | 4.762V | | | |
| | 듀티 | 51% | | | |

|   | 비번호 |   | 감독위원 확인 |   |
|---|---|---|---|---|

※ 주의사항 : 감독위원은 입·출력 센서 중 1가지를 택일하여 수험자에게 알린다. 분석 항목 및 내용은 출력물에 표기하며 관련 사항은 감독위원의 지시에 따른다.

### 2-2-3. 정비 및 조치사항

1) 측정값을 출력한 파형 위치에 맞게 기입해야 한다.
2) 기준값(주파수 800~950Hz, 전압 4~5.5V, 듀티 45~55%)
3) 측정값이 기준값 범위 내에 있으므로 양호에 ☑ 표시한다.
4) 불량 시 불량에 ☑ 표시한다.

## 2-3. 휠 얼라이먼트 측정

### 2-3-1. 전륜 캠버, 토(toe) 측정

1) 시험 차량을 리프트로 들어 올린 후 측정기 클램프를 설치한다.

2) HA-710을 실행한다.

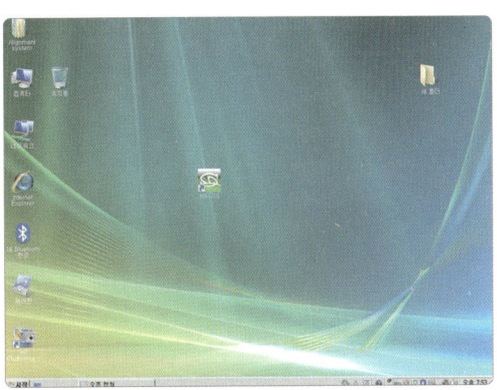

3) 작업시작 F1을 클릭한다.

4) 차량을 선택(현대 베르나) 후 F6을 클릭한다.

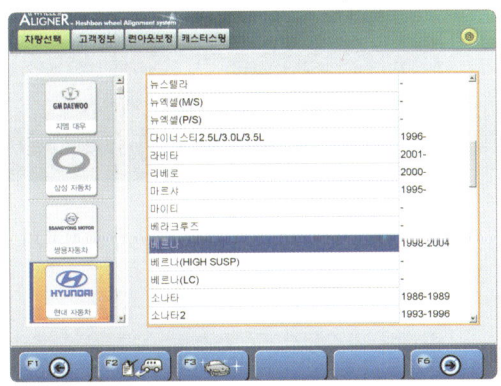

5) 고객 정보창이 표시되면 무시하고 F6을 클릭한다.

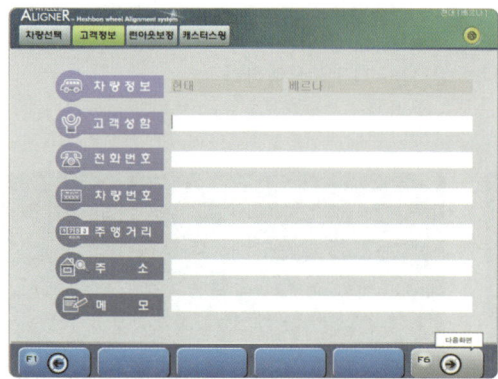

6) 화면에 적색 휠 런아웃 보정 화살표가 표시된다.

7) 운전석 타이어를 180° 회전시킨다.

8) 녹색 램프가 점등되도록 수평을 잡은 후 OK 버튼을 누른다.

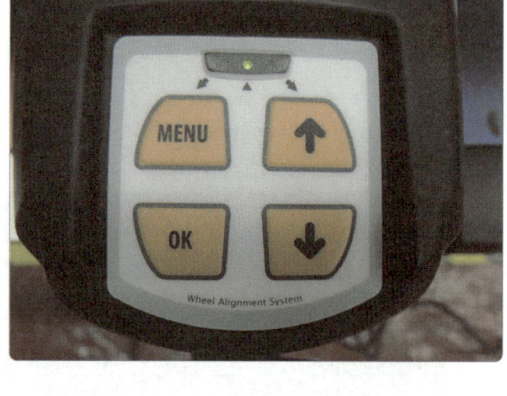

9) 운전석 앞바퀴 표시 적색 오른쪽 화살표가 녹색으로 바뀐다.

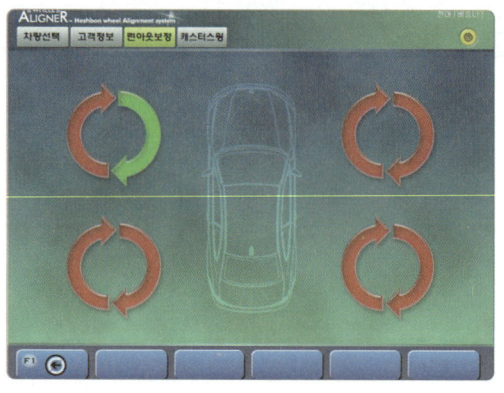

10) 타이어를 다시 180° 회전(초기 위치) 후 녹색 램프가 점등되도록 수평을 잡은 후 OK 버튼을 누른다.

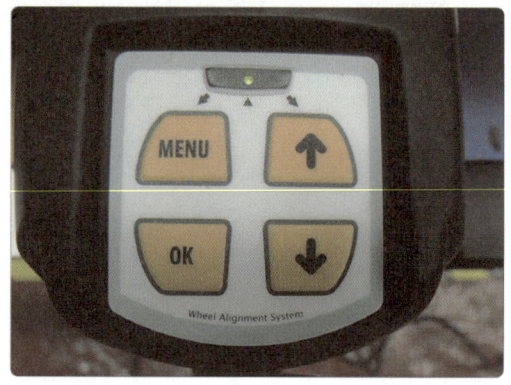

11) 운전석 앞바퀴 표시 왼쪽 적색 화살표가 녹색으로 바뀐다.

12) 같은 방법으로 운전석 앞바퀴 → 운전석 뒷바퀴 → 조수석 앞바퀴 → 조수석 뒷바퀴 순으로 휠 런아웃을 보정하면 적색 화살표가 모두 녹색 화살표로 바뀐다.

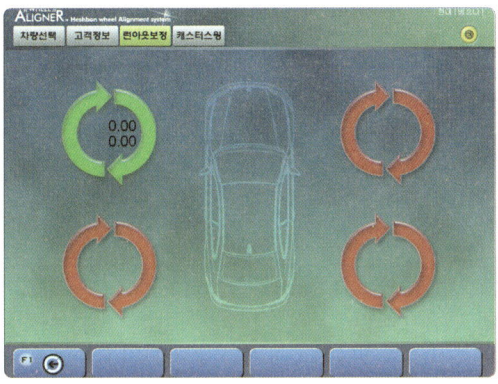
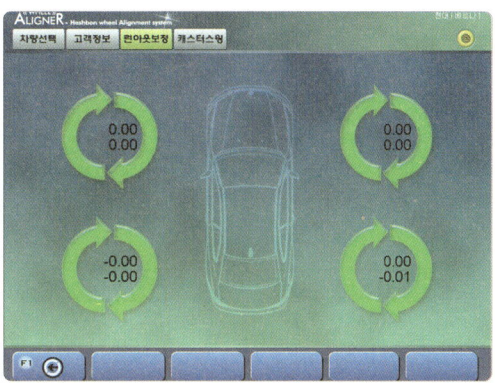

13) 아래 화면의 표시 순서대로 작업을 실행한다.

14) 화면에 OK 표시가 될 때까지 핸들을 화살표 방향(직진)으로 회전한다.

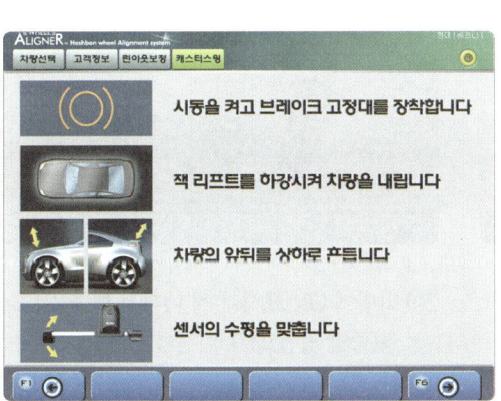
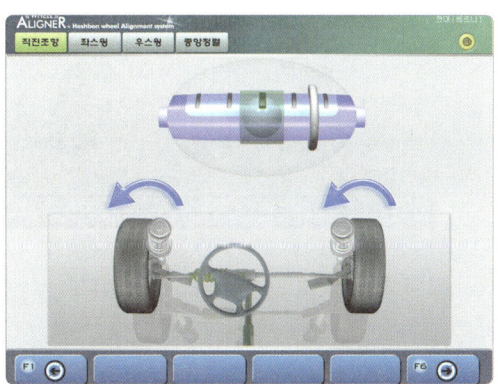

15) 화면에 OK 표시가 되면 정지한다.

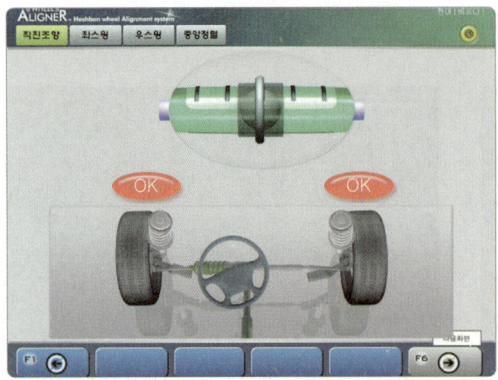

16) 화면에 OK 표시가 될 때까지 핸들을 화살표 방향(좌측)으로 회전한다.

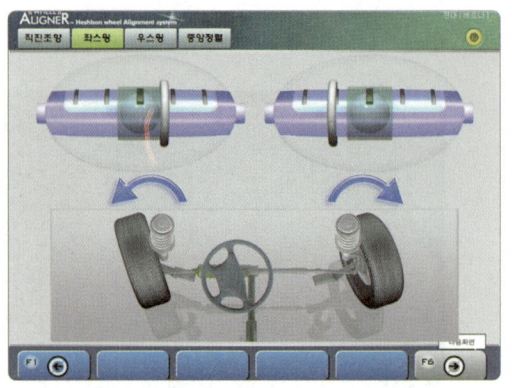

17) 화면에 OK 표시가 되면 정지한다.

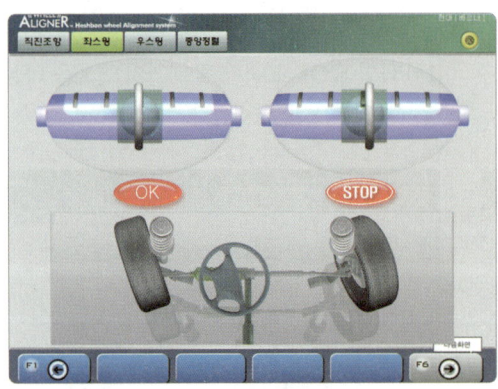

18) 화면에 OK 표시가 될 때까지 핸들을 화살표 방향(우측)으로 회전한다.

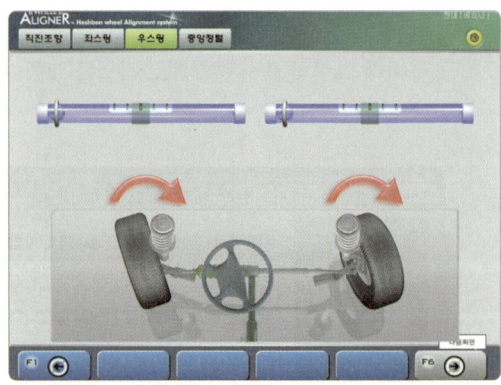

19) 화면에 OK 표시가 되면 정지한다.

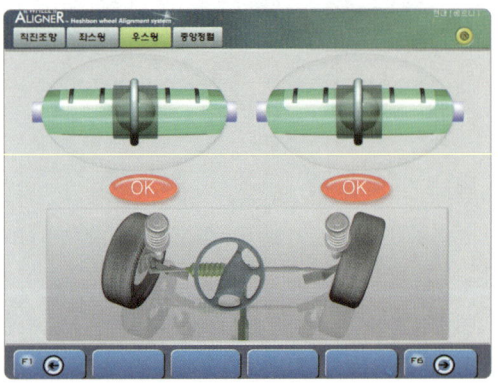

20) 화면에 OK 표시가 될 때까지 핸들을 화살표 방향(중앙 정렬)으로 회전한다.

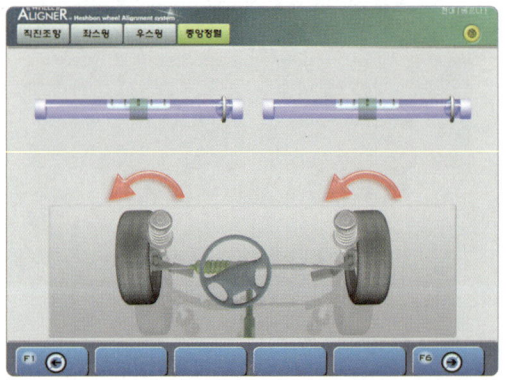

21) 화면에 OK 표시가 되면 정지한다.

22) F6을 클릭하면 측정 결과가 표시된다.

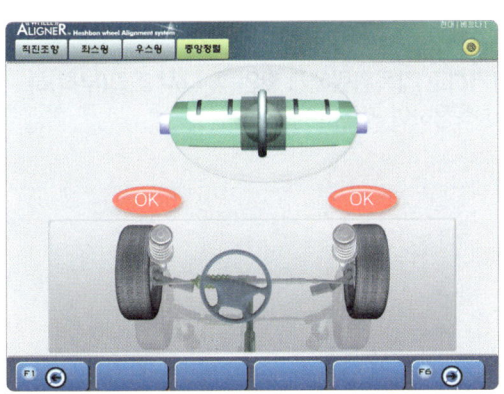
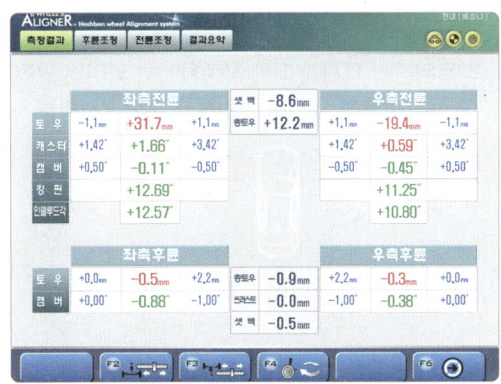

## 2-3-2. 답안지 작성

1) 감독위원이 지정한 한 쪽만 측정한다.(예 좌측 전륜)
2) 좌측 전륜 캠버 측정값 -0.11°, 기준값 +0.50 ~ -0.50°를 답안지에 기입한다.
3) 좌측 전륜 토(toe) 측정값 +31.7mm, 기준값 -1.1~ +1.1mm를 답안지에 기입한다.

### [섀시 2 기록표]

| | | | 비번호 | | 감독위원 확인 | |
|---|---|---|---|---|---|---|
| 2) 점검 및 측정 | | 자동차 번호 : | | | | |
| 항목 | 측정(또는 점검) | | 판정 및 정비(또는 조치)사항 | | | 득점 |
| | 측정값 | 규정(정비한계)값 | 판정 (□에 'V'표) | 정비 및 조치사항 | | |
| 전륜 캠버 | -0.11° | +0.50 ~ -0.50° | ☑ 양호<br>□ 불량 | 없음 | | |
| 전륜 토(toe) | +31.7mm | -1.1 ~ +1.1mm | □ 양호<br>☑ 불량 | 양쪽 타이로드로 조정/재점검 | | |

## 2-3-3. 정비 및 조치사항

1) 토(toe)가 기준값 범위를 벗어났으므로 불량에 ☑ 표시한다.
2) 토(toe)만 불량이므로 정비 및 조치사항에 "양쪽 타이로드로 조정/재점검"으로 답안지를 작성한다.
3) 캠버 불량 시 정비 및 조치사항에 "휠 얼라이먼트 조정/재점검"으로 답안지를 작성한다.

### Electric 다. 전기

1. 감독위원의 지시에 따라 자동차에서 와이퍼 모터를 탈거하고 감독위원에게 확인 후 다시 조립(부착)하여 작동 상태를 확인하고 기록표의 요구사항을 점검 및 측정하여 기록하시오.

## 1. 와이퍼 모터 탈·부착 및 점검

### 1-1. 와이퍼 모터 탈·부착

1) 와이퍼 모터 커넥터를 분리한다.

2) 와이퍼 모터 고정볼트를 탈거한다.

3) 와이퍼 모터를 약간 기울이고 - 드라이버로 볼 조인트 부분을 벌려서 링크를 분리한다.

4) 탈거한 모터를 감독위원에게 확인을 받고 다시 장착한다.

5) 링크를 돌출시키고 볼 조인트를 확인한다.

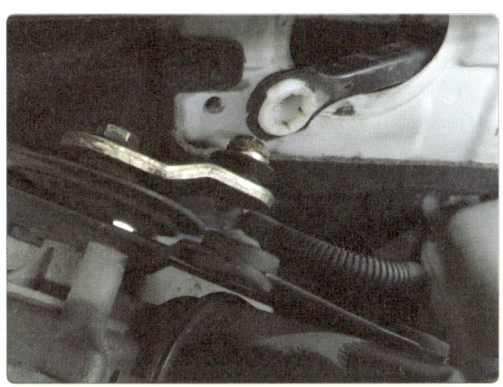

6) 볼 조인트를 눌러서 끼운다.

7) 와이퍼 모터 고정볼트를 체결한다.

8) 와이퍼 모터 커넥터를 조립하고 감독위원에게 확인을 받는다.

## 1-2. 와이퍼 모터 점검

### 1-2-1. Low 모드 시 작동 전압 측정(에탁스에서 측정)

1) 커넥터 표에서(M25-1) 16번 핀 GND, (M25-2) 10번 핀 와이퍼 릴레이 컨트롤, 7번핀 와셔신호 출력 단자를 확인한다

**AVANTE XD ETACS, A/C**

| 1 | 2 | 3 | 4 | 5 | 6 | | 8 | 9 | 10 |
|---|---|---|---|---|---|---|---|---|---|
| 11 | 12 | 13 | 14 | 15 | 16 | 17 | 18 | 19 | 20 |

(M25-1)

| 1 | 2 | | 4 | 5 | 6 | 7 | 8 |
|---|---|---|---|---|---|---|---|
| 9 | 10 | 11 | 12 | 13 | 14 | | |

(M25-2)

| | 2 | 3 | 4 | | 7 | 8 |
|---|---|---|---|---|---|---|
| | 9 | 10 | 11 | 12 | | |

(M25-3)

| 1 | B+ |
|---|---|
| 2 | "P"포지션 신호 |
| 3 | 뒷도어 록/언록 신호 |
| 4 | 파워윈도우 릴레이 컨트롤 |
| 5 | ON/ST 전원 |
| 6 | IG 전원 |
| 7 | |
| 8 | 운전석앞 도어 스위치 |
| 9 | 조수석앞 도어 스위치 |
| 10 | 트렁크 램프 컨트롤 |
| 11 | 실내등 |
| 12 | 디포거 릴레이 컨트롤 |
| 13 | 시트벨트 경고등 |
| 14 | 도어록 릴레이(록) |
| 15 | 미등 릴레이 컨트롤 |
| 16 | GND |
| 17 | 파킹브레이크 신호 |
| 18 | 전도어 스위치 |
| 19 | 엔진회전시 입력신호 |
| 20 | 도어록 릴레이(언록) |

| 1 | 키홀조명 |
|---|---|
| 2 | 도어 경고 스위치 신호 |
| 3 | |
| 4 | 시트벨트 스위치 |
| 5 | |
| 6 | |
| 7 | 와셔신호 |
| 8 | 간헐와이퍼 |
| 9 | 간헐와이퍼 시간지연조절 |
| 10 | 와이퍼 릴레이 컨트롤 |
| 11 | 엔진체크 경고등 컨트롤 |
| 12 | 디포거 스위치 |
| 13 | IG 릴레이(1) 컨트롤 |
| 14 | 미등 스위치 입력 |
| 15 | |
| 16 | |

| 2 | 외기온도 센서 |
|---|---|
| 3 | |
| 3 | |
| 4 | 증발기 온도센서 |
| 5 | |
| 6 | |
| 7 | AQS |
| 8 | |
| 10 | |
| 11 | |
| 12 | GND |

2) 시동 키를 IG ON상태로 한다.

3) 에탁스 M25-2 커넥터 10번 핀에 멀티미터 ⊕를, M25-1 16번 핀에 ⊖를 연결한다.

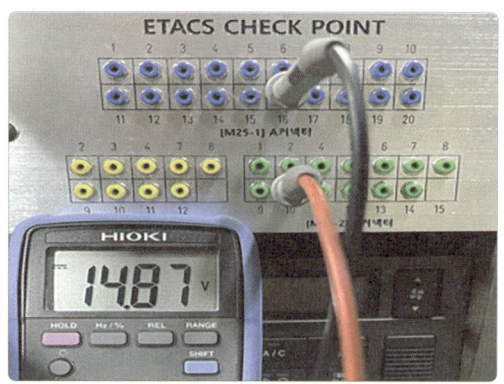

4) Low 모드로 모터를 작동한다.

5) Low 모드로 모터 작동시 전압을 측정한다.(0V)

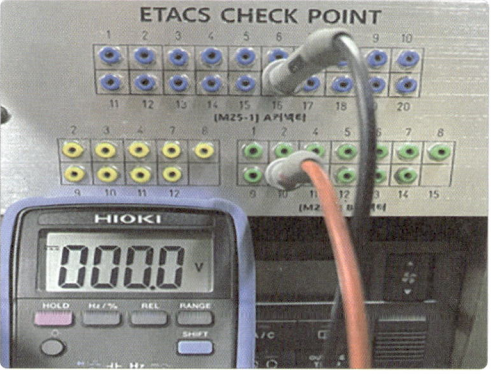

### 1-2-2. 와셔 모터 작동 전압 측정

1) 시동 키를 IG ON 상태로 한다.

2) 에탁스 M25-2 커넥터 7번 핀에 멀티미터 ⊕를 연결한다.

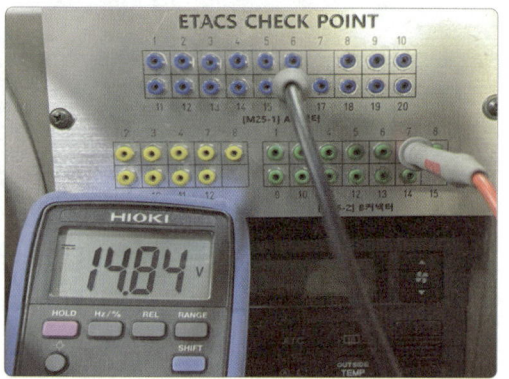

3) 와셔모터를 작동 한다.

4) 와셔모터 작동 시 전압을 측정한다. (0.1V)

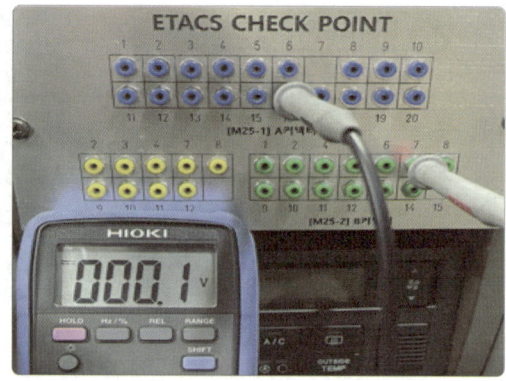

### 1-2-3. 답안지 작성

1) Low 모드 시 작동 전압 0V를 답안지에 기입한다.
2) 와셔 모터 작동시 전압 0.1V를 답안지에 기입한다.
3) 규정값(예) Low시 작동 전압 0~1.5V, 와셔 모터 작동 전압 0~1.5V)을 참고한다.

## [전기 1 기록표]

| | | 자동차 번호 : | 비번호 | | 시험 위원 확 인 | |
|---|---|---|---|---|---|---|
| 항목 | | 측정(또는 점검) 상태 | 판정 및 정비(또는 조치) 사항 | | | 득점 |
| 와이퍼 | Low 모드 시 작동 전압 | 전압 : 0V | 없음 | | | |
| | 와셔 모터 작동 전압 | 전압 : 0.1V | | | | |

1-2-4. 정비 및 조치사항

1) 측정값이 규정값 범위 내에 있으므로 양호에 ☑ 표시한다.
2) Low 모드 작동 전압 불량 시 "와이퍼 S/W 교환/재점검"으로 답안지를 작성한다.
3) 와셔 모터 작동 전압 불량 시 "와셔 S/W 교환/재점검"으로 답안지를 작성한다.

2. 주어진 자동차에서 정비지침서의 회로도를 이용하여 기록표에서 요구하는 회로를 점검하고, 이상이 있으면 이상 내용을 기록표에 기록한 후 정비하시오.

## 2. 회로 점검

### 2-1. 에어컨 회로 수리

#### 2-1-1. 점검

1) 에어컨(10A), 송풍기 고속(30A), 냉각팬(30A), IG 2 퓨즈와 냉각팬 저속·고속·에어컨 릴레이 등을 확인한다.

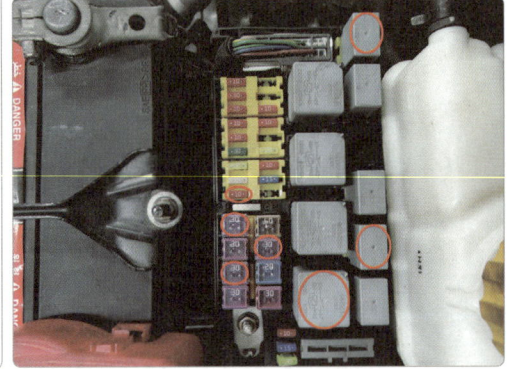

칼로스 퓨즈 및 릴레이 위치

| | | | | | |
|---|---|---|---|---|---|
| 10A | 우 상향등 | | | 상향등 릴레이 | 냉각팬 저속 릴레이 |
| 10A | 좌 상향등 | | | | |
| 10A | 우 하향등 | 10A | 우 미등 | | 하향등 릴레이 |
| 10A | 좌 하향등 | 10A | 좌 미등 | 파워 윈도우 릴레이 | |
| 10A | 실내등 | | | | 안개등 |
| 30A | 열선 | 20A | 썬루프 | | |
| 20A | 미등 | 10A | 경음기 | | 연료 펌프 릴레이 |
| 25A | 전조등 | 15A | 연료 펌프 | 메인 릴레이 | |
| 10A | 에어컨 | 15A | 안개등 | | |
| 30A | 송풍기 고속 | 60A | ABS | | 에어컨 릴레이 |
| 30A | 실내퓨즈박스 | 30A | 냉각팬 | 냉각팬 고속 릴레이 | |
| 30A | IG 2 | 20A | 메인 릴레이 | | 미등 릴레이 |
| 30A | IG 1 | 30A | 파워윈도우 | | |
| BAT + | | 예비 퓨즈 | | | |

2) 듀얼 압력 S/W 커넥터를 확인한다.

3) 컴프레서 마그네틱 클러치 커넥터를 확인한다.

4) 컨덴서 팬 커넥터를 확인한다.

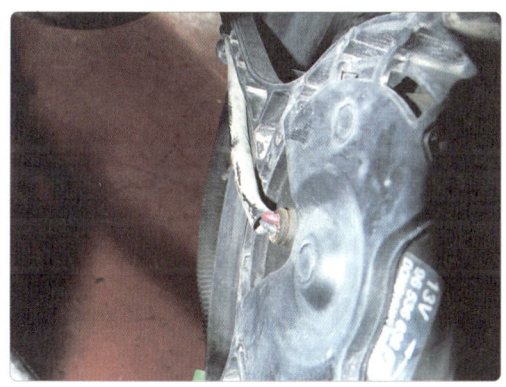

5) 실내 퓨즈 박스의 송풍기 퓨즈(20A), 블로워 모터 4단 릴레이를 확인한다.

6) 엔진 키박스 커넥터를 점검한다.

7) 에어컨 S/W 커넥터를 확인한다.

8) 블로워 모터 커넥터를 확인한다.

## 2-1-2. 답안지 작성

1) 고장 부위가 확인되면 수리하지 말고 답안지를 작성한다.
2) 예상 답안
    ① 에어컨 퓨즈(10A), 송풍기 고속 퓨즈(20A), IG 2 퓨즈(30A), 냉각팬 퓨즈(30A) 단선(또는 없음, 파손)
    ② 냉각팬 저속, 고속 릴레이, 에어컨 릴레이 파손(또는 없음)
    ③ 듀얼 압력 S/W 커넥터 탈거
    ④ 컴프레서 마그네틱 클러치 커넥터 탈거
    ⑤ 컨덴서 팬 커넥터 탈거
    ⑥ 엔진 키박스 커넥터 탈거
    ⑦ 에어컨 S/W 커넥터 탈거
    ⑧ 블로워 모터 커넥터 탈거

## 2-2. 전조등 회로 수리

### 2-2-1. 점검

1) 좌·우측 상향등, 하향등 퓨즈(10A), 전조등 퓨즈(25A), IG 2 퓨즈(30A), 상·하향등 릴레이를 확인한다.

2) 좌·우측 전조등 전구와 커넥터를 점검한다.

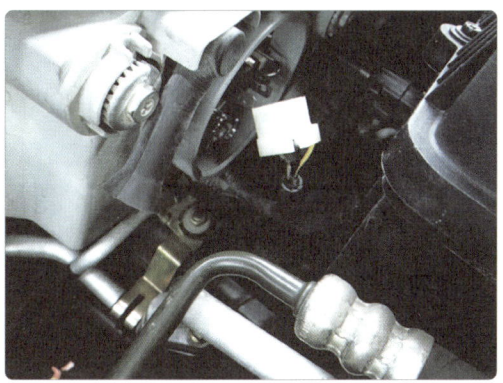

3) 전조등 S/W 커넥터를 확인한다.

4) 딤머 패싱 S/W 커넥터를 확인한다.

5) 키박스 커넥터를 확인한다.

### 2-2-2. 답안지 작성

1) 고장 부위가 확인되면 수리하지 말고 답안지를 작성한다.
2) 예상 답안
   ① 좌·우측 상향등 퓨즈(10A) 단선(또는 파손, 없음)
   ② 좌·우측 하향등 퓨즈(10A) 단선(또는 파손, 없음)
   ③ 전조등 퓨즈(25A) 단선(또는 파손, 없음)
   ④ 상·하향등 릴레이 단선(또는 파손, 없음)
   ⑤ 좌·우측 전조등 전구 단선(또는 없음, 커넥터 탈거)
   ⑥ IG 2 퓨즈(30A) 단선(또는 파손, 없음)
   ⑦ 전조등 스위치 커넥터 탈거
   ⑧ 딤머, 패싱 S/W 커넥터 탈거

## 2-3. 방향지시등 회로 수리

### 2-3-1. 점검

1) 엔진 룸 IG 2 퓨즈(30A)를 확인한다.

| 칼로스 퓨즈 및 릴레이 위치 | | | | | |
|---|---|---|---|---|---|
| 10A | 우 상향등 | | | 상향등 릴레이 | 냉각팬 저속 릴레이 |
| 10A | 좌 상향등 | | | | |
| 10A | 우 하향등 | 10A | 우 미등 | | 하향등 릴레이 |
| 10A | 좌 하향등 | 10A | 좌 미등 | 파워 윈도우 릴레이 | |
| 10A | 실내등 | | | | 안개등 |
| 30A | 열선 | 20A | 썬루프 | | |
| 20A | 미등 | 10A | 경음기 | | 연료 펌프 릴레이 |
| 25A | 전조등 | 15A | 연료 펌프 | 메인 릴레이 | |
| 10A | 에어컨 | 15A | 안개등 | | 에어컨 릴레이 |
| 30A | 송풍기 고속 | 60A | ABS | | |
| 30A | 실내퓨즈박스 | 30A | 냉각팬 | 냉각팬 고속 릴레이 | 미등 릴레이 |
| 30A | IG 2 | 20A | 메인 릴레이 | | |
| 30A | IG 1 | 30A | 파워윈도우 | | |
| BAT + | | | 예비 퓨즈 | | |

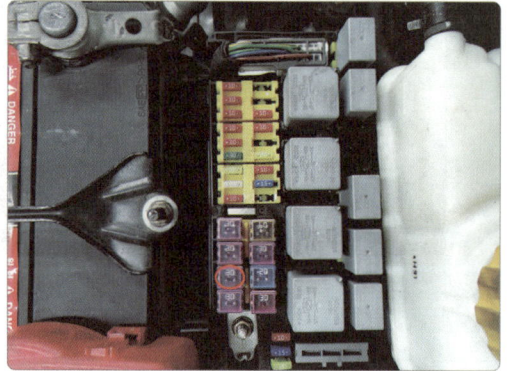

2) 실내 퓨즈 박스의 방향지시등 퓨즈(15A), 비상등 퓨즈(15A)와 블링크 유니트, 블링크 릴레이를 확인한다.

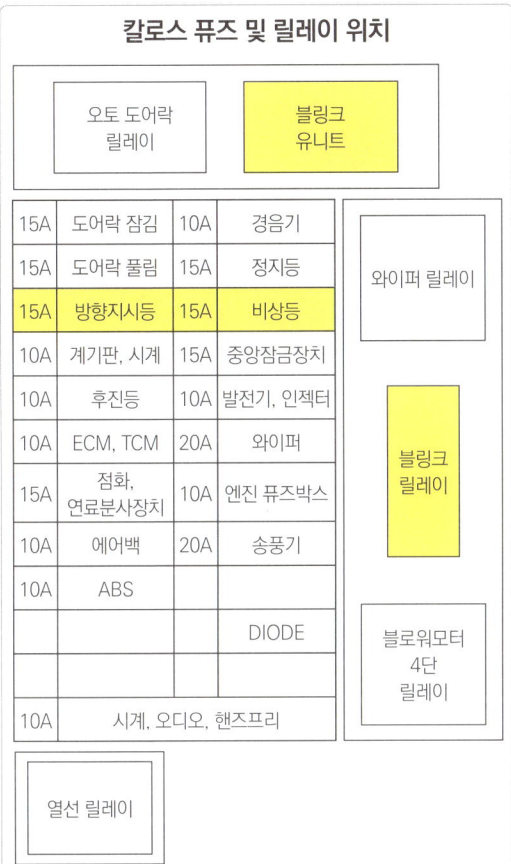

3) 방향지시등 S/W 커넥터를 점검한다.

4) 엔진 키박스 커넥터를 확인한다.

5) 비상등 S/W 커넥터를 확인한다.

6) 앞쪽 좌·우 방향지시등 전구와 커넥터를 확인한다.

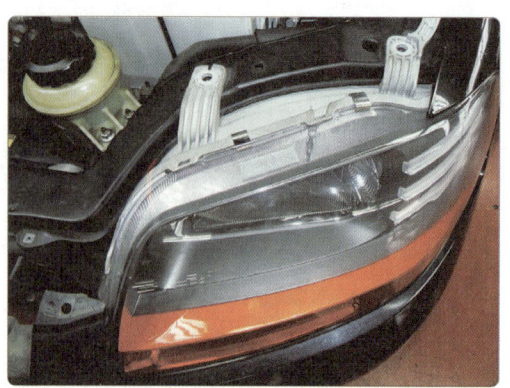

7) 뒤쪽 좌·우 방향지시등 전구와 커넥터를 확인한다.

## 2-3-2. 답안지 작성

1) 고장 부위가 확인되면 수리하지 말고 답안지를 작성한다.
2) 예상 답안
　① 방향지시등 커넥터 탈거(앞, 뒤, 좌·우측 방향 표시)
　② 방향지시등 전구 단선, 없음(앞, 뒤, 좌·우측 방향 표시)
　③ IG 2 퓨즈(30A) 단선, 파손(또는 없음)
　④ 방향지시등 퓨즈(15A), 비상등 퓨즈(15A) 단선, 파손(또는 없음)
　⑤ 방향지시등 릴레이 파손(또는 없음)
　⑥ 방향지시등 S/W 커넥터 탈거
　⑦ 엔진 키박스 커넥터를 확인한다.
　⑧ 비상등 S/W 커넥터 탈거

### [전기 2 기록표]

| 항목 | 점검(원인 부위) | | 내용 및 정비(또는 조치)사항 | 득점 |
| --- | --- | --- | --- | --- |
| | 고장 부분 | 원인 내용 및 상태 | 정비 및 조치사항 | |
| 에어컨 및 공조 회로 | 컴프레서 마그네틱 클러치 | 커넥터 탈거 | 커넥터 연결/재점검 | |
| 전조등 회로 | 우측 상향등 퓨즈(10A) | 단선 | 우측 상향등 퓨즈(10A) 교환/재점검 | |
| 방향지시등 회로 | 비상등 S/W | 커넥터 탈거 | 커넥터 연결/재점검 | |

자동차 번호 :　　비번호　　감독위원 확인

3. 주어진 자동차에서 감독위원의 지시에 따라 기록표의 요구사항을 점검 및 측정하여 기록하시오.

# 3. 점검 및 측정

## 3-1. 와이퍼 INT모드 시 측정

### 3-1-1. 측정

1) 커넥터 표에서(M25-1) 16번 핀 GND, (M25-2) 9번 핀 간헐와이퍼 시간지연 조절 단자를 확인한다

**AVANTE XD ETACS, A/C**

| 1 | 2 | 3 | 4 | 5 | 6 |  | 8 | 9 | 10 |
|---|---|---|---|---|---|---|---|---|---|
| 11 | 12 | 13 | 14 | 15 | 16 | 17 | 18 | 19 | 20 |

(M25-1)

| 1 | 2 |  | 4 | 5 | 6 | 7 | 8 |
|---|---|---|---|---|---|---|---|
| 9 | 10 | 11 | 12 | 13 | 14 |  |  |

(M25-2)

|  | 2 | 3 |  | 4 |  | 7 | 8 |
|---|---|---|---|---|---|---|---|
| 9 | 10 | 11 | 12 |  |  |  |  |

(M25-3)

| 1 | B+ |
|---|---|
| 2 | "P"포지션 신호 |
| 3 | 뒷도어 록/언록 신호 |
| 4 | 파워윈도우 릴레이 컨트롤 |
| 5 | ON/ST 전원 |
| 6 | IG 전원 |
| 7 | |
| 8 | 운전석앞 도어 스위치 |
| 9 | 조수석앞 도어 스위치 |
| 10 | 트렁크 램프 컨트롤 |
| 11 | 실내등 |
| 12 | 디포거 릴레이 컨트롤 |
| 13 | 시트벨트 경고등 |
| 14 | 도어록 릴레이(록) |
| 15 | 미등 릴레이 컨트롤 |
| 16 | GND |
| 17 | 파킹브레이크 신호 |
| 18 | 전도어 스위치 |
| 19 | 엔진회전시 입력신호 |
| 20 | 도어록 릴레이(언록) |

| 1 | 키홀조명 |
|---|---|
| 2 | 도어 경고 스위치 신호 |
| 3 | |
| 4 | 시트벨트 스위치 |
| 5 | |
| 6 | |
| 7 | 와셔신호 |
| 8 | 간헐와이퍼 |
| 9 | 간헐와이퍼 시간지연조절 |
| 10 | 와이퍼 릴레이 컨트롤 |
| 11 | 엔진체크 경고등 컨트롤 |
| 12 | 디포거 스위치 |
| 13 | IG 릴레이(1) 컨트롤 |
| 14 | 미등 스위치 입력 |
| 15 | |
| 16 | |

| 2 | 외기온도 센서 |
|---|---|
| 3 | |
| 3 | |
| 4 | 증발기 온도센서 |
| 5 | |
| 6 | |
| 7 | AQS |
| 8 | |
| 9 | |
| 10 | |
| 11 | |
| 12 | GND |

2) 시동 키를 IG ON상태로 한다.

3) 에탁스 M25-2 커넥터 9번 핀에 +를, M25-1 16번 핀에 - 를 연결한다.

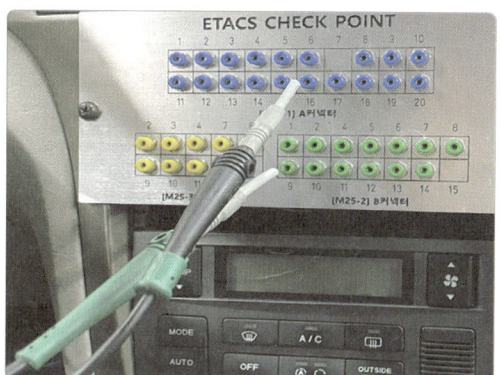

4) 바탕화면에서 Hi-DS를 클릭한다.

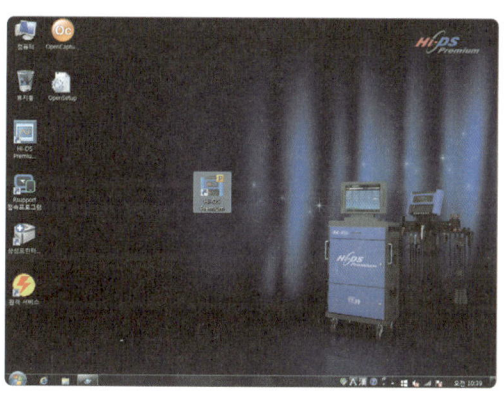

5) 로그인 취소를 클릭한다.

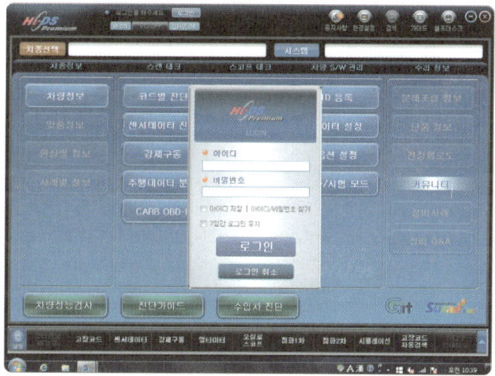

6) 경고 문구가 뜨면 확인을 클릭한다.

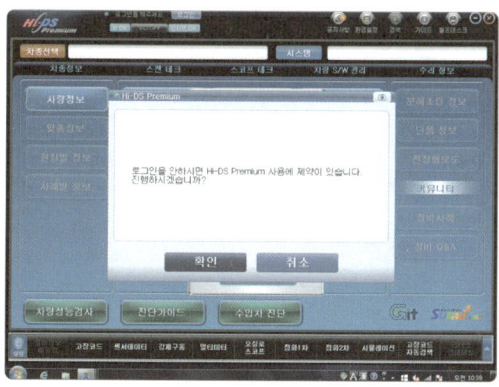

7) 오실로스코프를 클릭한다.

8) 제작사, 차명, 연식, 엔진 형식을 입력 후 확인을 클릭한다.

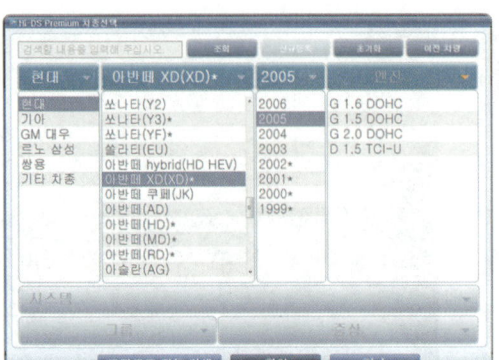

9) 엔진제어 선택 후 확인을 클릭한다.

10) 파형 표시창 확장 버튼을 클릭한다.

11) 환경설정에서 전압 5V, 1.5s를 선택한다.

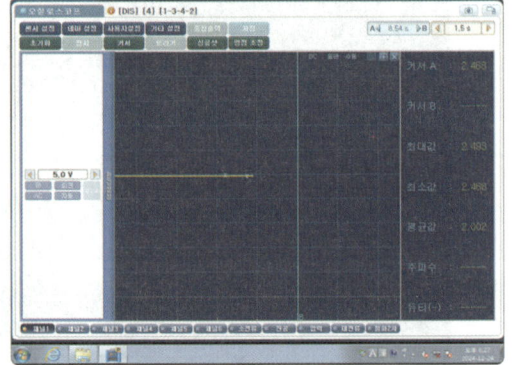

12) 와이퍼 INT Time을 Slow로 한다.

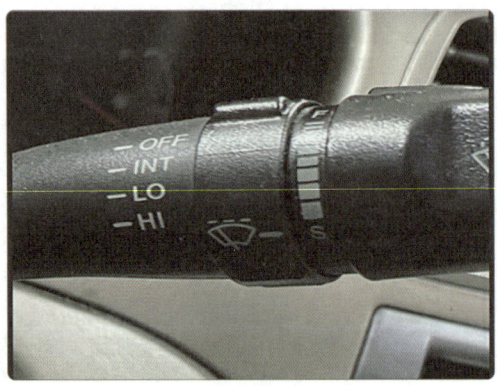

13) INT Time을 Slow 시 파형을 확인한다.

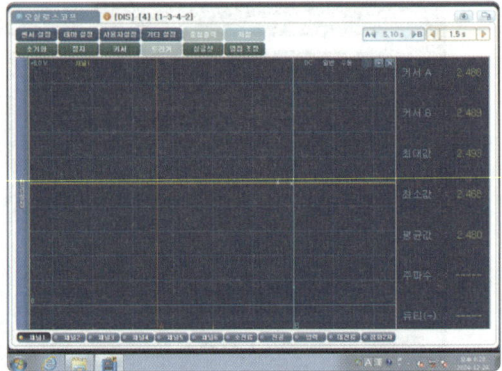

14) Time 다이얼을 Fast쪽으로 단계별로 돌린다.

15) 파형을 정지한다.

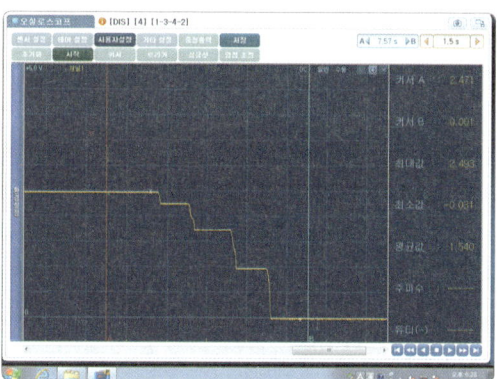 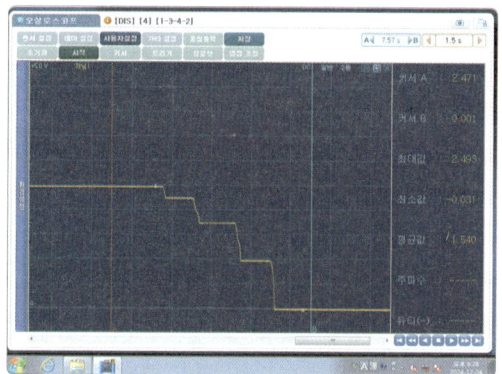

16) 캡처 인쇄 아이콘을 클릭 후 확인 버튼을 누른다.

17) 프린터 창이 뜨면 확인 버튼을 눌러 프린트한다.

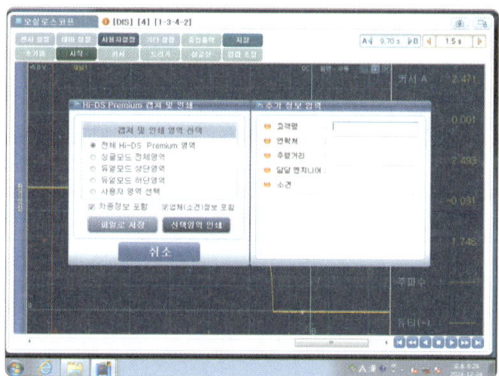 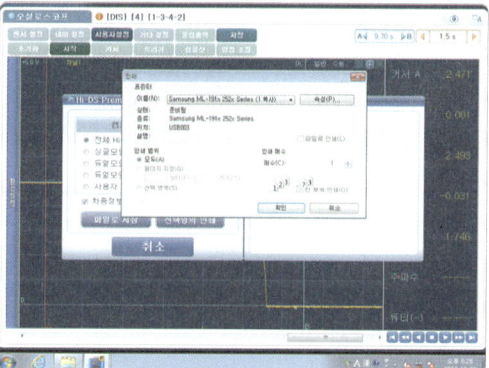

18) Slow 시 전압 : 3.148V와 Fast 시 전압 : 0V를 출력된 파형에 기입한다.

3-1-2. 답안지 작성

1) A 커서 Slow 시 전압 2.471V를 답안지에 기입한다.
2) B 커서 Fast 시 전압 0.001V를 답안지에 기입한다.

### [전기 3 기록표]

1) 파형        자동차 번호 :

| 비번호 | | 감독위원 확인 | |
|---|---|---|---|

| 항목 | 파형 분석 및 판정 ||| 득점 |
| | 분석항목 | | 분석내용 | 판정 (□에 'V' 표) | |
|---|---|---|---|---|---|
| 와이퍼 INT 모드 | Slow(최저) 출력 전압 | 2.471V | 분석내용은 출력물에 표시하시오. | ☑ 양호 □ 불량 | |
| | Fast(최고) 출력 전압 | 0.001V | | | |

※ 주의사항 : 분석 항목 및 내용은 출력물에 표기하며 관련 사항은 감독위원의 지시에 따른다.

### 3-1-3. 분석내용 판정

1) 출력한 분석물에 최저, 최고 출력 전압을 표시한다.
2) 규정값(예) Slow 시 전압 2.2~2.8V, Fast 시 전압 0~0.5V)을 참고하여 양호에 ☑ 표시한다.
3) 판정이 불량 시 불량에 ☑ 표시한다.

## 3-2. 도어록, 도어 S/W 점검

### 3-2-1. 도어 S/W 작동 시 전압 측정

1) 커넥터 표에서(M25-1) 16번 GND, 8번 운전석앞 도어스위치 단자를 확인한다.

**AVANTE XD ETACS, A/C**

| 1 | 2 | 3 | 4 | 5 | 6 | 8 | 9 | 10 |
|---|---|---|---|---|---|---|---|---|
| 11 | 12 | 13 | 14 | 15 | 16 | 17 | 18 | 19 | 20 |

| 1 | 2 | 4 | 5 | 6 | 7 | 8 |
|---|---|---|---|---|---|---|
| 9 | 10 | 11 | 12 | 13 | 14 | |

| 2 | 3 | 4 | 7 | 8 |
|---|---|---|---|---|
| 9 | 10 | 11 | 12 | |

**(M25-1)**

| 1 | B+ |
|---|---|
| 2 | "P"포지션 신호 |
| 3 | 뒷도어 록/언록 신호 |
| 4 | 파워윈도우 릴레이 컨트롤 |
| 5 | ON/ST 전원 |
| 6 | IG 전원 |
| 7 | |
| 8 | 운전석앞 도어 스위치 |
| 9 | 조수석앞 도어 스위치 |
| 10 | 트렁크 램프 컨트롤 |
| 11 | 실내등 |
| 12 | 디포거 릴레이 컨트롤 |
| 13 | 시트벨트 경고등 |
| 14 | 도어록 릴레이(록) |
| 15 | 미등 릴레이 컨트롤 |
| 16 | GND |
| 17 | 파킹브레이크 신호 |
| 18 | 전도어 스위치 |
| 19 | 엔진회전시 입력신호 |
| 20 | 도어록 릴레이(언록) |

**(M25-2)**

| 1 | 키홀조명 |
|---|---|
| 2 | 도어 경고 스위치 신호 |
| 3 | |
| 4 | 시트벨트 스위치 |
| 5 | |
| 6 | |
| 7 | 와셔신호 |
| 8 | 간헐와이퍼 |
| 9 | 간헐와이퍼 시간지연조절 |
| 10 | 와이퍼 릴레이 컨트롤 |
| 11 | 엔진체크 경고등 컨트롤 |
| 12 | 디포거 스위치 |
| 13 | IG 릴레이(1) 컨트롤 |
| 14 | 미등 스위치 입력 |
| 15 | |
| 16 | |

**(M25-3)**

| 2 | 외기온도 센서 |
|---|---|
| 3 | |
| 3 | |
| 4 | 증발기 온도센서 |
| 5 | |
| 6 | |
| 7 | AQS |
| 8 | |
| 10 | |
| 11 | |
| 12 | GND |

2) 에탁스 M25-1 커넥터 16번 GND, 8번에 멀티미터 ⊕를 연결한다.

3) 운전석 도어 열림 시 전압을 측정한다.(0.22V)

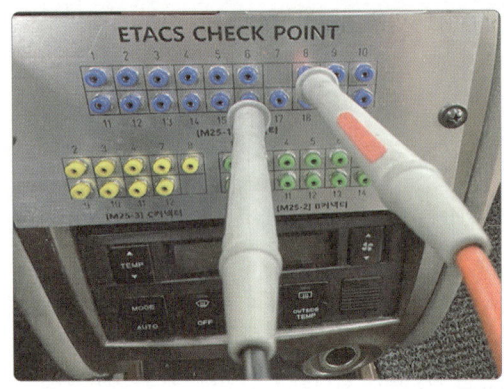
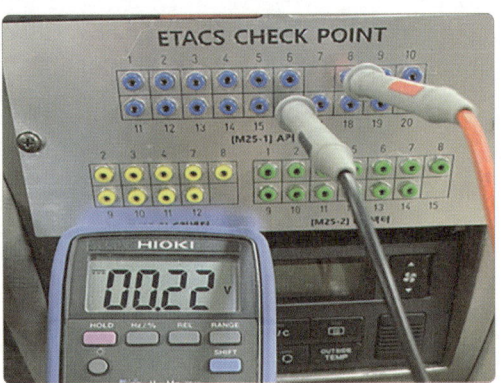

4) 운전석 도어를 닫고 닫힘 시 전압을 측정한다. (12.44V)

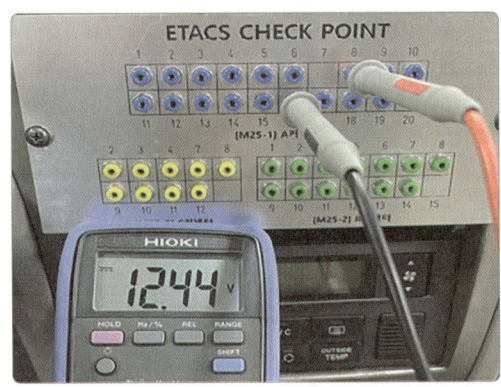

## 3-2-2. 도어 록 액추에이터 작동 시 전압 측정

### (1) 멀티메터로 측정

1) 운전석 도어를 잠김으로 누르면서 측정한다.
   (8.2V)

2) 도어락을 작동시키면서 최고값을 측정한다.
   (1.9A)

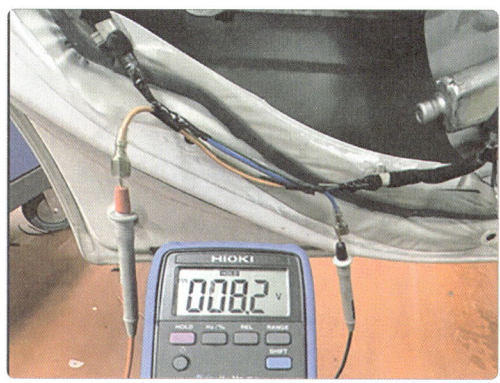
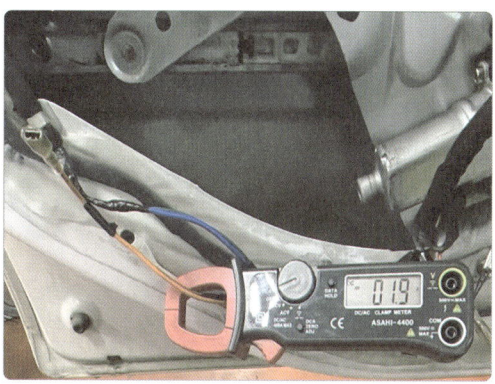

### (2) Hi-DS로 측정

1) 도어 엑추에이터 커넥터에 1번체널 +, -를 연결하고 소전류계를 설치한다.

2) 바탕화면에서 Hi-DS를 클릭한다.

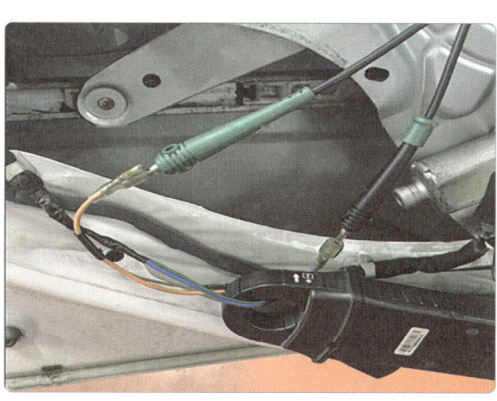

3) 로그인 취소를 클릭한다.

4) 경고 문구가 뜨면 확인을 클릭한다.

5) 오실로스코프를 클릭한다.

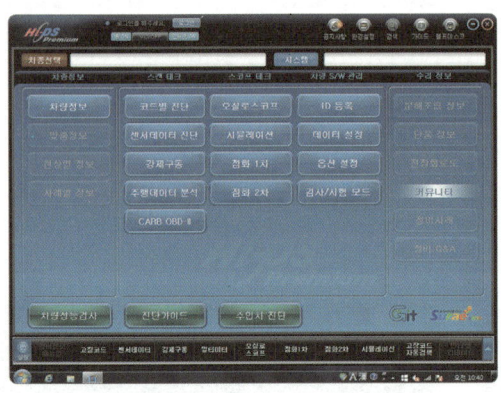

6) 제작사, 차명, 연식, 엔진 형식을 입력 후 확인을 클릭한다.

7) 엔진제어 선택 후 확인을 클릭한다.

8) 파형 표시창 확장 버튼을 클릭한다.

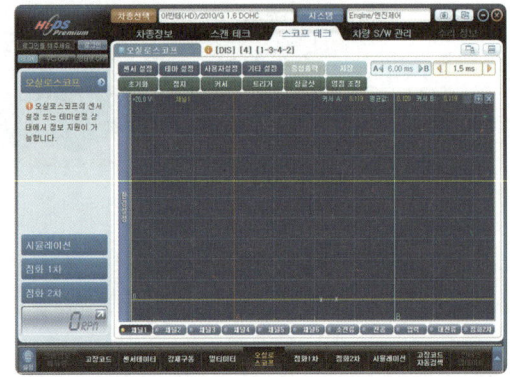

9) 환경설정에서 전압 20V, 전류 3.0A, 600ms를 선택한다.

10) 운전석 도어에서 키로 도어를 잠금으로 돌린다.

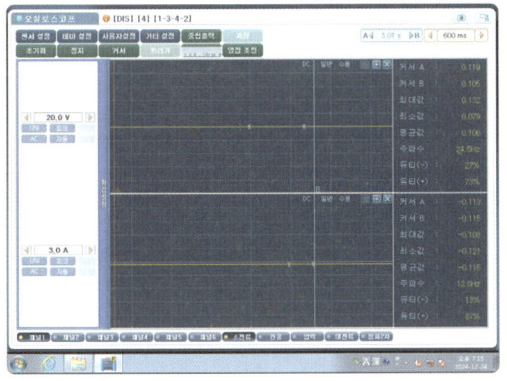
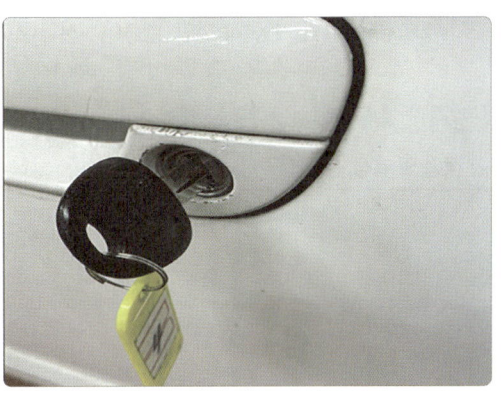

11) 파형을 정지 후 측정값을 기록한다.(전압:11.30V, 전류:2.789A)

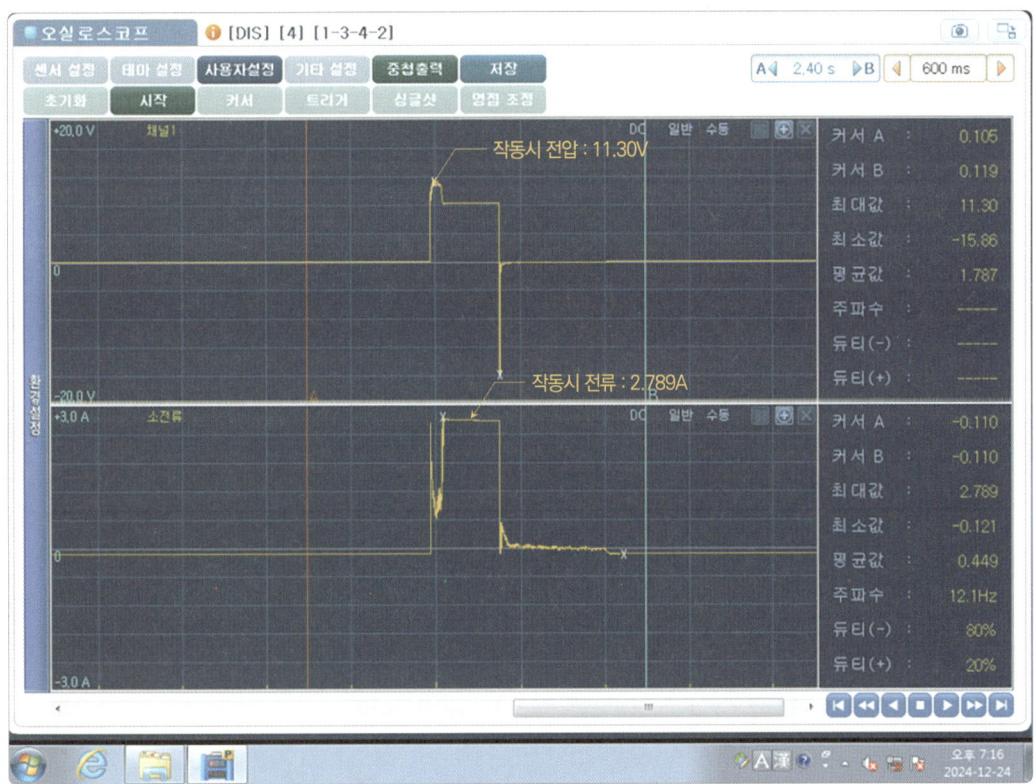

### 3-2-3. 답안지 작성

1) 열림 시 전압 0.22V, 닫힘 시 전압 12.44V를 답안지에 기입한다.
2) 액추에이터 작동 시 전압 11.30V, 전류 2.789A를 답안지에 기입한다.

## [전기 3 기록표]

**2) 점검 및 측정**   자동차 번호 :   비번호     감독위원 확인

| 항목 | 측정(또는 점검) | | 판정 및 정비(또는 조치)사항 | | 득점 |
|---|---|---|---|---|---|
| | 측정값 | | 판정<br>(□에'∨'표) | 정비 및 조치사항 | |
| 항목 도어 록<br>액추에이터<br>작동 시 | 열림 시 | 0.22V | ☑ 양호<br>□ 불량 | 없음 | |
| | 닫힘 시 | 12.44V | | | |
| 도어 록<br>액추에이터<br>작동 시 | 전압 | 11.30V | ☑ 양호<br>□ 불량 | 없음 | |
| | 전류 | 2.789A | | | |

### 3-2-4. 답안지 작성

1) 도어 S/W 규정값(예 열림 시 전압 0~0.5V, 닫힘 시 전압 10.5~15.5V)을 참고하여 양호에 ☑ 표시 후 정비 및 조치사항에 "없음"으로 기입한다.
2) 도어 S/W 판정이 불량 시 불량에 ☑ 표시 후 정비 및 조치사항에 "도어 S/W교환/재점검"으로 기입한다.
3) 액추에이터 작동시 규정값(예 전압 10.5~15.5V, 전류 1.5- 3.5A)을 참고하여 양호에 ☑ 표시 후 정비 및 조치사항에 "없음"으로 기입한다.
4) 판정이 불량 시 불량에 표시 후 정비 및 조치사항에 "도어 액추에이터 교환/재점검"으로 기입한다.

# 자동차 정비 기/능/장

Master Craftsman Motor Vehicles Maintenance

## 03안

**가. 엔진**
1. 디젤 엔진 크랭크축 리테이너와 고압 펌프 탈·부착
2. 점검 및 측정
3. 시동 결함, 부조 점검

**나. 섀시**
1. 전륜 현가장치 쇽업쇼버 코일 스프링 탈·부착 및 점검
2. 인히비터 스위치 탈·부착 및 점검

**다. 전기**
1. 에어컨 컴프레셔 탈·부착, 가스 충전
2. 회로 점검
3. 점검 및 측정

# 03안 국가기술자격검정 실기시험문제

| 자격종목 | 자동차정비 기능장 | 작품명 | 자동차정비 작업 |
|---|---|---|---|

비 번호(등번호) :

※ 시험시간 : [표준시간 : 6시간 30분, 연장시간 없음]
　　　　　　엔진 : 140분　|　섀시 : 130분　|　전기 : 120분

## 요구사항

### 가. 엔진

1. 주어진 전자제어 디젤 엔진에서 감독위원의 지시에 따라 크랭크축 리테이너와 고압연료 펌프를 탈거하고, 감독위원에게 확인 후 다시 조립(부착)하여 엔진 및 시동 관련회로를 점검한 후 시동 작업과 기록표의 요구사항을 점검 및 측정하고 기록표에 기록하시오.(단, 시동되지 않는 경우 2항은 작업할 수 없음.)

## 1. 디젤 엔진 크랭크축 리테이너와 고압 펌프 탈·부착

### 1-1. CRDI 디젤 엔진 분해 및 조립

1) 시험용 엔진을 확인한다.

2) 타이밍벨트 하부 커버를 탈거한다.

 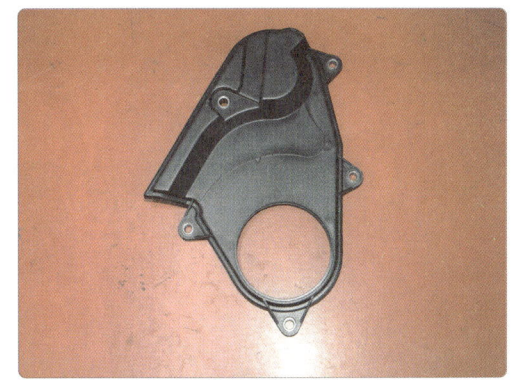

3) 타이밍벨트 상부 커버를 탈거한다.

4) 엔진 서포트 브라켓트를 탈거한다.

 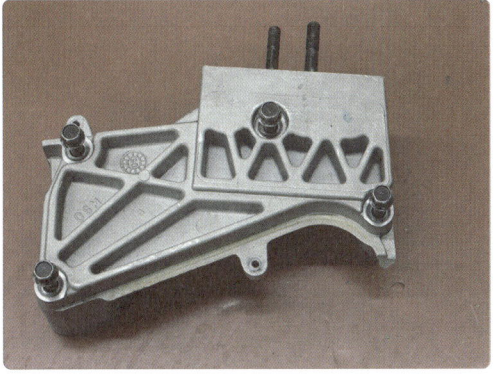

5) 크랭크축을 우측으로 회전시켜 캠축 타이밍마크를 일치시킨다.

6) 크랭크축 타이밍마크가 일치하는지 확인한다.

 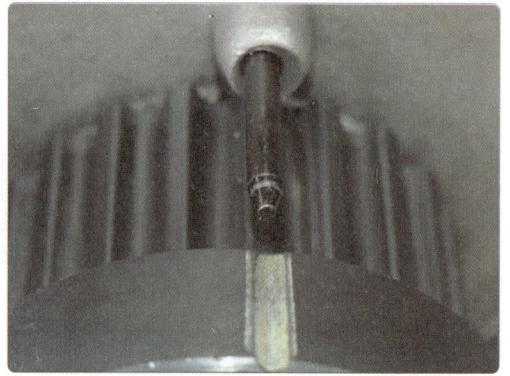

7) 텐셔너를 우측으로 회전하면서 고정 핀을 삽입한다.

8) 텐셔너를 탈거한다.

9) 타이밍벨트를 탈거한다.

 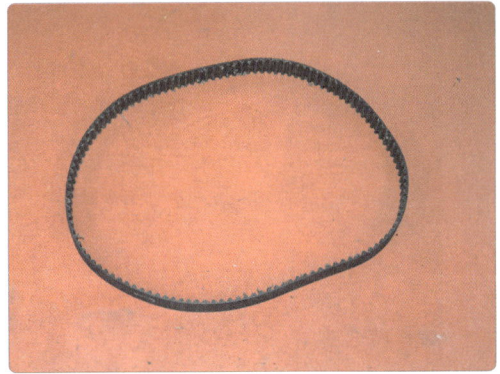

10) 타이밍벨트 리어커버를 탈거한다.

11) 워터 펌프를 탈거한다.

12) 고압 파이프를 탈거한다.

 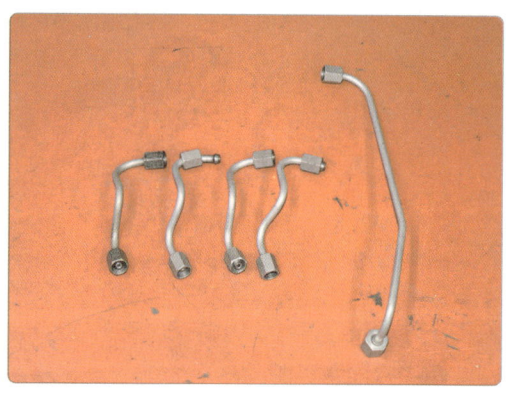

13) 커먼레일을 탈거한다.

 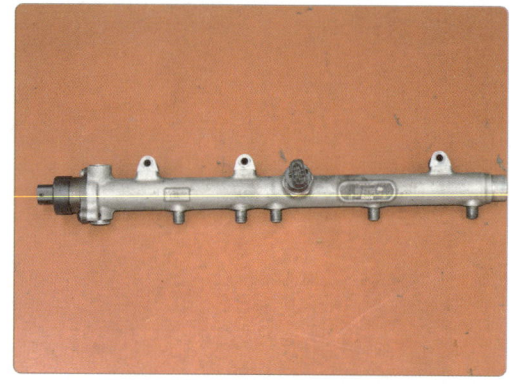

14) 고압 펌프를 탈거한다.

15) 인젝터를 탈거한다.

16) 실린더 헤드커버를 탈거한다.

 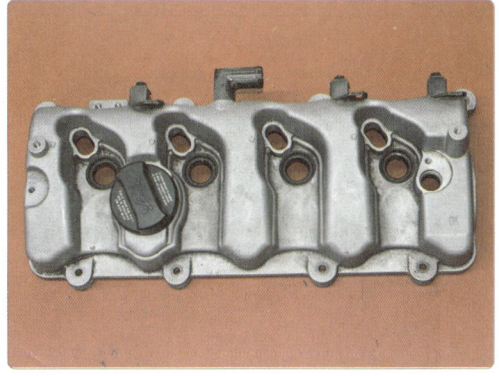

17) 인젝터 홀더를 탈거한다.

18) 캠샤프트 베어링 캡을 탈거한다.

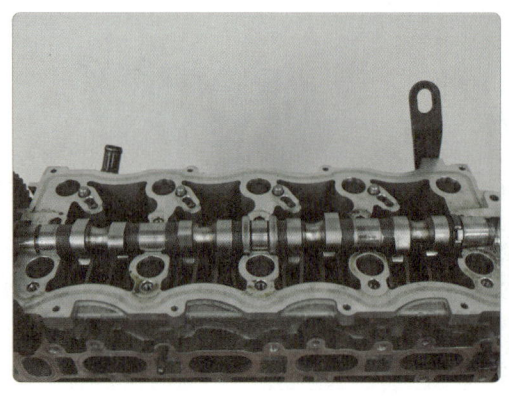

19) 캠샤프트를 탈거한다.

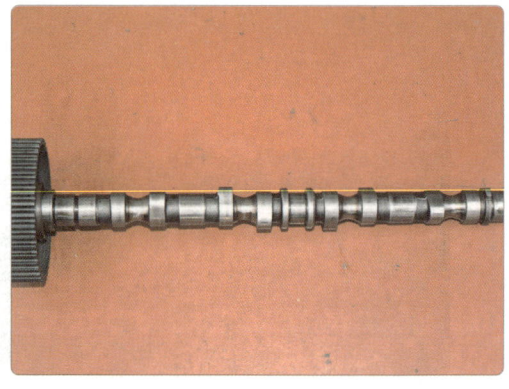

20) 흡·배기 캠 팔로우를 탈거한다.

21) 실린더 헤드를 탈거한다.

22) 실린더 헤드 가스켓을 탈거한다.

23) 크랭크축 밸트 스프로켓을 탈거한다.

24) 오일팬을 탈거한다.

25) 오일 스트레이너를 탈거한다.

26) 오일 펌프 어셈블리를 탈거한다.

27) 발란스 샤프트 어셈블리를 탈거한다.

28) 2, 3번 피스톤을 탈거한다.

 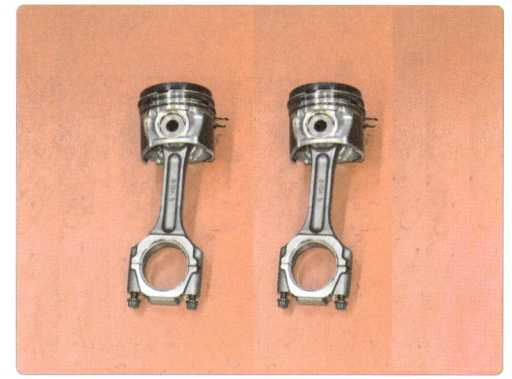

29) 1, 4번 피스톤을 탈거한다.

30) 베드 플레이트를 탈거한다.

31) 크랭크축 탈거 후 감독위원의 확인을 받는다.

32) 크랭크축 리테이너를 장착한다.

33) 크랭크축을 장착한다.

34) 베드 플레이트를 장착한다.

35) 1, 4번 피스톤 위의 ● 표시가 벨트 방향으로 되게 피스톤을 장착한다.

 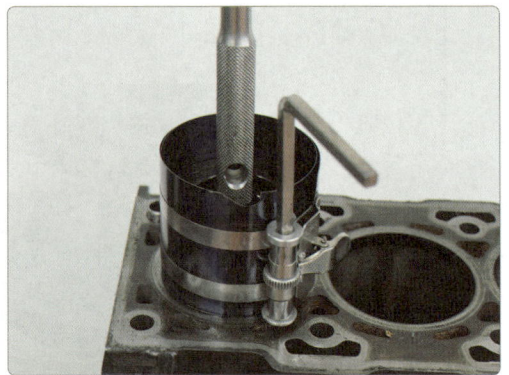

36) 핀저널 베어링 노치 부분이 같은 방향에 오도록 장착한다.

37) 2, 3번 피스톤을 같은 방법으로 장착한다.

 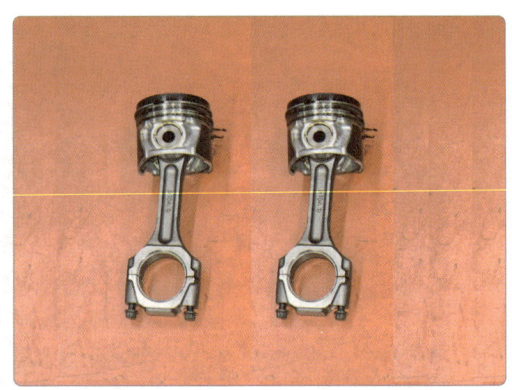

38) 발란스 샤프트 어셈블리를 타이밍마크를 정렬 후 장착한다.

39) 오일 펌프 어셈블리를 장착한다.

40) 오일 스트레이너를 장착한다.

41) 오일팬을 장착한다.

42) 크랭크축 밸트 스프로켓을 장착한다.

43) 실린더 헤드 가스켓을 장착한다.

44) 실린더 헤드를 장착한다.

 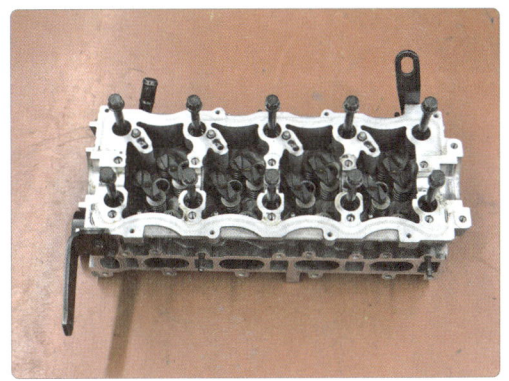

45) 흡·배기 캠 팔로우를 장착한다.

46) 캠샤프트를 장착한다.

 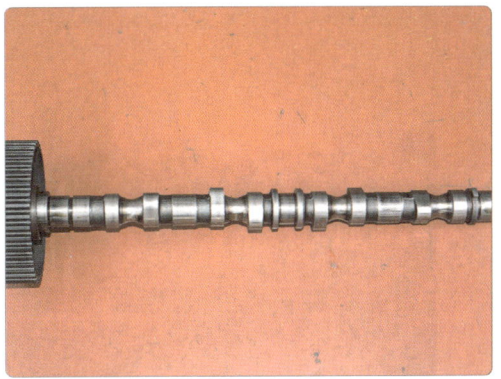

47) 캠샤프트 베어링 캡을 장착한다.

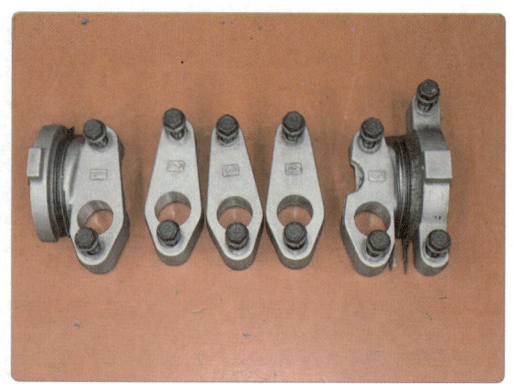

48) 인젝터 홀더를 장착한다.

49) 실린더 헤드커버를 장착한다.

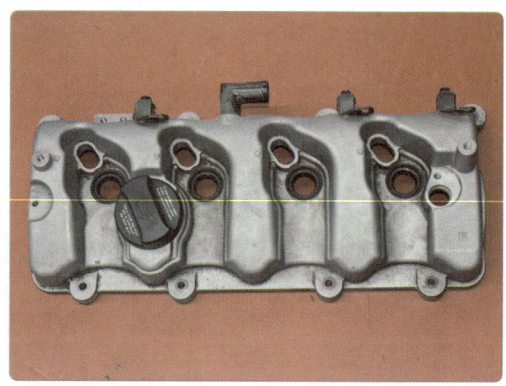

50) 인젝터를 장착한다.

51) 고압펌프를 장착한다.

52) 커먼레일을 장착한다.

 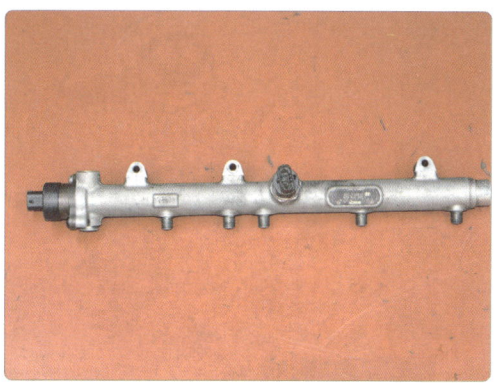

53) 고압 파이프를 장착한다.

 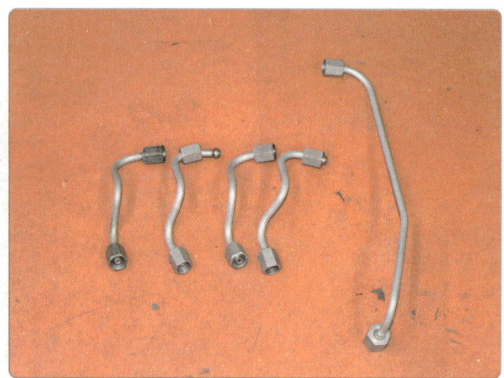

54) 워터펌프를 장착한다.

55) 타이밍벨트 리어커버를 장착한다.

56) 텐셔너를 장착한다.

57) 캠축 타이밍마크를 정렬한다.

58) 크랭크축 타이밍마크를 정렬한다.

 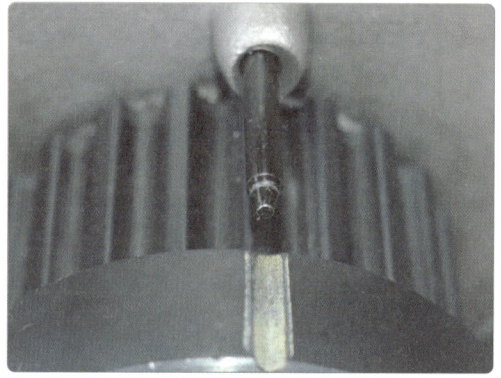

59) 타이밍벨트를 크랭크축에서부터 우측으로 당기면서 캠축을 거쳐 텐셔너로 장착한다.

60) 텐셔너 육각볼트를 좌측으로 2회전시킨다.

61) 텐셔너를 위로 들어 올려 벨트 장력을 조정한다.

 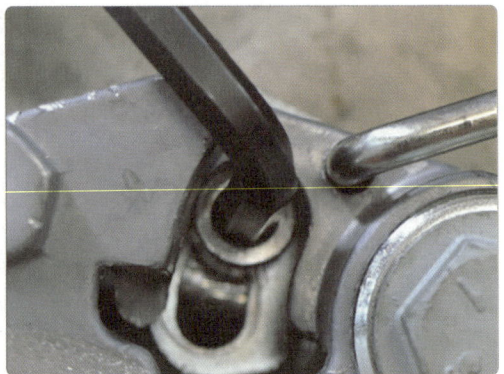

62) 육각볼트를 조이고 고정 핀을 탈거한다.

63) 크랭크축, 캠축 타이밍마크를 확인 후 감독위원의 확인을 받는다.

64) 엔진 서포트 브라켓를 장착한다.

65) 타이밍벨트 상부 커버를 장착한다.

66) 타이밍벨트 하부 커버를 장착한다.

 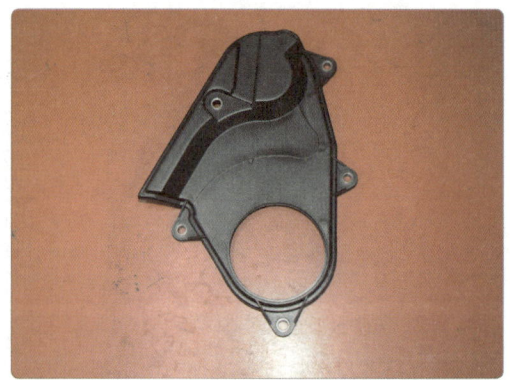

67) 조립이 끝나면 감독위원의 확인을 받는다.

## 1-2. 엔진 점검 및 시동

**1안 참조** p.21

## 1-3. 연료펌프 점검

**2안 참조** p.104

2. 주어진 엔진에서 감독위원의 지시에 따라 기록표 요구사항을 점검 및 측정하여 기록하시오.

## 2. 점검 및 측정

### 2-1. 디젤 인젝터 전압 및 전류 파형 측정

2-1-1. 측정

1) Hi-DS 1번 ⊕, ⊖프로브를 인젝터에 연결 후 전류계를 설치한다.

2) 바탕화면에서 Hi-DS를 클릭한다.

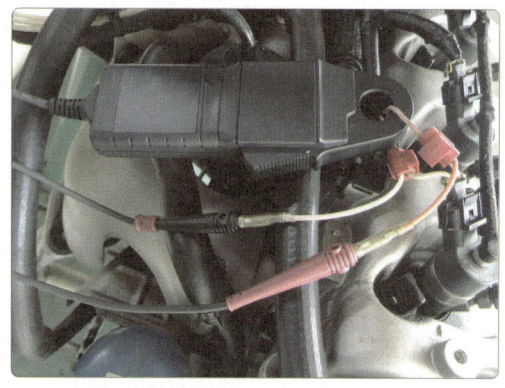
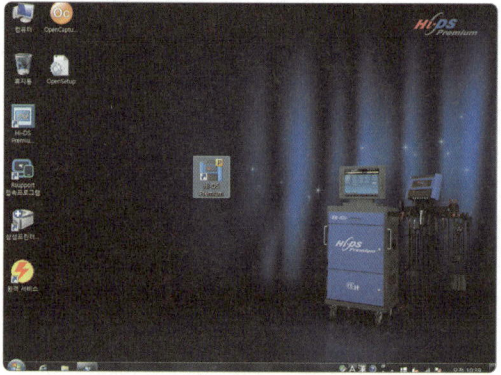

3) 로그인 취소를 클릭한다.

4) 경고 문구가 뜨면 확인을 클릭한다.

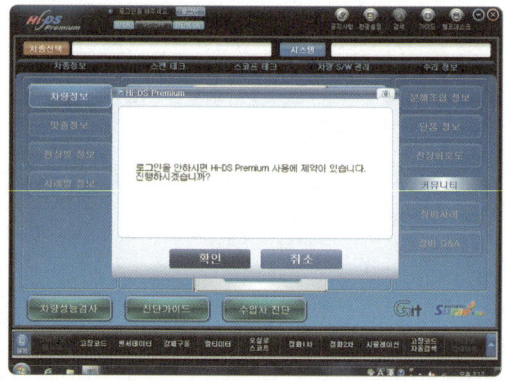

5) 차종 선택을 클릭한다.

6) 제작사, 차명, 연식, 엔진 형식을 입력 후 확인을 클릭한다.

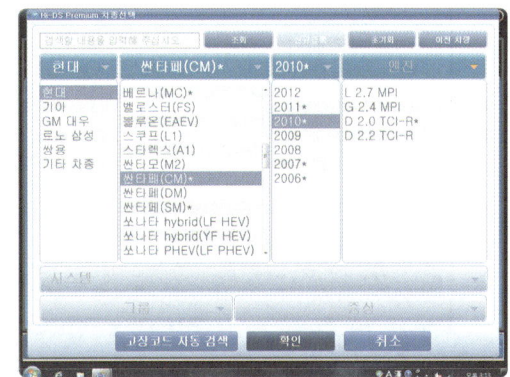

7) 엔진제어 선택 후 확인을 클릭한다.

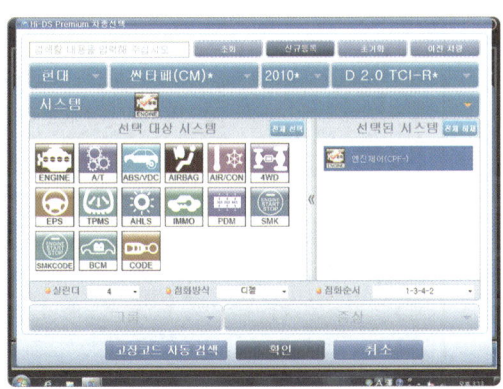

8) 오실로스코프를 클릭한다.

9) 1번 채널과 소전류를 활성화한 후 창을 확대한다.

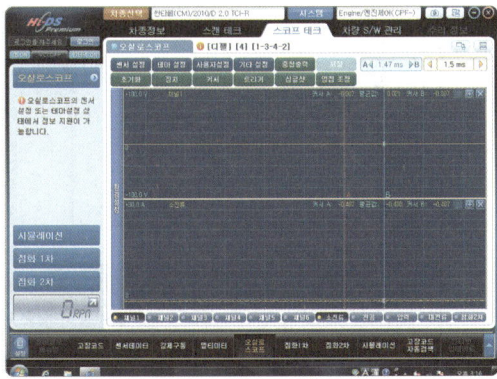

10) 설정에서 전압 100V, 전류 30A, 1.5S로 설정한다.

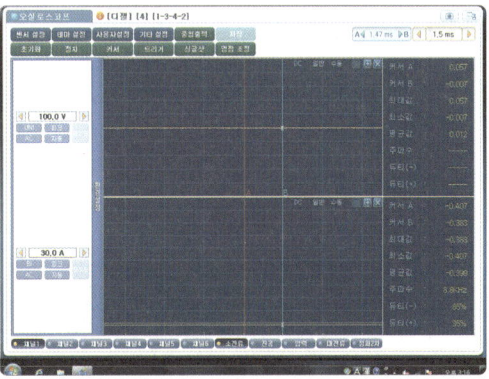

11) 엔진 시동 후 트리거를 작동한다.

12) 파형을 정지한다.

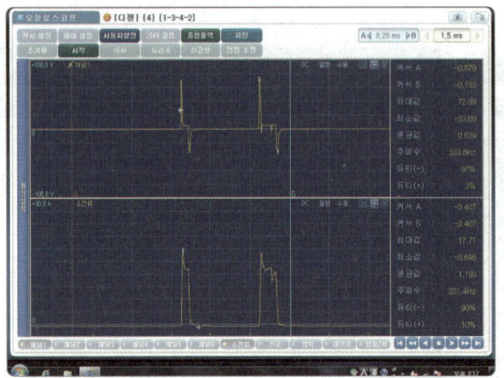 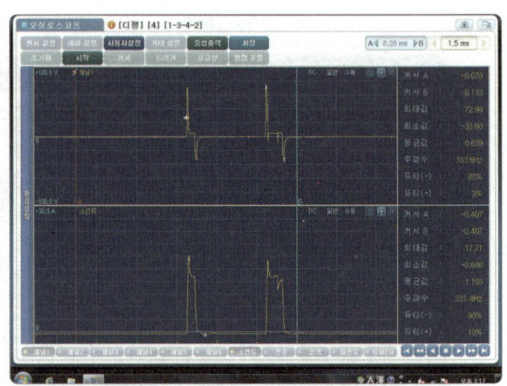

13) 예비분사 구간에 A, B 커서를 정렬 후 예비 분사 시간을 기록한다.

14) 주 분사 구간에 A, B 커서를 정렬 후 주 분사 작동 전류, 서지 전압을 기록한다.

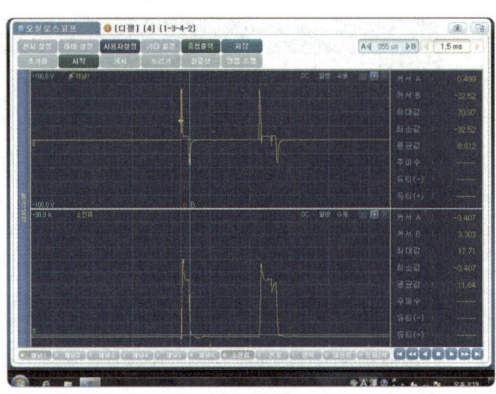 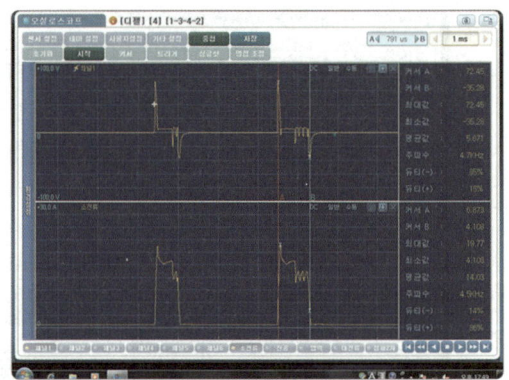

15) 카메라 아이콘을 클릭한다.

16) 선택영역 인쇄 확인을 클릭한다.

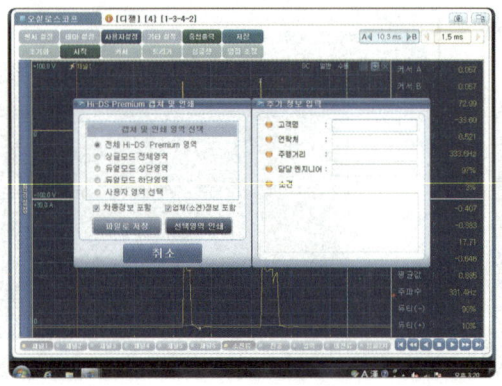 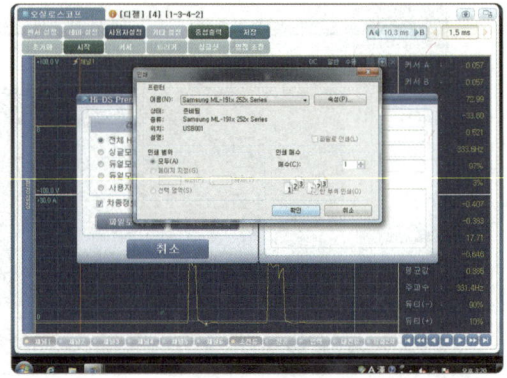

17) 출력한 파형에 예비 분사 시간을 기입한다.

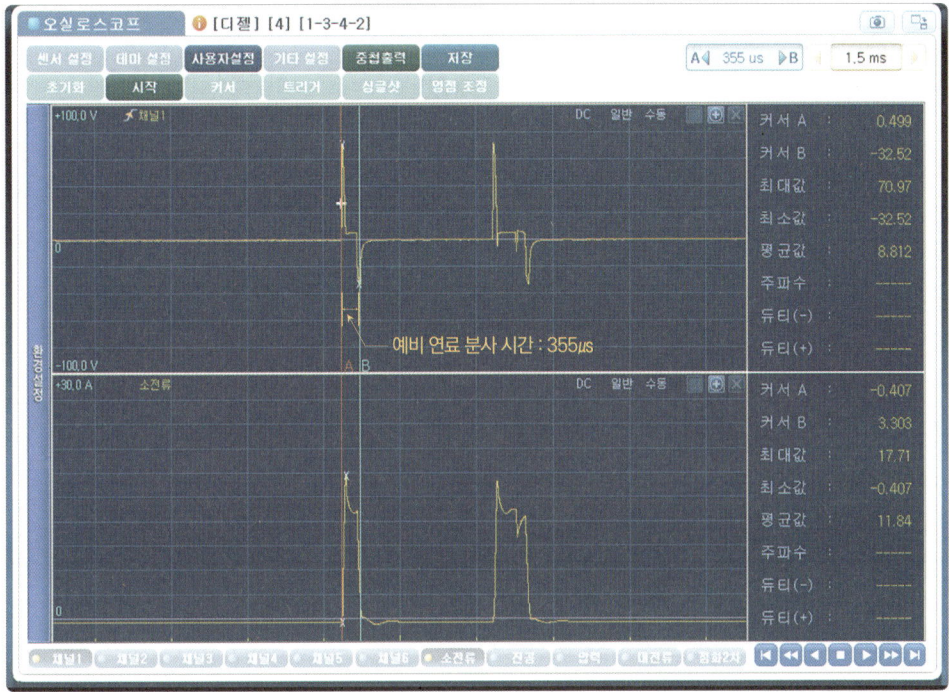

18) 출력한 파형에 주 분사 작동 전류, 서지 전압을 기입한다.

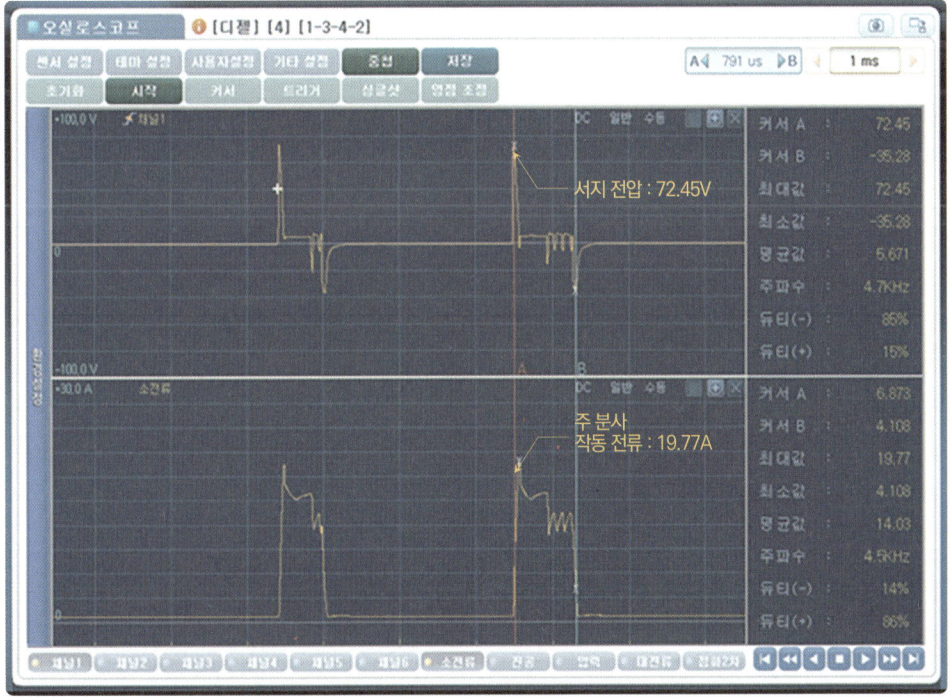

## 2-1-2. 답안지 작성

1) 주 분사 작동 전류 19.77A를 답안지에 기입한다.(최대 전류)
2) 서지 전압 72.45V를 답안지에 기입한다.(전압 최대 값)
3) 예비 분사 시간 355µs를 답안지에 기입한다.(A, B 커서 차)

### [엔진 2 기록표]

1) 파형        자동차 번호 :

| 항목 | 파형 분석 및 판정 ||| 득점 |
|------|------|------|------|------|
| | 분석항목 | 분석내용 | 판정 (□에 'V' 표) | |
| 디젤 인젝터 전압 및 전류 파형 | 주 분사 작동 전류 | 19.77A | ☑ 양호<br>□ 불량 | |
| | 서지 전압 | 72.45V | | |
| | 예비 연료 분사 시간 | 355µs | | |

비번호 / 감독위원 확인

분석내용은 출력물에 표시하시오.

※ 주의사항 : 분석 항목 및 내용은 출력물에 표기하며 관련 사항은 감독위원의 지시를 따른다.

## 2-1-3. 분석내용 및 판정

1) 출력한 파형에 주 분사 작동 전류, 서지 전압, 예비 분사 시간을 기입한다.
2) 기준값(예) 작동 전류 15~19A, 서지 전압 60~80V, 분사 시간 250~450µs)

## 2-2. 연료 압력 조절 밸브 듀티 값 측정
### 2-2-1. Hi-DS로 듀티 측정

1) 시험 차량의 연료 압력 조절밸브 위치를 확인한다.

2) Hi-DS 1번 채널 프로브를 연결한다.

3) 윈도우 바탕 화면에서 Hi-DS 아이콘을 클릭한다.

4) 로그인 창이 뜨면 취소 버튼을 클릭한다.

5) 사용 제약 경고 문구가 뜨면 확인 버튼을 클릭한다.

6) 다음 창에서 오실로스코프 버튼을 클릭한다.

7) 차량 정보를 입력한다.

8) ENGINE, 엔진제어 시스템 아이콘을 클릭한다.

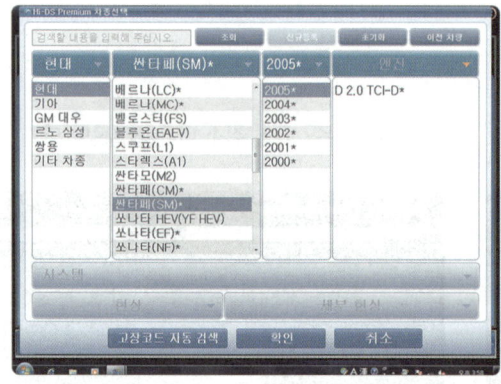 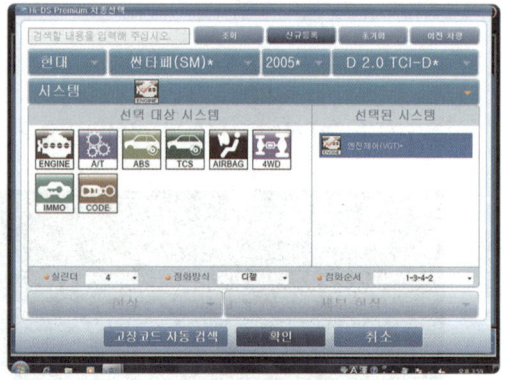

9) 1번 채널 전압 60V, Time 1.5ms로 설정 후 엔진을 시동한다.

10) 파형 정지 후 듀티 값을 읽는다.(22%)

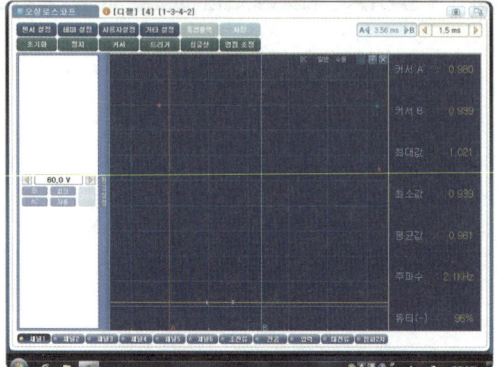 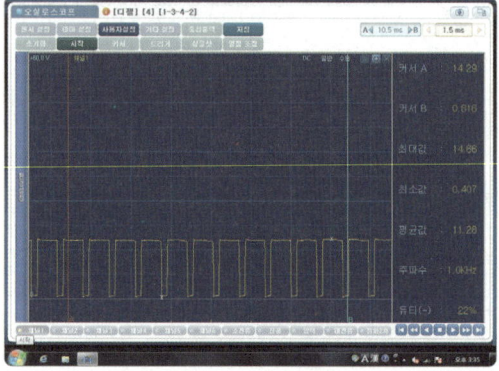

## 2-2-2. 스캐너로 듀티 측정

1) 제조회사를 선택한다.

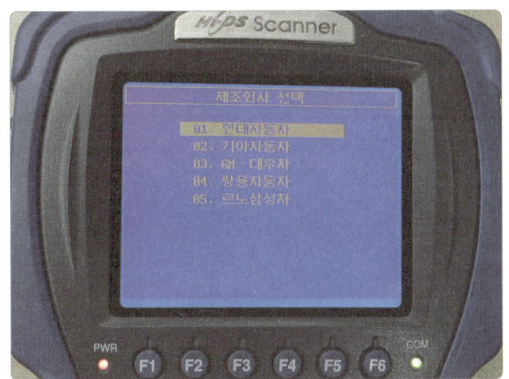

2) 차종을 선택한다.

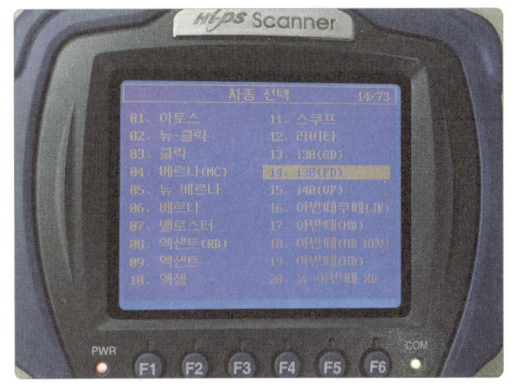

3) 제어장치를 선택한다.

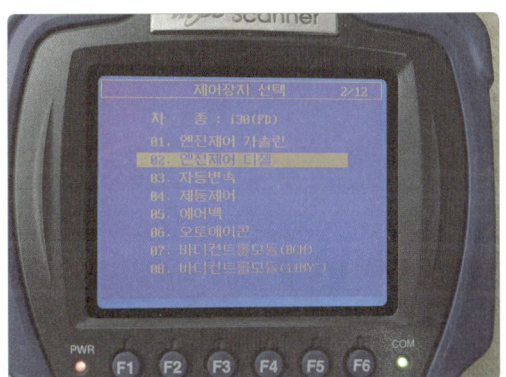

4) 사양을 선택한다.

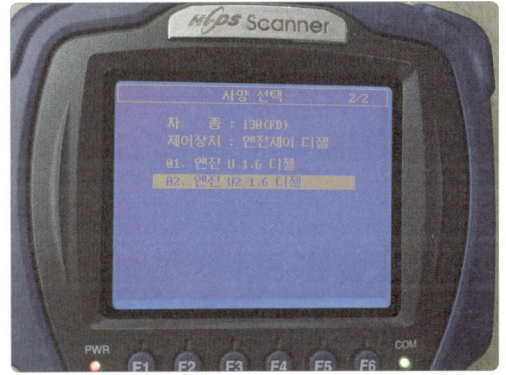

5) 센서출력을 선택한다.

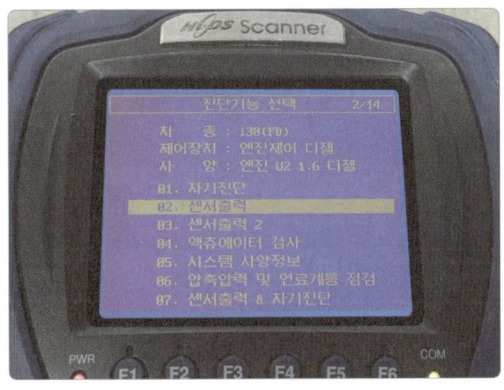

6) 레일 압력 레귤레이터 듀티 값을 읽는다.(23.5%)

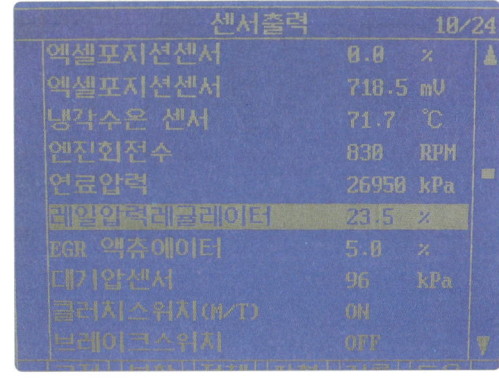

## 2-3. 연료 온도 센서 출력 전압 측정

1) 시험용 엔진 IG 1에서 연료 온도 센서 위치를 확인한다.

2) 멀티미터로 전압을 측정한다.(2.1V)

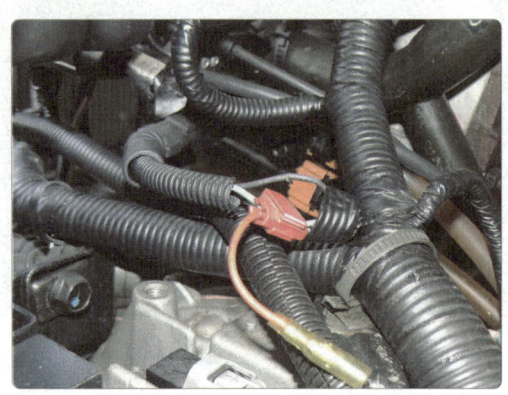

## 2-4. 액셀 포지션 센서 1, 2 출력 전압 측정

### 2-4-1. 멀티미터로 측정

1) IG 1에서 APS 1 공전 시 전압을 측정한다. (0.770V)

2) 액셀 페달을 끝까지 밟고 APS1 가속 시 전압을 측정한다.(4.036V)

3) IG 1에서 APS2 공전 시 전압을 측정한다.(0.390V)  4) 액셀 페달을 끝까지 밟고 APS2 가속 시 전압을 측정한다.(2.058V)

## 2-4-2. 스캐너 센서 값으로 측정

1) 제조회사를 선택한다.  2) 차종을 선택한다.

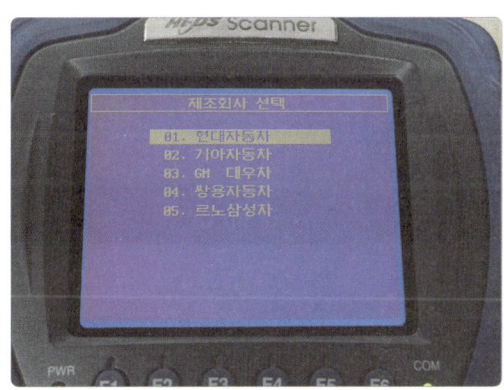 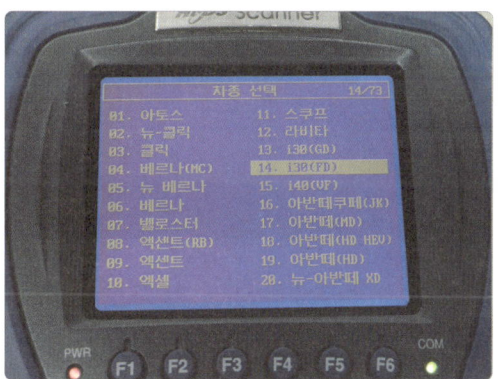

3) 제어장치를 선택한다.

4) 사양을 선택한다.

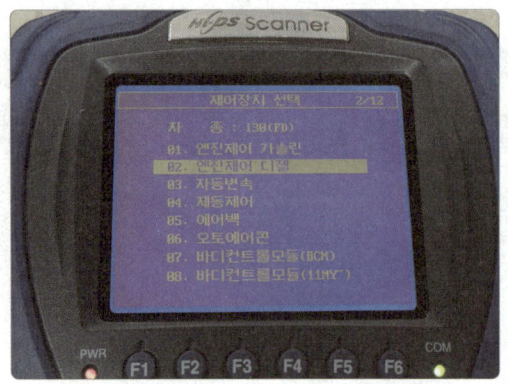

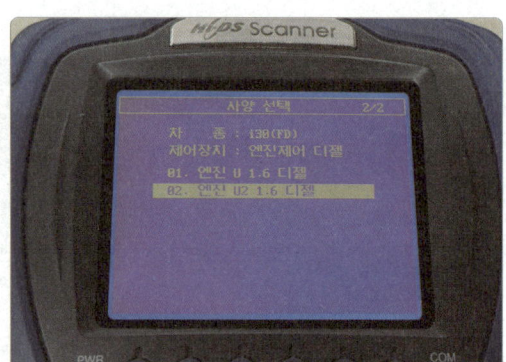

5) 센서출력을 선택한다.

6) APS 공전 시 측정값을 읽는다.(APS1 : 745mV, APS2 : 373mV)

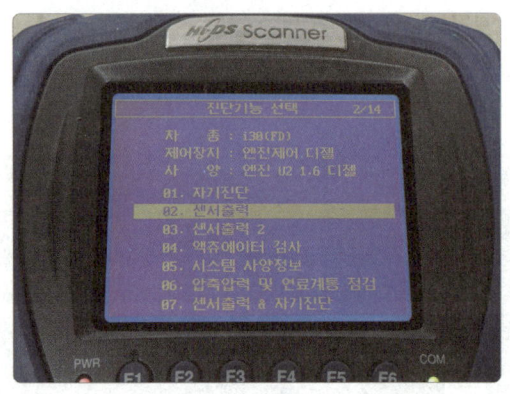

7) APS 가속 시 측정값을 읽는다.(APS 1 : 3,824mV, APS2 : 1,902mV)

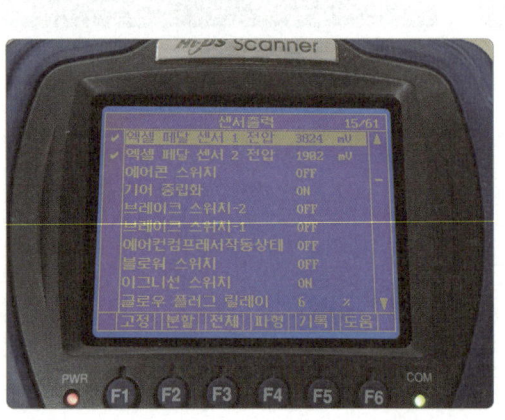

## 2-5. 답안지 작성

1) 연료 압력 조절 밸브 듀티 값 23.5%를 답안지에 기입한다.
2) 조절 밸브 듀티 기준값(예 21~26%)을 답안지에 기입한다.
3) 연료 온도 센서 출력값 2.1V를 답안지에 기입한다.
4) 온도 센서 출력 기준값(예 1.8~2.5V)을 답안지에 기입한다.
5) APS1 측정값 공전 : 745mV, 가속 : 3,824mV를 답안지에 기입한다.
6) APS1 출력 기준값(예 공전 : 218~950mV, 가속 : 3,500~4,500mV)을 답안지에 기입한다.
7) APS 측정 부위는 감독위원이 정해준다.(예 APS1, APS2, 공전, 가속)

### [엔진 2 기록표]

2) 점검 및 측정    자동차 번호 :    비번호    감독위원 확인

| 위치 | 측정(또는 점검) | | 판정 및 정비(또는 조치)사항 | | 득점 |
| --- | --- | --- | --- | --- | --- |
| | 측정값 | 규정(정비한계)값 | 판정 (□에 'V' 표) | 정비 및 조치사항 | |
| 연료 압력 조절 밸브 듀티 값 | 23.5% | 21~26% | ☑ 양호<br>□ 불량 | 없음 | |
| 연료 온도 센서(FTS) 출력 전압 | 2.1V | 1.8~2.5V | ☑ 양호<br>□ 불량 | 없음 | |
| 액셀 포지션 센서 (APS1 또는 APS2) 출력 전압 | 공전 745mV<br>가속 3,824mV | 공전 218~950mV<br>가속 3,500~4,500mV | ☑ 양호<br>□ 불량 | 없음 | |

※ 파형으로 점검할 경우는 파형을 프린트하여 첨부하고, 단위 누락이나 틀린 경우는 오답으로 채점한다.

## 2-6. 정비 및 조치사항

1) 측정값이 규정값 범위 내에 있으므로 양호에 ☑ 후 정비 및 조치사항에 "없음"으로 기입한다.
2) 듀티 측정값 불량 시 불량에 ☑ 표시 후 "연료 압력 조절 밸브 교환/재점검"으로 답안지를 작성한다.
3) 측정값이 규정값 범위 내에 있으므로 양호에 ☑ 후 정비 및 조치사항에 "없음"으로 기입한다.
4) 연료 온도 센서 측정값 불량 시 불량에 ☑ 표시 후 "연료 온도 센서 교환/재점검"으로 답안지를 작성한다.
5) 측정값이 규정값 범위 내에 있으므로 양호에 ☑ 후 정비 및 조치사항에 "없음"으로 기입한다.
6) 액셀 포지션 센서 측정값 불량 시 불량에 ☑ 표시 후 "APS1 교환/재점검"으로 답안지를 작성한다.

3. 주어진 자동차에서 크랭킹은 가능하나 시동되지 않고, 시동된 후에도 부조가 발생한다. 고장 원인을 찾아 수리 후 기록표에 기록하시오.

## 3. 시동 결함, 부조 점검

### 3-1. 시동 결함 점검

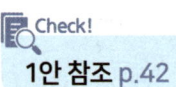

### 3-2. 부조 점검

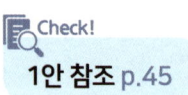

## 나. 섀시 (Chassis)

1. 주어진 자동차에서 감독위원의 지시에 따라 전륜 현가장치의 쇽업쇼버 코일 스프링을 탈거하고 감독위원에게 확인 후 다시 조립(부착)하여 작동 상태를 확인하고, 기록표 요구사항을 점검 및 측정하여 기록하시오.

## 1. 전륜 현가장치 쇽업쇼버 코일 스프링 탈·부착 및 점검

### 1-1. 전륜 현가장치 쇽업쇼버 코일 스프링 탈·부착

1) 자동차를 리프트로 들어 올리고 바퀴를 떼어낸다.

2) 스트럿 어셈블리에서 브레이크 호스 고정볼트를 떼어낸다.

3) 스트럿 어셈블리와 조향너클 암을 연결하는 로워 마운팅 볼트를 탈거한다.

4) 조향너클 암을 떼어낸다.

5) 바퀴 하우징 위쪽에 있는 스트럿 어셈블리 마운팅에 방향 표시를 한 후 너트를 푼다.

6) 스트럿 어셈블리를 차체에서 떼어낸 후 감독위원에게 확인을 받는다.

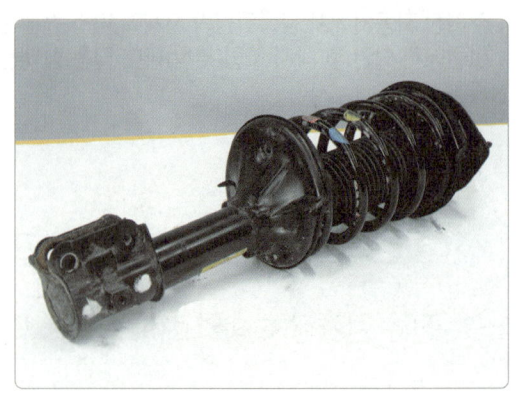

7) 스트럿 어셈블리 마운트에 방향 표시를 맞춘 후 너트를 체결한다.

8) 스트럿 어셈블리와 조향너클 암을 연결하는 볼트를 체결한다.

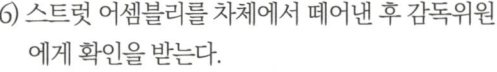

9) 브레이크 호스 고정볼트를 체결한다.

10) 타이어를 장착 후 감독위원에게 확인을 받는다.

## 1-2. 쇽업쇼버 스프링 탈·부착

1) 스트럿 어셈블리를 스프링 압축기에 장착한다.

2) 스프링 탈착기 압축레버를 스프링에 고정한다.

3) 높이 조절 장치와 스프링이 수평이 되도록 조정한다.

4) 스프링이 시트에서 분리될 때까지 압축한다.

5) 고정너트를 푼다.

6) 고정너트를 탈거한다.

7) 더스트 커버를 탈거한다.

8) 압축레버를 분리한다.

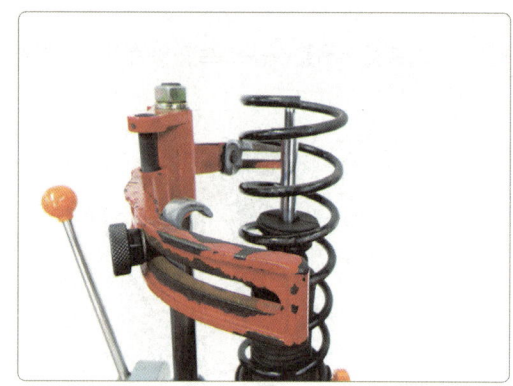

9) 스프링을 분리한다.

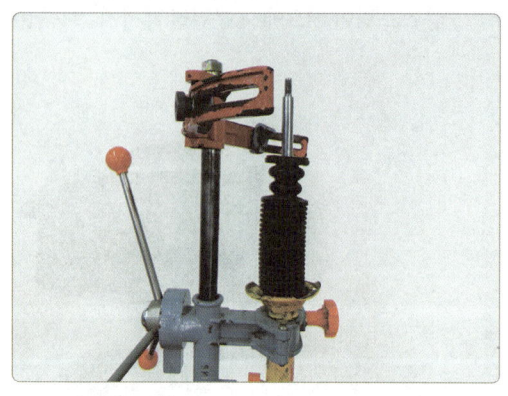

10) 범퍼 고무를 분리한다.

11) 탈거한 스프링을 감독위원에게 확인받는다.

12) 스프링을 다시 장착한다.

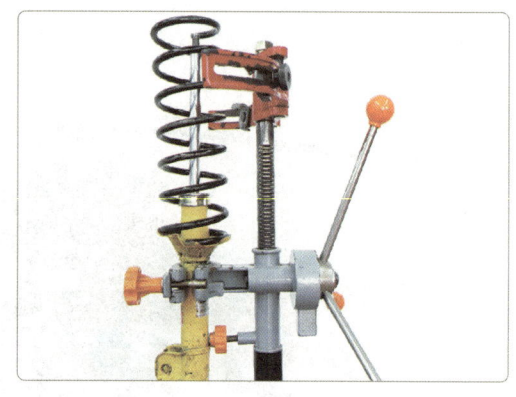

13) 범퍼 고무를 장착한다.

14) 탈착기 압축레버를 스프링에 고정한다.

15) 높이 조절 장치와 스프링이 수평이 되도록 조정한다.

16) 압축레버를 1회전하여 스프링을 압축한다.

17) 더스트 커버를 장착한다.

18) 스프링 시트를 장착하고 고정너트를 장착한다.

19) 고정너트를 규정 토크로 조인다.

20) 감독위원에게 확인을 받는다.

## 1-3. 사이드슬립 측정

### 1-3-1. 대본 시험기로 측정

1) 사이드슬립 테스터기 중앙에 있는 답판 잠금 장치를 해제한다.

2) 측정기 답판 입구에 측정 차량을 준비한다.

3) 윈도우 초기 화면에서 대본 검사기를 클릭한다.

4) ID 입력창이 생성되면 취소를 클릭한다.

5) 아래와 같은 화면이 표시되면 수동을 클릭한다.

6) 수동 모드 활성 후 사이드슬립을 클릭한다.

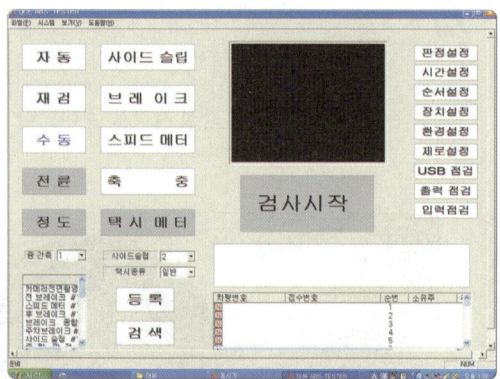
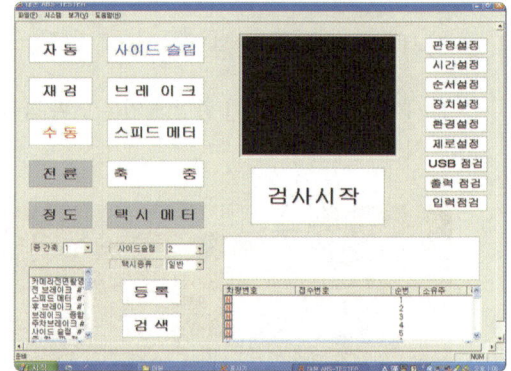

7) 사이드슬립 측정 화면이 표시된다.

8) 차량을 답판 위로 통과시킨다.

9) 사이드슬립이 측정되고 측정값이 홀드된다.
   (IN 6.0m/km)

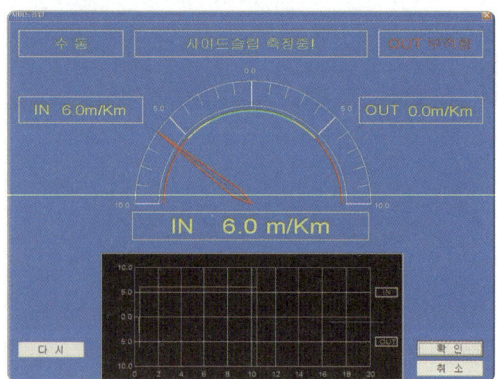

## 1-3-2. 신형 측험기로 측정

1) 선택 항목에서 사이드슬립을 선택한다.

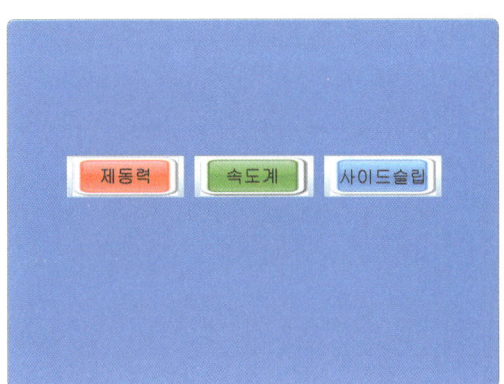

2) 측정을 클릭한다.

3) 측정값을 읽는다.(IN 2m/km)

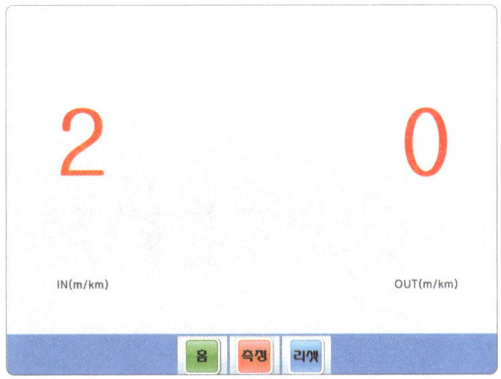

### 1-3-3. 구형 측험기로 측정

1) 측정값을 읽는다.(IN 2m/km)

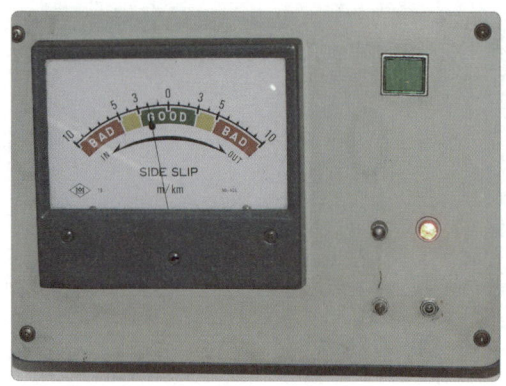

### 1-4. 타이어 점검

1) 타이어 제작 시기를 확인한다.(2011년 06주)

2) 타이어 홈 4곳을 측정해서 가장 작은 값을 읽는다.

3) 트래드 깊이 측정값을 읽는다.(7mm)

4) 타이어 최대 하중을 읽는다.(365kgf)

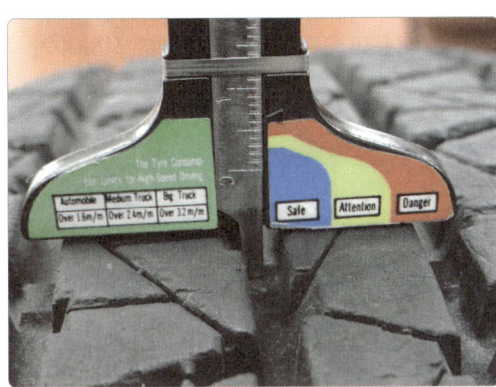

## 1-5. 답안지 작성

1) 사이드슬립 측정값 IN 2m/km를 답안지에 기입한다.
2) 기준값(IN 5~OUT 5m/km)를 답안지에 기입한다.
3) 타이어 제작 시기 2011년 06주를 답안지에 기입한다.
4) 타이어 최대 하중 365kgf을 답안지에 기입한다.
5) 트래드 깊이 7mm를 답안지에 기입한다.
6) 트래드 깊이 규정값 1.6mm이상을 답안지에 기입한다.
7) 사이드슬립 측정값 불량 시 불량에 ☑ 표시 후 "타이로드로 조정/재점검"으로 답안지를 작성한다

### [섀시 1 기록표]

| | 자동차 번호 : | | 비번호 | | 시험 위원 확 인 | |
|---|---|---|---|---|---|---|
| 항목 | 측정(또는 점검) | | | 판정 및 정비(또는 조치)사항 | | 득점 |
| | 측정값 | | 규정(정비한계)값 | 판정(□에'∨'표) | 정비 및 조치사항 | |
| 사이드슬립 양 | IN 2m/km | | | IN, OUT 5m/km 이내 | ☑ 양호<br>□ 불량 | 없음 | |
| 타이어 점검 | 타이어 제작 시기<br>2011년 6주 | 타이어 최대 하중<br>365kgf | 트래드 깊이<br>7mm | 트래드 깊이<br>1.6mm 이상 | ☑ 양호<br>□ 불량 | 없음 | |

2. 주어진 전자제어 자동 변속기 자동차에서 감독위원의 지시에 따라 인히비터 스위치를 탈거하고 감독위원의 확인 후 다시 조립(부착)하여 작동 상태를 확인하고, 기록표의 요구사항을 점검 및 측정하여 기록하시오.

## 2. 인히비터 스위치 탈·부착 및 점검

### 2-1. 인히비터 스위치 탈·부착

1) 변속 레버를 중립 위치에 놓는다.

2) 배선 커넥터를 탈거한다.

3) 컨트롤 케이블 링크를 탈거한다.

4) 컨트롤 레버를 탈거한다.

5) 고정볼트를 풀고 인히비터 스위치를 탈거한다.

6) 탈거한 인히비터 스위치를 감독위원에게 확인을 받는다.

7) 인히비터 스위치를 장착 후 고정볼트를 가조립한다.

8) 컨트롤 레버를 장착하고 중립마크 확인 후 고정볼트를 조인다.

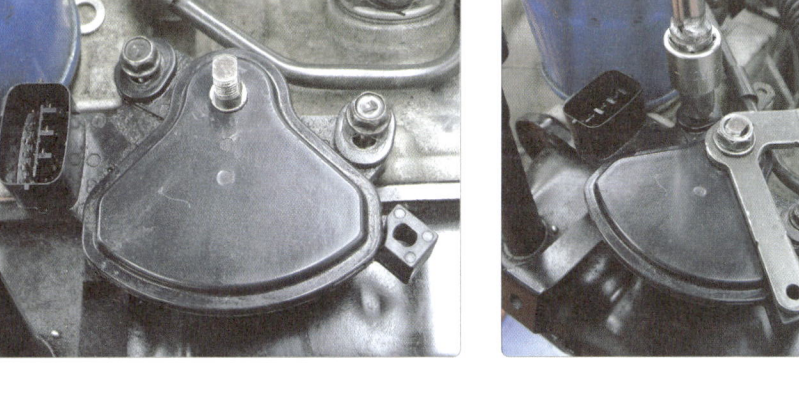

9) 변속 레버 중립 위치를 확인한다.

10) 컨트롤 케이블 링크를 조립한다.

11) 변속 레버 "N" 위치에서 인히비터 스위치 중립 마크가 일치하는지 확인한다.

12) 배선 커넥터 연결 후 감독위원의 확인을 받는다.

## 2-2. N→D 변속 시 유압제어 솔레노이드 파형 측정

### 2-2-1. 측정

1) 감독위원이 지정한 커넥터를 확인한다.

2) 커넥터에 1번 채널 프로브를 연결한다.

3) 변속 레버 "N"에서 엔진을 시동한다.

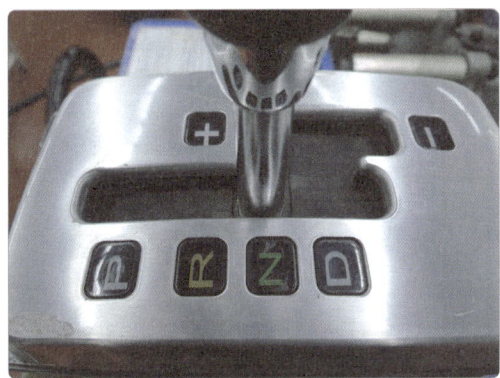

4) 윈도우 초기화면에서 Hi-DS를 클릭한다.

5) 로그인 창에서 로그인 취소를 클릭한다.

6) 다음 화면에서 사용 제약 경고문이 뜨면 확인을 클릭한다.

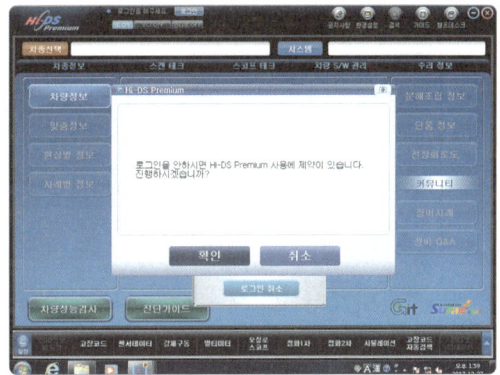

7) 다음 화면에서 오실로스코프를 클릭한다.

8) 다음 화면에서 제작사, 차종, 연식, 엔진 형식을 클릭한다.

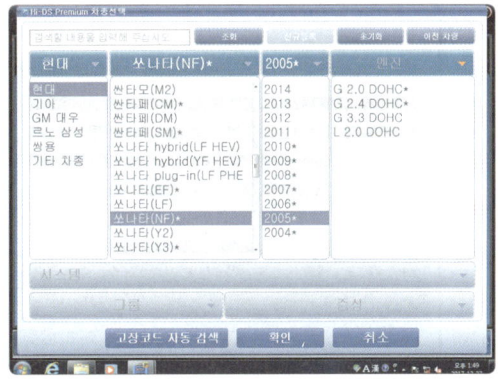

9) 측정할 시스템을 선택한다.

10) 다음 화면에서 100.0V, 3ms로 설정 후 창을 확장한다.

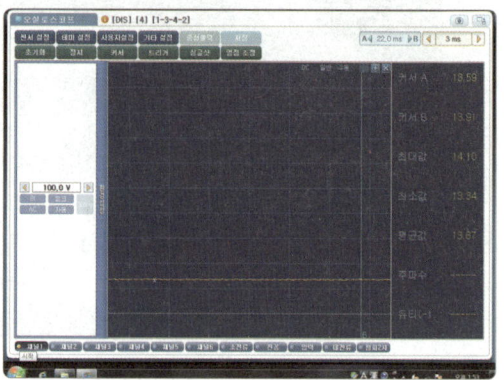

11) 40V 라인 정도에 트리거를 설정한다.

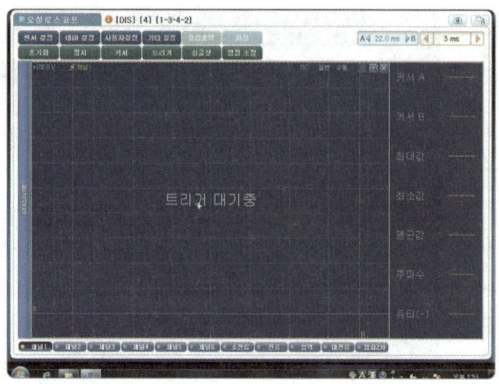

12) 변속 레버를 "D"로 변속한다.

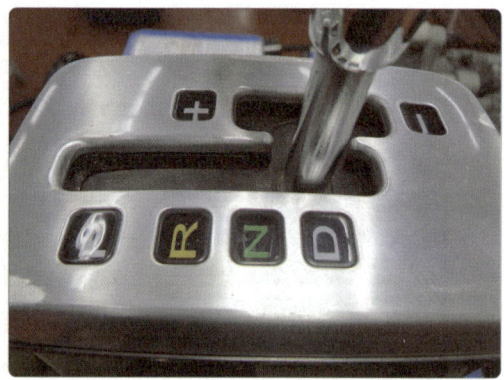

13) 파형이 잡히면 정지 버튼을 누른다.

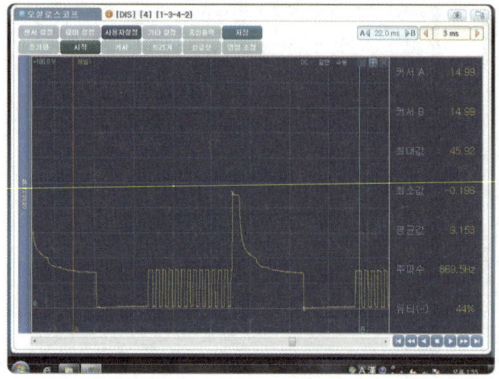

14) A 커서를 초핑 제어 전 시작점에, B 커서를 작동 중지 위치에 일치시킨다.

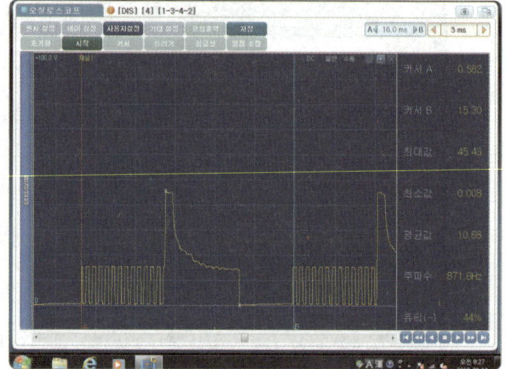

15) 프린터를 클릭하여 선택영역을 선택한다.

16) 확인을 클릭하여 인쇄한다.

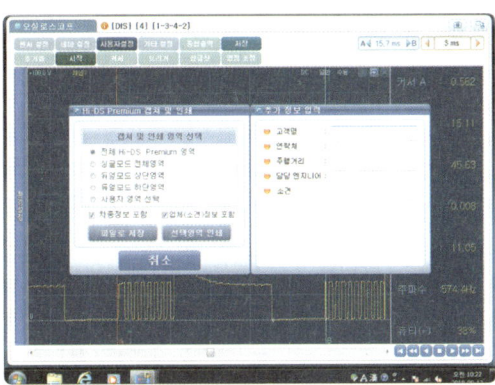 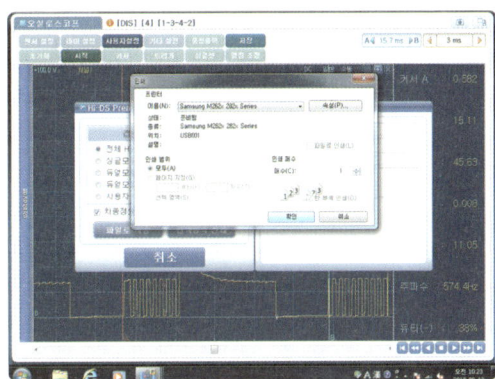

17) 주파수 871.6Hz, 서지 전압 45.43V, 듀티 44%를 출력된 파형에 기입한다.

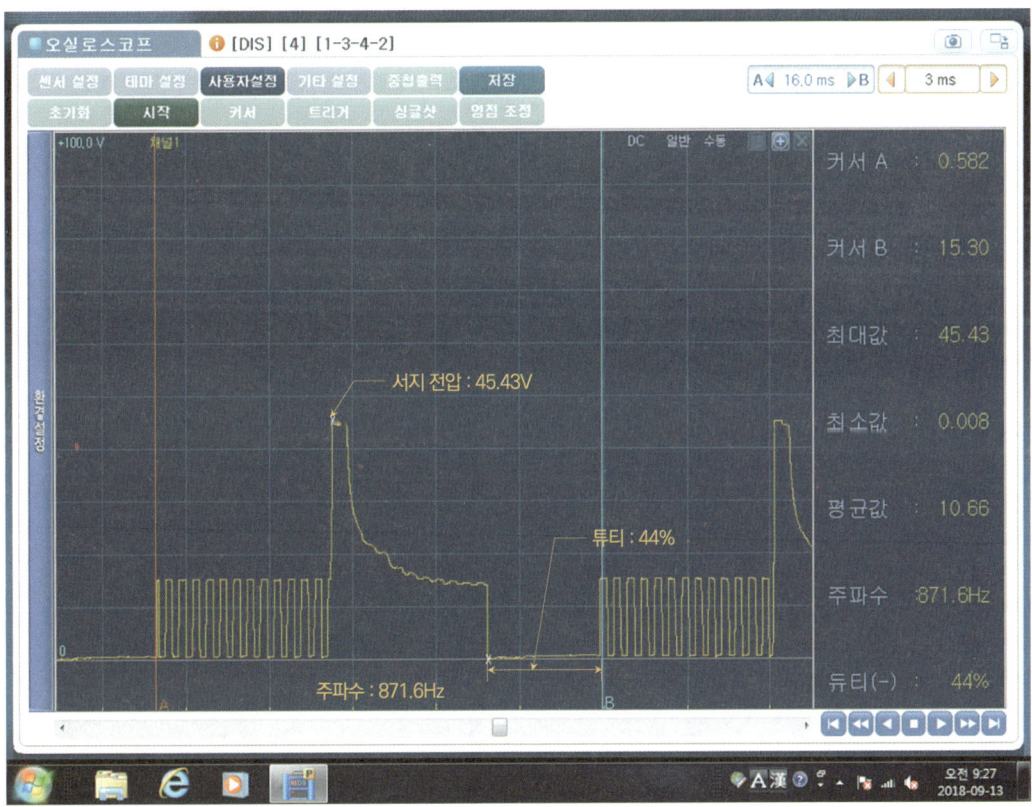

## 2-2-2. 답안지 작성

1) 주파수 871.6Hz, 서지 전압 45.43V, 듀티 44%을 답안지에 기록한다.
2) 프린트한 파형에 측정된 값과 답안지 기입값이 일치해야 한다.

### [섀시 2 기록표]

1) 파형    자동차 번호 :

| 항목 | 파형 분석 및 판정 ||| 판정 (□에 'V'표) | 득점 |
|---|---|---|---|---|---|
| | 분석항목 || 분석내용 | | |
| 레인지 변환 시(N→D) 유압제어 솔레노이드 파형 | 주파수 | 871.6Hz | 분석내용은 출력물에 표시하시오. | ☑ 양호<br>□ 불량 | |
| | 서지 전압 | 45.43V | | | |
| | 듀티 | 44% | | | |

비번호 □   감독위원 확인 □

## 2-2-3. 분석 및 판정

1) 측정값을 출력한 파형 위치에 맞게 기입해야 한다.
2) 기준값(주파수 800~900Hz, 전압 40~55V, 듀티 40~55%)을 참고한다.
3) 측정값이 기준값 범위 내에 있으므로 양호에 ☑ 표시한다.
4) 불량 시 불량에 ☑ 표시한다.

## 2-3. 자동 변속기 점검

### 2-3-1. 작동 시 변속기 클러치 압력

1) 여러 개의 압력계 중에서 기준값이 주어진 UD 압력만을 측정한다.

기준값

UD : 9.5~10.5 cmf/cm²
※ 2속에서 측정하시오.

2) UD 압력계를 확인 후 엔진을 시동한다.

3) 변속 레버를 스포츠 모드로 하고 2속으로 변속한다.

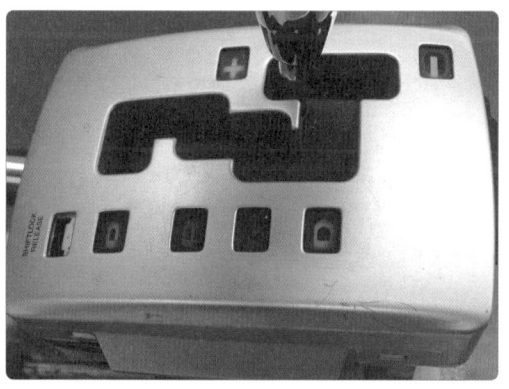

4) 클러스터에 2속 표시를 확인한다.

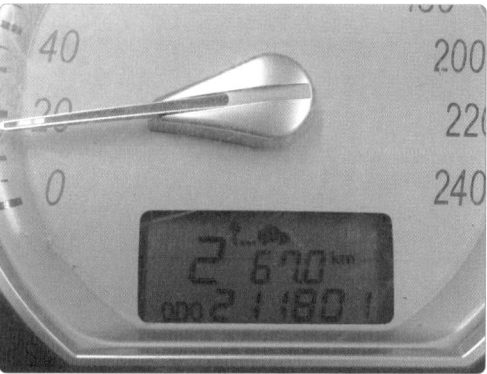

5) UD 압력을 측정한다.(10cmf/cm²)

## 2-3-2. 변속기 솔레노이드 밸브 점검

1) 여러 개의 밸브 중에서 감독위원이 지정한 부위를 측정한다.(예 UD)

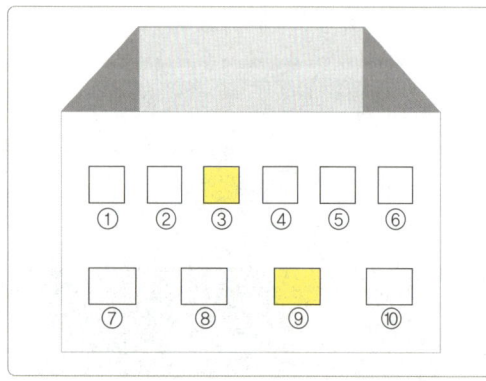

| PIN | 자동 변속기 커넥터(10 PIN) | 규정값 |
|---|---|---|
| 1 | 유온센서 전원 | 5.5~6.5kΩ |
| 2 | 유온센서 접지 | |
| 3 | 언더드라이브(UD) 솔레노이드 밸브 | 3~3.7Ω |
| 4 | 세컨드(2ND) 솔레노이드 밸브 | 3~3.7Ω |
| 5 | 오버드라이브(OD) 솔레노이드 밸브 | 3~3.7Ω |
| 6 | 로우 리버스(LR) 솔레노이드 밸브 | 3~3.7Ω |
| 7 | 댐퍼 클러치(DCCSV) 솔레노이드 밸브 | 3~3.7Ω |
| 8 | | |
| 9 | UD, OD, 2ND 접지 | |
| 10 | LR, DCCSV 접지 | |

2) 3-9번 판 UD 솔레노이드 밸브 저항을 측정한다. (3.3 Ω)

2-3-3. 답안지 작성

1) UD 측정값 10cmf/cm²을 답안지에 기입한다.
2) UD 저항 값 3.3Ω을 답안지에 기입한다.
3) 감독위원이 기준값으로 제시한 UD : 9.5 ~ 10.5cmf/cm², 저항 : 3~3.7Ω을 기입한다.

[섀시 2 기록표]

| 2) 점검 및 측정 | 자동차 번호 : | | 비번호 | 감독위원 확인 | |
|---|---|---|---|---|---|
| 항목 | 측정(또는 점검) | | 판정 및 정비(또는 조치)사항 | | 득점 |
| | 측정값 | 규정(정비한계)값 | 판정 (□에'∨'표) | 정비 및 조치사항 | |
| 작동 시 변속기 클러치 압력 | 10cmf/cm² | 9.5~10.5cmf/cm² | ☑ 양호<br>□ 불량 | 없음 | |
| 변속기 솔레노이드 저항 | 3.3 Ω | 3~3.7 Ω | ☑ 양호<br>□ 불량 | 없음 | |

2-3-4. 정비 및 조치사항

1) 측정값과 규정값을 비교하여 판정한다.
2) 클러치 압력 측정값이 규정값을 벗어나면 "UD 솔레노이드 밸브 교환/재점검"으로 답안지를 작성한다.
3) 저항 측정값이 규정값을 벗어나면 정비 및 조치사항에 "UD 솔레노이드 밸브 교환/재점검"으로 답안지를 작성한다.

### Electric  다. 전기

1. 감독위원의 지시에 따라 자동차에서 에어컨 가스를 회수하고 에어컨 컴프레셔를 탈·부착한 후 가스를 충전시킨 다음 작동 상태를 확인하고, 기록표의 요구사항을 점검 및 측정하고 기록표에 기록하시오.

## 1. 에어컨 컴프레셔 탈·부착, 가스 충전

### 1-1. 에어컨 컴프레셔 탈·부착

1) 시험용 차량에 에어컨 회수기를 연결한다.

2) 회수, ENTER 버튼을 눌러 냉매를 회수한다.

3) 청색 저압 게이지가 0 inHg에 도달하면 STOP버튼을 2회 누른다.

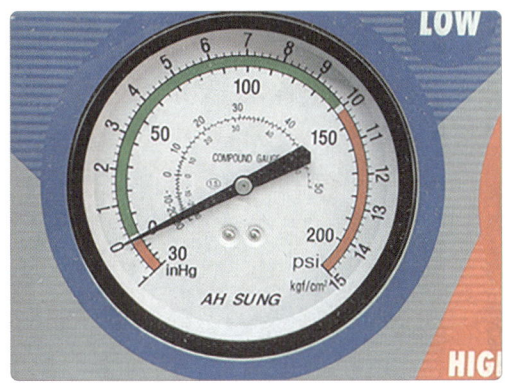 

4) 에어컨 회수기를 탈거한다.

5) 에어컨 텐션 베어링을 확인한다.

6) 베어링 뒤쪽에 고정볼트를 좌로 2회전한다.

7) 장력 조정 볼트를 돌려 벨트를 느슨하게 한다.

8) 에어컨 벨트를 탈거한다.

9) 마그네틱 클러치 커넥터를 탈거한다.

10) 고·저압 파이프를 분리한다.

11) 에어컨 컴프레서를 탈거한다.

12) 탈거한 에어컨 컴프레서를 감독위원에게 확인을 받는다.

13) 에어컨 컴프레서를 장착한다.

14) 고·저압 파이프를 연결한다.

15) 마그네틱 클러치 커넥터를 연결한다.

16) 에어컨 벨트를 장착한다.

17) 장력 조정 볼트를 돌려 벨트 장력을 조정한다.

18) 텐션 베어링 뒤쪽 고정볼트를 체결 후 감독위원의 확인을 받는다.

19) 시험용 차량에 에어컨 회수기를 다시 연결한다.

20) 진공 버튼을 누른 후 ENTER 키를 누른다.

21) 청색 저압 게이지가 0 inHg에 도달하면 STOP버튼을 2회 누른다.

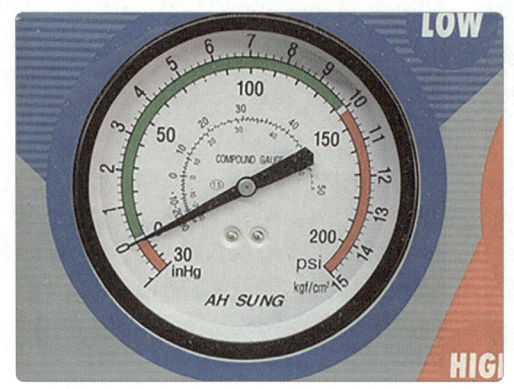 

22) 충전 버튼을 누른 후 충전할 냉매량 200g을 입력한다.

23) 충전할 냉매량 200g을 확인 후 ENTER키를 누른다.

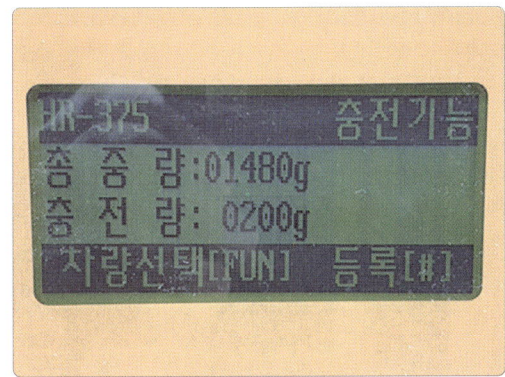 

24) 충전이 완료되면 삐- 부져 소리가 나면서 자동 종료한다.

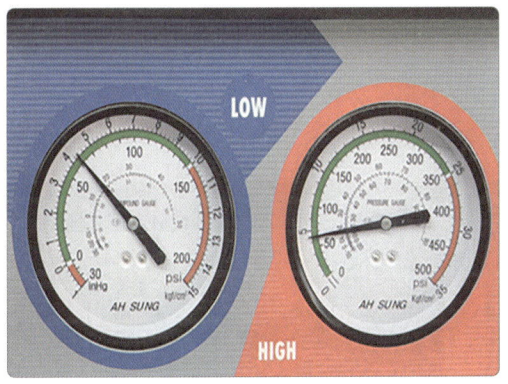 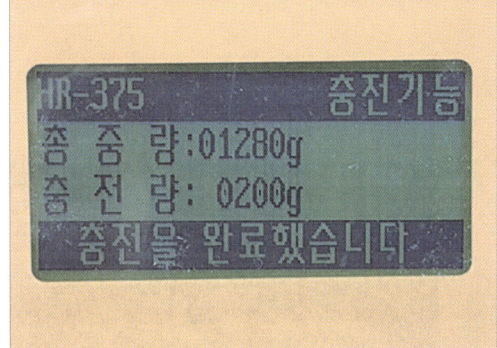

## 1-2. 냉매 압력과 토출 온도 측정

### 1-2-1. 냉매 압력 측정

1) 기관 정지 후 매니폴드게이지를 준비한다.

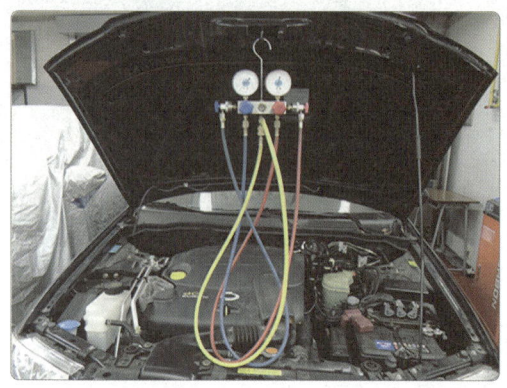

2) 차량의 저압, 고압 라인을 확인한다.

3) 게이지 청색을 저압 라인에, 적색을 고압 라인에 연결한다.

4) 엔진 시동 후 설정 온도 17℃ 송풍팬 고속으로 에어컨을 가동한다.

5) 2500rpm 정도에서 저압 청색 게이지 읽어 답안지를 작성한다.(4.0kgf/㎠)

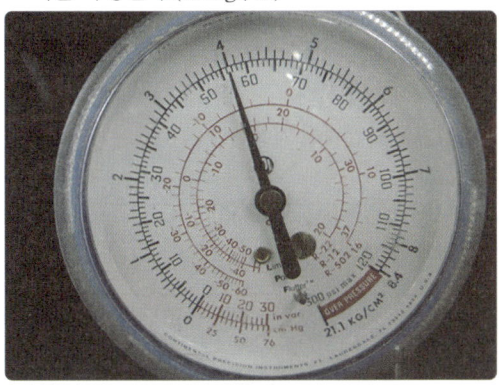

6) 고압 적색 게이지를 읽어 답안지를 작성한다. (19.5kgf/㎠)

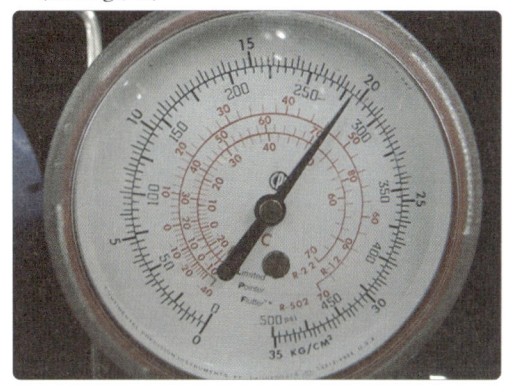

### 1-2-2. 토출 온도 측정

1) 엔진 시동 후 설정 온도 17℃ 송풍팬 고속으로 에어컨을 가동한다.

2) 1분 후 압축기 작동 시 토출구 온도를 측정한다. (4℃)

3) A/C S/W만 OFF한다.(송풍기 작동)

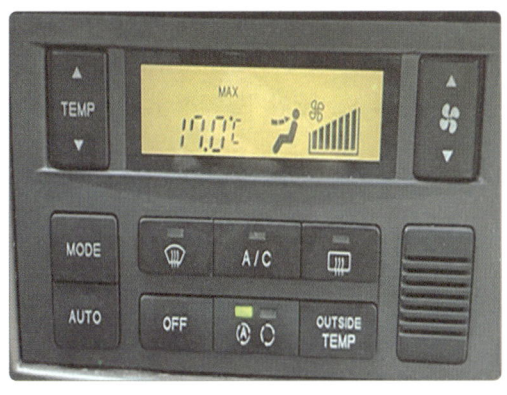

4) 약 1분 뒤 압축기 비작동 시 토출구 온도를 측정한다.(24℃)

## 1-2-3. 답안지 작성

1) 측정값 저압 4.0kgf/cm², 고압 19.5kgf/cm²을 답안지에 기입한다.
2) 규정값(예) 저압 1.8~2.5kgf/cm², 고압 15~17kgf/cm²)을 답안지에 기록한다.
3) 토출 온도 압축기 작동 시 4℃, 비작동 시 24℃를 답안지에 기입한다.
4) 규정값(예) 압축기 작동 시 2~8℃, 비작동 시 20~28℃)을 답안지에 기록한다.

### [전기 1 기록표]

| 항목 | | 측정(또는 점검) | | 판정 및 정비(또는 조치)사항 | | 득점 |
| --- | --- | --- | --- | --- | --- | --- |
| | | 측정값 | 규정(정비한계)값 | 판정 (□에 'V'표) | 정비 및 조치사항 | |
| 냉매 압력 | 저압 | 4.0kgf/cm² | 1.8~2.5kgf/cm² | □ 양호<br>☑ 불량 | 냉매 많음<br>회수 충전 / 재점검 | |
| | 고압 | 19.5kgf/cm² | 15~17kgf/cm² | | | |
| 토출 온도 | | 압축기 작동시: 4℃<br>압축기 비 작동시: 24℃ | 압축기 작동시: 2~8℃<br>압축기 비 작동시: 20~28℃ | ☑ 양호<br>□ 불량 | | |

자동차 번호 :   비번호    시험위원 확인

※ 감독 위원의 지시에 따라 점검하고 단위가 누락되거나 틀린 경우는 오답으로 채점합니다.

## 1-2-4. 정비 및 조치사항

1) 고·저압 측정값이 규정값보다 높음으로 불량에 ☑ 표시 후 정비 및 조치사항에 "냉매 많음 회수 충전/재점검"으로 답안지를 작성한다.
2) 측정값이 규정값 범위 내에 있으면 양호에 ☑ 표시 후 정비 및 조치사항 "없음"으로 기입한다.
3) 고, 저압 규정보다 낮으면 불량에 ☑ 표시 후 "냉매 적음 회수 충전/재점검"으로 답안지를 작성한다.
4) 토출 온도 측정값이 규정값 범위 내에 있으므로 양호에 ☑ 표시 후 정비 및 조치사항에 "없음"으로 기입한다.
5) 토출 온도 불량 시 불량에 ☑ 표시 후 "냉매 회수 충전/재점검"으로 답안지를 작성한다.

2. 주어진 자동차에서 정비지침서의 회로도를 이용하여 기록표에서 요구하는 회로를 점검하고, 이상이 있으면 이상 내용을 기록표에 기록한 후 정비하시오.

## 2. 회로 점검

### 2-1. 블로워 모터 회로 점검

#### 2-1-1. 점검

1) 실내 퓨즈 박스에서 송풍기 퓨즈(20A), 블로워 모터 4단 릴레이를 확인한다.

2) 에어컨 S/W 커넥터를 확인한다.

3) 블로워 모터 커넥터를 확인한다.

## 2-1-2. 답안지 작성

1) 부품의 정확한 명칭을 고장 부분 답안지에 기입한다.
2) 퓨즈가 끊어진 경우 "단선", 퓨즈, 릴레이가 없는 경우 "없음", 퓨즈, 릴레이 터미널이 부러진 경우 "파손" 으로 기입한다.
3) 예상 답안
   ① 송풍기 퓨즈(20A) 단선(또는 없음, 파손)
   ② 블로워 모터 4단 릴레이 없음(또는 파손, 단선)
   ③ 에어컨 S/W 커넥터 탈거
   ④ 블로워 모터 커넥터 탈거 등

## 2-2. 정지등 회로 점검

### 2-2-1. 점검

1) 실내 퓨즈 박스에서 정지등 퓨즈(15A)를 확인한다.

| 칼로스 퓨즈 및 릴레이 위치 | | | | |
|---|---|---|---|---|
| 오토 도어락 릴레이 | | 블링크 유니트 | | |
| 15A | 도어락 잠김 | 10A | 경음기 | 와이퍼 릴레이 |
| 15A | 도어락 풀림 | 15A | 정지등 | |
| 15A | 방향지시등 | 15A | 비상등 | |
| 10A | 계기판, 시계 | 15A | 중앙잠금장치 | |
| 10A | 후진등 | 10A | 발전기, 인젝터 | |
| 10A | ECM, TCM | 20A | 와이퍼 | 블링크 릴레이 |
| 15A | 점화, 연료분사장치 | 10A | 엔진 퓨즈박스 | |
| 10A | 에어백 | 20A | 송풍기 | |
| 10A | ABS | | | |
| | | | DIODE | 블로워모터 4단 릴레이 |
| 10A | 시계, 오디오, 핸즈프리 | | | |
| 열선 릴레이 | | | | |

2) 제동등 스위치 커넥터를 확인한다.

3) 뒤, 좌·우측 제동등 전구를 확인한다.

## 2-2-2. 답안지 작성

1) 부품의 정확한 명칭을 고장 부분 답안지에 기입한다.
2) 전구가 끊어진 경우 "단선", 퓨즈, 전구 릴레이가 없는 경우 "없음", 퓨즈, 릴레이 터미널이 부러진 경우 "파손"으로 기입한다.
3) 예상 답안
    ① 제동등 퓨즈(15A) 단선(또는 파손, 없음)
    ② 제동등 S/W 커넥터 탈거
    ③ 뒤 좌·우측 제동등 전구 단선, 없음 등

## 2-3. 실내등 회로 점검

### 2-3-1. 점검

1) 엔진룸 퓨즈 박스에서 실내등(10A) 퓨즈를 확인한다.

| 칼로스 퓨즈 및 릴레이 위치 ||||||
|---|---|---|---|---|---|
| 10A | 우 상향등 | | | 상향등 릴레이 | 냉각팬 저속 릴레이 |
| 10A | 좌 상향등 | | | | |
| 10A | 우 하향등 | 10A | 우 미등 | | 하향등 릴레이 |
| 10A | 좌 하향등 | 10A | 좌 미등 | 파워 윈도우 릴레이 | |
| 10A | 실내등 | | | | 안개등 |
| 30A | 열선 | 20A | 썬루프 | | |
| 20A | 미등 | 10A | 경음기 | | 연료 펌프 릴레이 |
| 25A | 전조등 | 15A | 연료 펌프 | 메인 릴레이 | |
| 10A | 에어컨 | 15A | 안개등 | | 에어컨 릴레이 |
| 30A | 송풍기 고속 | 60A | ABS | | |
| 30A | 실내퓨즈박스 | 30A | 냉각팬 | 냉각팬 고속 릴레이 | 미등 릴레이 |
| 30A | IG 2 | 20A | 메인 릴레이 | | |
| 30A | IG 1 | 30A | 파워윈도우 | | |
| BAT + | | | 예비 퓨즈 | | |

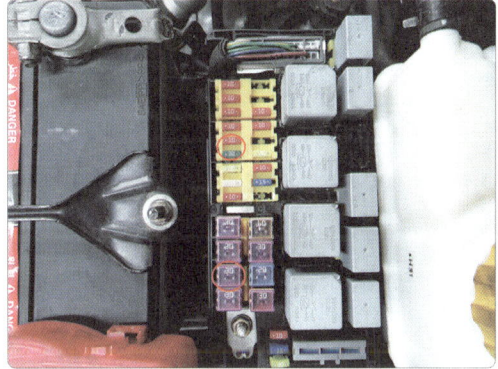

2) 실내등 전구를 확인한다.   3) 도어 핀 S/W를 확인한다.

2-3-2. 답안지 작성

1) 부품의 정확한 명칭을 고장 부분 답안지에 기입한다.
2) 전구가 끊어진 경우 "단선", 퓨즈 릴레이가 없는 경우 "없음", 퓨즈 릴레이 터미널이 부러진 경우 "파손" 으로 기입한다.
3) 예상 답안
   ① 실내등(10A)퓨즈 단선(또는 없음, 파손)
   ② 실내등 전구 단선(또는 없음)
   ③ 도어 핀 S/W 커넥터 탈거(또는 없음)

## [전기 2 기록표]

| 항목 | 점검(원인 부위) | | 내용 및 정비(또는 조치)사항 | 득점 |
|---|---|---|---|---|
| | 고장 부분 | 원인 내용 및 상태 | 정비 및 조치사항 | |
| 블로워 모터 회로 | 블로워 모터 커넥터 | 커넥터 탈거 | 커넥터 연결/재점검 | |
| 정지등 회로 | 정지등 S/W 커넥터 | 커넥터 탈거 | 커넥터 연결/재점검 | |
| 실내등 회로 | 도어핀 S/W 커넥터 | 커넥터 탈거 | 커넥터 연결/재점검 | |

자동차 번호 :    비번호      감독위원 확인

3. 주어진 자동차에서 감독위원의 지시에 따라 기록표의 요구사항을 점검 및 측정하여 기록하시오.

## 3. 점검 및 측정

### 3-1. CAN 통신 파형 측정

**1안 참조** p.78

### 3-2. 도어 S/W 작동 시 전압 측정

**2안 참조** p.159

### 3-3. 도어 록 액추에이터 작동 시 출력 전압 측정

**2안 참조** p.161

# Memo

# 자동차 정비 기/능/장

Master Craftsman Motor Vehicles Maintenance

## 04안

### 가. 엔진
1. 엔진 분해 조립 및 시동
2. 점검 및 측정
3. 시동 결함, 부조 점검

### 나. 섀시
1. 브레이크 마스터 실린더 탈·부착 및 점검
2. 브레이크 캘리퍼 탈·부착 및 에어 빼기, 측정 및 점검

### 다. 전기
1. 블로워 모터 탈·부착 및 점검
2. 회로 점검
3. CAN 통신, 경음기 점검

# 04안 국가기술자격검정 실기시험문제

| 자격종목 | 자동차정비 기능장 | 작품명 | 자동차정비 작업 |

비 번호(등번호) :

※ 시험시간 : [표준시간 : 6시간 30분, 연장시간 없음]
　　　　　엔진 : 140분 | 섀시 : 130분 | 전기 : 120분

## 📝 요구사항

### Engine  가. 엔진

1. 주어진 전자제어 엔진에서 감독위원의 지시에 따라 타이밍벨트와 가변 밸브 타이밍 장치(CVVT 또는 VVT)를 교환(탈·부착)하고, 엔진 및 시동 관련회로를 점검한 후 시동 작업과 기록표의 요구사항을 점검 및 측정하고 기록표에 기록하시오.(단, 시동되지 않는 경우 2항은 작업할 수 없음.)

## 1. 엔진 분해 조립 및 시동

### 1-1. 타이밍벨트와 가변 밸브 타이밍 장치(CVVT 또는 VVT) 탈·부착

1) LH, RH 실린더 헤드 커버를 탈거한다.

2) 크랭크축을 회전시켜 커버의 타이밍마크와 풀리의 홈을 일치시킨다.

3) 캠샤프트의 LH, RH 타이밍마크를 확인한다.

4) 오일팬을 탈거한다.

 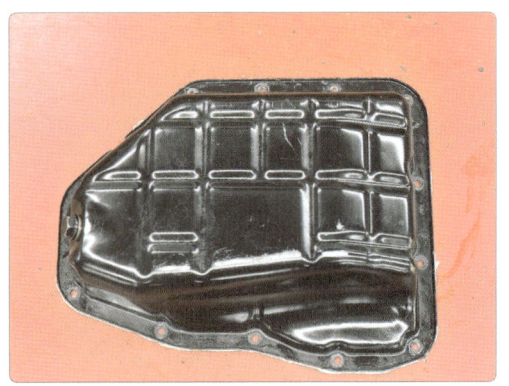

5) 크랭크샤프트 댐퍼풀리를 탈거한다.

6) 타이밍체인 커버를 탈거한다.

7) 텐셔너의 라쳇 홀에 드라이버를 이용하여 라쳇을 해제시킨 상태에서 피스톤을 뒤로 밀고, 고정용 핀으로 고정 후 탈거한다.

8) 타이밍체인 가이드를 탈거한다.

9) 타이밍체인 텐셔너 암을 탈거한다.

10) RH 타이밍체인 가이드를 탈거한다.

 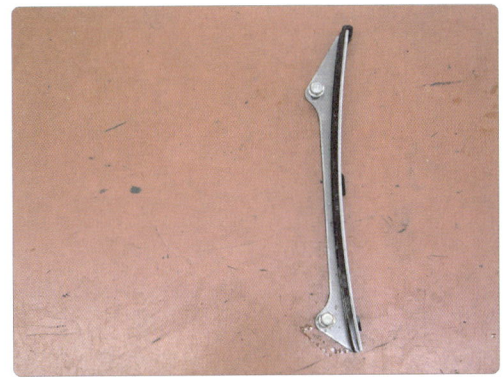

11) RH 타이밍체인을 탈거한다.

12) RH CVVT를 탈거 후 감독위원의 확인을 받는다.

13) CVVT, 캠축의 조립키를 확인한다.

 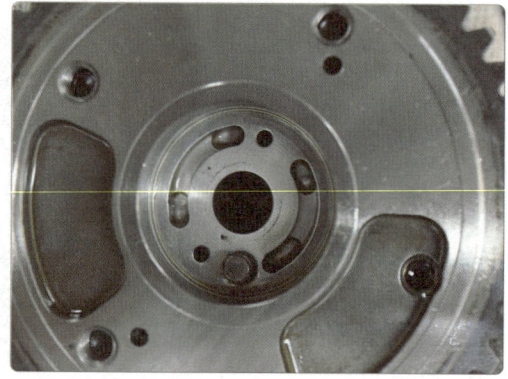

14) CVVT를 장착하고 타이밍마크를 정렬한다.

 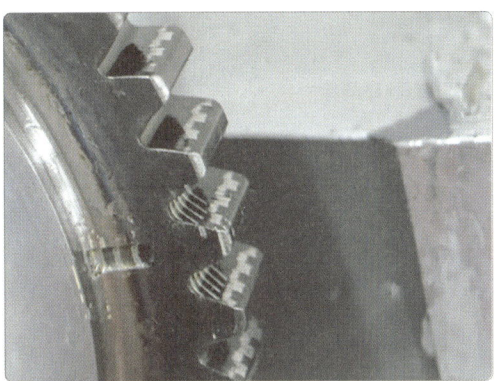

15) 크랭크샤프트 키와 실린더 블록의 타이밍마크를 정렬한다.

16) RH 타이밍체인을 장착한다. 크랭크샤프트 스프로켓 → 흡기 캠샤프트 스프로켓 → 배기 캠샤프트 스프로켓 순으로 장착한다.

17) RH 타이밍체인 가이드, 텐셔너 암을 장착한다.

 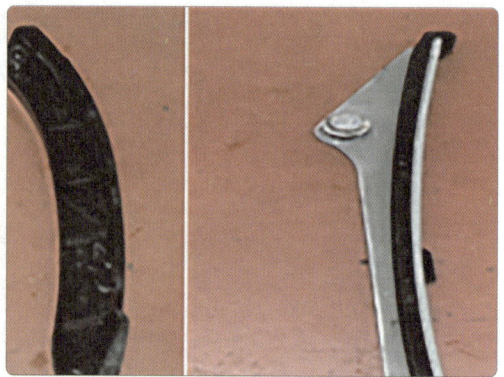

18) RH 타이밍체인 오토텐셔너를 장착하고 고정핀을 뽑는다.

19) RH 캠샤프트 사이의 타이밍체인 가이드를 장착한다.

20) 타이밍마크를 재확인 후 감독위원의 확인을 받는다.

21) 타이밍체인 커버를 장착한다.

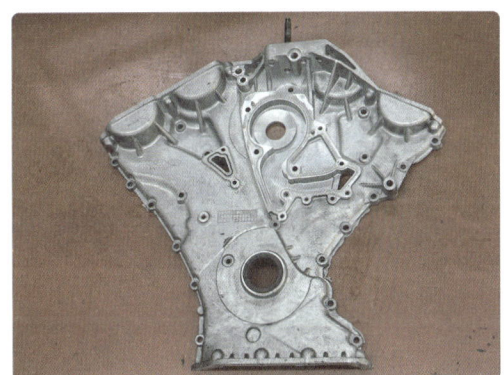

22) 크랭크샤프트 댐퍼풀리를 장착한다.

23) 오일팬을 장착한다.

 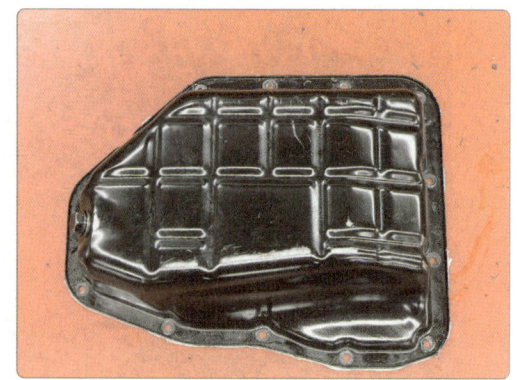

24) LH, RH 실린더 헤드 커버를 장착 후 감독위원의 확인을 받는다.

 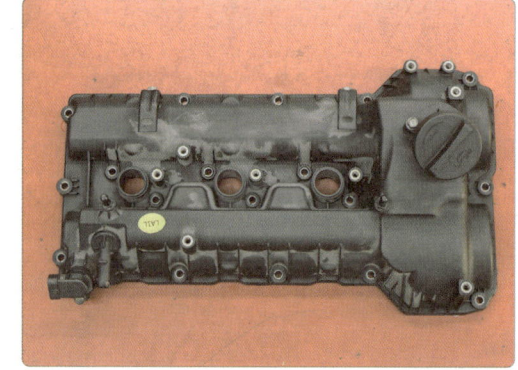

## 1-2. 엔진 시동

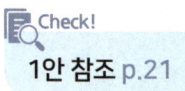
**Check!**
**1안 참조** p.21

## 1-3. 캠 높이, 양정, 오일 컨트롤 밸브 저항 측정

### 1-3-1. 캠 높이, 양정 측정

1) 감독위원이 지정한 실린더의 캠 높이를 측정한다.(예) 3번 실린더 흡기 캠)(40.30mm)

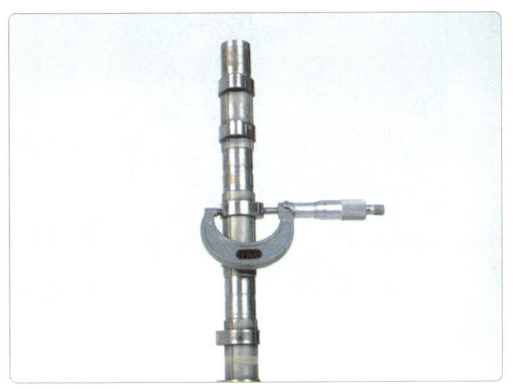 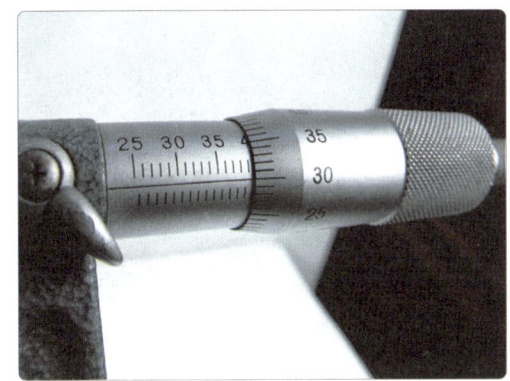

2) 캠의 기초원 높이를 측정한다.(33.23mm)

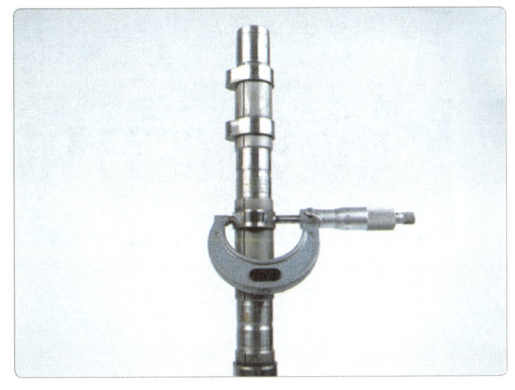 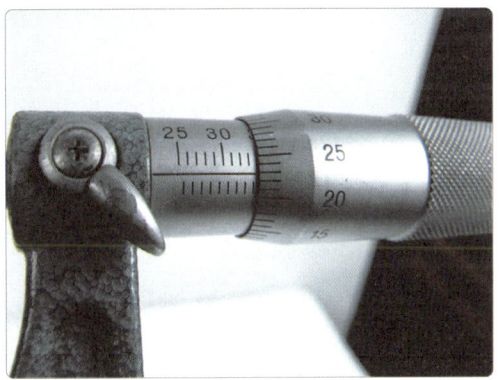

3) 양정은 캠 높이에서 기초원을 뺀다.(40.30mm - 33.23mm = 7.07mm)

### 1-3-2. 오일 컨트롤 밸브 저항 측정

1) 시험 차량의 오일 컨트롤 밸브 위치를 확인한다.
   (예 배기 쪽)

2) 배기 오일 컨트롤 밸브 커넥터를 탈거한다.

3) 배기 오일 컨트롤 밸브 저항을 측정한다.(8.3Ω)

### 1-3-3. 답안지 작성

1) 측정 부위 흡기에 ☑ 표시한다.
2) 캠 높이 측정값 40.30mm를 답안지에 기록한다.
3) 양정 측정값 7.07mm를 답안지에 기록한다.
4) 높이 규정값 41.05~42.05mm를 답안지에 기록한다.
5) 오일 컨트롤 밸브 저항 규정값 9.5~10.5Ω을 답안지에 기록한다.

## [엔진 1 기록표]

| 항목 | | 측정(또는 점검) | | 판정 및 정비(또는 조치)사항 | | 득점 |
|---|---|---|---|---|---|---|
| | | 측정값 | 규정(정비한계)값 | 판정 (□에 'V'표) | 정비 및 조치사항 | |
| 캠 ☑흡기 □배기 | 높이 | 40.30mm | 41.05~42.05mm | □ 양호 ☑ 불량 | 흡기 캠축 교환/재점검 | |
| | 양정 | 7.07mm | | | | |
| 오일 컨트롤 밸브 저항 | | 8.3Ω | 9.5~10.5Ω | □ 양호 ☑ 불량 | 오일 컨트롤 밸브 교환/재점검 | |

자동차 번호 :  비번호  감독위원 확인

### 1-3-4. 판정 및 정비 조치사항

1) 캠 높이 측정값이 규정값 범위를 벗어났으므로 불량에 ☑ 표시 후 정비 및 조치사항에 "흡기 캠축 교환/재점검"으로 작성한다.
2) 캠 높이 측정값이 규정값 범위 내에 있으면 양호에 ☑ 표시 후 정비 및 조치사항에 "없음"으로 답안지를 작성한다.
3) 오일 컨트롤 밸브 저항 측정값이 규정값 범위를 벗어났으므로 불량에 ☑ 표시 후 정비 및 조치사항에 "오일 컨트롤 밸브 교환/재점검"으로 작성한다.
4) 오일 컨트롤 밸브 저항 측정값이 규정값 범위 내에 있으면 양호에 ☑ 표시 후 정비 및 조치사항에 "없음"으로 작성한다.

2. 주어진 엔진에서 감독위원의 지시에 따라 기록표 요구사항을 점검 및 측정하여 기록하시오.

## 2. 점검 및 측정

### 2-1. AFS 파형 측정

#### 2-1-1. Hi-DS로 측정

1) Hi-DS 1번 프로브를 AFS 공급 전원에, 2번 프로브를 센서 출력에 연결한다.

2) 바탕화면의 Hi-DS를 클릭한다.

3) 로그인 취소를 클릭한다.

4) 경고 문구가 뜨면 확인을 클릭한다.

5) 차종 선택을 클릭한다.

6) 제작사, 차명, 연식, 엔진 형식을 입력 후 확인을 클릭한다.

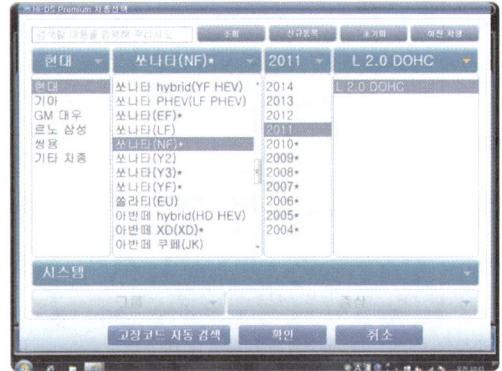

7) 엔진제어 선택 후 확인을 클릭한다.

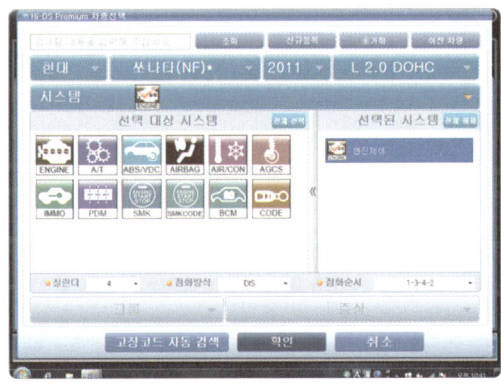

8) 오실로스코프를 클릭한다.

9) 채널1, 채널2를 활성화한다.

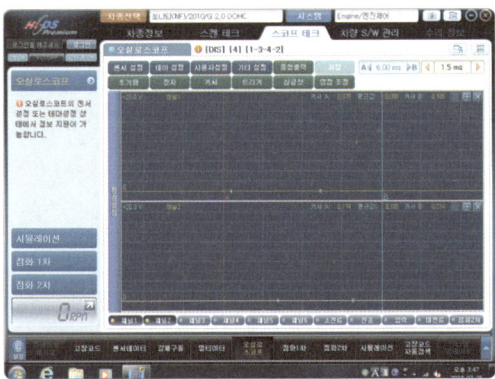

10) 채널1 : 20V, 채널2 : 5V, 1.5s로 설정한다.

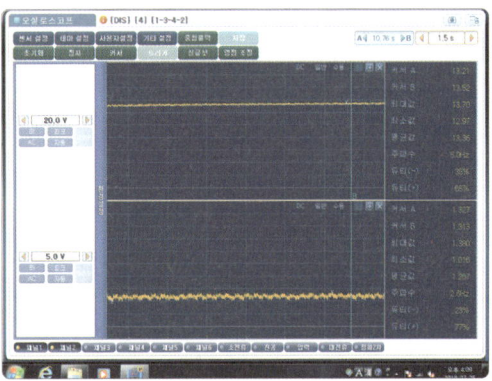

11) 기관 시동 후 급가속한 뒤 파형을 정지한다.

12) 카메라 아이콘을 클릭한다.

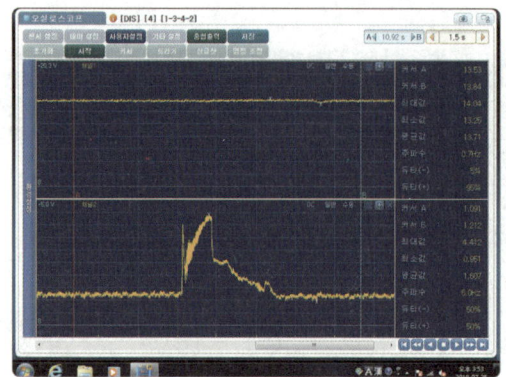
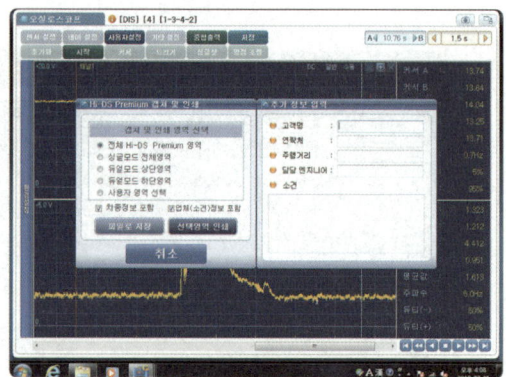

13) 선택영역 인쇄 확인을 클릭한다.

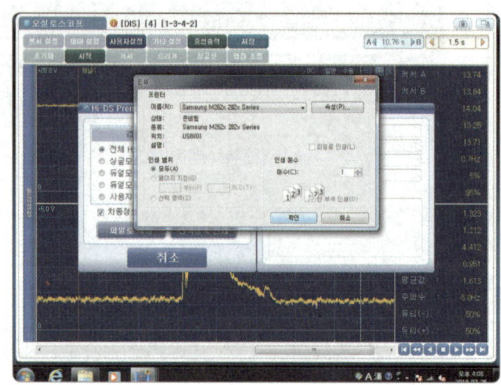

14) 주파수 6.0Hz, 공급 전압 14.04V, 출력 전압 4.412V를 출력된 파형에 기입한다.

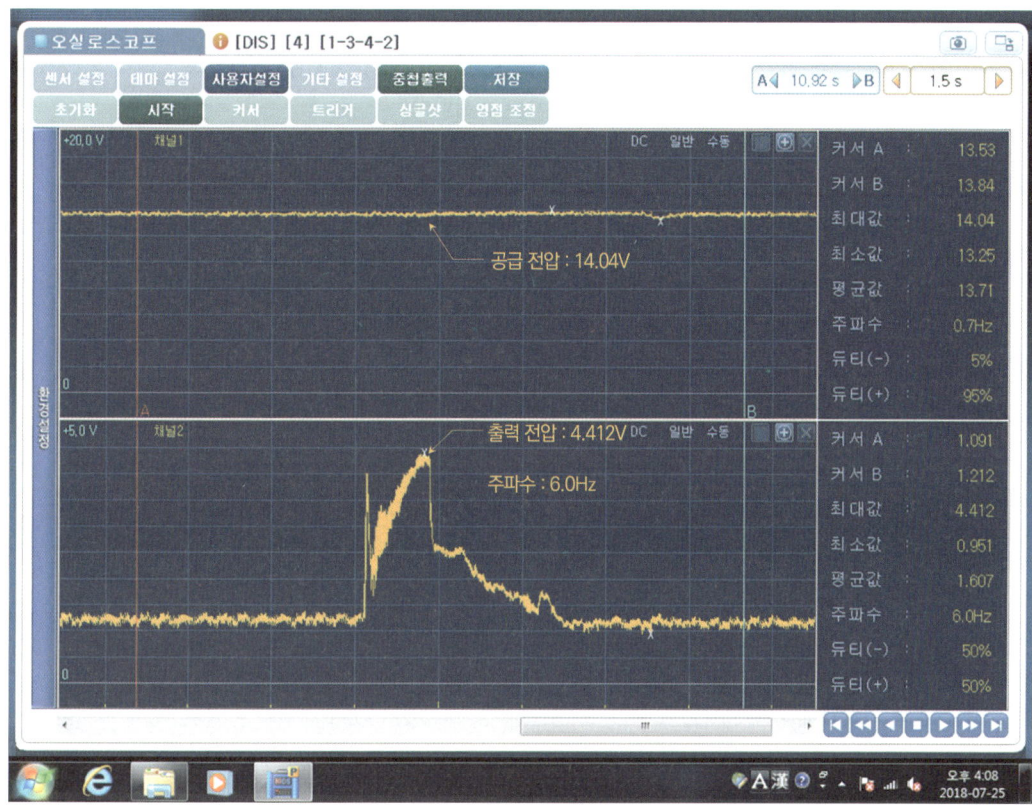

2-1-2. 답안지 작성

1) 출력 전압 4.412V, 공급 전압 14.04V, 주파수 6.0Hz를 답안지에 기록한다.
2) 프린트한 파형에 측정된 값과 답안지 기입값이 일치해야 한다.

[엔진 2 기록표]

| | | | 비번호 | 감독위원 확인 | |
|---|---|---|---|---|---|
| 1) 파형 | 자동차 번호 : | | | | |
| 항목 | 파형 분석 및 판정 | | | | 득점 |
| | 분석항목 | | 분석내용 | 판정 (□에 'V' 표) | |
| ASF 파형 | 출력 전압 | 4.412V | 분석내용은 출력물에 표시하시오. | ☑ 양호 □ 불량 | |
| | 공급 전압 | 14.04V | | | |
| | 주파수 | 6.0Hz | | | |

※ 주의사항 : 분석 항목 및 내용은 출력물에 표기하며 관련 사항은 감독위원의 지시를 따른다.

### 2-1-3. 판정 및 분석

1) 측정값을 파형 위치에 맞게 기입해야 한다.
2) 기준값(예 출력 전압 : 4~5V, 공급 전압 : 12~15V, 주파수 : 3~8Hz)을 참고한다.
3) 측정값이 기준값 범위 내에 있으므로 양호에 ☑ 표시한다.
4) 불량 시 불량에 ☑ 표시한다.

## 2-2. 공기 유량 센서(MAP, AFS), TPS 출력 전압(파형) 측정

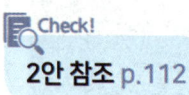
2안 참조 p.112

3. 주어진 자동차에서 크랭킹은 가능하나 시동되지 않고, 시동된 후에도 부조가 발생한다. 고장 원인을 찾아 수리 후 기록표에 기록하시오.

## 3. 시동 결함, 부조 점검

### 3-1. 시동 결함 점검

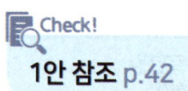
1안 참조 p.42

### 3-2. 부조 점검

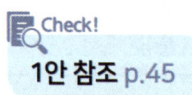
1안 참조 p.45

## Chassis 나. 섀시

1. 주어진 자동차에서 감독위원의 지시에 따라 브레이크 마스터 실린더를 탈거하고 감독위원에게 확인 후 다시 조립(부착)하여 작동 상태를 확인하고, 기록표 요구사항을 점검 및 측정하여 기록하시오.

# 1. 브레이크 마스터 실린더 탈·부착 및 점검

## 1-1. 브레이크 마스터 실린더 탈·부착

**Check!**
**1안 참조** p.47

## 1-2. 제동력 측정

**Check!**
**1안 참조** p.49

2. 주어진 VDC가 설치된 자동차에서 감독위원의 지시에 따라 브레이크 캘리퍼를 탈거하고 감독위원에게 확인 후 다시 조립(부착)하여 에어빼기 작업을 실시하고, 브레이크 작동 상태를 점검한 후 기록표의 요구사항을 점검 및 측정하여 기록하시오.

## 2. 브레이크 캘리퍼 탈·부착 및 에어빼기, 측정 및 점검

### 2-1. 브레이크 캘리퍼 탈·부착

1) 캘리퍼 브레이크 호스 볼트를 탈거한다.

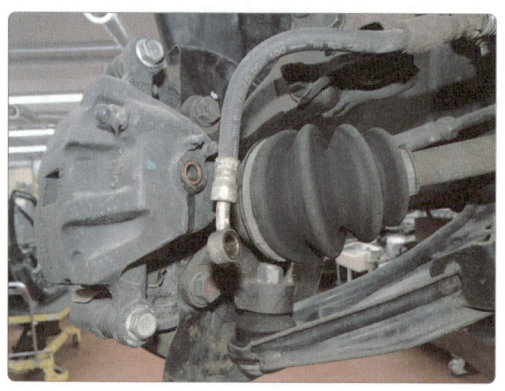

2) 캘리퍼 하부 고정볼트를 탈거한다.

3) 캘리퍼 상부 고정볼트를 탈거한다.

4) 캘리퍼를 탈거한다.

5) 탈거한 캘리퍼를 감독위원에게 확인을 받는다.

6) 캘리퍼를 장착하고 캘리퍼 상·하부 고정볼트를 규정토크로 조인다.

7) 캘리퍼 브레이크 호스 볼트를 규정토크로 조인다.

## 2-2. 에어빼기

1) 에어 브리더 캡을 탈거한다.

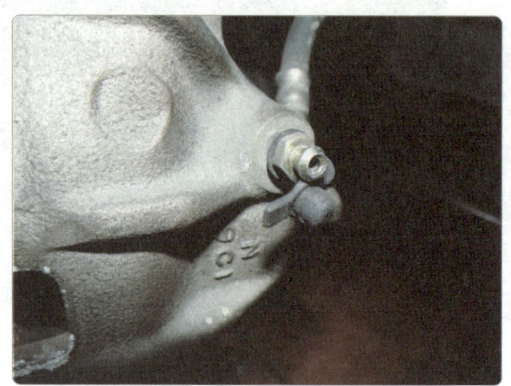

2) 조합 렌치를 설치하고 오일 교환기를 연결한다.

3) 마스터 실린더 오일 보충 탱크에 브레이크 오일을 보충한다.

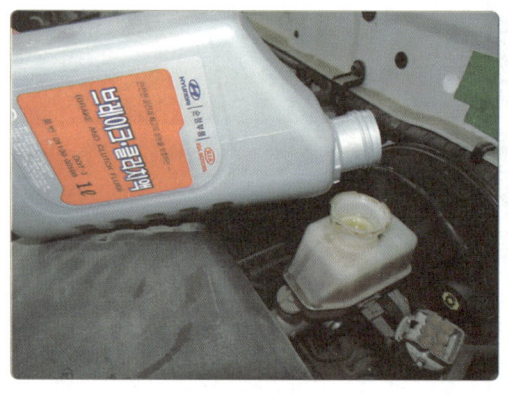

4) 교환기 레버를 누른 후 브리더를 좌측으로 1/2 회전하여 에어를 배출한다.

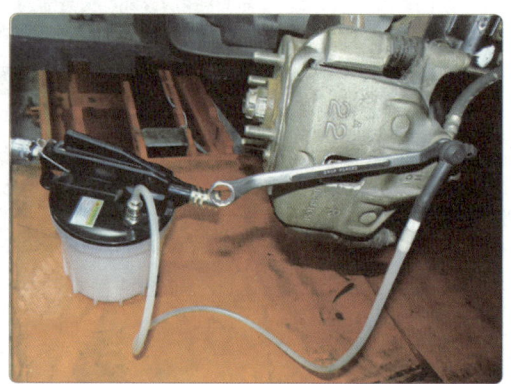

5) 약 5초 후 에어 브리더를 우측으로 잠근다.

6) 오일을 다시 보충한다.

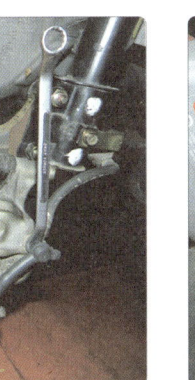

7) 교환기 레버를 누른 후 브리더를 좌측으로 1/2 회전한다.

8) 약 5초 후 에어 브리더를 우측으로 잠근다.

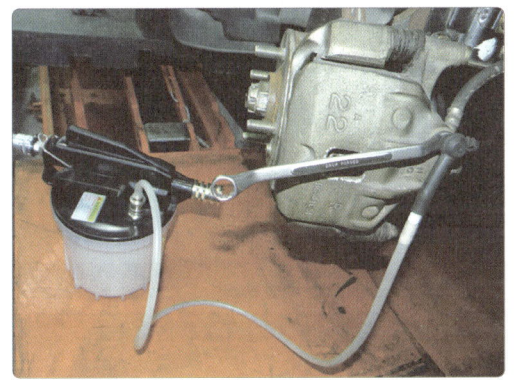

9) 오일을 다시 보충한 후 위 작업을 에어가 나오지 않을 때까지 2~3회 반복한다.

10) 브리더 캡을 닫는다.

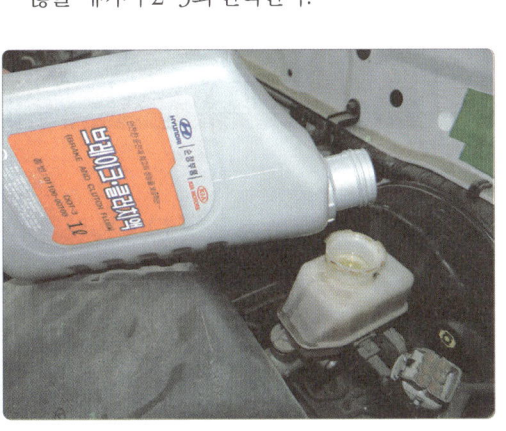
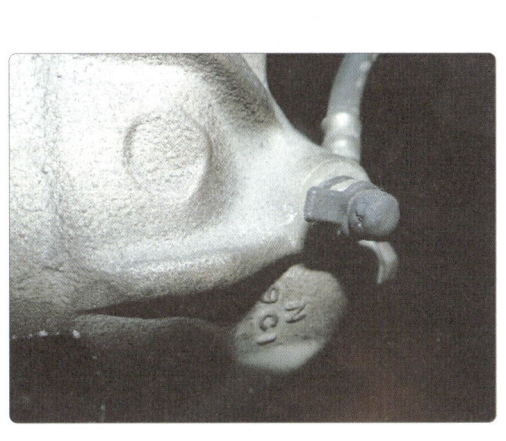

## 2-3. ABS 휠 스피드 센서 파형 측정

### 2-3-1. 측정

1) 측정하고자 하는 쪽 바퀴를 잭으로 들어 올린 후 안전장치를 설치한다.

2) 휠 스피드 센서 커넥터에 Hi-DS 1번 채널을 연결한다.

3) 윈도우 초기 화면에서 Hi-DS를 클릭한다.

4) 로그인 창이 뜨면 취소를 선택한다.

5) 오실로스코프를 클릭한다.

6) 다음 화면에서 차량 정보를 입력한다.

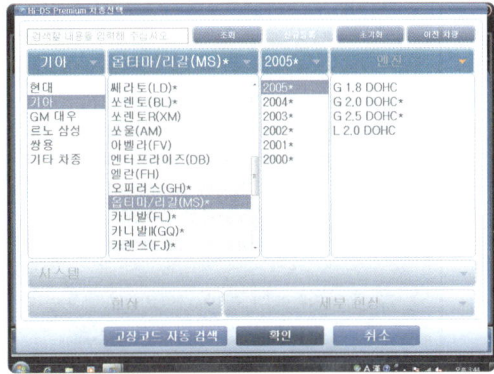

7) ABS를 선택한다.

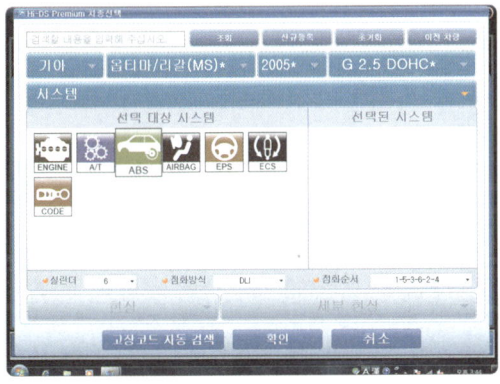

8) ABS 제작사를 선택한다.(보쉬)

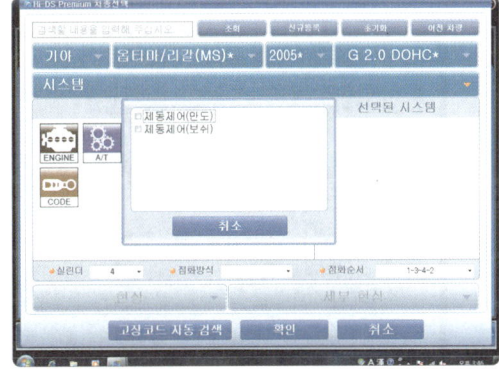

9) 다음 화면에서 10V, 3ms/div로 설정한다.

10) 시험 차량의 시동을 걸고 바퀴를 구동시킨다.

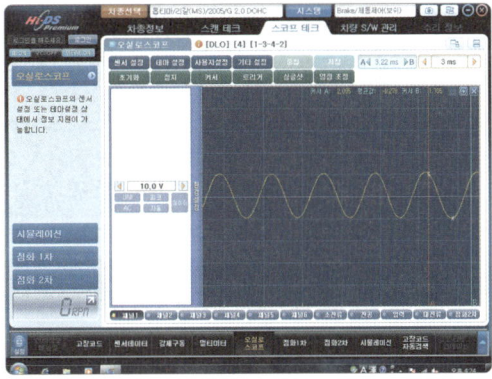

11) 화면 확대 후 A, B 커서를 양쪽 끝부분에 위치시킨다.

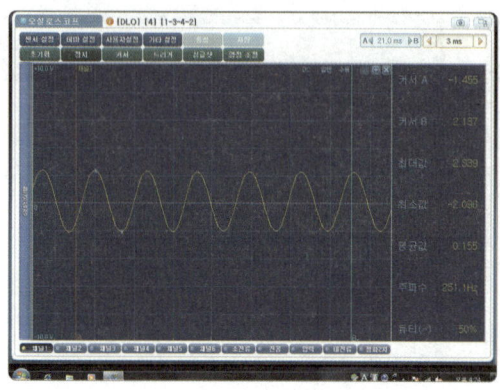

12) 주파수 251.1Hz, PP전압 4.435V를 출력된 파형에 기입한다.

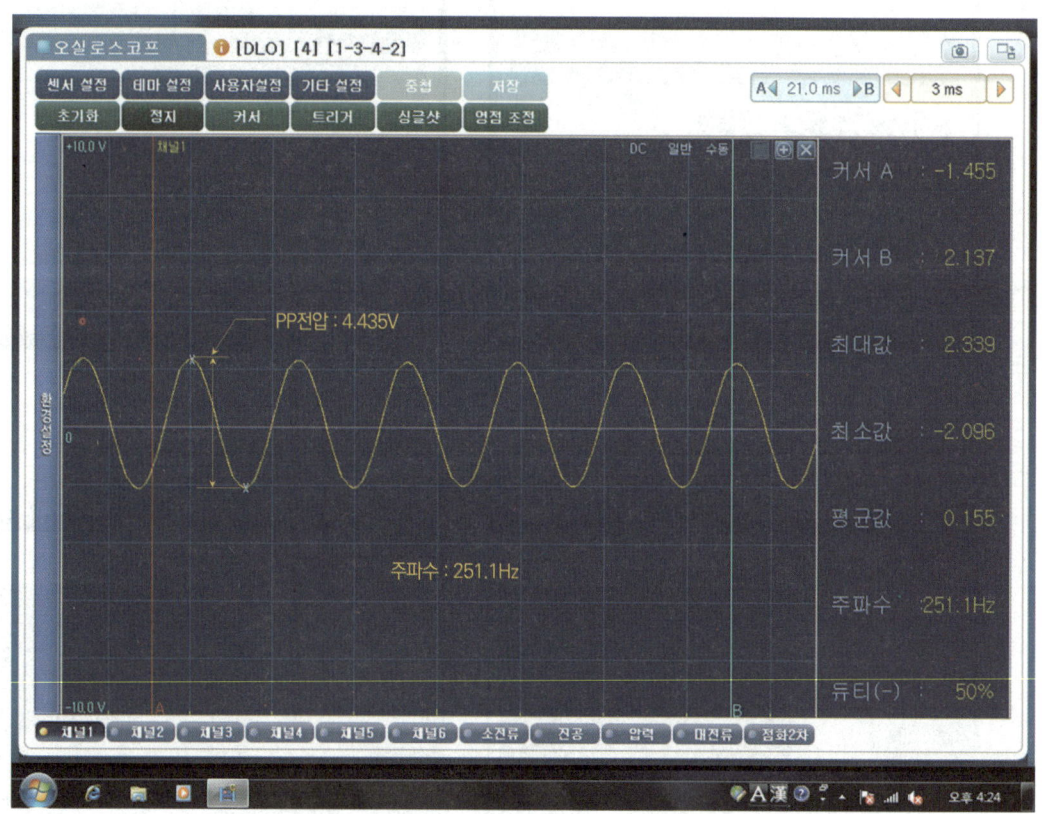

## 2-3-2. 답안지 작성

1) 출력한 파형에 주파수 251.1Hz를 기입한다.
2) PP전압 -2.096 + 2.339 =4.435V를 기입한다.
3) 파형 상태는 기준값과 비교하여 양호, 불량을 판정한다.

### [섀시 2 기록표]

1) 파형      자동차 번호 :

| 항목 | 파형 분석 및 판정 ||| 득점 |
|---|---|---|---|---|
| | 분석항목 || 분석내용 | 판정 (□에 'V' 표) | |
| ABS 휠 스피드센서 | 주파수 | 251.1Hz | 분석내용은 출력물에 표시하시오. | ☑ 양호<br>□ 불량 | |
| | 전압(Peak to Peak) | 4.435V | | | |
| | 파형 상태(양호/불량) | 양호 | | | |

비번호 / 감독위원 확인

※ 주의사항 : 분석 항목 및 내용은 출력물에 표기하며 관련 사항은 감독위원의 지시에 따른다.

## 2-3-3. 판정 및 정비 조치사항

1) 측정값을 파형 위치에 맞게 기입해야 한다.
2) 기준값(예 주파수 230~ 265Hz, PP전압 4~5V)을 참고한다.
3) 측정값이 기준값 범위 내에 있으므로 파형 상태(양호/불량)를 양호로 표시하고 판정 양호에 ☑ 표시한다.
4) 불량 시 불량에 ☑ 표시한다.

## 2-4. 브레이크 디스크 런아웃, 에어 갭 점검

### 2-4-1. 브레이크 디스크 런아웃 점검

1) 전륜 디스크에 다이얼 게이지를 설치한다.

2) 디스크를 1회전하면서 좌우 전체 값을 읽는다. (0.05mm)

### 2-4-2. 휠 스피드 센서 에어 갭 점검

1) 감독위원이 지정한 쪽의 톤 휠 간극을 간극 게이지로 측정한다.(0.45mm)

## 2-4-3. 답안지 작성

1) 브레이크 디스크 런아웃 측정값 0.05mm를 답안지에 기입한다.
2) 휠 스피드 센서 에어 갭 0.45mm를 답안지에 기입한다.
3) 브레이크 디스크 런아웃 규정값 0.08mm 이하를 답안지에 기입한다.
4) 휠 스피드 센서 에어 갭 규정값 0.4~0.6mm를 답안지에 기입한다.

### [섀시 2 기록표]

2) 점검 및 측정    자동차 번호 :    비번호:    감독위원 확인:

| 항목 | 측정(또는 점검) | | 판정 및 정비(또는 조치)사항 | | 득점 |
| --- | --- | --- | --- | --- | --- |
| | 측정값 | 규정(정비한계)값 | 판정 (□에 'V'표) | 정비 및 조치사항 | |
| 브레이크 디스크 런아웃 | 0.05mm | 0.08mm 이하 | ☑ 양호<br>□ 불량 | 없음 | |
| 휠 스피드 센서 에어 갭 | 0.45mm | 0.4~0.6mm | ☑ 양호<br>□ 불량 | 없음 | |

## 2-4-4. 판정 및 정비 조치사항

1) 측정값이 규정값 범위 내에 있으므로 양호에 ☑ 표시한다.
2) 브레이크 디스크 런아웃이 불량이면 정비 및 조치사항에 "브레이크 디스크 교환/재점검"으로 답안지를 작성한다.
3) 휠 스피드 센서 에어 갭이 불량이면 정비 및 조치사항에 "휠 스피드 센서 교환/재점검"으로 답안지를 작성한다.

### Electric　다. 전기

1. 감독위원의 지시에 따라 자동차에서 실내 블로워 모터를 탈거하고 감독위원에게 확인 후 다시 조립(부착)하여 작동 상태를 확인하고, 기록표의 요구사항을 점검 및 측정하고 기록표에 기록하시오.

## 1. 블로워 모터 탈·부착 및 점검

### 1-1. 블로워 모터 탈·부착

1) 블로워 모터 장착 위치를 확인한다.

2) 블로워 모터 커넥터를 탈거한다.

3) 블로워 모터 냉각 파이프를 탈거한다.

4) 블로워 모터를 탈거한다.

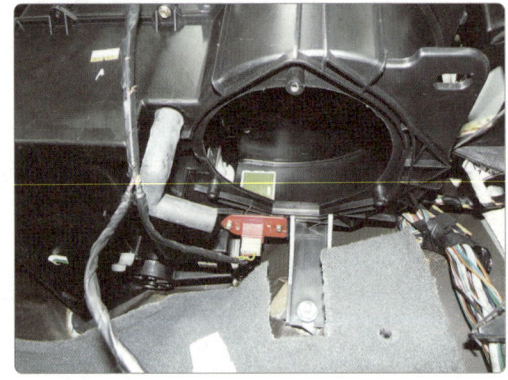

5) 탈거한 블로워 모터를 감독위원에게 확인을 받는다.

6) 블로워 모터를 장착하고 냉각 파이프를 먼저 조립한다.

7) 블로워 모터 커넥터를 연결한 후 감독위원에게 확인을 받는다.

## 1-2. 블로워 모터 점검

### 1-2-1. 작동 전압 점검

1) 블로워 S/W를 4단에 위치시킨다.

2) 블로워 모터 커넥터에서 전압을 측정한다.(12.4V)

### 1-2-2. 작동 전류 점검

1) 블로워 S/W를 4단에 위치시킨다.

2) 블로워 모터 커넥터 배선에서 전류를 측정한다. (12A)

1-2-3. 답안지 작성

    1) 블로워 모터 작동 전압 12.4V를 답안지에 기입한다.
    2) 블로워 모터 작동 전류 12A를 답안지에 기입한다.
    3) 기준값(예) 전압 11.5~14.5V, 전류 6~8A)을 참고한다.

[전기 1 기록표]

| 자동차 번호 : | | | 비번호 | | 감독위원 확인 | |
|---|---|---|---|---|---|---|
| 항목 | | 측정(또는 점검) | 판정 및 정비(또는 조치)사항 | | | 득점 |
| | | 측정값 | 판정 (□에 'V'표) | 정비 및 조치사항 | | |
| 블로워 모터 | 작동 전압 | 12.4V | □ 양호 ☑ 불량 | 블로워 모터 교환/재점검 | | |
| | 작동 전류 (최대 전류) | 12A | | | | |

1-2-4. 판정 및 정비 조치사항

    1) 전류 측정값이 규정값 범위를 벗어났으므로 불량에 ☑ 표시한다.
    2) 측정값이 규정값 범위 내에 있으면 양호에 ☑ 표시 후 정비 및 조치사항에 "없음"으로 기입한다.

2. 주어진 자동차에서 정비지침서의 회로도를 이용하여 기록표에서 요구하는 회로를 점검하고, 이상이 있으면 이상 내용을 기록표에 기록한 후 정비하시오.

## 2. 회로 점검

### 2-1. 에어컨 및 공조 회로 점검

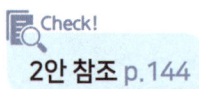

### 2-2. 사이드미러 회로 점검

#### 2-2-1. 회로 점검

1) 실내 퓨즈박스에 접이식 미러(15A), 열선미러(10A) 퓨즈를 확인한다.

| 시가라이터 | 15A | 주간전조등 | 10A | 열선핸들 | 15A | 파워<br>스티어링 | 10A | 에어백<br>경고등 | 10A |
|---|---|---|---|---|---|---|---|---|---|
| 파워아웃렛 | 15A | 와이퍼 뒤 | 15A | IG2 | 10A | 와이퍼 앞 | 25A | 계기판 | 10A |
| 오디오 | 10A | 멀티미디어 | 15A | OFF<br><br>퓨즈 스위치<br><br>ON | | 에어백 | 15A | IG1 | 10A |
| 1 스마트키 | 15A | 메모리 | 10A | | | 에어컨 | 10A | ABS | 10A |
| 도어잠금 | 20A | 접이식미러<br>안개등 뒤 | 15A | | | 정지등 | 15A | ECU | 10A |
| 앰프 | 25A | 인버터 | 25A | 실내등 | 10A | 2 스마트키 | 10A | 오토미엠<br>*(진공펌프) | 15A |
| 미등 좌 | 10A | 시트히터 | 20A | 파워윈도우<br>좌 | 25A | 시동 | 10A | 1 후진등 | 15A |
| 미등 우 | 10A | 세이프티<br>파워윈도우 | 25A | 파워윈도우<br>우 | 25A | 2 후진등 | 10A | 예비퓨즈 | 15A |
| 열선미러 | 10A | 전동시트<br>운전석 | 25A | 91940-2V012<br>지정된 퓨즈만 사용하세요 | | | | *( ) : 터보사양 | |

2) 사이드미러 컨트롤 스위치 커넥터를 확인한다.

3) 사이드미러 커넥터를 확인한다.

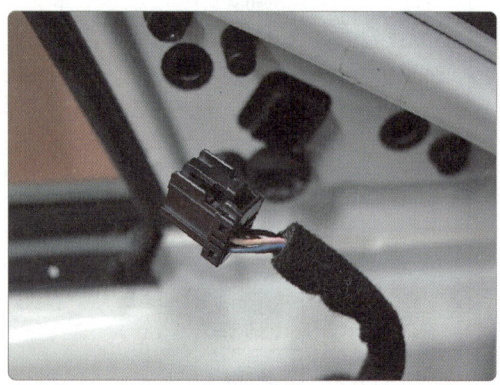

2-2-2. 답안지 작성

1) 부품의 정확한 명칭을 고장 부분 답안지에 기입한다.
2) 퓨즈가 끊어진 경우 "단선", 퓨즈, 릴레이가 없는 경우 "없음", 퓨즈, 릴레이 터미널이 부러진 경우 "파손"으로 기입한다.
3) 예상 답안
   ① 접이식 미러 퓨즈(15A) 단선(또는 없음, 파손)
   ② 사이드미러 커넥터 탈거
   ③ 사이드미러 S/W 커넥터 탈거 등

## [전기 2 기록표]

| | 자동차 번호 : | | 비번호 | | 감독위원 확인 | |
|---|---|---|---|---|---|---|
| 항목 | 점검(원인 부위) | | 내용 및 정비(또는 조치)사항 | | | 득점 |
| | 고장 부분 | 원인 내용 및 상태 | 정비 및 조치사항 | | | |
| 에어컨 및 공조 회로 | | | | | | |
| 사이드미러 회로 | 접이식 미러(15A) 퓨즈 | 단선 | 퓨즈 교환/재점검 | | | |
| 와이퍼 회로 | | | | | | |

2-3. 와이퍼 회로 점검

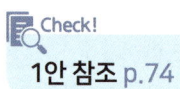
1안 참조 p.74

3. 주어진 자동차에서 감독위원의 지시에 따라 기록표의 요구사항을 점검 및 측정하여 기록하시오.

## 3. CAN 통신, 경음기 점검

### 3-1. CAN 통신 파형 출력 및 분석

**1안 참조** p.78

### 3-2. CAN 라인 저항, 경음기 점검

#### 3-2-1. CAN 라인 저항 측정

1) 회로도에서 3 CAN-High, 11 CAN-Low를 확인한다.

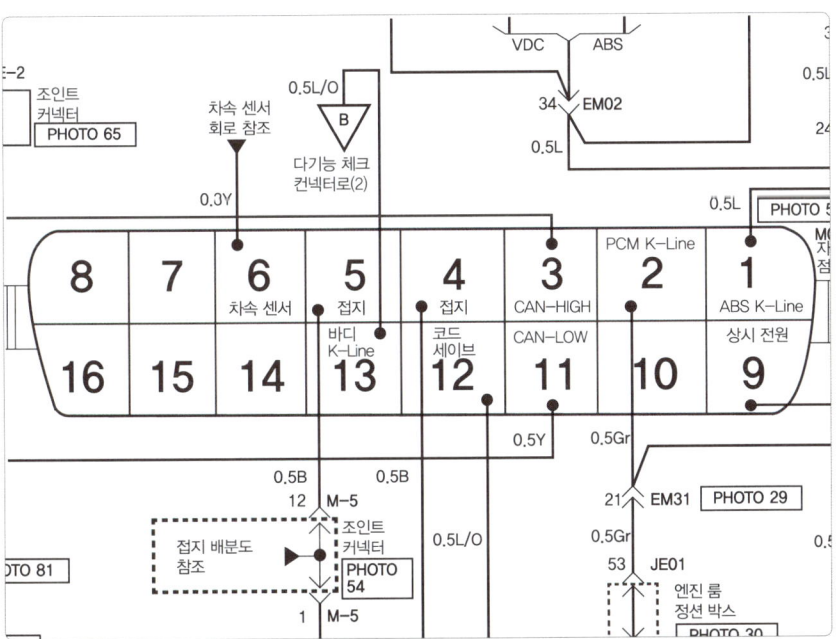

2) 3번핀 CAN-High, 11번핀 CAN-Low 사이의 저항을 측정한다.(60.5Ω)

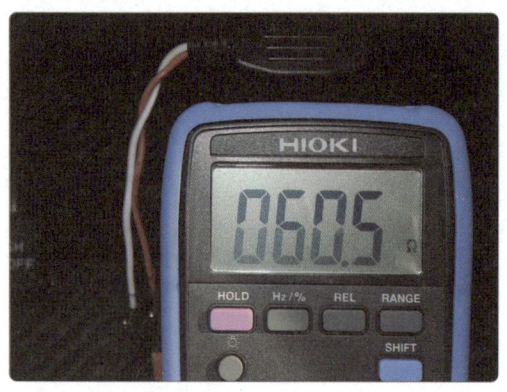

### 3-2-2. 경음기 소음 측정

1) 차량 전방 2m 위치, 높이 1.2±0.05m 위치에 혼 시험기를 설치한다.

2) C 특성을 선택한다.

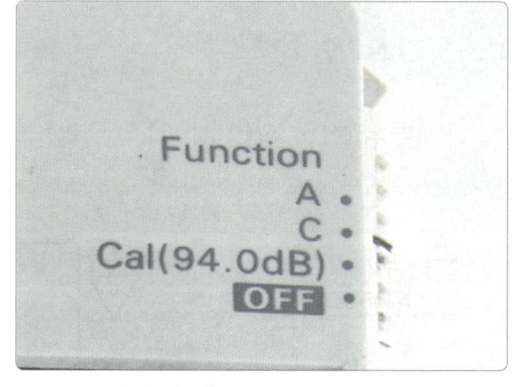

3) 레인지는 90~130dB을 선택한다.

4) Fast, Max Hold를 선택하고 Reset버튼을 누른다.

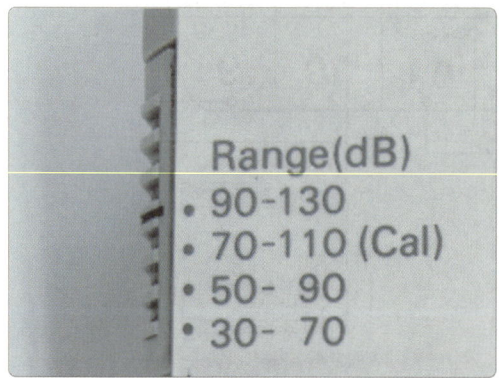
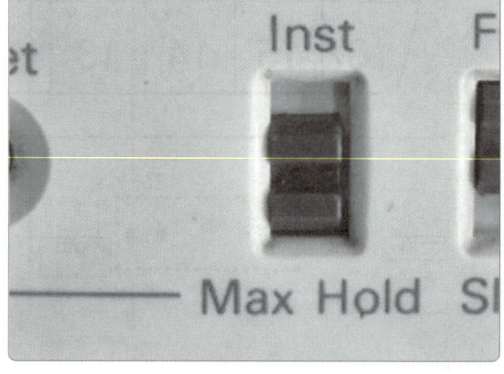

5) 수검자 본인이 경음기를 누른다.

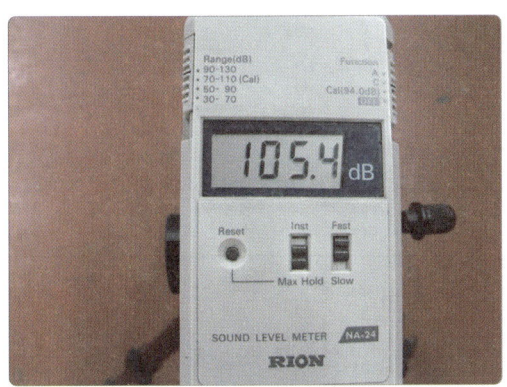

경음기 음량 규정값

1999년 까지 : 90~115dB
2000년 이후 : 90~110dB

6) 측정값이 홀드된다.(105.4dB)

7) 시험 차량의 자동차 등록증의 차대번호 앞에서 10번째 부호 X를 보고 99년식임을 확인한다.

| 자동차 등록증 | | | | | |
|---|---|---|---|---|---|
| ① 자동차 등록번호 | 서울 29더 9099 | ② 차종 | 소형 승용 | ③ 용도 | 자가용 |
| ④ 차 명 | 베르나 | ⑤ 형식 및 연식 | | LC5-15LA-1 | |
| ⑥ 차대 번호 | KMHCG51BPXU090115 | ⑦ 원동기 형식 | | G4FK | |
| ⑧ 사용본거지 | | 서울특별시 노원구 상계동 771번지 | | | |
| 소유자 | ⑨ 성명(상호) | 홍 길 동 | ⑩ 주민등록번호 | 510909-1000002 | |
| | ⑪ 주 소 | 서울특별시 노원구 상계동 771번지 | | | |
| 생산연도(M : 91, N : 92, P : 93, R : 94, S : 95, T : 96, V : 97, W : 98, X : 99, Y : 2000, 1 : 2001, 2 : 2002, 3 : 2003…, A : 2010) | | | | | |

## 3-2-3. 답안지 작성

1) CAN 라인 저항 측정값 60.5Ω을 답안지에 기입한다.
2) CAN 라인 저항 규정값 58~62Ω을 답안지에 기입한다.
3) 경음기 음량 측정값 105.4dB을 답안지에 기록한다.
4) 1999년 기준값 90~115dB을 답안지에 기록한다.
5) 경음기 기준값은 감독위원이 제시하지 않는다.(차량 등록증만 제시, 연식별 기준값 암기)

### [전기 3 기록표]

2) 점검 및 측정    자동차 번호 :

| 항목 | 측정(또는 점검) | | 판정 및 정비(또는 조치)사항 | | 득점 |
|---|---|---|---|---|---|
| | 측정값 | 규정(정비한계)값 | 판정 (□에 'V'표) | 정비 및 조치사항 | |
| CAN 라인 저항 (High-Low 라인 간) | 60.5Ω | 58~62Ω | ☑ 양호<br>□ 불량 | 없음 | |
| 경음기(혼) 소음 측정 | 105.4dB | 90~115dB | ☑ 양호<br>□ 불량 | 없음 | |

비번호 / 감독위원 확인

※ 주의사항 : 감독위원이 지정하는 CAN 라인 저항 및 경음기 소음을 측정하여 분석하시오.

## 3-2-4. 판정 및 정비 조치사항

1) CAN 라인 저항 측정값 60.5Ω이 규정값 58~62Ω 범위 내에 있으므로 양호에 ☑ 표시한다.
2) 측정값이 규정값 범위를 벗어나면 불량에 ☑ 표시 후 정비 및 조치사항에 "종단 저항 교환/재점검"으로 답안지를 작성한다.
3) 경음기 음량 측정값 105.4dB이 규정값 90~115dB 범위 내에 있으므로 양호에 ☑ 표시한다.
4) 측정값이 규정값 범위를 벗어나면 불량에 ☑ 표시 후 정비 및 조치사항에 "경음기 교환/재점검"으로 답안지를 작성한다.

# 자동차 정비 기/능/장

Master Craftsman Motor Vehicles Maintenance

## 05 안

**가. 엔진**
1. 타이밍벨트, 배기가스 재순환 장치(EGR) 탈·부착 및 점검
2. 점검 및 측정
3. 시동 결함, 부조 점검

**나. 섀시**
1. 로어암 탈·부착 및 점검
2. 인히비터 스위치 탈·부착 및 측정

**다. 전기**
1. 발전기 탈·부착 및 점검
2. 회로 점검
3. 점검 및 측정

# 05안

## 국가기술자격검정 실기시험문제

| 자격종목 | 자동차정비 기능장 | 작품명 | 자동차정비 작업 |

비 번호(등번호) :

※ 시험시간 : [표준시간 : 6시간 30분, 연장시간 없음]
　　　　　　엔진 : 140분　｜　섀시 : 130분　｜　전기 : 120분

### 요구사항

**Engine　가. 엔진**

1. 주어진 전자제어 기관에서 감독위원의 지시에 따라 타이밍벨트와 배기가스 재순환 장치(EGR)를 탈거하고 감독위원에게 확인 후 다시 조립(부착)하고 기관 및 시동 관련회로를 점검한 후 시동 작업과 기록표의 요구사항을 점검 및 측정하고 기록표에 기록하시오.(단, 시동되지 않는 경우 2항은 작업할 수 없음.)

## 1. 타이밍벨트, 배기가스 재순환 장치(EGR) 탈·부착 및 점검

### 1-1. 엔진 분해 및 조립

**Check!**
1안 참조 p.2

### 1-2. 엔진 점검 및 시동

**Check!**
1안 참조 p.21

## 1-3. AFS, $O_2$센서 출력 전압 측정

### 1-3-1. 스캐너로 측정

1) 시험 차량에 OBD 커넥터를 연결하고 엔진을 시동한다.

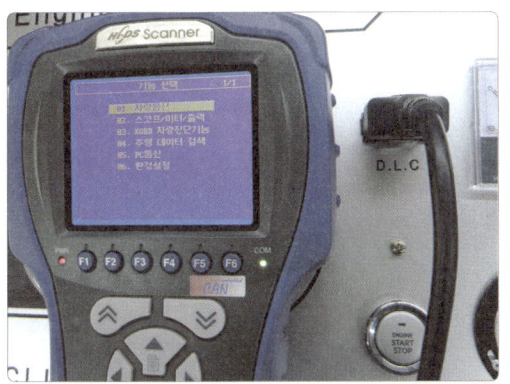

2) 기능을 선택한다.

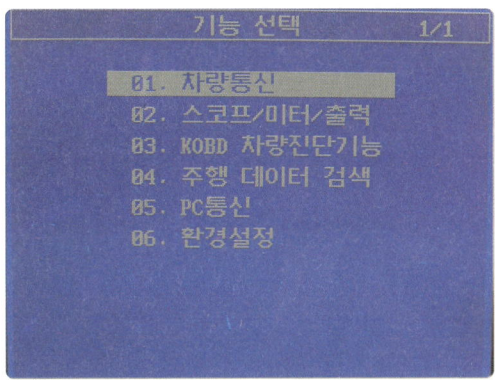

3) 차량 제조회사를 선택한다.

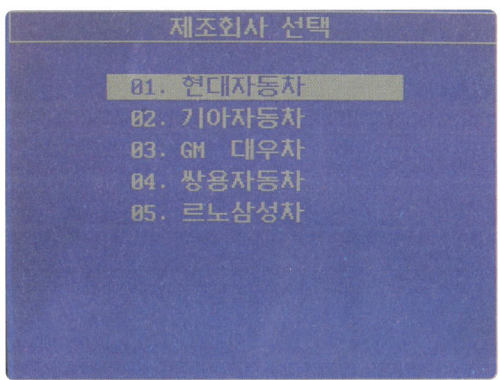

4) 차종을 선택한다.

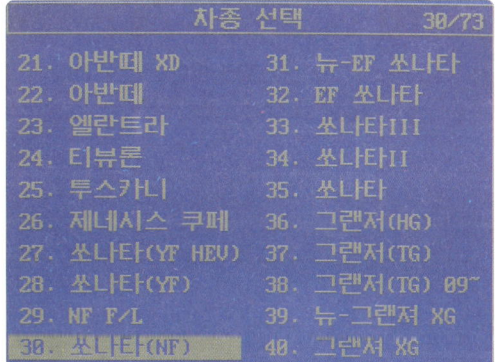

5) 엔진 사양을 선택한다.

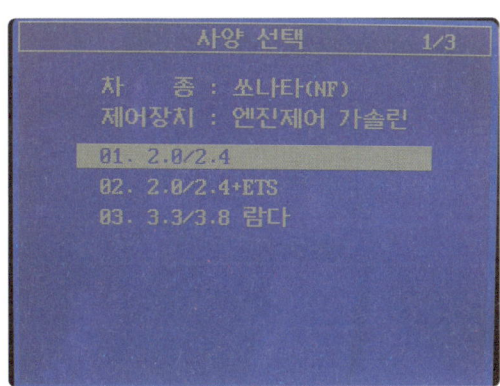

6) 제어장치를 선택한다.

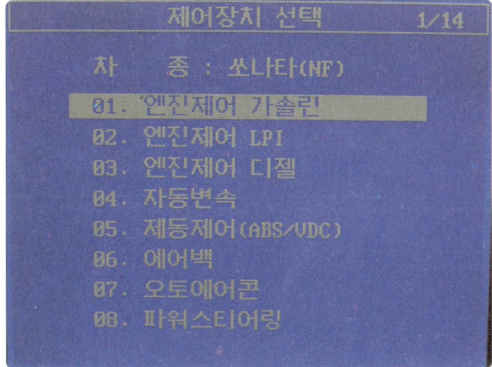

7) AFS, O₂센서 S1, S2를 선택한다.

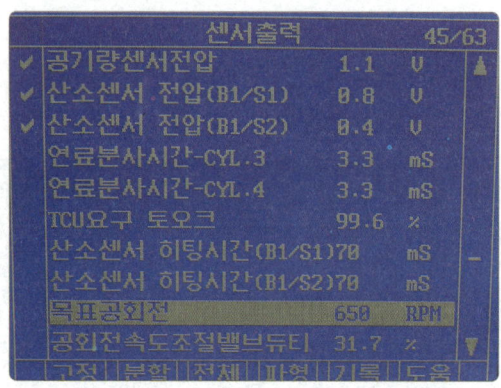

### 1-3-2. 답안지 작성

1) 공기흐름센서 출력 전압 1.1V를 답안지에 기입한다.
2) AFS 기준값(예) 0.5~1.8V)을 답안지에 기입한다.
3) 산소 센서 S1 0.8V를 답안지에 기입한다.
4) 산소 센서 S2 0.4V를 답안지에 기입한다.
5) 기준값(예) S1 : 0.2~0.9V, S2 : 0.4~0.6V)를 답안지에 기입한다.

### [엔진 1 기록표]

| 위치 | | 측정(또는 점검) | | 판정 및 정비(또는 조치)사항 | | 득점 |
|---|---|---|---|---|---|---|
| | | 측정값 | 규정(정비한계)값 | 판정 (□에 'V' 표) | 정비 및 조치사항 | |
| 공기 흐름 센서 출력 전압 | | 1.1V | 0.5~1.8V | ☑ 양호<br>□ 불량 | 없음 | |
| 산소 센서 출력 전압 (공회전 시) | S1 (전) | 0.8V | 0.2~0.9V | ☑ 양호<br>□ 불량 | 없음 | |
| | S2 (후) | 0.4V | 0.4~0.6V | | | |

자동차 번호 : / 비번호 / 감독위원 확인

### 1-3-3. 판정 및 정비 조치사항

1) AFS 판정이 양호이므로 양호에 ☑ 표시 후 정비 및 조치사항에 "없음"으로 기입한다.
2) AFS 불량 시 불량에 ☑ 표시 후 정비 및 조치사항에 "AFS 교환/재점검"으로 답안지를 작성한다.
3) 산소 센서 판정이 양호이므로 양호에 ☑ 표시 후 정비 및 조치사항에 "없음"으로 기입한다.
4) S1, S2 불량 시 불량에 ☑ 표시 후 정비 및 조치사항에 "S1, S2 교환/재점검"으로 답안지를 작성한다.

2. 주어진 기관에서 감독위원의 지시에 따라 기록표 요구사항을 점검 및 측정하여 기록하시오.

## 2. 점검 및 측정

### 2-1. 가변 밸브 타이밍 기구 파형 측정

#### 2-1-1. 측정

1) 시험 차량의 가변 밸브 타이밍 기구 위치를 확인한다.(예 배기)

2) Hi-DS 1번 프로브를 가변 밸브 타이밍 기구에 연결 후 시동한다.

3) 바탕화면에서 Hi-DS를 클릭한다.

4) 로그인 취소를 클릭한다.

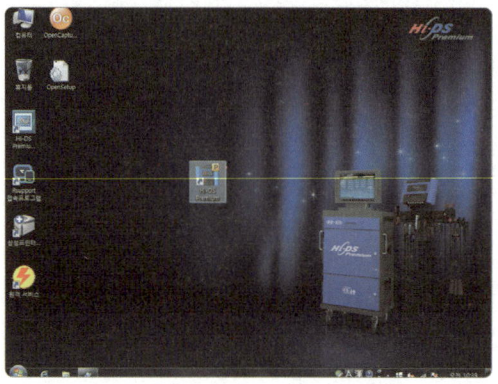

5) 경고 문구가 뜨면 확인을 클릭한다.

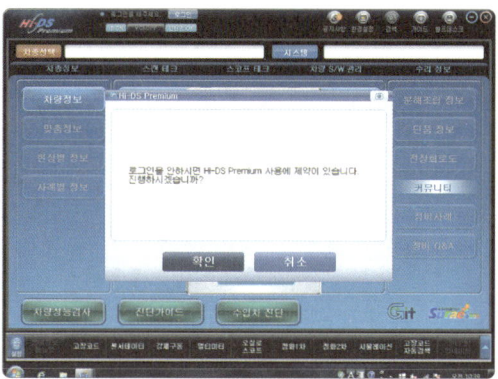

6) 차종 선택을 클릭한다.

7) 제작사, 차명, 연식, 엔진 형식을 입력 후 확인을 클릭한다.

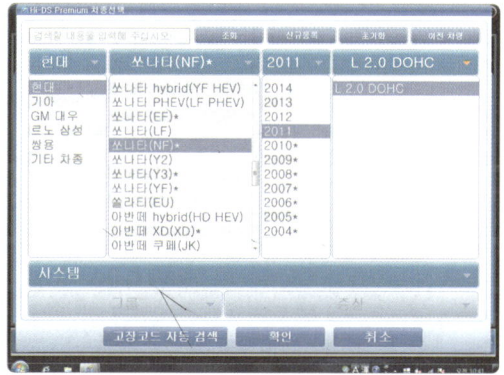

8) 엔진제어 선택 후 확인을 클릭한다.

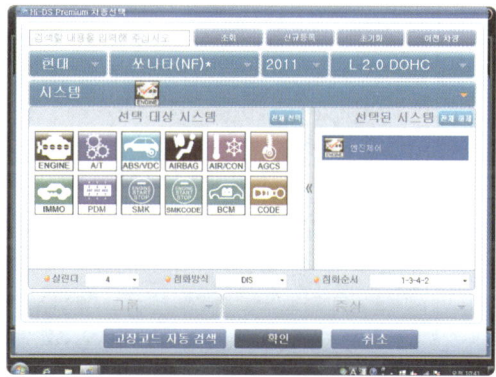

9) 오실로스코프를 클릭한다.

10) 창을 확장 후 전압 60V, 1.5ms로 설정한다.

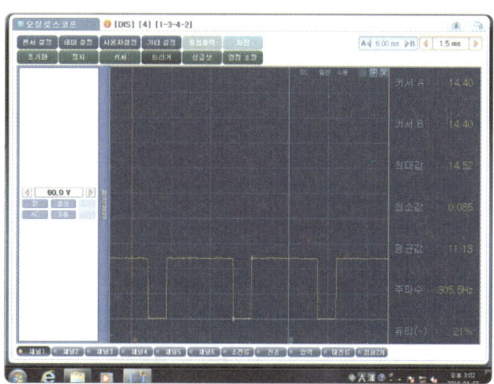

11) 파형이 측정되면 정지한다.

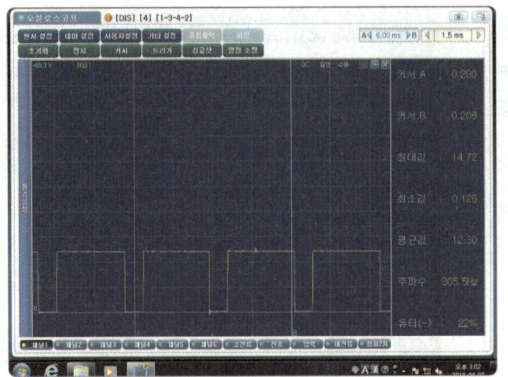

12) A, B 커서를 1사이클에 위치시킨다.

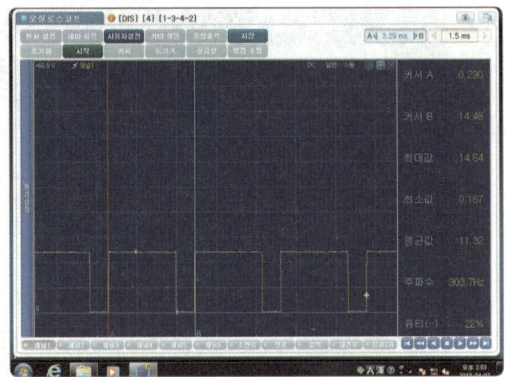

13) 작동 전압 0.167V, 듀티 22%를 측정한다.

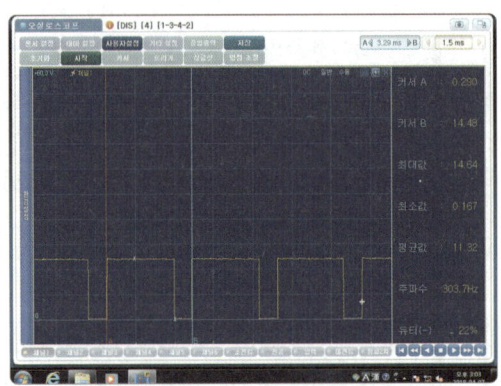

14) A, B 커서를 ⊖ 작동 구간에 위치시킨다.

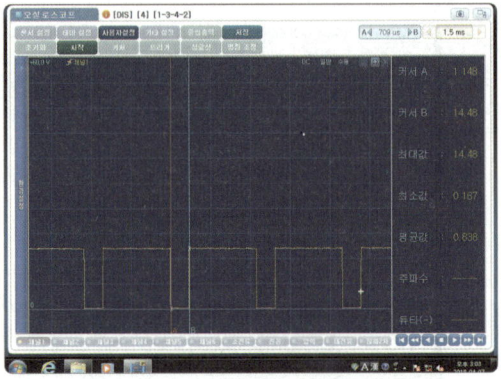

15) 작동 시간을 측정한다.(709㎲)

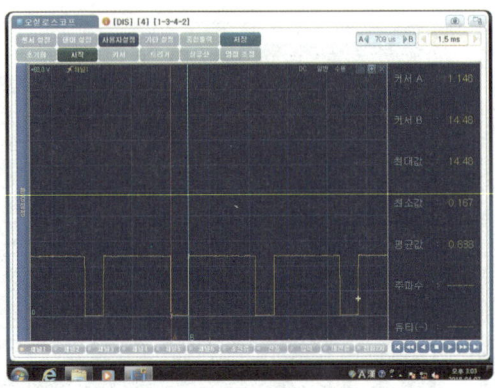

16) 카메라 아이콘을 클릭한다.

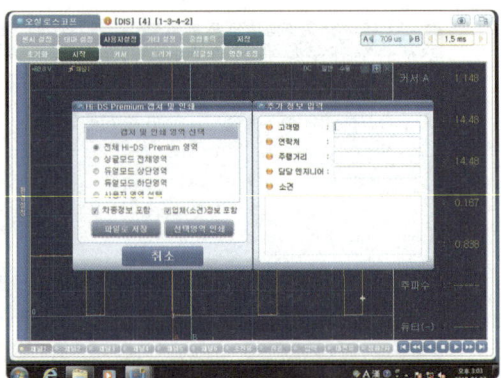

17) 선택 영역 인쇄 확인을 클릭한다.

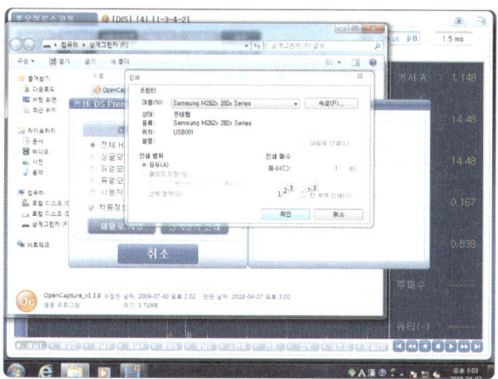

18) 작동 전압 0.167V , 듀티 22%, 작동 시간 709$\mu$s를 출력된 파형에 기입한다.

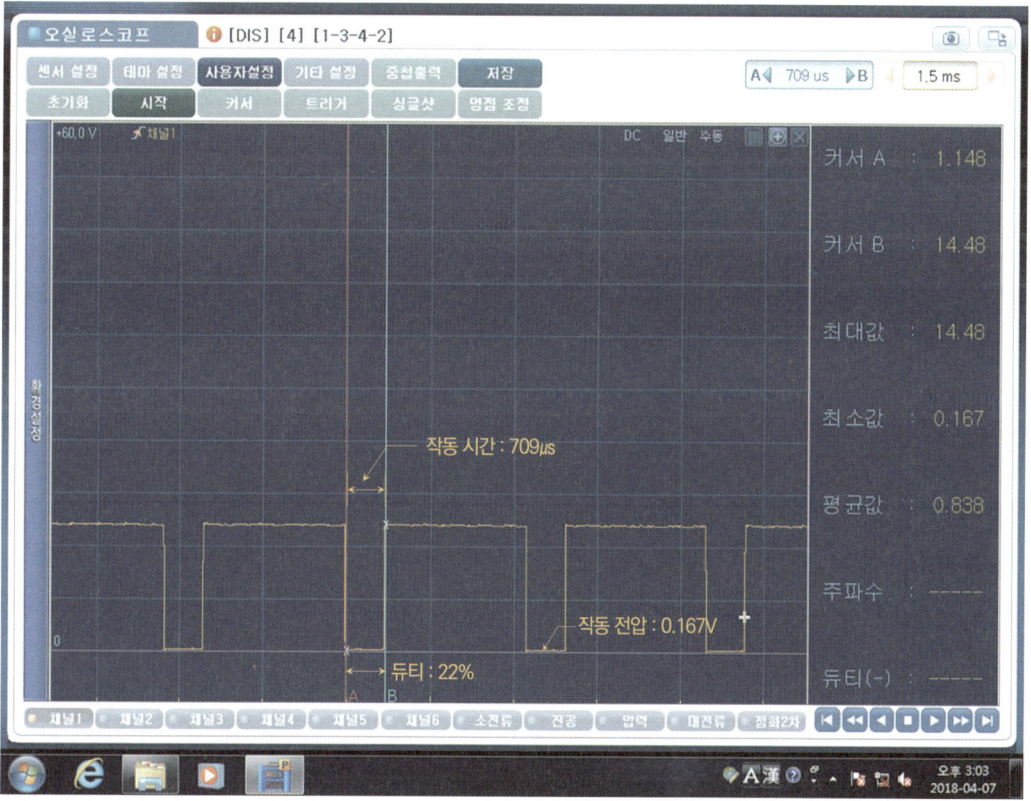

## 2-1-2. 답안지 작성

1) 작동 전압 0.167V, 듀티 22%, 작동시간 709㎲를 답안지에 기입한다.
2) 규정값(예) 전압 0~0.35V, 듀티 20~25%, 작동시간 680~750㎲)을 참고하여 양호에 ☑ 표시한다.
3) 판정이 불량 시 불량에 ☑ 표시한다.
4) 출력 파형값과 답안지 값이 일치해야 한다.

### [엔진 2 기록표]

1) 파형    자동차 번호 :

| | | | 비번호 | | 감독위원 확인 | |

| 항목 | 파형 분석 및 판정 ||||  득점 |
| --- | --- | --- | --- | --- |
| | 분석항목 | | 분석내용 | 판정 (□에 'V' 표) | |
| 가변 밸브 타이밍 기구 | 작동 전압 | 0.167V | 분석내용은 출력물에 표시하시오. | ☑ 양호<br>☐ 불량 | |
| | 듀티 | 22% | | | |
| | 작동시간 | 709㎲ | | | |

## 2-1-3. 판정 및 정비 조치사항

1) 측정값이 규정값 범위 이내에 들어오면 양호에 ☑ 표시한다.
2) 측정값이 기준값 범위를 벗어나면 불량에 ☑ 표시한다.

## 2-2. CRDI 엔진 점검

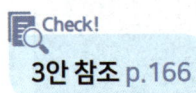
**3안 참조** p.166

3. 주어진 자동차에서 크랭킹은 가능하나 시동되지 않고, 시동된 후에도 부조가 발생한다. 고장 원인을 찾아 수리 후 기록표에 기록하시오.

## 3. 시동 결함, 부조 점검

### 3-1. 시동 결함 점검

**1안 참조** p.42

### 3-2. 부조 점검

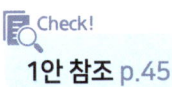

**1안 참조** p.45

> **Chassis** 나. 섀시
>
> 1. 주어진 자동차에서 감독위원의 지시에 따라 전륜 현가장치의 로어암을 탈거하고 감독위원에게 확인 후 다시 조립(부착)하여 조향장치 작동 상태를 점검한 후 기록표의 요구사항을 점검 및 측정하여 기록하시오.

## 1. 로어암 탈·부착 및 점검

### 1-1. 로어암 탈·부착

1) 타이어를 탈거한다.

2) 허브너트 고정 분할핀을 탈거한다.

3) 허브너트를 탈거한다.

4) 쇽업소버, 브레이크 호스 고정볼트를 탈거한다.

5) 스태빌라이저 볼조인트를 탈거한다.

6) 등속 조인트를 탈거한다.

7) 탈거한 너클을 쇽업소버에 임시로 고정한다.

8) 로어암 볼 조인트 너트를 볼트면까지 푼다.

9) 볼 조인트 탈착기를 장착한다.

10) 탈착기를 압축하여 볼 조인트를 탈거한다.

11) 볼 조인트 고정너트를 탈거한다.

12) 허브너클을 탈거한다.

13) 앞쪽 로어암 고정볼트를 탈거한다.

14) 뒷쪽 로어암 고정볼트를 탈거한다.

15) 로어암을 탈거한다.

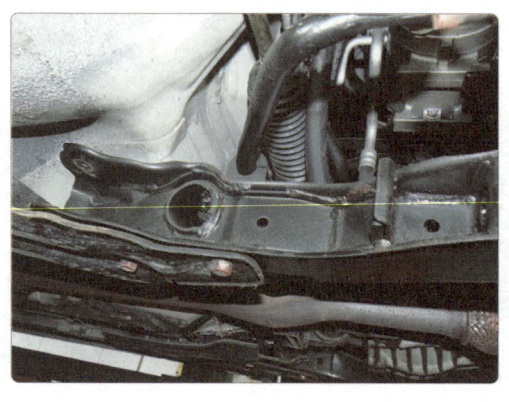

16) 탈거한 로어암을 감독위원에게 확인받는다.

17) 로어암을 장착하고 전·후 고정볼트를 조립한다.

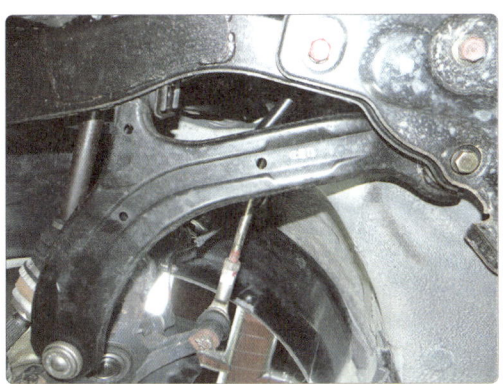

18) 허브너클을 장착하고 볼 조인트 너트를 고정한다.

19) 임시 고정한 쇽업소버 볼트를 탈거한다.

20) 등속 조인트를 장착한다.

21) 허브너트를 체결하고 분할핀을 장착한다.

22) 스태빌라이저 볼 조인트를 장착한다.

23) 쇽업소버, 브레이크 호스 고정볼트를 장착한다.

24) 타이어를 장착하고 감독위원에게 확인받는다.

## 1-2. 최소 회전 반경 측정

### 1-2-1. 측정(예 : 좌회전)

1) 핸들 직진 상태에서 시험 차량 앞, 뒷바퀴 양쪽에 턴테이블을 설치한다.

2) 차량 앞, 뒷차축의 거리(축거)를 측정한다. (170cm, 1.7m)

3) 핸들을 좌측으로 완전히 회전 후 좌측 바퀴의 최대 회전 각도를 측정한다. (39°)

4) 좌회전 시 우측 바퀴의 최대 회전 각도를 측정한다. (30°)

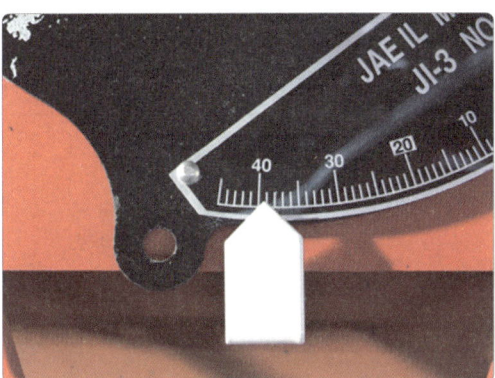

## 1-2-2. 답안지 작성

1) 회전 방향 좌에 ☑ 표시한다.
2) $r$값(바퀴의 접지면 중심과 킹핀 각과의 거리) 20mm를 답안지에 기입한다.(감독위원이 제시)
3) 축거 1.7m를 답안지에 기입한다.
4) 좌측 바퀴의 최대 조향각도 39°를 답안지에 기입한다.
5) 우측 바퀴의 최대 조향각도 30°를 답안지에 기입한다.
6) 최소회전 반경 기준값 12m 이내를 기입한다.(법규사항이므로 암기)
7) 산출근거 $\frac{1.7}{0.5} + 0.02 = 3.44m$를 기입한다.
8) 각도별 sin 값
   ① sin 28° : 0.4695
   ② sin 29° : 0.4848
   ③ sin 30° : 0.5
   ④ sin 31° : 0.515
   ⑤ sin 32° : 0.5299

[섀시 1 기록표]

| | | | | | 비번호 | | 시험 위원 확 인 | |
|---|---|---|---|---|---|---|---|---|

자동차 번호 :

| 항목 | 측정(또는 점검) | | | | 판정 및 정비(또는 조치)사항 | | 득점 |
|---|---|---|---|---|---|---|---|
| | 측정값 | | | 기준값 (최소회전 반경) | 산출근거 | 판정 (□에 'V'표) | |
| 회전 방향 (□에 'V'표) ☑ 좌 □ 우 | $r$ | | 20mm | 12m 이내 | $\dfrac{1.7}{0.5} + 0.02 = 3.44\text{m}$ | ☑ 양호 □ 불량 | |
| | 축거 | | 1.7m | | | | |
| | 최대조 향시 각도 | 좌측 바퀴 | 39° | | | | |
| | | 우측 바퀴 | 30° | | | | |
| | 최소회전 반경 | | 3.44m | | | | |

2. 주어진 전자제어 자동 변속기 자동차에서 감독위원의 지시에 따라 인히비터 스위치를 탈거하고 감독위원에게 확인 후 다시 조립(부착)하여 1단에서 최고단까지 주행하여 작동 상태를 점검한 후 기록표의 요구사항을 점검 및 측정하여 기록하시오.

## 2. 인히비터 스위치 탈·부착 및 측정

### 2-1. 인히비터 스위치 탈·부착

**3안 참조** p.214

### 2-2. 자동 변속기 입(출)력 센서 파형

**3안 참조** p.128

### 2-3. 작동 시 변속기 클러치 압력 측정

**3안 참조** p.221

### 2-4. 변속기 솔레노이드 저항 측정

**3안 참조** p.222

## Electric  다. 전기

1. 감독위원의 지시에 따라 자동차에서 발전기 및 관련 벨트를 탈거하고 감독위원에게 확인 후 다시 조립 (부착)하여 작동 상태를 확인하고, 기록표의 요구사항을 점검 및 측정하고 기록표에 기록하시오.

## 1. 발전기 탈·부착 및 점검

### 1-1. 발전기 탈·부착

1) 축전지 ⊖ 단자 케이블을 분리한다.

2) 발전기 L 단자 커넥터를 탈거한다.

3) 발전기 B 단자를 탈거한다.

4) 발전기 하부 고정볼트를 2회전한다.

5) 발전기 상부 고정볼트를 2회전한다.

6) 장력 조절기 볼트가 위로 들릴 때까지 회전한다.

7) 장력 조정기 볼트를 들어 올린다.

8) 발전기 상부 고정볼트를 탈거한다.

9) 발전기 벨트를 탈거한다.

10) 발전기 하부 고정볼트를 탈거한다.

11) 발전기를 탈거한다.

12) 탈거한 발전기를 감독위원에게 확인받는다.

13) 발전기를 장착하고 하부 고정볼트를 가조립한다.

14) 벨트를 장착한다.

15) 벨트 장력 조절기를 장착한다.

16) 벨트 조정 볼트를 돌려 장력을 조정한다.

17) 상부 고정볼트를 조인다.

18) 하부 고정볼트를 조인다.

19) 발전기 B 단자를 연결한다.

20) 발전기 L 단자 커넥터를 연결한다.

21) 축전지 ⊖단자의 케이블을 연결하고 감독위원에게 확인받는다.

## 1-2. 암 전류 측정

### 1-2-1. 멀티미터로 측정

1) 시동 정지 모든 전원을 차단 후 축전지 ⊖ 터미널을 분리한다.

2) 멀티미터 ⊕ 프로브를 10A 단자에 설치하고 선택레버를 10A 모드로 선택한다.

3) 멀티미터 ⊖ 단자를 축전지 ⊖ 단자에, ⊕ 단자를 분리한 ⊖ 접지 배선에 연결 후 전류를 측정한다. (0.21A)

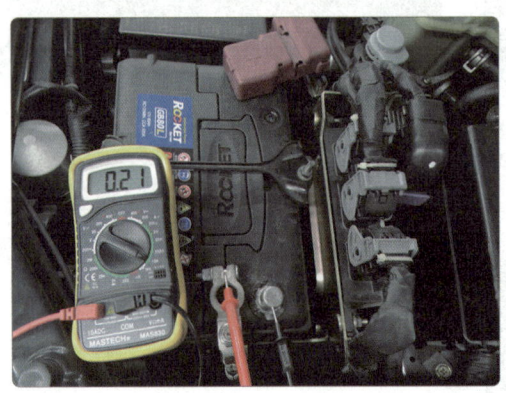

### 1-2-2. 전류계로 측정

1) 축전지 ⊖ 또는 ⊕ 터미널 배선에서 측정한다. (0.5A)

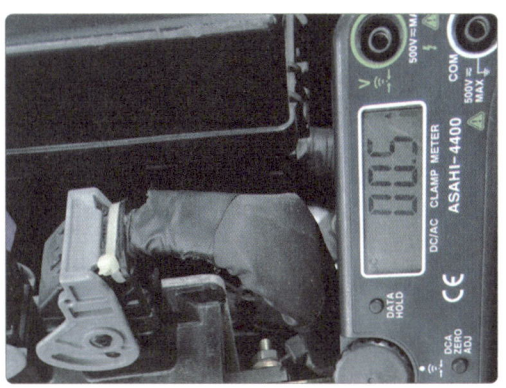

## 1-3. 발전기 출력 전류 측정

### 1-3-1. 측정

1) 신품 발전기 출력 용량을 확인한다.(120A)

2) 전조등을 점등하여 축전지를 방전시킨다.

3) 전류계를 DCA 레인지에 설정한 후 DCA ZERO ADJ 버튼을 눌러 영점 조정한다.

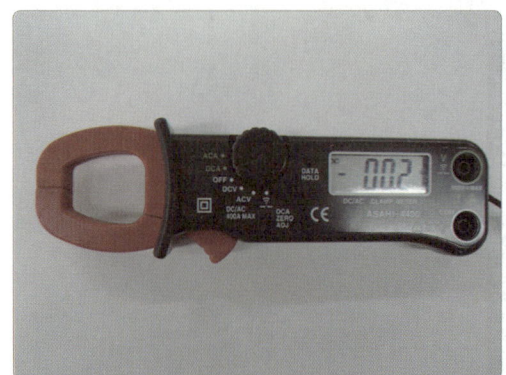

4) 엔진 정지 상태에서 발전기 B 단자 출력선에 전류계를 설치한다.

5) 엔진을 시동하고 전조등, 에어컨 등 전기 장치를 모두 작동한다.

6) 2,500rpm 가속 상태에서 측정값을 읽어 답안지에 기록한다.(41.9A)

1-3-2. 답안지 작성

1) 암 전류 측정값 0.21A를 답안지에 기록한다.
2) 암 전류 규정값(0.4A 이하)을 답안지에 기록한다.
3) 충전 전류 측정값 41.9A를 답안지에 기록한다.
4) 충전 전류 기준값(신품 용량의 70% 이상(120×0.7 = 84A 이상))을 답안지에 기입한다.

## [전기 1 기록표]

| 위치 | 측정(또는 점검) | | 판정 및 정비(또는 조치)사항 | | 득점 |
|---|---|---|---|---|---|
| | 측정값 | 규정(기준) 값<br>(정비한계)값 | 판정<br>(□에 'V'표) | 정비 및 조치사항 | |
| 암 전류 | 0.21A | 0.4A 이하 | ☑ 양호<br>□ 불량 | 없음 | |
| 발전기<br>출력 전류 | 41.9A | 84A 이상 | □ 양호<br>☑ 불량 | 발전기 교환/재점검 | |

자동차 번호 :  비번호  감독위원 확인

### 1-3-3. 판정 및 정비 조치사항

1) 암 전류 측정값이 규정값 범위 내에 있으므로 양호에 ☑ 표시한 후 정비 및 조치사항에 "없음"으로 답안지를 작성한다.
2) 암 전류가 규정값 범위를 벗어나면 불량에 ☑ 표시한 후 실내등이나 트렁크 등이 점등되었는지 확인한다. 정비 및 조치사항에 "트렁크등 소등/재점검", "실내등 소등/재점검"으로 답안지를 작성한다.
3) 발전기 출력 전류가 규정값 범위를 벗어났으므로 불량에 ☑ 표시 후 "발전기 교환/재점검"으로 답안지를 작성한다.

2. 주어진 자동차에서 정비지침서의 회로도를 이용하여 기록표에서 요구하는 회로를 점검하고, 이상이 있으면 이상 내용을 기록표에 기록한 후 정비하시오.

## 2. 회로 점검

### 2-1. 방향지시등 회로 점검

**2안 참조** p.144

## 2-2. 경음기 회로 점검

### 2-2-1. 회로 점검

1) 실내 퓨즈 박스에서 경음기 퓨즈(10A)를 확인한다.

**칼로스 퓨즈 및 릴레이 위치**

| | | | | |
|---|---|---|---|---|
| | 오토 도어락 릴레이 | | 블링크 유니트 | |
| 15A | 도어락 잠김 | 10A | 경음기 | |
| 15A | 도어락 풀림 | 15A | 정지등 | 와이퍼 릴레이 |
| 15A | 방향지시등 | 15A | 비상등 | |
| 10A | 계기판, 시계 | 15A | 중앙잠금장치 | |
| 10A | 후진등 | 10A | 발전기, 인젝터 | |
| 10A | ECM, TCM | 20A | 와이퍼 | 블링크 릴레이 |
| 15A | 점화, 연료분사장치 | 10A | 엔진 퓨즈박스 | |
| 10A | 에어백 | 20A | 송풍기 | |
| 10A | ABS | | | |
| | | | DIODE | 블로워모터 4단 릴레이 |
| | | | | |
| 10A | 시계, 오디오, 핸즈프리 | | | |
| 열선 릴레이 | | | | |

2) 핸들 밑 경음기 S/W 커넥터를 확인한다.

3) 경음기 커넥터를 점검한다.

### 2-2-2. 답안지 작성

1) 고장 부위가 확인되면 수리하지 말고 답안지를 작성한다.
2) 예상 답안
   ① 경음기 퓨즈(10A) 단선(또는 없음, 파손)
   ② 경음기 S/W 커넥터 탈거
   ③ 경음기 커넥터 탈거

## 2-3. 뒷유리 열선 회로 점검

### 2-3-1. 회로 점검

1) 엔진룸 퓨즈 박스에서 열선(30A), IG 2(30A) 퓨즈를 확인한다.

2) 실내 퓨즈 박스에서 열선 릴레이를 점검한다.

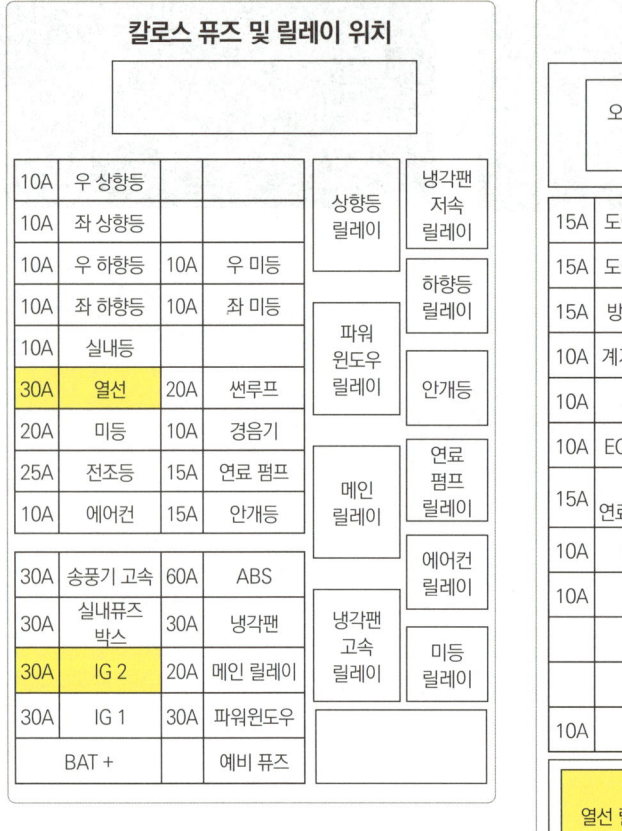
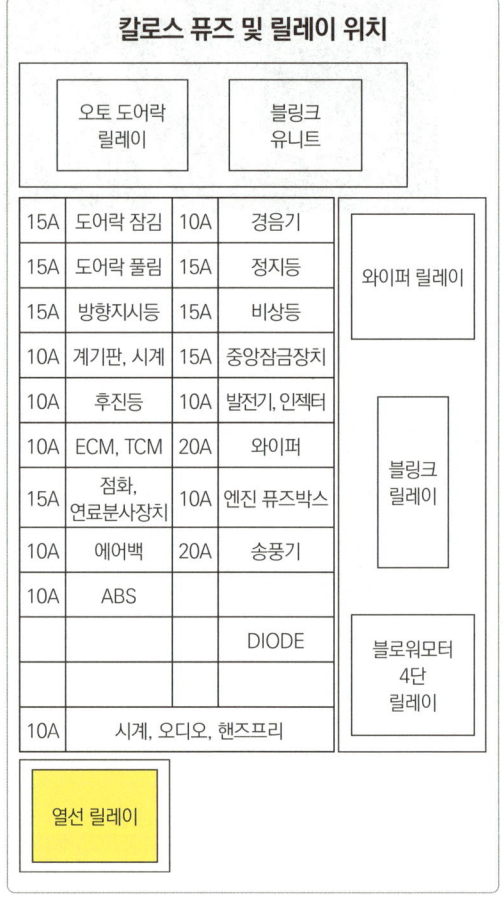

3) 열선 S/W 커넥터를 확인한다.

4) 좌·우 열선 커넥터를 확인한다.

2-3-2. 답안지 작성

1) 부품의 정확한 명칭을 고장 부분 답안지에 기입한다.
2) 퓨즈 릴레이가 없는 경우 "없음", 퓨즈 릴레이 터미널이 부러진 경우 "파손"으로 기입한다.
3) 예상 답안
　① 열선(30A), IG 2(30A)퓨즈 단선(또는 없음, 파손)
　② 열선 타이머 릴레이 없음(또는 파손)
　③ 열선 S/W 커넥터 탈거
　④ 좌·우측 열선 커넥터 탈거

[전기 2 기록표]

| 항목 | 점검(원인 부위) | | 내용 및 정비(또는 조치)사항 | 득점 |
| --- | --- | --- | --- | --- |
| | 고장 부분 | 원인 내용 및 상태 | 정비 및 조치사항 | |
| 방향지시등 회로 | | | | |
| 경음기 회로 | 경음기 퓨즈(10A) | 퓨즈 단선 | 퓨즈 교환/재점검 | |
| 뒷유리 열선 회로 | 좌측 열선 커넥터 | 커넥터 탈거 | 커넥터 연결/재점검 | |

자동차 번호 : ／ 비번호 ／ 감독위원 확인

3. 주어진 자동차에서 감독위원의 지시에 따라 기록표의 요구사항을 점검 및 측정하여 기록하시오.

## 3. 점검 및 측정

### 3-1. CAN 통신 파형 측정

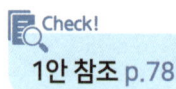

### 3-2. 전조등 광도, 광축 측정

3-2-1. 측정

    1) 측정하고자 하는 차량의 전조등을 확인한다. (2등식 또는 4등식)

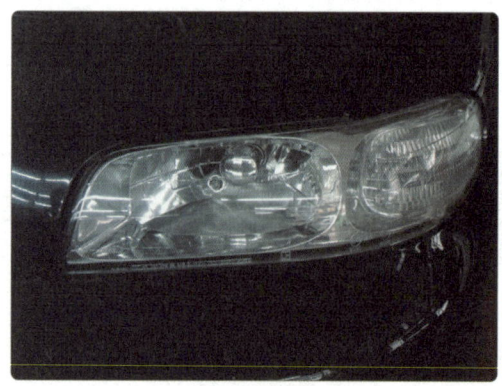 

〈2등식 전조등〉　　　　　　　　　　　〈4등식 전조등〉

2) 차량 전조등을 하향등으로 점등하여 감독위원 이 지정한 쪽의 전조등 중앙에 측정기를 위치 한다.
(예 우측 측정)

3) 화면의 측정 버튼을 터치한다.

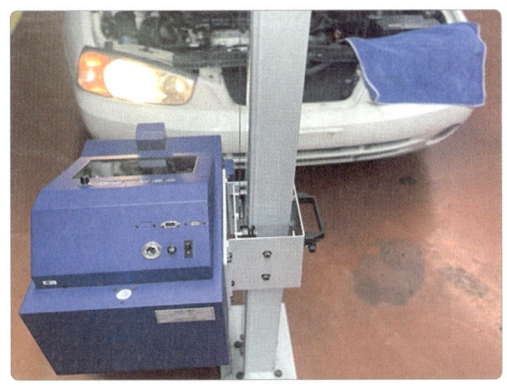
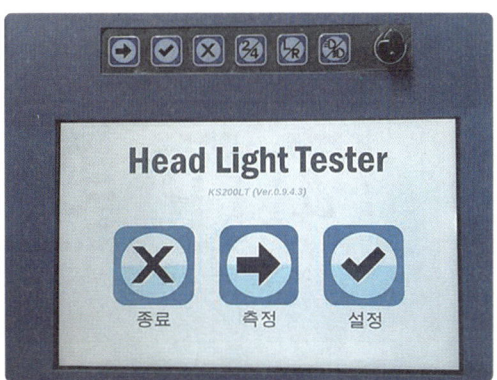

4) 2등식 아이콘을 터치하면 4등식으로 전환된다.

5) 좌 선행 L 아이콘을 터치하면 우 선행 R로 전환된다.

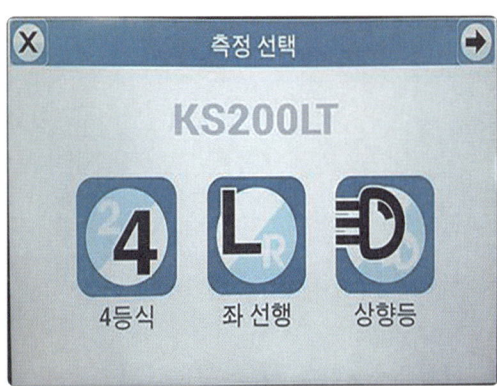
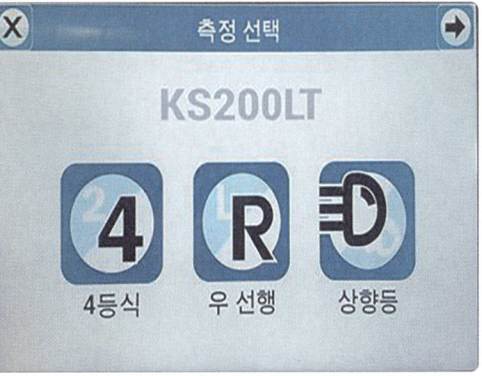

6) 상향등 아이콘을 터치하면 하향등으로 전환된다.

 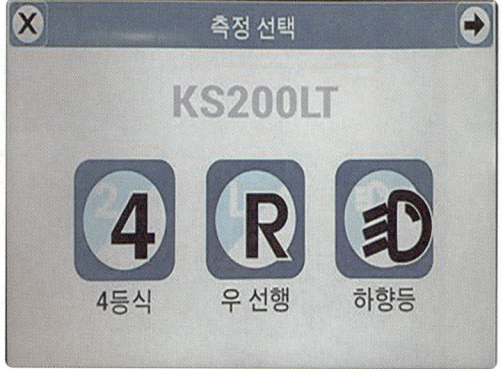

7) 오른쪽 상단에 화살표 아이콘을 터치한다.

8) 측정기를 상, 하, 좌, 우로 움직여서 전조등 흑점을 맞춘 후 오른쪽 상단에 화살표 아이콘을 터치한다.

 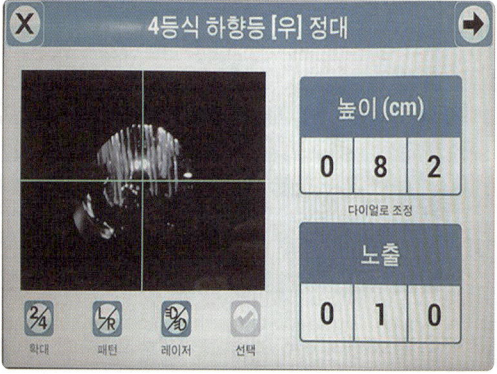

9) 상하(cm)아이콘을 터치하여 단위를 %로 전환한다.

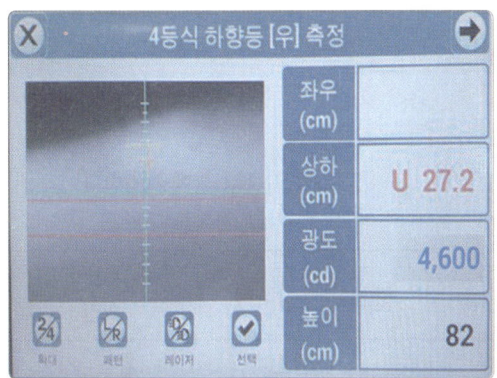 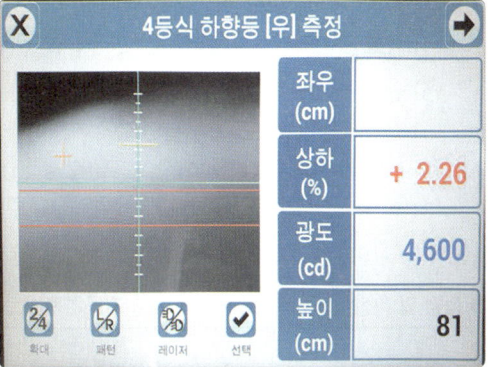

10) 측정값을 읽는다.(진폭 : +2.26%, 광도 : 4,600cd)

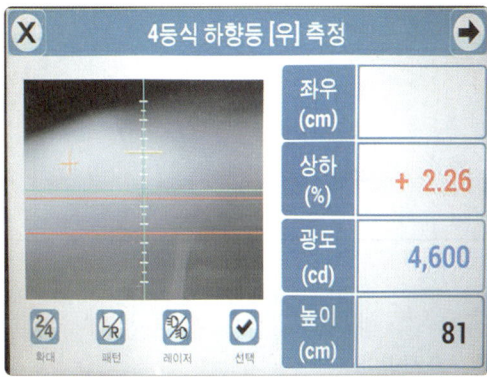

### 3-2-2. 답안지 작성

1) 전조등 구분 위치 우측에 ☑ 표시한다.
2) 설치높이가 81cm 이므로 ☑ ≤1.0m에 ☑ 표시한다.
3) 전조등 광도 측정값 4.600cd를 기입한다.
4) 진폭 측정값 +2.26%를 답안지에 기입한다.
5) 광도 기준값 3,000cd 이상, 진폭(82 ≤ 1.0m)기준값 -0.5~-2.5%를 기준값 칸에 기입한다.

### [전기 3 기록표]

2) 점검 및 측정    자동차 번호 :    비번호    감독위원 확인

| 위치 | 측정항목 | 측정(또는 점검) | | 판정 및 정비(또는 조치)사항 | | 득점 |
| --- | --- | --- | --- | --- | --- | --- |
| | | 측정값 | 기준값<br>(최소회전 반경) | 판정<br>(□에 'V'표) | 정비 및 조치사항 | |
| 전조등<br>(□에 'V'표)<br>□ 좌<br>☑ 우 | 광도 | 4,600cd | 3000cd 이상 | ☑ 양호<br>□ 불량 | 전조등 진폭 조정<br>스크루로 조정/재점검 | |
| 설치높이<br>☑ ≤1.0m<br>□ >1.0m | 진폭 | +2.26 % | -0.5 ~ -2.5 % | □ 양호<br>☑ 불량 | | |

### 3-2-3. 정비 및 조치사항

1) 진폭 측정값이 규정값 범위를 벗어남으로 불량에 ☑ 표시한다.
2) 정비 및 조치사항에 "전조등 진폭 조정 스크루로 조정/재점검"으로 기입한다.
3) 광도 불량 시 불량에 ☑ 표시 후 "전조등 전구 교환/재점검"으로 답안지를 작성한다.

### ☑ 참고

※ 전조등 광도 개정 규정값(하향등)
  가) 변환빔의 광도는 3000cd 이상일 것
  나) 변환빔의 진폭은 10m 위치에서 다음 수치 이내일 것
    설치 높이 ≤ 1.0m : -0.5 ~ -2.5%
    설치 높이 > 1.0m : -1.0 ~ -3.0%
  다) 컷오프선의 꺾임점(각)이 있는 경우 꺾임점의 연장선은 우측 상향일 것

# 자동차 정비 기/능/장

Master Craftsman Motor Vehicles Maintenance

## 06 안

**가. 엔진**
1. 타이밍벨트의 아이들(공전) 베어링과 고압 펌프 탈·부착 및 점검
2. 점검 및 측정
3. 시동 결함, 부조 점검

**나. 섀시**
1. 자동 변속기 분해 및 점검
2. 인히비터 스위치 탈·부착 및 점검

**다. 전기**
1. 라디에이터 팬 탈·부착 및 점검
2. 회로 점검
3. 점검 및 측정

# 06안 국가기술자격검정 실기시험문제

| 자격종목 | 자동차정비 기능장 | 작품명 | 자동차정비 작업 |

비 번호(등번호) :

※ 시험시간 : [표준시간 : 6시간 30분, 연장시간 없음]
　　　　　엔진 : 140분 ｜ 섀시 : 130분 ｜ 전기 : 120분

## 요구사항

**Engine　　가. 엔진**

1. 주어진 전자제어 디젤 엔진에서 감독위원의 지시에 따라 타이밍벨트의 아이들(공전) 베어링과 고압 펌프를 탈거하고 감독위원에게 확인 후 다시 조립(부착)하여 엔진 및 시동 관련회로를 점검한 후 시동 작업과 기록표의 요구사항을 점검 및 측정하고 기록표에 기록하시오.(단, 시동되지 않는 경우 2항은 작업할 수 없음.)

## 1. 타이밍벨트의 아이들(공전) 베어링과 고압 펌프 탈·부착 및 점검

### 1-1. 아이들 베어링 탈·부착

Check!
**1안 참조** p.2

### 1-2. 고압 펌프 탈·부착

Check!
**3안 참조** p.166

## 1-3. 엔진 점검 및 시동

**1안 참조** p.21

## 1-4. 연료 펌프 작동 전류, 공급 압력 측정

**2안 참조** p.104

2. 주어진 엔진에서 감독위원의 지시에 따라 기록표 요구사항을 점검 및 측정하여 기록하시오.

# 2. 점검 및 측정

## 2-1. 디젤 인젝터 전압, 전류 파형 측정

**3안 참조** p.190

## 2-2. 배기가스 측정(HC, CO, λ)

**1안 참조** p.39

3. 주어진 자동차에서 크랭킹은 가능하나 시동되지 않고, 시동된 후에도 부조가 발생한다. 고장 원인을 찾아 수리 후 기록표에 기록하시오.

## 3. 시동 결함, 부조 점검

### 3-1. 시동 결함 점검

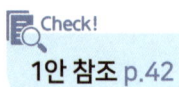

### 3-2. 부조 점검

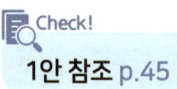

Master Craftsman Motor Vehicles Maintenance

## Chassis 나. 섀시

1. 주어진 자동차에서 감독위원의 지시에 따라 주어진 자동 변속기를 분해점검하여 감독위원에게 확인 후 다시 조립하고 기록표 요구사항을 점검 및 측정하여 기록하시오.

## 1. 자동 변속기 분해 및 점검

### 1-1. 자동 변속기 분해 및 조립

1) 오일팬을 탈거한다.

2) 오일필터 고정볼트를 탈거한다.

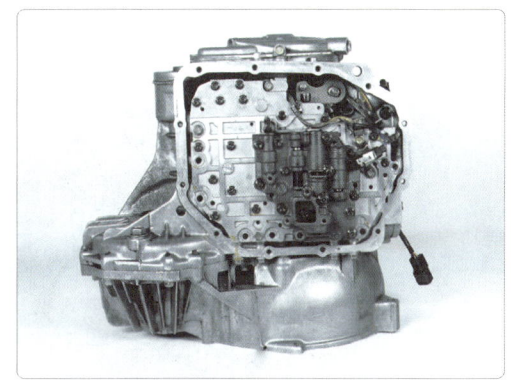

3) 오일필터를 탈거한다.

4) 유온센서 커넥터를 밸브바디 쪽으로 밀어낸다.

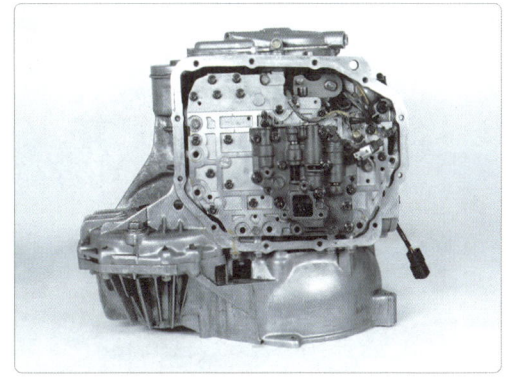

5) 유온센서를 탈거한다.

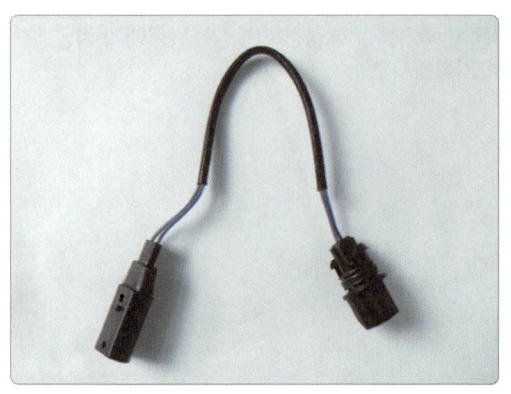

6) 밸브바디를 탈거 후 감독위원의 확인을 받는다.
(좌측부터 SCSV B, A, DCCSV, PCSV)

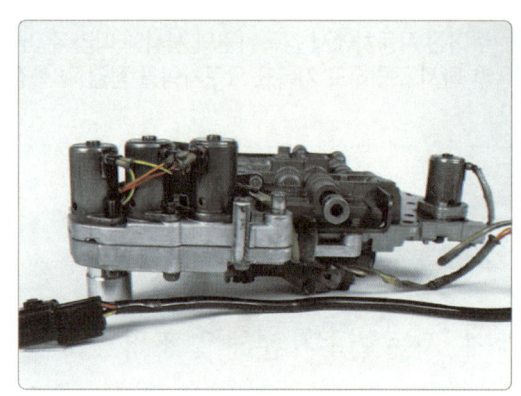

7) 밸브바디를 장착한다.

8) 유온센서 커넥터를 밸브바디 쪽으로 밀어 넣는다.

9) 오일필터를 장착한다.

10) 오일팬을 장착하고 감독위원에게 확인을 받는다.

## 1-2. 변속기 오일 온도 센서 저항 측정

1) 유온센서 양단에 멀티미터를 연결한다.
   (20kΩ 레인지)

2) 측정값을 기록한다.(7.93kΩ)

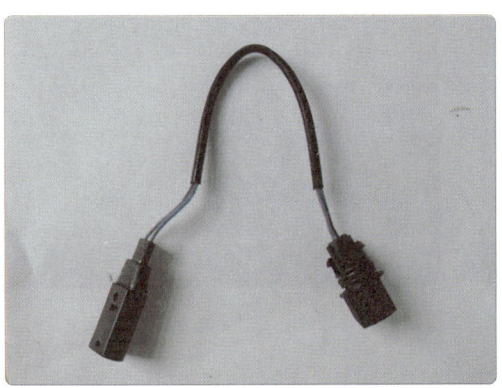

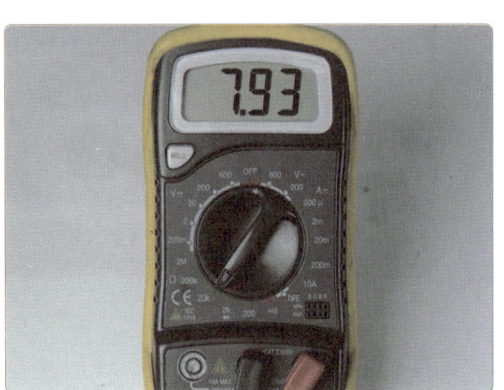

## 1-3. 인히비터 스위치 점검

1) 측정 레인지는 감독위원이 지정한다. (예 P → R)

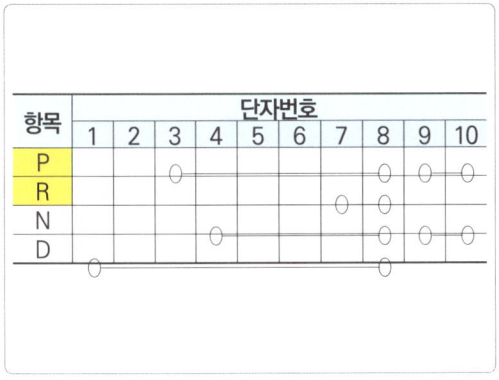

2) 변속레버를 "P"에 위치한다.

3) "P" 위치에서 3-8, 9-10이 통전되는지 확인한다. (통전)

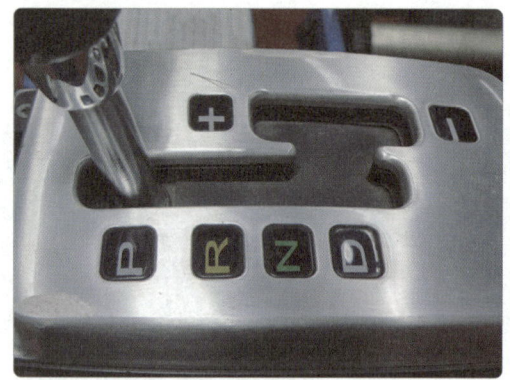

4) 변속레버를 "R"에 위치한다.

5) "R" 위치에서 7-8이 통전되는지 확인한다.(단선)

## 1-4. 답안지 작성

1) 오일 온도 센서 저항 측정값 7.93kΩ을 답안지에 기입한다.
2) 인히비터 P : 3-8, 9-10, R : 단선을 답안지에 기입한다.
3) 오일 온도 센서 저항 규정값 7.5~8.5kΩ을 답안지에 기입한다.
4) 인히비터 P : 3-8, 9-10, R : 7-8을 답안지에 기입한다.

## [섀시 1 기록표]

| 항목 | 측정(또는 점검) | | 판정 및 정비(또는 조치)사항 | | 득점 |
| --- | --- | --- | --- | --- | --- |
| | 측정값 | 규정(정비한계)값 | 판정 (□에'∨'표) | 정비 및 조치사항 | |
| 변속기 오일 온도 센서 저항 | 7.93kΩ | 7.5~8.5kΩ | □ 양호 ☑ 불량 | 인히비터 스위치 교환/재점검 | |
| 인히비터 스위치 점검 | 통전 단자 변속 : ( P )→( R ) | 통전 단자 변속 : ( P )→( R ) | | | |
| | P : 3-8, 9-10 R : 단선 | P : 3-8, 9-10 R : 7-8 | | | |

※ 단위가 누락되거나 틀린 경우는 오답으로 채점한다.(휠 얼라이먼트 시험기 사용 측정함)

## 1-5. 정비 및 조치사항

1) 오일 온도 센서는 측정값이 규정값 범위 내에 있으므로 양호에 ☑ 표시를 생략한다.
2) 인히비터 스위치 R : 7-8 단선이므로 불량에 ☑ 표시 후 정비 및 조치사항에 "인히비터 스위치 교환/재점검"으로 답안지를 작성한다.

2. 주어진 전자제어 자동 변속기 자동차에서 감독위원의 지시에 따라 인히비터 스위치를 탈거하고 감독위원에게 확인 후 다시 조립(부착)하여 작동 상태를 확인하고, 기록표의 요구사항을 점검 및 측정하여 기록하시오.

## 2. 인히비터 스위치 탈·부착 및 점검

### 2-1. 인히비터 스위치 탈·부착

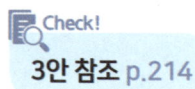

Check!
3안 참조 p.214

### 2-2. 레인지 변환 시(N→D) 솔레노이드 점검

#### 2-2-1. 파형 측정

1) 시험 차량의 솔레노이드 커넥터 위치를 확인한다.

2) 감독위원이 지정한 솔레노이드 밸브에 Hi-DS 1번 프로브를 연결한다.(예 UD)

3) 바탕화면에서 Hi-DS를 클릭한다.

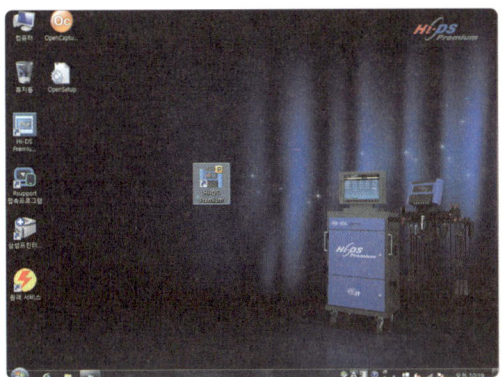

4) 로그인 취소를 클릭한다.

5) 경고 문구가 뜨면 확인을 클릭한다.

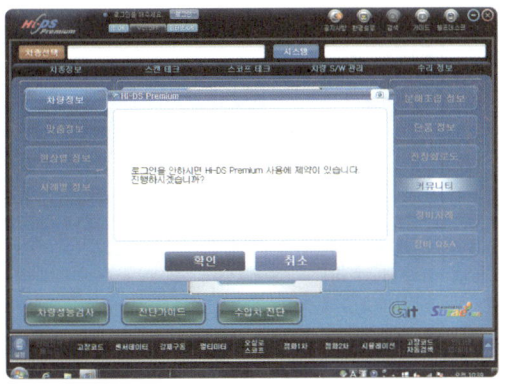

6) 차종 선택을 클릭한다.

7) 제작사, 차명, 연식, 엔진 형식을 입력 후 확인을 클릭한다.

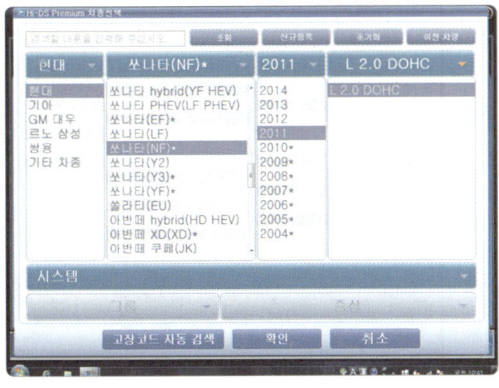

8) A/T 제어를 선택 후 확인을 클릭한다.

9) 오실로스코프를 클릭한다.

10) 화면 확대 후 전압 100V, 3ms로 설정한다.

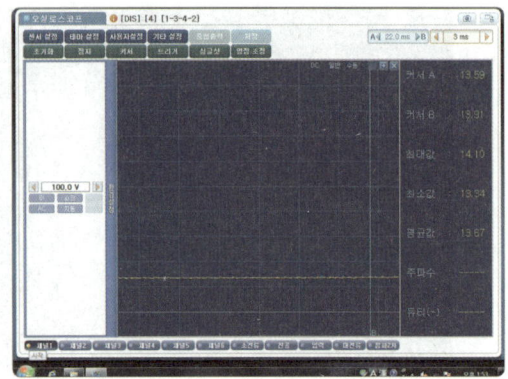

11) 변속 레버 "N"에서 엔진을 시동한다.

12) 30~40V라인에 트리거를 실행한다.

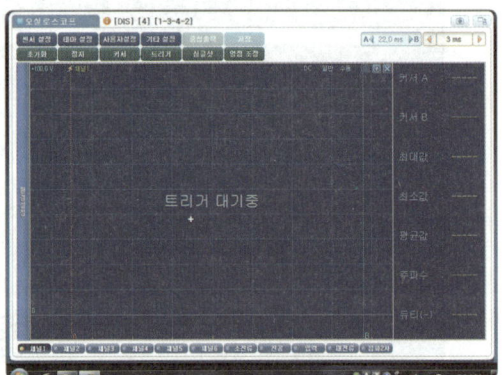

13) 변속기어를 "D" 위치로 이동한다.

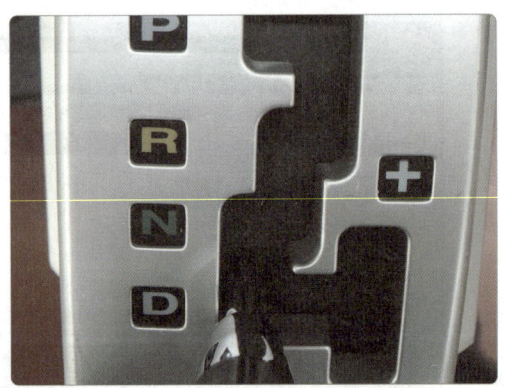

14) 파형이 측정된다.

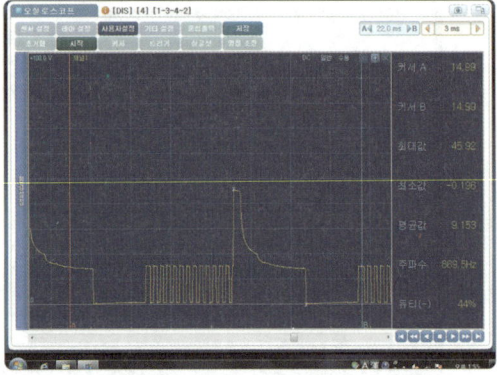

15) 지나간 파형을 저장한다.

16) 재생 버튼으로 측정된 파형을 불러온 후 A, B 커서를 파형 시작점과 끝점에 정렬한다.

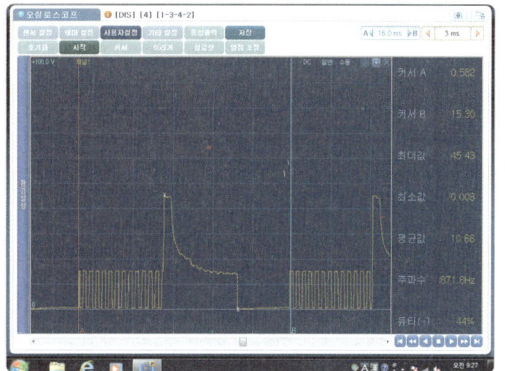

17) 파형 정지 후 카메라 아이콘을 클릭한다.

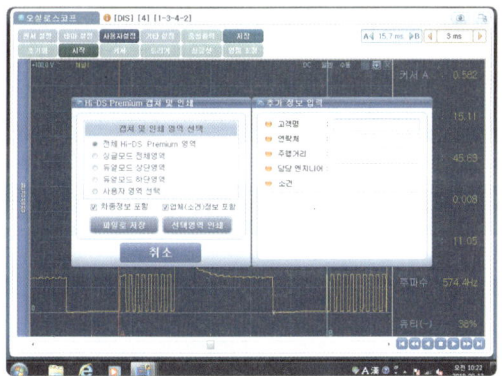

18) 확인을 클릭하여 파형을 출력한다.

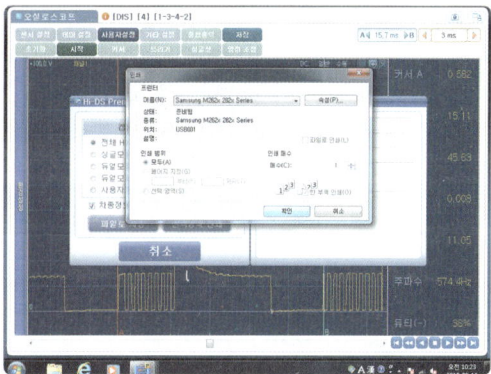

19) 주파수 871.6Hz, 전압 45.43V, 듀티 48%를 출력된 파형에 기입한다.

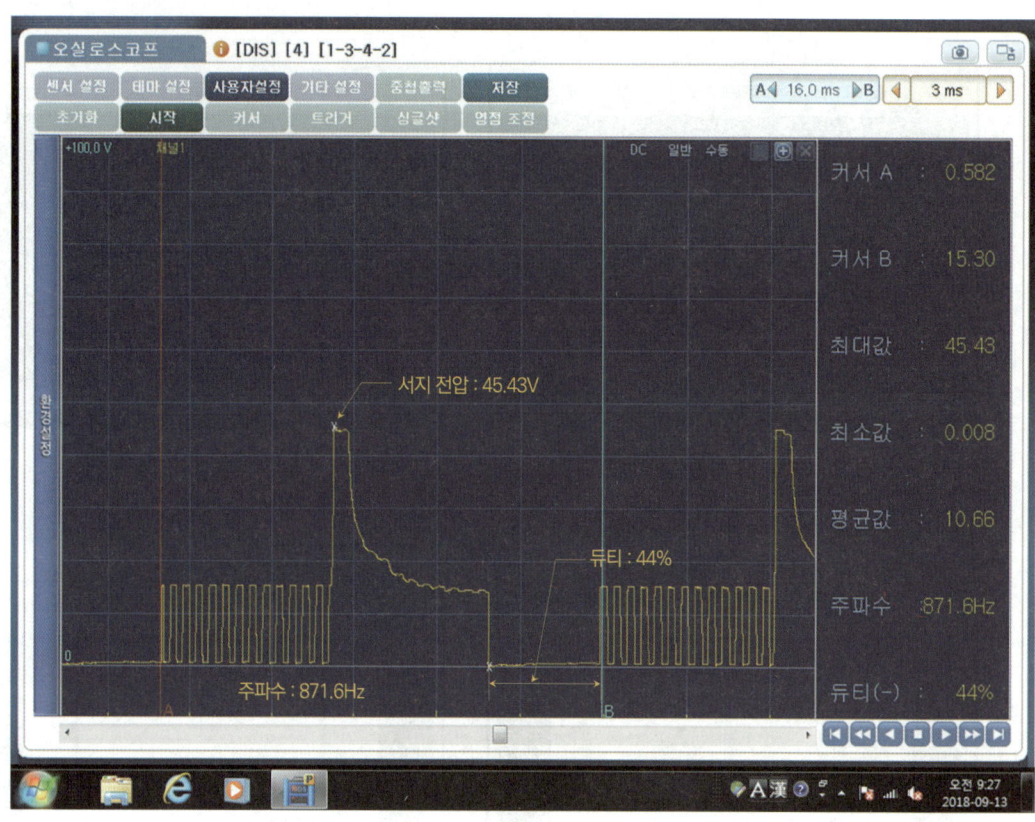

2-2-2. 답안지 작성

1) 주파수 871.6Hz, 서지 전압 45.43V, 듀티 44%를 답안지에 기록한다.
2) 프린트한 파형에 측정된 값과 답안지 기입값이 일치해야 한다.

### [섀시 2 기록표]

1) 파형        자동차 번호 :

| 비번호 | | 감독위원 확인 | |
|---|---|---|---|

| 항목 | 파형 분석 및 판정 ||| 득점 |
|---|---|---|---|---|
| | 분석항목 || 분석내용 | 판정 (□에 'V'표) | |
| 레인지 변환 시(N→D) 유압제어 솔레노이드 파형 | 주파수 | 871.6Hz | 분석내용은 출력물에 표시하시오. | ☑ 양호 □ 불량 | |
| | 전압 | 45.43V | | | |
| | 듀티 | 44% | | | |

### 2-2-3. 분석내용 및 판정

1) 측정값을 출력한 파형 위치에 맞게 기입해야 한다.
2) 기준값(예 주파수 800~900Hz, 전압 40~55V, 듀티 40~55%)를 참고한다.
3) 측정값이 기준값 범위 내에 있으므로 양호에 ☑ 표시한다.
4) 불량 시 불량에 ☑ 표시한다.

### 2-3. 작동 시 변속기 클러치 압력 점검

1) 변속 레버 "N"에서 엔진을 시동한다.

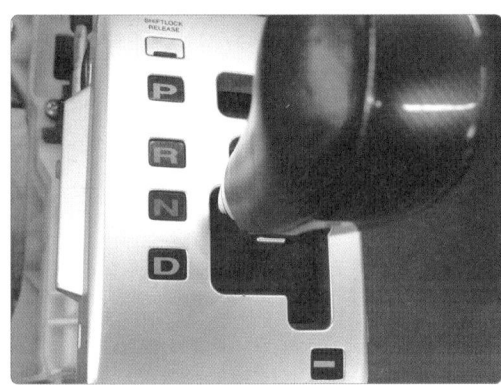

2) 변속 기어를 "D" 위치로 이동한다.

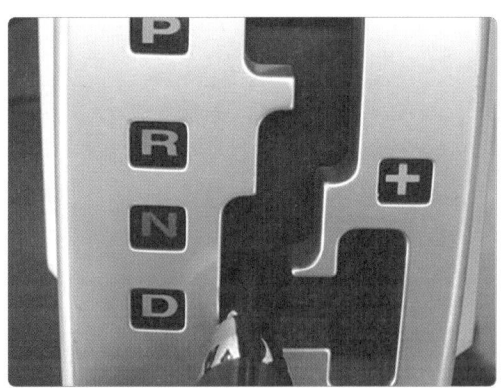

3) 감독위원이 지정한 부위의 압력을 측정한다.
   (예 UD 10kgf/cm²)

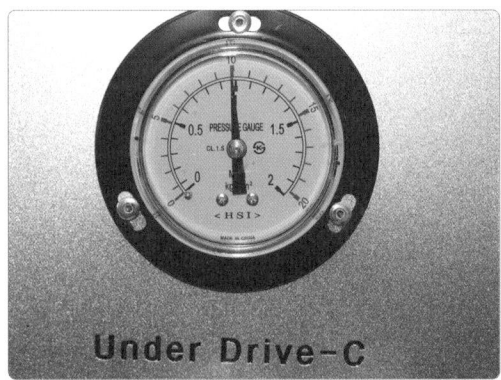

## 2-4. 변속기 시프트 솔레노이드 점검

1) 시험용 변속기의 솔레노이드 밸브 커넥터를 확인한다.

2) 회로도에서 감독위원이 지정한 솔레노이드 밸브 커넥터를 확인한다.(예 UD 솔레노이드)

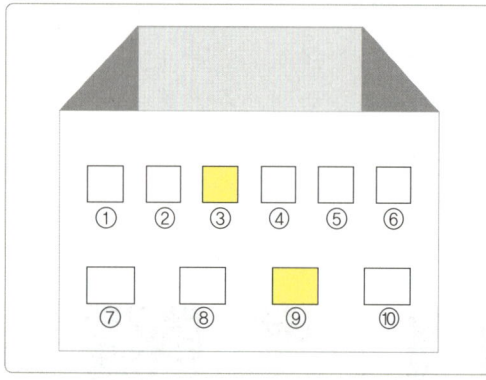

| PIN | 자동 변속기 커넥터(10 PIN) | 규정값 |
|---|---|---|
| 1 | 유온센서 전원 | 5.5~6.5kΩ |
| 2 | 유온센서 접지 | |
| 3 | 언더드라이브(UD) 솔레노이드 밸브 | 3~3.7Ω |
| 4 | 세컨드(2ND) 솔레노이드 밸브 | 3~3.7Ω |
| 5 | 오버드라이브(OD) 솔레노이드 밸브 | 3~3.7Ω |
| 6 | 로우 리버스(LR) 솔레노이드 밸브 | 3~3.7Ω |
| 7 | 댐퍼 클러치(DCCSV) 솔레노이드 밸브 | 3~3.7Ω |
| 8 | | |
| 9 | UD, OD, 2ND 접지 | |
| 10 | LR, DCCSV 접지 | |

3) 멀티미터로 UD 솔레노이드 밸브 저항을 측정한다. (3.4 Ω)

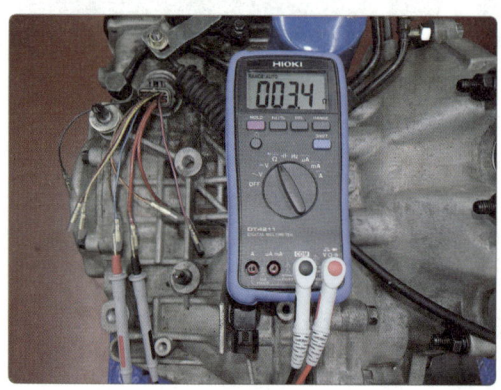

## 2-5. 답안지 작성

1) UD 클러치 작동 시 압력 10kgf/cm² 을 답안지에 기입한다.
2) 기준값(예 9~11kgf/cm²을 답안지에 기입한다.
3) 솔레노이드 밸브 저항 3.4Ω을 답안지에 기입한다.
4) 기준값(예 3~3.7Ω)을 답안지에 기입한다.

### [섀시 2 기록표]

2) 점검 및 측정    자동차 번호 :    비번호 :    감독위원 확인 :

| 항목 | 측정(또는 점검) | | 판정 및 정비(또는 조치)사항 | | 득점 |
| --- | --- | --- | --- | --- | --- |
| | 측정값 | 규정(정비한계)값 | 판정 (□에 'V'표) | 정비 및 조치사항 | |
| 작동 시 변속기 클러치 압력 (감독위원이 지정) | 10kgf/cm² | 9~11kgf/cm² | ☑ 양호<br>□ 불량 | 없음 | |
| 변속기 시프트 솔레노이드 저항 | 3.4Ω | 3~3.7Ω | ☑ 양호<br>□ 불량 | 없음 | |

## 2-6. 정비 및 조치사항

1) 측정값이 기준값 범위 내에 있으므로 양호에 ☑ 표시 후 정비 및 조치사항에 "없음"으로 답안지를 작성한다.
2) 유압 불량 시 불량에 ☑ 표시 후 정비 및 조치사항에 "UD 솔레노이드 밸브 교환/재점검"으로 답안지를 작성한다.
3) 저항 불량 시 불량에 ☑ 표시 후 정비 및 조치사항에 "UD 솔레노이드 밸브 교환/재점검"으로 답안지를 작성한다.

## Electric 다. 전기

1. 감독위원의 지시에 따라 자동차에서 라디에이터 팬을 탈거하고 감독위원에게 확인 후 다시 조립(부착)하여 작동 상태를 확인하고, 기록표의 요구사항을 점검 및 측정하고 기록표에 기록하시오.

## 1. 라디에이터 팬 탈·부착 및 점검

### 1-1. 라디에이터 팬 탈·부착

1) 시험 차량의 전동팬을 확인한다.

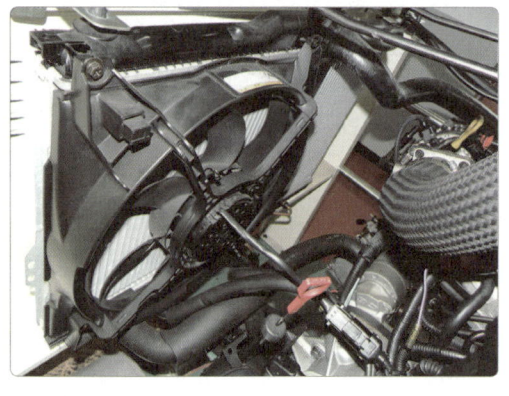

2) 전동팬 커넥터를 탈거한다.

3) 전동팬 고정볼트를 탈거한다.

4) 전동팬을 탈거한다.

5) 탈거한 전동팬을 감독위원에게 확인받는다.

6) 전동팬을 장착하고 고정볼트를 체결한다.

7) 전동팬 커넥터를 연결한 후 감독위원에게 확인을 받는다.

## 1-2. 라디에이터 팬 모터 전압, 전류 측정

### 1-2-1. 측정

1) 메인 퓨즈 박스에서 콘덴서팬2 릴레이 위치를 확인한다.

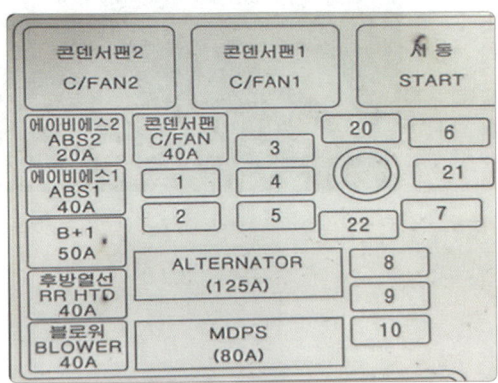

2) 콘덴서팬2 릴레이를 탈거한다.

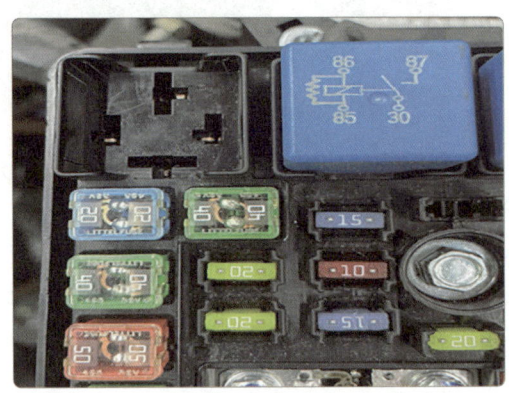

3) 30 -87번 핀에 점퍼선을 연결후 작동 전압을 측정한다.(11.40V)

4) 30 -87번 핀에 점퍼선을 연결후 작동 전류을 측정한다.(13.4A)

## 1-2-2. 답안지 작성

1) 전압 측정값 11.40V를 답안지에 기입한다.
2) 전압 기준값 : 10.5~15.5V를 기입한다.
3) 전류 측정값 13.4A를 답안지에 기입한다.
4) 전류 규정값 11~15A를 기입한다.

### [전기 1 기록표]

| 자동차 번호 : | | | | 비번호 | | 감독위원 확인 | |
|---|---|---|---|---|---|---|---|
| 위치 | 측정항목 | 측정(또는 점검) | | 판정 및 정비(또는 조치)사항 | | | 득점 |
| | | 측정값 | 규정(정비한계)값 | 판정 (□에 'V'표) | 정비 및 조치사항 | | |
| 라디에이터 팬 모터 (구동시) | 전압 | 11.40V | 10.5~15.5V | ☑ 양호<br>□ 불량 | 없음 | | |
| | 전류 | 13.4A | 11~15A | | | | |

※ 감독 위원의 지시에 따라 점검하고 단위가 누락되거나 틀린 경우는 오답으로 채점합니다.

## 1-2-3. 정비 및 조치사항

1) 측정값이 기준값 범위 내에 있으므로 양호에 ☑ 표시 후 정비 및 조치사항에 "없음"으로 답안지를 작성한다.
2) 전압 불량 시 불량에 ☑ 표시 후 정비 및 조치사항에 "팬 모터 교환/재점검"으로 답안지를 작성한다.
3) 전류 불량 시 불량에 ☑ 표시 후 정비 및 조치사항에 "팬 모터 교환/재점검"으로 답안지를 작성한다.

2. 주어진 자동차에서 정비지침서의 회로도를 이용하여 기록표에서 요구하는 회로를 점검하고, 이상이 있으면 이상 내용을 기록표에 기록한 후 정비하시오.

## 2. 회로 점검

### 2-1. 에어컨 및 공조 회로 점검

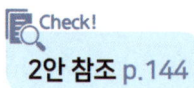
Check!
2안 참조 p.144

### 2-2. 사이드미러 회로 점검

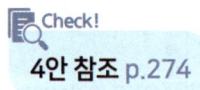
Check!
4안 참조 p.274

### 2-3. 방향지시등 회로 점검

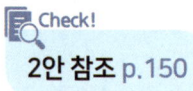
Check!
2안 참조 p.150

3. 주어진 자동차에서 감독위원의 지시에 따라 기록표의 요구사항을 점검 및 측정하여 기록하시오.

## 3. 점검 및 측정

### 3-1. LIN 통신 파형 측정

3-1-1. 파형 측정

1) 시험 차량의 배터리 ⊖ 터미널에 장착된 배터리 센서를 확인한다.

2) Hi-DS 전원공급 케이블을 연결한다.

3) Hi-DS 1번 프로브를 배터리 센서에 연결한다.

4) 바탕화면에서 Hi-DS를 클릭한다.

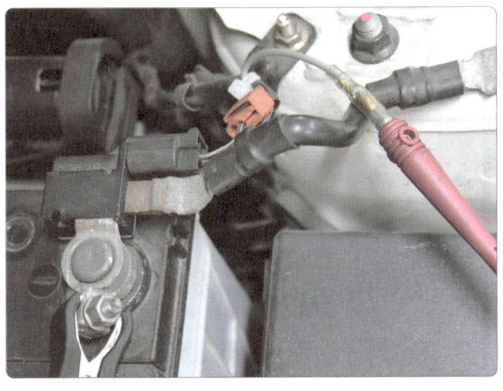

5) 로그인 취소를 클릭한다.

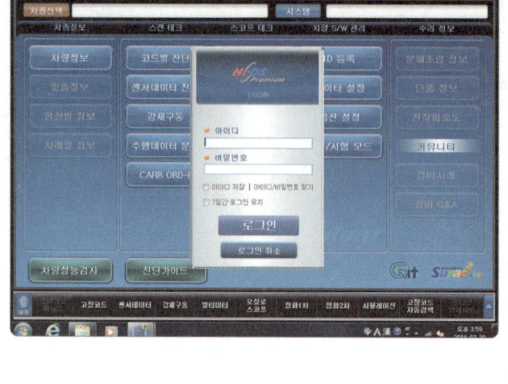

6) 경고 문구가 뜨면 확인을 클릭한다.

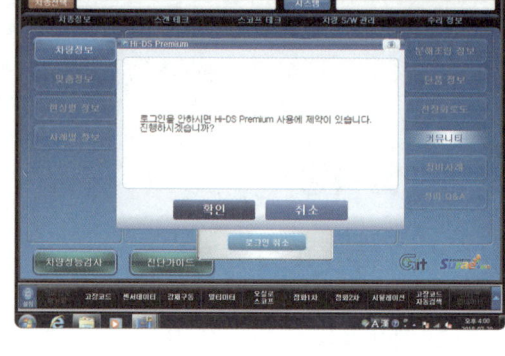

7) 오실로스코프를 클릭한다.

8) 제작사, 차명, 연식, 엔진 형식을 입력 후 확인을 클릭한다.

9) 엔진제어 선택 후 확인을 클릭한다.

10) 1번 채널을 활성화한다.

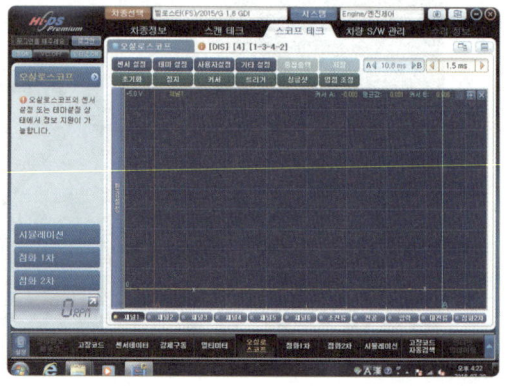

11) 설정에서 전압 60V, 1ms로 설정한다.

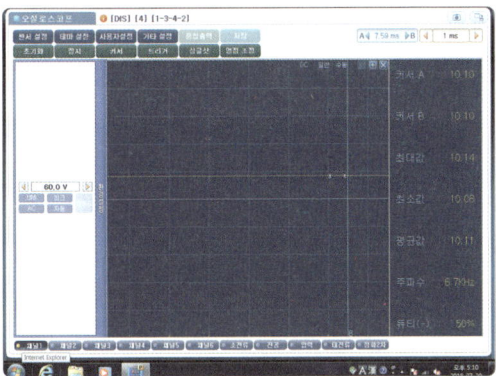

12) 시험 차량을 시동 후 트리거를 실행한다.

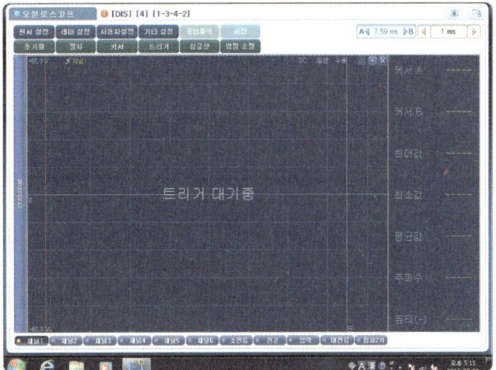

13) 파형이 출력되면 정지한다.

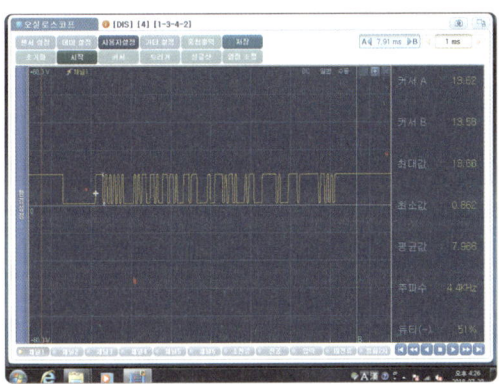

14) 카메라 아이콘을 클릭한다.

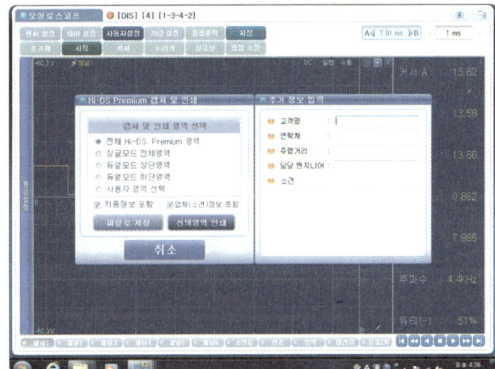

15) 선택영역 인쇄 확인을 클릭한다.

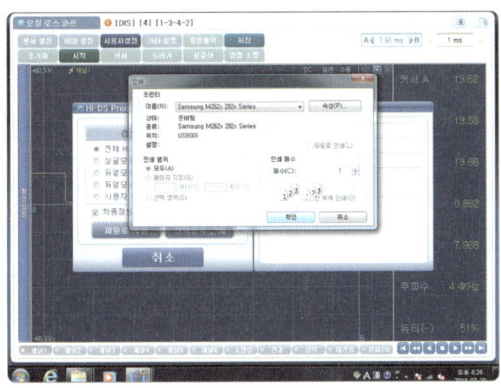

16) 주파수 4.4kHz, 전압 0.862V, 듀티 51%를 출력된 파형에 기입한다.

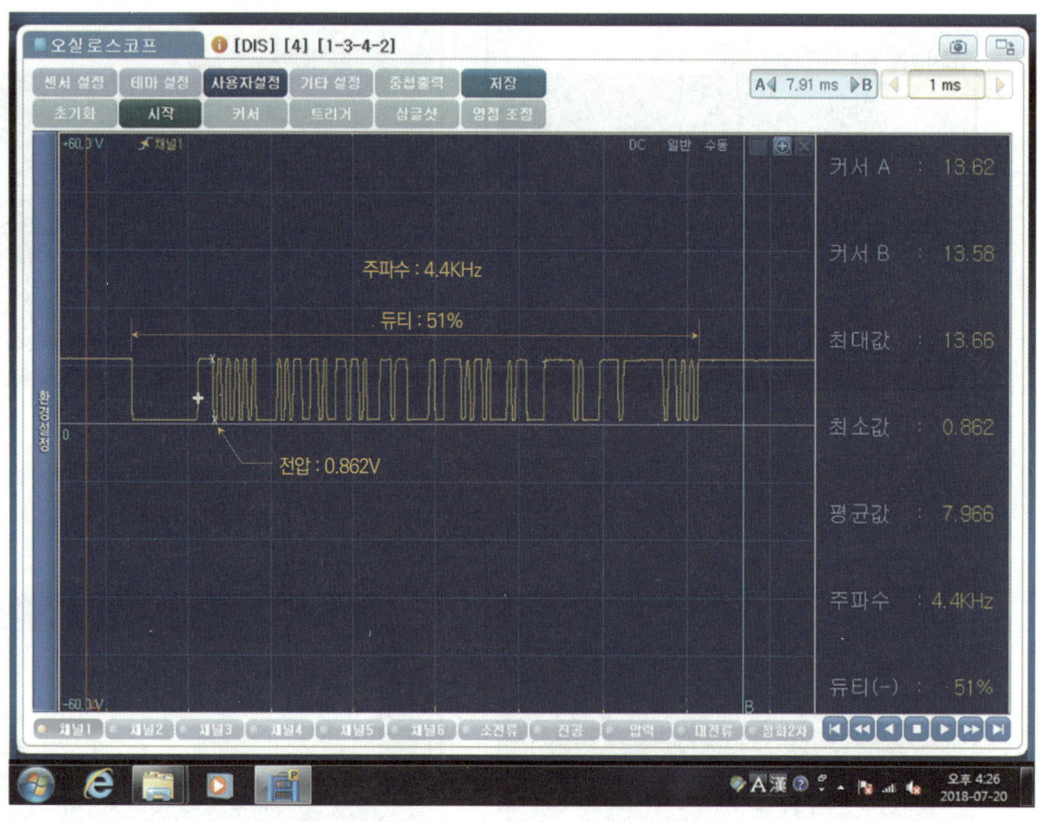

### 3-1-2. 답안지 작성

1) 작동 시 전압 0.862V, 듀티 51%, 주파수 4.4 KHz를 답안지에 기입한다.
2) 기준값(예) 작동 시 전압 0~1.5V, 듀티 45~55%, 주파수 4~5KHz)을 참고한다.
3) 파형에 표기한 측정값과 답안지 값이 일치해야 한다.
4) 전압은 입력 전압 13.66V, 작동 시 0.862V이므로 감독위원에게 질의한다.

### [전기 3 기록표]

1) 파형    자동차 번호 :    비번호    감독위원 확인

| 항목 | 파형 분석 및 판정 ||| 득점 |
| --- | --- | --- | --- | --- |
| | 분석항목 || 분석내용 | 판정 (□에 'V' 표) |
| LIN 통신 파형 측정 | 전압 | 0.862V | 분석내용은 출력물에 표시하시오. | ☑ 양호<br>□ 불량 |
| | 듀티 | 51% | | |
| | 주파수 | 4.4 KHz | | |

3-1-3. 정비 및 조치사항

　　1) 측정값이 기준값 범위 내에 있으므로 양호에 ☑ 표시한다.
　　2) 측정값이 기준값 범위를 벗어나면 불량에 ☑ 표시한다.

## 3-2. 전조등 광도, 광측 측정

**5안 참조** p.312

# Memo

# 자동차 정비 기/능/장

Master Craftsman Motor Vehicles Maintenance

## 07 안

**가. 엔진**
1. 흡기 캠축과 오일 펌프 탈·부착 및 점검
2. 점검 및 측정
3. 시동 결함, 부조 점검

**나. 섀시**
1. 허브베어링(전륜 또는 후륜) 탈·부착 및 점검
2. 등속 조인트 부트 탈·부착 및 측정

**다. 전기**
1. 파워윈도우 레귤레이터 탈·부착 및 점검
2. 회로 점검
3. 점검 및 측정

# 07안 국가기술자격검정 실기시험문제

| 자격종목 | 자동차정비 기능장 | 작품명 | 자동차정비 작업 |

비 번호(등번호) :

※ 시험시간 : [표준시간 : 6시간 30분, 연장시간 없음]
　　　　　　엔진 : 140분　|　섀시 : 130분　|　전기 : 120분

## 요구사항

### Engine　가. 엔진

1. 주어진 전자제어 엔진에서 감독위원의 지시에 따라 흡기 캠축과 오일 펌프를 탈거하고 감독위원에게 확인 후 다시 조립(부착)하여 엔진 및 시동 관련회로를 점검한 후 시동 작업과 기록표의 요구사항을 점검 및 측정하고 기록표에 기록하시오.(단, 시동되지 않는 경우 2항은 작업할 수 없음.)

## 1. 흡기 캠축과 오일 펌프 탈·부착 및 점검

### 1-1. 엔진 분해 및 조립

**1안 참조** p.2

### 1-2. 엔진 점검 및 시동

**1안 참조** p.21

## 1-3. 오일 압력 S/W 점검

### 1-3-1. 오일 압력 S/W 전압 측정

1) 시험 차량의 오일 압력 S/W 커넥터를 확인한다.

2) 오일 압력 S/W 커넥터에 전압계를 설치한다.

3) 시동 키를 ON 후 오일 경고등 점등을 확인한다.

4) 시동 전 전압을 측정한다.(0.1V)

5) 엔진 시동 후 경고등 소등을 확인한다.

6) 시동 후 전압을 측정한다.(12.6V)

7) 오일 압력을 측정한다.(1.8kgf/cm²)

1-3-2. 답안지 작성

1) 시동 전 측정값 0.1V를 답안지에 기입한다.
2) 시동 후 측정값 12.6V를 답안지에 기입한다.
3) 기준값(예 시동 전 0~1.5V, 시동 후 10.5~15.5V)을 답안지에 기입한다.
4) 오일 압력 1.8kgf/cm²를 답안지에 기입한다.
5) 기준값(예 1.2~2.8kgf/cm²)을 답안지에 기입한다.

### [엔진 1 기록표]

| | 자동차 번호 : | | 비번호 | | 감독위원 확인 | |
|---|---|---|---|---|---|---|
| 항목 | 측정(또는 점검) | | 판정 및 정비(또는 조치)사항 | | | 득점 |
| | 측정값 | 규정(정비한계)값 | 판정 (□에 'V'표) | 정비 및 조치사항 | | |
| 오일 압력 | 1.8kgf/cm² | 1.2~2.8kgf/cm² | ☑ 양호<br>□ 불량 | 없음 | | |
| 오일 압력 S/W 전압 | 시동 전 0.1V | 0~1.5V | ☑ 양호<br>□ 불량 | 없음 | | |
| | 시동 후 12.6V | 10.5~15.5V | | | | |

1-3-3. 정비 및 조치사항

1) 오일 압력 측정값이 규정값 범위 내에 있으므로 양호에 ☑ 표시 후 정비 및 조치사항 "없음"으로 기입한다.
2) 오일 압력 불량 시 정비 및 조치사항에 "오일 펌프 교환/재점검"으로 답안지를 작성한다.
3) 전압 측정값이 규정값 범위 내에 있으므로 양호에 ☑ 표시 후 정비 및 조치사항에 "없음"으로 기입한다.
4) 전압 불량 시 정비 및 조치사항에 "오일S/W 교환/재점검" 으로 답안지를 작성한다.

2. 주어진 엔진에서 감독위원의 지시에 따라 기록표 요구사항을 점검 및 측정하여 기록하시오.

## 2. 점검 및 측정

### 2-1. 노크 센서 파형 측정

#### 2-1-1. 측정

1) 시험 차량의 노크 센서 위치를 확인한다.

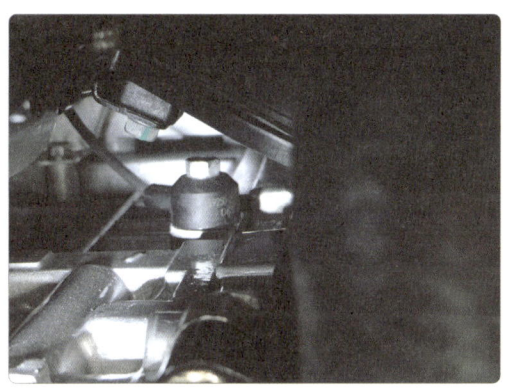

2) Hi-DS 1번 프로브를 노크 센서에 연결한다.

3) 바탕화면에서 Hi-DS를 클릭한다.

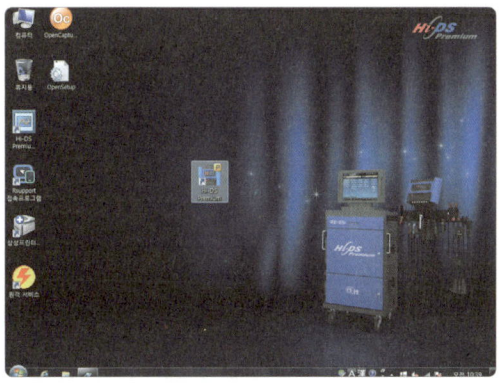

4) 로그인 취소를 클릭한다.

5) 경고 문구가 뜨면 확인을 클릭한다.

6) 차종 선택을 클릭한다.

7) 제작사, 차명, 연식, 엔진 형식을 입력 후 확인을 클릭한다.

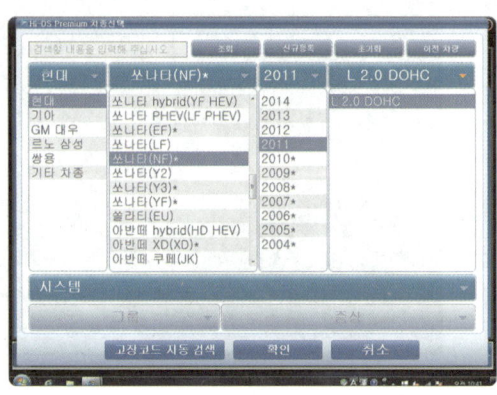

8) 엔진제어 선택 후 확인을 클릭한다.

9) 오실로스코프를 클릭한다.

10) 창을 확장 후 전압 0.3V, 1.5s로 설정한다.

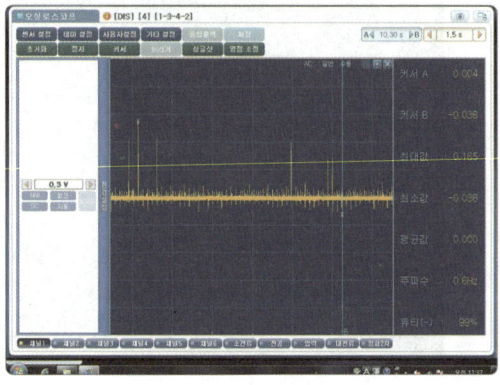

11) 엔진을 급가속 후 파형을 정지한다.

12) 카메라 아이콘을 클릭한다.

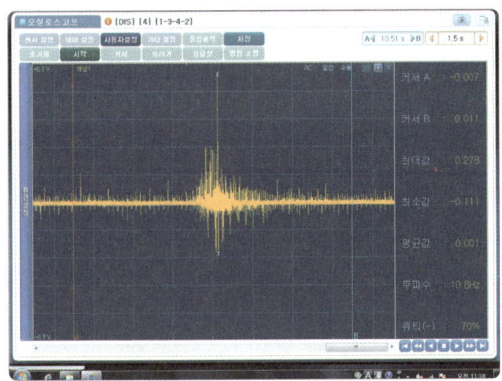
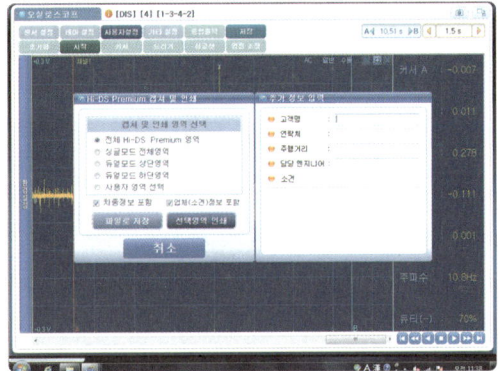

13) 선택 영역 인쇄 확인을 클릭한다.

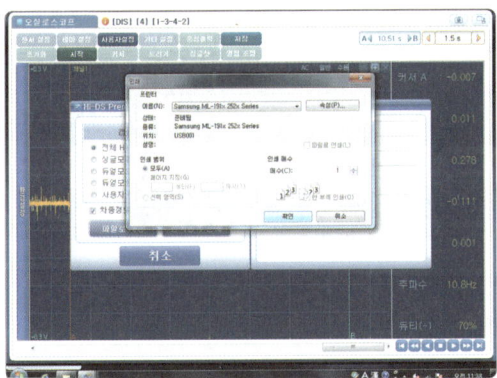

14) 주파수 : 10.8Hz, 출력 전압 : 0.278V를 출력된 파형에 기입한다.

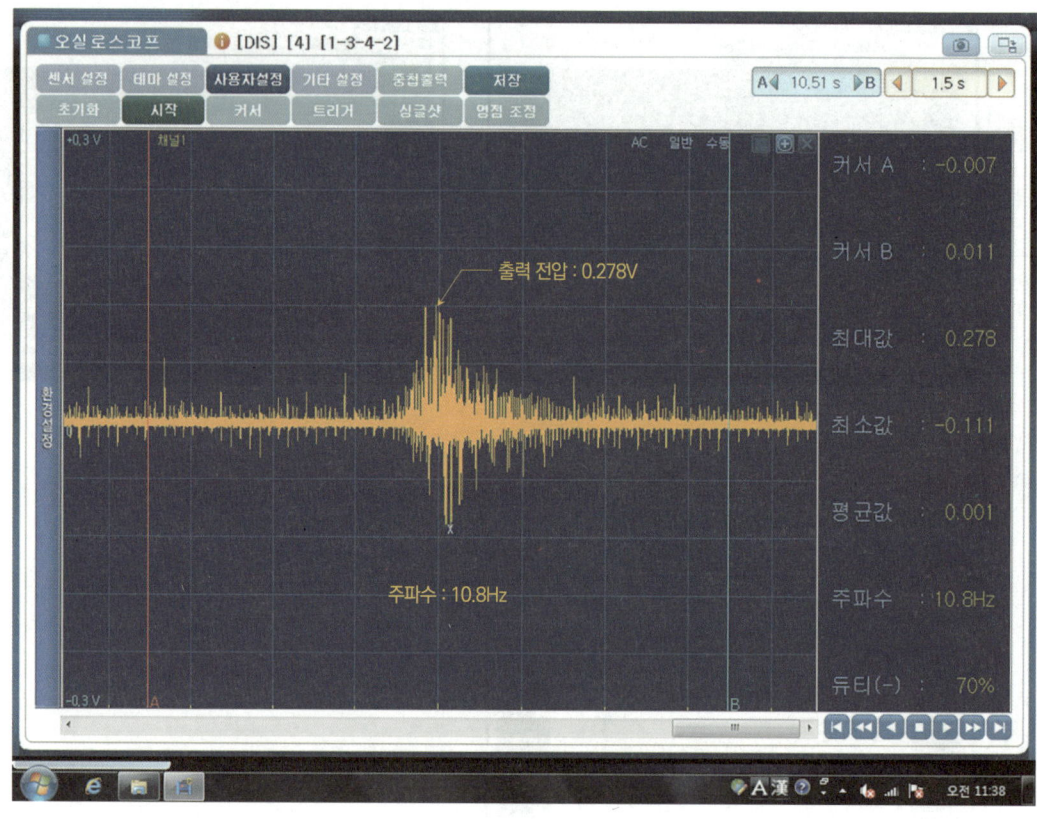

2-1-2. 답안지 작성

1) 출력 전압 0.278V, 주파수 10.8Hz를 답안지에 기입한다.
2) 규정값(예 전압 0.1~0.35V, 주파수 9.5~12.5Hz)을 참고하여 양호에 ☑ 표시한다.

[엔진 2 기록표]

1) 파형        자동차 번호 :

| 비번호 | | 감독위원 확인 | |
|---|---|---|---|

| 항목 | 파형 분석 및 판정 ||| 득점 |
| | 분석항목 | 분석내용 | 판정 (□에 'V' 표) | |
|---|---|---|---|---|
| 노크 센서 | 출력 전압 | 0.278V | 분석내용은 출력물에 표시하시오. | ☑ 양호 □ 불량 | |
| | 주파수 | 10.8Hz | | | |

※ 주의사항 : 분석 항목 및 내용은 출력물에 표기하며 관련 사항은 감독위원의 지시를 따른다.

2-1-3. 분석내용 및 판정

　　1) 출력한 파형에 측정값을 기입한다.
　　2) 판정이 불량 시 불량에 ☑ 표시한다.
　　3) 출력 파형 값과 답안지 값이 일치해야 한다.

## 2-2. 배기가스 측정(CO, HC, λ)

**1안 참조** p.39

3. 주어진 자동차에서 크랭킹은 가능하나 시동되지 않고, 시동된 후에도 부조가 발생한다. 고장 원인을 찾아 수리 후 기록표에 기록하시오.

# 3. 시동 결함, 부조 점검

## 3-1. 시동 결함 점검

**1안 참조** p.42

## 3-2. 부조 점검

**1안 참조** p.45

> Chassis　나. 섀시
>
> 1. 주어진 자동차에서 감독위원의 지시에 따라 전륜(또는 후륜)의 한쪽 허브베어링을 탈거, 교환하고 감독위원에게 확인 후 다시 조립(부착)하여 작동 상태를 확인하고, 기록표의 요구사항을 점검 및 측정하여 기록하시오.

## 1. 허브베어링(전륜 또는 후륜) 탈·부착 및 점검

### 1-1. 허브베어링 탈·부착

1) 타이어를 탈거한다.

2) 브레이크 드럼을 탈거한다.

3) 허브베어링 캡을 탈거한다.

4) 허브너트를 탈거한다.

5) 허브를 탈거한다.

6) 탈거한 허브베어링 어셈블리를 감독위원에게 확인받는다.

7) 허브를 장착한다.

8) 허브너트를 체결한다.

9) 허브베어링 캡을 장착한다.

10) 브레이크 드럼 장착 후 감독위원의 확인을 받는다.

## 1-2. 사이드슬립 양 측정

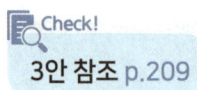
3안 참조 p.209

## 1-3. 타이어 점검

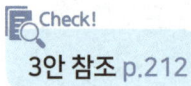
3안 참조 p.212

---

2. 주어진 자동차에서 감독위원의 지시에 따라 등속 조인트를 탈거하여 부트를 교환한 다음 감독위원에게 확인 후 다시 조립(부착)하여 작동 상태를 점검한 후 기록표의 요구사항을 점검 및 측정하여 기록하시오.

## 2. 등속 조인트 부트 탈·부착 및 측정

### 2-1. 등속 조인트 부트 탈·부착

1) 허브 고정너트를 탈거한다.

2) 쇽업소버 고정볼트를 탈거한다.

3) 허브를 기울여서 CV 조인트를 탈거한다.

4) CV 조인트 아래에 폐오일 통을 준비하고 변속기 결합 부분에 레버를 삽입하여 탈거한다.

5) CV 조인트 부트는 변속기 쪽을 분해한다.

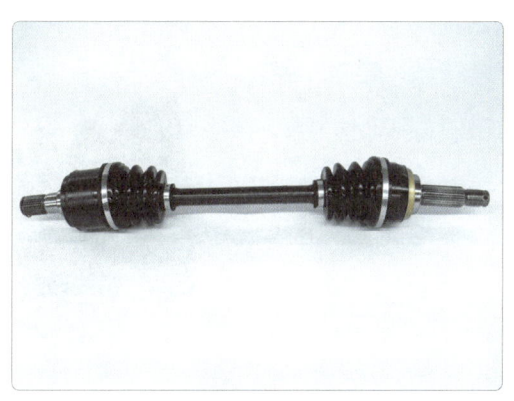

6) ⊖ 드라이버를 이용하여 부트 고정밴드를 탈거한다.

7) 부트 고정밴드를 탈거 후 부트를 뒤로 이동한다.

8) ⊖ 드라이버를 이용하여 서클립을 탈거한다.(절단된 부분)

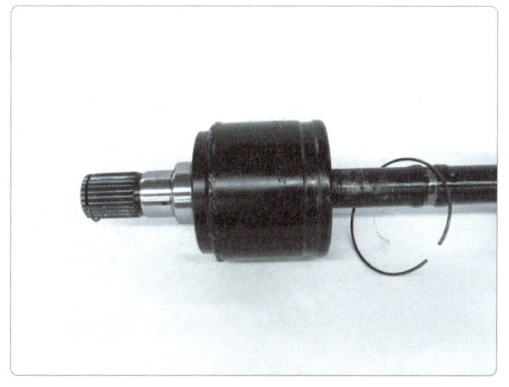

9) 외측 레이스를 탈거한다.

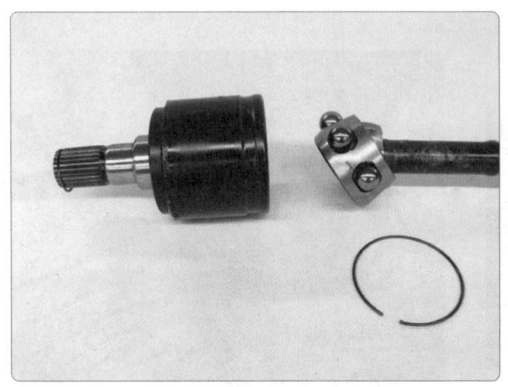

10) 스냅링을 탈거한다.

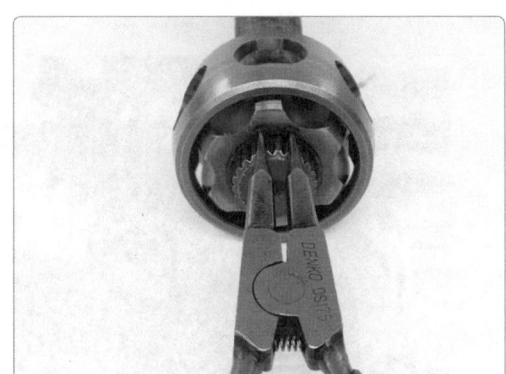

11) 분해된 부품을 정렬하고 감독위원에게 확인을 받는다.

12) 샤프트에 부트를 장착한다.

13) 외측 베어링 레이스를 장착한다.

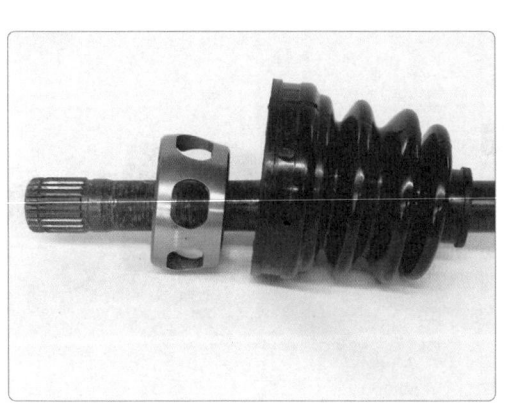

14) 내측 레이스를 장착하고 스냅링을 조립한다.

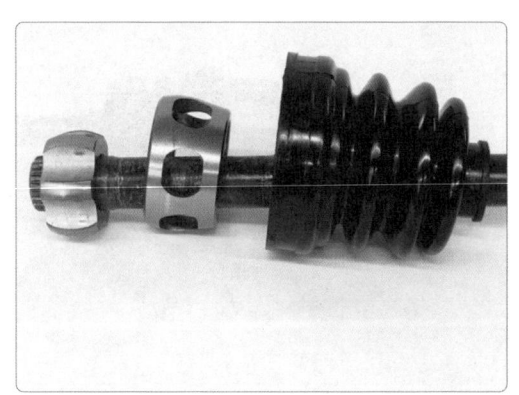

15) 볼을 장착하고 조립한다.

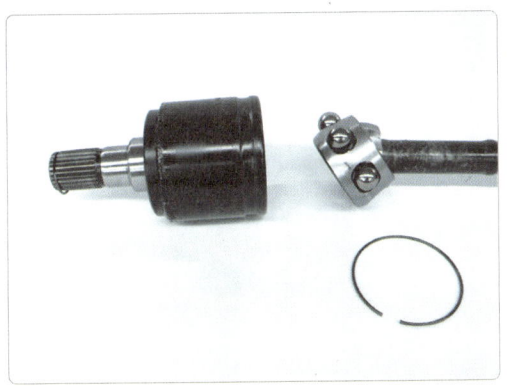

16) 서클립을 장착하고 그리스를 도포한다.

17) 부트를 밀어 넣고 밴드를 장착한다.

18) 조립한 CV 조인트를 변속기에 삽입한다.

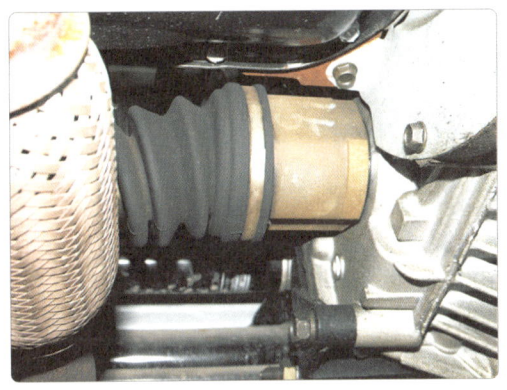

19) 허브를 기울여 CV 조인트를 장착하고, 고정너트를 체결한다.

20) 쇽업소버 고정너트를 체결하고 감독위원에게 확인을 받는다.

## 2-2. ABS 휠 스피드 센서 파형 측정

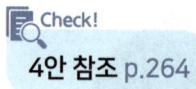
4안 참조 p.264

## 2-3. 브레이크 디스크 런아웃, 에어 갭 측정

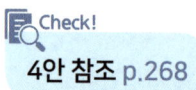
4안 참조 p.268

Master Craftsman Motor Vehicles Maintenance

### Electric   다. 전기

1. 감독위원의 지시에 따라 자동차에서 파워윈도우 레귤레이터를 탈거하고 감독위원에게 확인 후 다시 조립(부착)하여 작동 상태를 확인하고, 기록표의 요구사항을 점검 및 측정하고 기록표에 기록하시오.

## 1. 파워윈도우 레귤레이터 탈·부착 및 점검

### 1-1. 파워윈도우 레귤레이터 탈·부착

1) 도어 트림을 탈거한다.

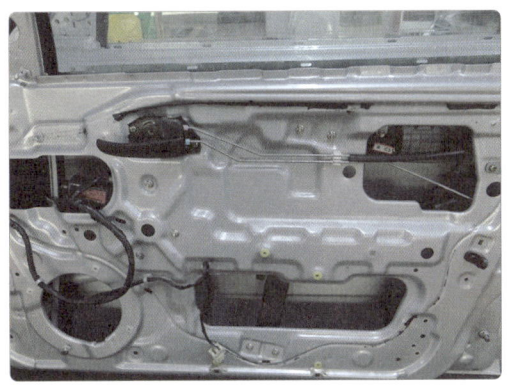

2) IG 1 상태에서 윈도우 고정 브라켓이 보일 때까지 창문을 내려서 고정한다.

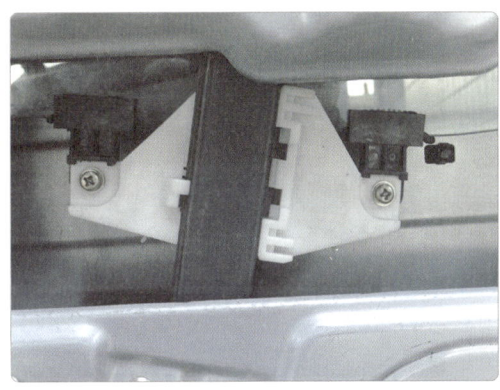

3) 윈도우 고정볼트를 탈거한다.

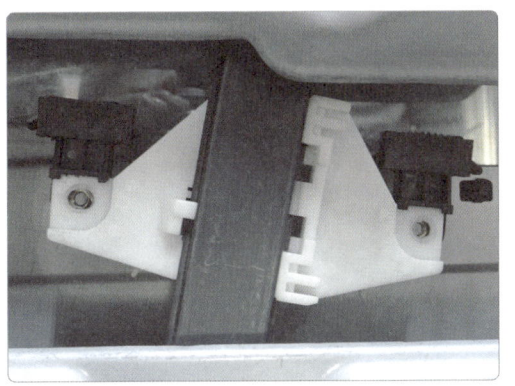

4) 윈도우를 탈거한다.

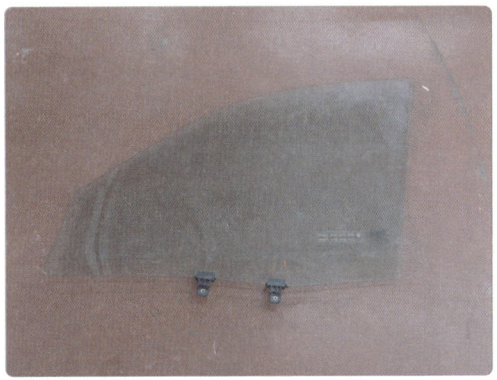

5) 윈도우 모터 커넥터를 탈거한다.

6) 레귤레이터 어셈블리 고정너트를 탈거한다.

7) 레귤레이터 어셈블리를 탈거한다.

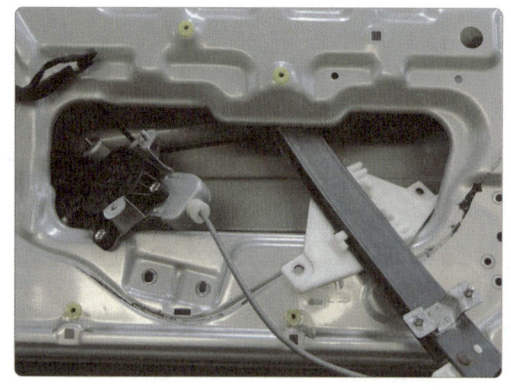

8) 탈거한 레귤레이터 어셈블리를 감독위원에게 확인받는다.

9) 레귤레이터 어셈블리를 장착한다.

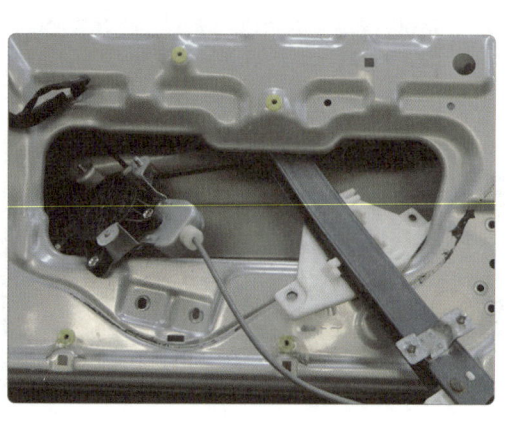

10) 레귤레이터 고정볼트를 체결한다.

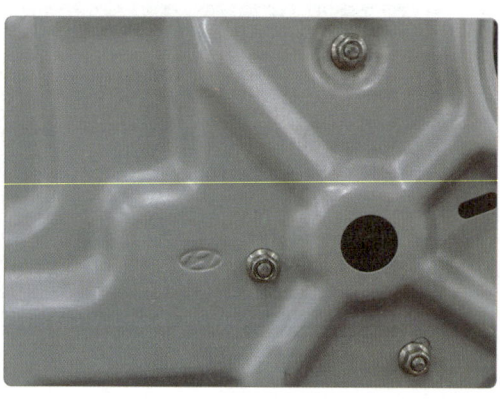

11) 윈도우 모터 커넥터를 체결한다.

12) 유리를 장착 후 감독위원에게 확인을 받는다.

## 1-2. 파워윈도우 작동 시 전압, 전류 측정

### 1-2-1. 측정

1) 파워윈도우 모터 커넥터에 Hi-DS 1번 채널 ⊕, ⊖프로브와 소전류계를 연결한다.

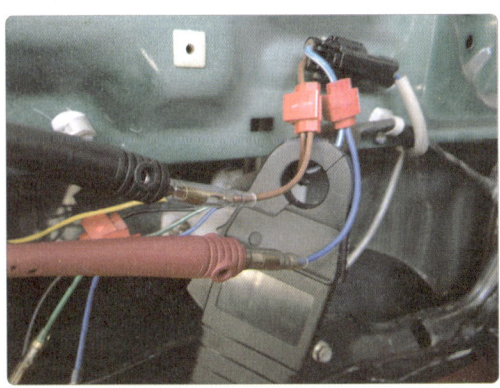

2) 시동키를 IG ON 후 창문을 열어놓는다.

3) 바탕화면에서 Hi-DS를 클릭한다.

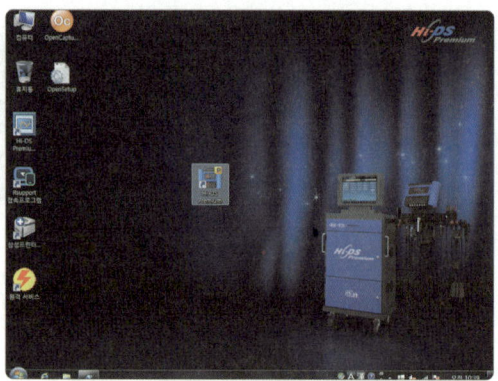

4) 로그인 취소를 클릭한다.

5) 경고 문구가 뜨면 확인을 클릭한다.

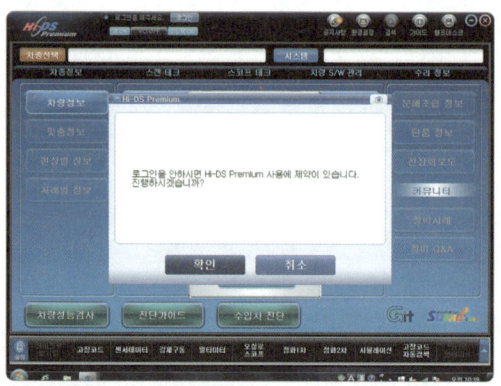

6) 차종 선택을 클릭한다.

7) 제작사, 차명, 연식, 엔진 형식을 입력 후 확인을 클릭한다.

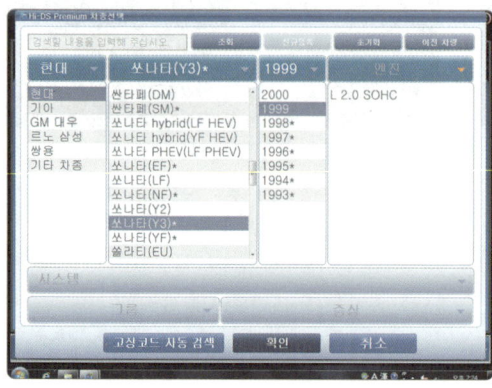

8) 엔진제어 선택 후 확인을 클릭한다.

9) 오실로스코프를 클릭한다.

10) 1번 채널과 소전류 선택 후 표시창 확장 버튼을 클릭한다.

11) 환경설정에서 전압 20V, 소전류 10A, 1.5S를 선택한다.

12) 설정 창을 닫는다.

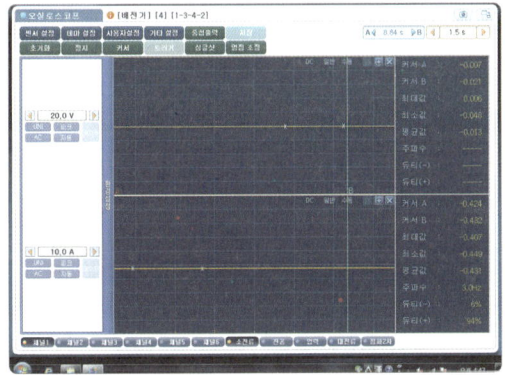

13) 창문을 상승 → 하강한다.

14) 캡처 인쇄 아이콘을 클릭 후 확인 버튼을 누른다.

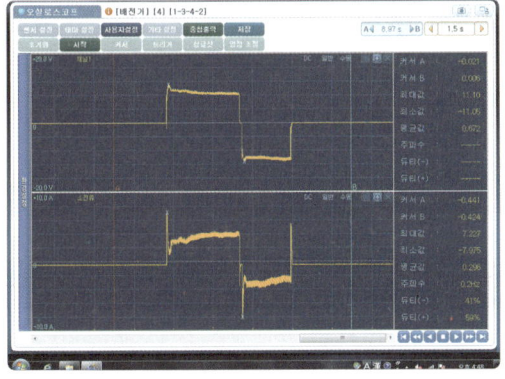
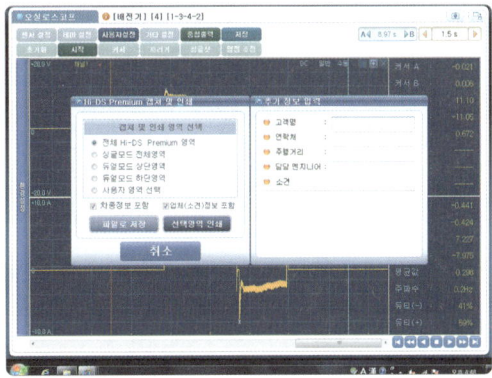

15) 프린터 창이 뜨면 확인 버튼을 눌러 프린트한다.

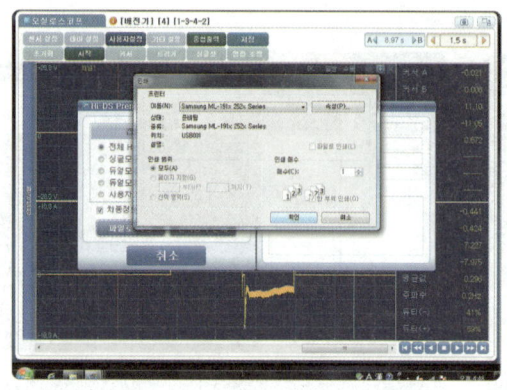

16) 출력된 파형에 작동 전압 상승 11.10V, 하강 -11.05V, 작동 전류 상승 7.227A, 하강 -7.975A 표기 후 답안지를 작성한다.

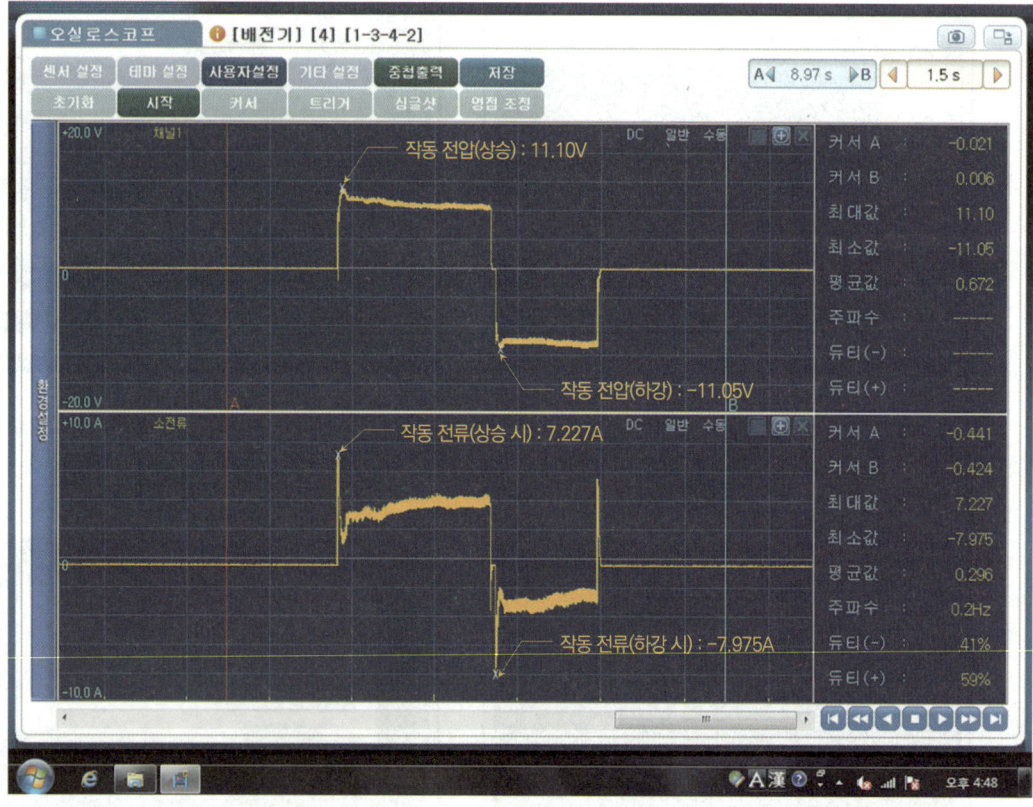

1-2-2. 답안지 작성

　1) 작동 전압 상승 11.10V, 하강 -11.05V를 답안지에 기입한다.
　2) 작동 전류 상승 7.227A, 하강 -7.975A를 답안지에 기입한다.

### [전기 1 기록표]

1) 파형　　　　　　　자동차 번호 :

| 항목 | 파형 분석 및 판정 ||| 득점 |
|---|---|---|---|---|
| | 분석항목 | | 분석내용 | 판정 (□에 'V'표) | |

| 항목 | 분석항목 | | 분석내용 | 판정 (□에 'V'표) | 득점 |
|---|---|---|---|---|---|
| 파워윈도우 전압과 전류 파형 | 작동 전압(상승 시) | 11.10V | 분석내용은 출력물에 표시하시오. | ☑ 양호<br>□ 불량 | |
| | 작동 전압(하강 시) | -11.05V | | | |
| | 작동 전류(상승 시) | 7.227A | | | |
| | 작동 전류(하강 시) | -7.975A | | | |

※ 주의사항 : 분석 항목 및 내용은 출력물에 표기하며 관련 사항은 감독위원의 지시에 따른다.

1-2-3. 분석내용 및 판정

　1) 출력한 파형에 측정값을 기입한다.
　2) 규정값(예) 작동 전압 상승 : 10.5~15.5V, 하강 : -10.5~-15.5V, 작동 전류 상승 : 5.5~8.5A, 하강 : -5.5~-8.5A)을 참고하여 양호에 ☑ 표시한다.
　3) 판정이 불량 시 불량에 ☑ 표시한다.

2. 주어진 자동차에서 정비지침서의 회로도를 이용하여 기록표에서 요구하는 회로를 점검하고, 이상이 있으면 이상 내용을 기록표에 기록한 후 정비하시오.

## 2. 회로 점검

### 2-1. 안전벨트 회로 점검

#### 2-1-1. 점검

1) 실내퓨즈박스에 계기판(10A) 퓨즈를 확인한다.

| 시가라이터 | 15A | 주간전조등 | 10A | 열선핸들 | 15A | 파워 스티어링 | 10A | 에어백 경고등 | 10A |
|---|---|---|---|---|---|---|---|---|---|
| 파워아웃렛 | 15A | 와이퍼 뒤 | 15A | IG2 | 10A | 와이퍼 앞 | 25A | 계기판 | 10A |
| 오디오 | 10A | 멀티미디어 | 15A | OFF 퓨즈 스위치 ON | | 에어백 | 15A | IG1 | 10A |
| 1 스마트키 | 15A | 메모리 | 10A | | | 에어컨 | 10A | ABS | 10A |
| 도어잠금 | 20A | 접이식미러 안개등 뒤 | 15A | | | 정지등 | 15A | ECU | 10A |
| 앰프 | 25A | 인버터 | 25A | 실내등 | 10A | 2 스마트키 | 10A | 오토티엠 *(진공펌프) | 15A |
| 미등 좌 | 10A | 시트히터 | 20A | 파워윈도우 좌 | 25A | 시동 | 10A | 1 후진등 | 15A |
| 미등 우 | 10A | 세이프티 파워윈도우 | 25A | 파워윈도우 우 | 25A | 2 후진등 | 10A | 예비퓨즈 | 15A |
| 열선미러 | 10A | 전동시트 운전석 | 25A | | | | | | |

91940-2V012
지정된 퓨즈만 사용하세요

*( ) : 터보사양

368 자동차정비 기능장

2) 각 시트의 안전벨트 스위치 커넥터를 확인한다.

3) 클러스터의 안전벨트 경고등 전구를 확인한다.

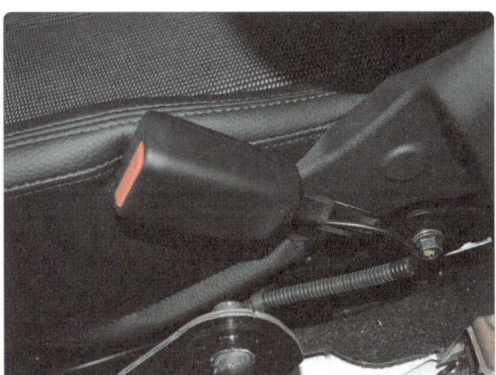

2-1-2. 답안지 작성

1) 부품의 정확한 명칭을 고장 부분 답안지에 기입한다.
2) 퓨즈가 끊어진 경우 "단선", 퓨즈, 릴레이가 없는 경우 "없음", 퓨즈, 릴레이 터미널이 부러진 경우 "파손" 으로 기입한다.
3) 예상 답안
   ① 계기판(10A) 단선(또는 없음, 파손)
   ② 안전벨트 스위치 커넥터 탈거
   ③ 안전벨트 전구 커넥터 탈거 등

## 2-2. 에어백 회로 점검

### 2-2-1. 점검

1) 실내퓨즈박스에 에어백(15A), 에어백 경고등(10A) 퓨즈를 확인한다.

| 시가라이터 | 15A | 주간전조등 | 10A | 열선핸들 | 15A | 파워<br>스티어링 | 10A | 에어백<br>경고등 | 10A |
|---|---|---|---|---|---|---|---|---|---|
| 파워아웃렛 | 15A | 와이퍼 뒤 | 15A | IG2 | 10A | 와이퍼 앞 | 25A | 계기판 | 10A |
| 오디오 | 10A | 멀티미디어 | 15A | OFF<br><br>퓨즈 스위치<br><br>ON | | 에어백 | 15A | IG1 | 10A |
| 1<br>스마트키 | 15A | 메모리 | 10A | | | 에어컨 | 10A | ABS | 10A |
| 도어잠금 | 20A | 접이식미러<br>안개등 뒤 | 15A | | | 정지등 | 15A | ECU | 10A |
| 앰프 | 25A | 인버터 | 25A | 실내등 | 10A | 2<br>스마트키 | 10A | 오토티엠<br>*(진공펌프) | 15A |
| 미등 좌 | 10A | 시트히터 | 20A | 파워원도우<br>좌 | 25A | 시동 | 10A | 1<br>후진등 | 15A |
| 미등 우 | 10A | 세이프티<br>파워원도우 | 25A | 파워원도우<br>우 | 25A | 2<br>후진등 | 10A | 예비퓨즈 | 15A |
| 열선미러 | 10A | 전동시트<br>운전석 | 25A | 91940-2V012<br>지정된 퓨즈만 사용하세요 | | | | *( ) : 터보사양 | |

2) 에어백 모듈 커넥터를 확인한다.

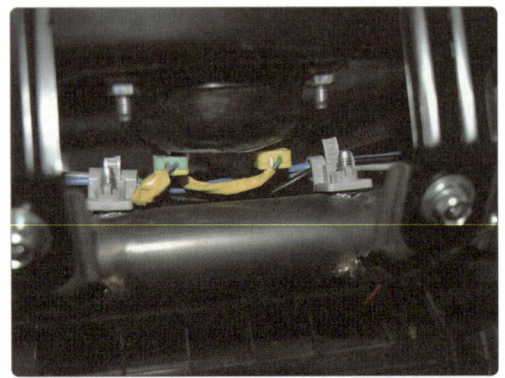

3) 클럭스프링 커넥터를 확인한다.

4) 에어백 ECU 커넥터를 확인한다.

5) 클러스터의 에어백 경고등 전구를 확인한다.

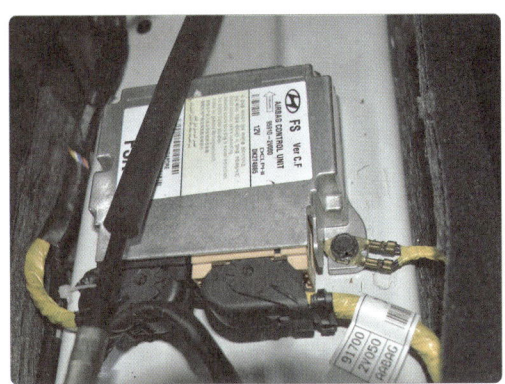

### 2-2-2. 답안지 작성

1) 부품의 정확한 명칭을 고장 부분 답안지에 기입한다.
2) 퓨즈가 끊어진 경우 "단선", 퓨즈, 릴레이가 없는 경우 "없음", 퓨즈, 릴레이 터미널이 부러진 경우 "파손" 으로 기입한다.
3) 예상 답안
   ① 에어백(15A) 단선(또는 없음, 파손)
   ② 클럭스프링 커넥터 탈거
   ③ 에어백 ECU, 모듈 커넥터 탈거 등

## 2-3. 파워윈도우 회로 점검

**1안 참조** p.69

**[전기 2 기록표]**

| 항목 | 점검(원인 부위) | | 내용 및 정비(또는 조치)사항 | | 득점 |
|---|---|---|---|---|---|
| | | | 자동차 번호 : | 비번호 | 감독위원 확인 |
| | 고장 부분 | 원인 내용 및 상태 | 정비 및 조치사항 | | |
| 안전벨트 | 운전석 벨트 스위치 | 커넥터 탈거 | 커넥터 연결/재점검 | | |
| 에어백 | 에어백 퓨즈(15A) | 단선 | 퓨즈(15A) 교환/재점검 | | |
| 윈도우 모터 | | | | | |

3. 주어진 자동차에서 감독위원의 지시에 따라 기록표의 요구사항을 점검 및 측정하여 기록하시오.

## 3. 점검 및 측정

### 3-1. 충전 전압, 전류 측정

#### 3-1-1. 측정

1) 시험 차량의 ⊖터미널에 전류계와 전압계를 설치한다.

2) 시동을 걸고 전압과 전류를 측정한다. (14.31V, 17.4A)

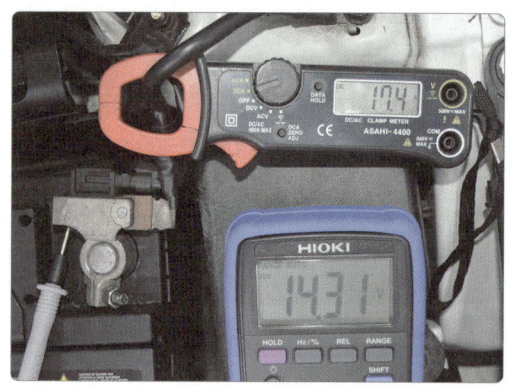

3) 차량의 모든 전기장치를 켠다.

4) 전압과 전류를 측정한다.(14.3V, 19.2A)

## 3-1-2. 답안지 작성

1) 무부하 시 충전 전압 14.31V, 충전 전류 17.4A를 답안지에 기입한다.
2) 부하 시 충전 전압 14.3V, 충전 전류 19.2A를 답안지에 기입한다.
3) 무부하 시 규정값(충전 전압 13.5~15.5V, 충전 전류 2~60A)을 답안지에 기입한다.
4) 부하 시 규정값(충전 전압 13.5~15.5V, 충전 전류 12~90A)을 답안지에 기입한다.

### [전기 3 기록표]

점검 및 측정-1    자동차 번호 :

| 위치 | | | 측정(또는 점검) | | 판정 및 정비(또는 조치)사항 | | 득점 |
|---|---|---|---|---|---|---|---|
| | | | 측정값 | 규정(정비한계)값 | 판정 (□에 'V' 표) | 정비 및 조치사항 | |
| 충전 시스템 | 충전 전압 | 무부하 시 | 14.31V | 13.5~15.5V | ☑ 양호<br>□ 불량 | 없음 | |
| | | 부하 시 | 14.3V | 13.5~15.5V | | | |
| | 충전 전류 | 무부하 시 | 17.4A | 2~60A | | | |
| | | 부하 시 | 19.2A | 12~90A | | | |

## 3-1-3. 정비 및 조치사항

1) 측정값이 규정값 범위 내에 있으므로 정비 및 조치사항에 "없음"으로 기입한다.
2) 불량 시 불량에 ☑ 표시 후 정비 및 조치사항에 "발전기 교환/재점검"으로 답안지를 작성한다.

## 3-2. CAN 라인 저항(High - Low 라인 간) 측정

**4안 참조** p.277

## 3-3. 배기음(소음) 측정

### 3-3-1. 측정

1) 배기관 중심으로부터 45±10°, 거리 0.5m, 높이 0.25m에 시험기를 설치한다.

2) A 특성을 선택한다.

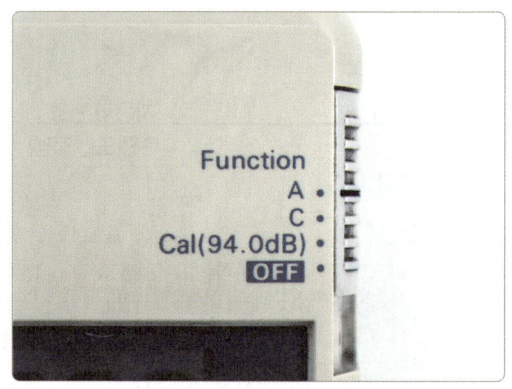

3) Range 30-70dB을 선택한다.

4) Inst, Fast를 선택한다.

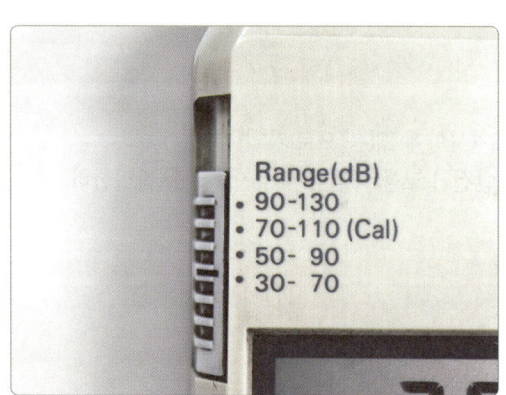

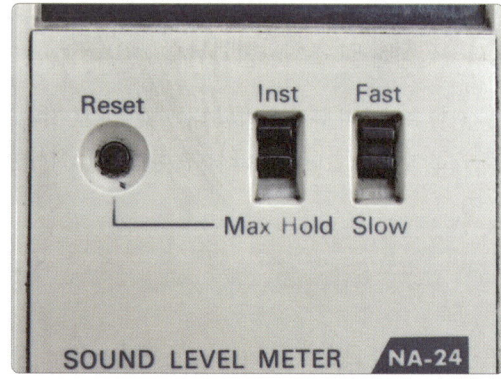

5) 암소음을 측정한다.(35.3dB)

6) 차량의 시동을 걸고 최고출력 75%로 4초간 가속한다.

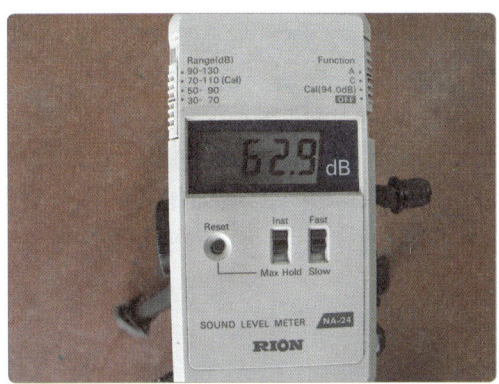

7) 배기 소음 측정값을 읽는다.(62.9dB)

8) 배기음은 Max Hold하지 않는다.

9) 시험 차량의 자동차 등록증을 보고 연식을 확인한다.

| 자동차 등록증 ||||||
|---|---|---|---|---|---|
| ① 자동차 등록번호 | 서울 29더 9099 | ② 차종 | 소형 승용 | ③ 용도 | 자가용 |
| ④ 차 명 | 베르나 | ⑤ 형식 및 연식 || LC5-15LA-1 ||
| ⑥ 차대 번호 | KMHCG51BPXU090115 | ⑦ 원동기 형식 || G4FK ||
| ⑧ 사용본거지 || 서울특별시 노원구 상계동 771번지 ||||
| 소유자 | ⑨ 성명(상호) | 홍 길 동 | ⑩ 주민등록번호 | 510909-1000002 ||
| | ⑪ 주 소 | 서울특별시 노원구 상계동 771번지 ||||

생산연도(M : 91, N : 92, P : 93, R : 94, S : 95, T : 96, V : 97, W : 98, X : 99, Y : 2000, 1 : 2001, 2 : 2002, 3 : 2003…, A : 2010)

10) 차대번호에 따른 연식별 규정값과 보정값 환산 방식을 숙지한다.

**배기 음량 기준값**

1995년까지 : 103dB 이하
2006년부터 : 100dB 이하

(보정값 3 이하 : −3, 4~5 : −2, 6~9 : −1, 10 이상 : 보정 안 함)

〈 배기 음량(A특성) 〉
※ 기관 중심 45±10°, L :0.5m, H :0.25m, Fast
※ 회전 속도계를 사용하지 않는 경우 측정값에서 −7dB 한다.

### 3-3-2. 답안지 작성

1) 측정된 암소음 37.0dB을 확인한다.
2) 음량 측정값 62.9dB을 확인한다.
3) 배기음 - 암소음 = 62.9 - 37.0 = 25.9dB
4) 측정음과 암소음의 차가 10dB 이상이므로 보정값은 0dB이다.
5) 배기 음량 측정값 62.9dB을 답안지에 기입한다.
6) 연식을 확인하고 기준값을 기록한다.
7) 배기음 기준값은 감독위원이 제시하지 않는다.(차량 등록증만 제시)

### [전기 3 기록표]

점검 및 측정-2    자동차 번호 :    비번호    감독위원 확인

| 항목 | 측정(또는 점검) | | 판정 및 정비(또는 조치)사항 | | 득점 |
| --- | --- | --- | --- | --- | --- |
| | 측정값 | 규정(정비한계)값 | 판정<br>(□에 'V'표) | 정비 및 조치사항 | |
| CAN 라인 저항<br>(High - Low<br>라인 간) | | | ☑ 양호<br>□ 불량 | 없음 | |
| 배기음(소음) 측정 | 62.9dB | 100dB 이하 | | | |

※ 주의사항 : 감독위원이 지정하는 CAN 라인 저항 측정 및 배기음(소음)을 측정하여 분석하시오.

### 3-3-3. 정비 및 조치사항

1) 측정값이 규정값 범위 내에 있으므로 양호에 ☑표시 후 정비 및 조치사항에 "없음"으로 기입한다.
2) 배기음량 불량 시 불량에 ☑표시 후 정비 및 조치사항에 "머플러 교환/재점검"으로 답안지를 작성한다.

# 자동차 정비 기/능/장

Master Craftsman Motor Vehicles Maintenance

## 08안

### 가. 엔진
1. 배기 캠축, 인젝터 탈·부착 및 점검
2. 점검 및 측정
3. 시동 결함, 부조 점검

### 나. 섀시
1. MDPS 조향 기어 박스 탈·부착 및 점검
2. MDPS 컬럼 샤프트 탈·부착 및 측정

### 다. 전기
1. 에어컨 컴프레셔 탈·부착 및 가스 충전, 측정
2. 회로 점검
3. 점검 및 측정

# 08안

## 국가기술자격검정 실기시험문제

| 자격종목 | 자동차정비 기능장 | 작품명 | 자동차정비 작업 |

비 번호(등번호) :

※ **시험시간** : [표준시간 : 6시간 30분, 연장시간 없음]
　　　　　　엔진 : 140분　|　섀시 : 130분　|　전기 : 120분

### 요구사항

**Engine　가. 엔진**

1. 주어진 전자제어 엔진에서 감독위원의 지시에 따라 배기 캠축과 인젝터를 탈거하고 감독위원에게 확인 후 다시 조립(부착)하여 엔진 및 시동 관련회로를 점검한 후 시동 작업과 기록표의 요구사항을 점검 및 측정하고 기록표에 기록하시오.(단, 시동되지 않는 경우 2항은 작업할 수 없음.)

## 1. 배기 캠축, 인젝터 탈·부착 및 점검

### 1-1. 엔진 분해 및 조립

**Check!**
**1안 참조** p.2

### 1-2. 엔진 점검 및 시동

**Check!**
**1안 참조** p.21

## 1-3. 연료탱크 압력 센서(FTPS) 출력 전압, 연료 펌프, 구동 전류 측정

### 1-3-1. 측정

1) 연료탱크에서 압력 센서, 연료 펌프 커넥터를 확인한다.

2) 압력 센서 출력선에서 전압을 측정한다.(2.5V)

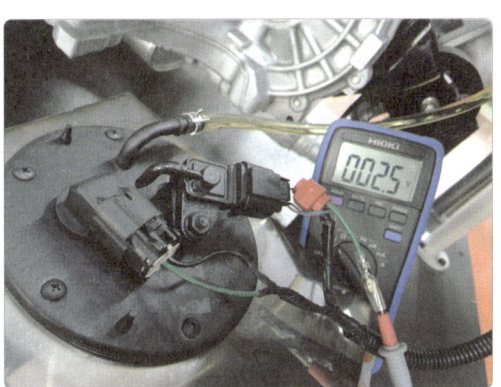

3) 연료 펌프 배선에서 전류를 측정한다.(5.1A)

### 1-3-2. 답안지 작성

1) 연료탱크 압력 센서 출력값 2.5V, 모터 구동 전류 5.1A를 답안지에 기입한다.
2) 기준값(예 압력 센서 6.5~ 7.2V, 펌프 구동 전류 4.8~5.7A)을 답안지에 기입한다.

## [엔진 1 기록표]

자동차 번호 :   비번호：　　　감독위원 확인：

| 항목 | 측정(또는 점검) | | 판정 및 정비(또는 조치)사항 | | 득점 |
| --- | --- | --- | --- | --- | --- |
| | 측정값 | 규정(정비한계)값 | 판정 (□에'∨'표) | 정비 및 조치사항 | |
| 연료탱크 압력 센서 (FTPS) 출력 전압 | 2.5V | 6.5~7.2V | □ 양호<br>☑ 불량 | 연료탱크 압력 센서 교환/재점검 | |
| 연료 펌프 구동 전류 | 5.1A | 4.8~5.7A | ☑ 양호<br>□ 불량 | 없음 | |

### 1-3-3. 정비 및 조치사항

1) 압력 센서 측정값이 기준값 범위를 벗어나므로 불량에 ☑ 표시 후 "압력센서 센서 교환/재점검"으로 답안지를 작성한다.
2) 펌프 구동 전류는 기준값 범위내에 있으므로 양호에 ☑ 표시 후 정비 및 조치사항에 "없음"으로 답안지를 작성한다.
3) 펌프 구동 전류 불량 시 불량에 ☑ 표시 후 정비 및 조치사항에 "연료 펌프 교환/재점검"으로 답안지를 작성한다.

2. 주어진 엔진에서 감독위원의 지시에 따라 기록표 요구사항을 점검 및 측정하여 기록하시오.

## 2. 점검 및 측정

### 2-1. 가솔린 인젝터 전압, 전류 파형 측정

**2안 참조** p.107

### 2-2. 배기가스 측정(HC, CO, λ)

**1안 참조** p.39

3. 주어진 자동차에서 크랭킹은 가능하나 시동되지 않고, 시동된 후에도 부조가 발생한다. 고장 원인을 찾아 수리 후 기록표에 기록하시오.

## 3. 시동 결함, 부조 점검

### 3-1. 시동 결함 점검

> **Check!**
> **1안 참조** p.42

### 3-2. 부조 점검

> **Check!**
> **1안 참조** p.45

## 나. 섀시

1. 주어진 전자제어 전동식 동력 조향장치(MDPS) 자동차에서 감독위원의 지시에 따라 조향기어 박스를 교환(탈·부착)하여 작동 상태를 확인하고 기록표 요구사항을 점검 및 측정하여 기록하시오.

## 1. MDPS 조향 기어 박스 탈·부착 및 점검

### 1-1. MDPS 조향 기어 박스 탈·부착

1) 시험 차량의 MDPS 조향기어 박스 장착 위치를 확인한다.

2) 타이어를 탈거한다.

3) 핸들샤프트 조인트 볼트를 탈거한다.

4) 타이로드엔드 고정너트 분할 핀을 뽑고 너트를 볼트면까지 회전한다.

5) 풀러를 장착하고 볼트를 조인다.

6) 너트 탈착 후 타이로드엔드를 분리한다.

7) 크로스멤버 고정너트를 탈거한다.

8) 센터고정너트를 탈거한다.

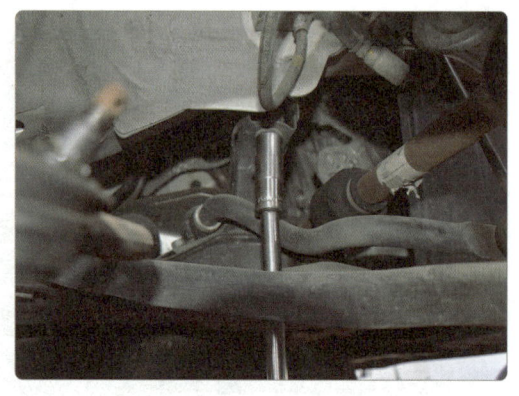

9) 크로스멤버를 탈거한다.

10) 조향기어 고정볼트를 탈거한다.

11) 조향기어 어셈블리를 탈거한다.

12) 탈거한 조향기어 어셈블리를 감독위원에게 확인 받는다.

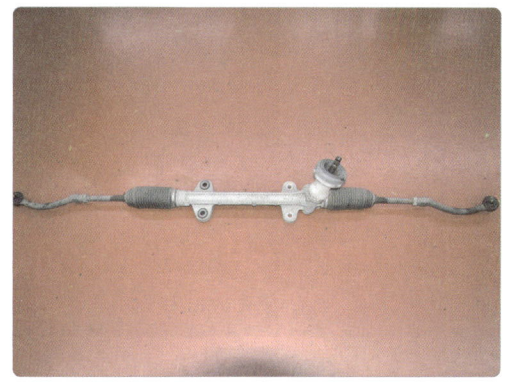

13) 조향기어 어셈블리를 다시 장착한다.

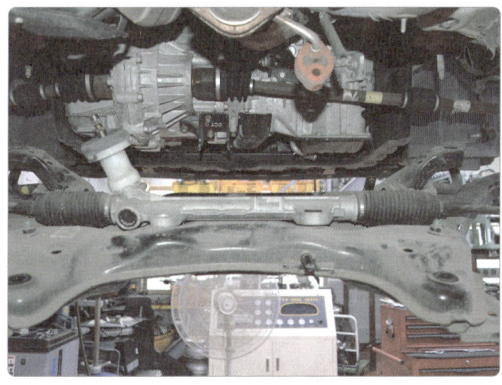

14) 고정볼트를 체결한다.

15) 핸들샤프트 조인트 위치를 맞추면서 크로스멤버를 올린다.

16) 센터고정너트를 체결한다.

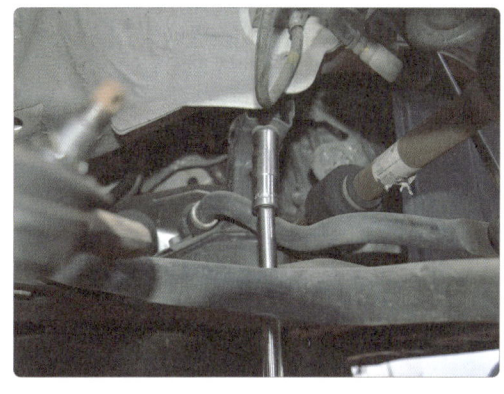

17) 핸들샤프트 조인트 고정볼트를 체결한다.

18) 크로스멤버 고정볼트를 체결한다.

19) 타이로드엔드 고정너트를 체결 후 분할핀을 꽂는다.

20) 타이어 장착 후 감독위원의 확인을 받는다.

## 1-2. 최소 회전 반경 측정

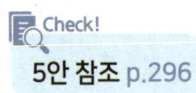
5안 참조 p.296

2. 주어진 자동차에서 감독위원의 지시에 따라 전동식 동력 조향장치(MDPS) 컬럼 샤프트를 탈거하고 감독위원에게 확인 후 다시 조립(부착)하여 조향장치 작동 상태를 점검한 후 기록표의 요구사항을 점검 및 측정하여 기록하시오.

## 2. MDPS 컬럼 샤프트 탈·부착 및 측정

### 2-1. MDPS 컬럼 샤프트 탈·부착

1) 시험 차량의 MDPS 장착 위치를 확인한다.

2) MDPS에 연결된 배선을 탈거한다.

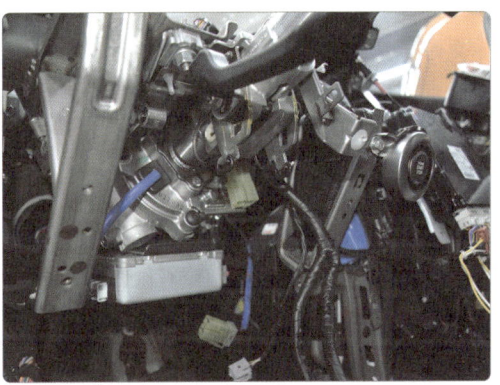

3) 칼럼 고정볼트를 탈거 후 핸들 조인트를 분리하여 MDPS를 탈거한다.

4) 탈거한 MDPS를 감독위원에게 확인받는다.

5) 칼럼샤프트 볼트 자리를 확인한다.

6) 조향 기어쪽 고정볼트를 확인한다.

7) 칼럼 샤프트를 장착한다.

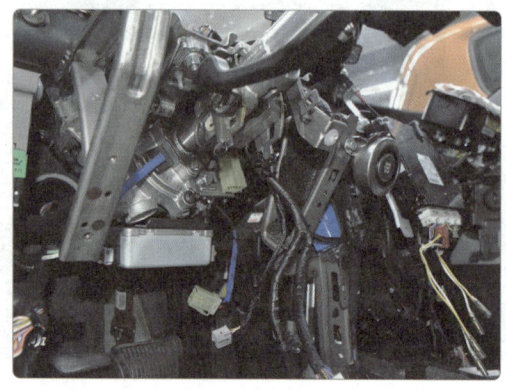

8) 배선 커넥터를 연결 후 감독위원의 확인을 받는다.

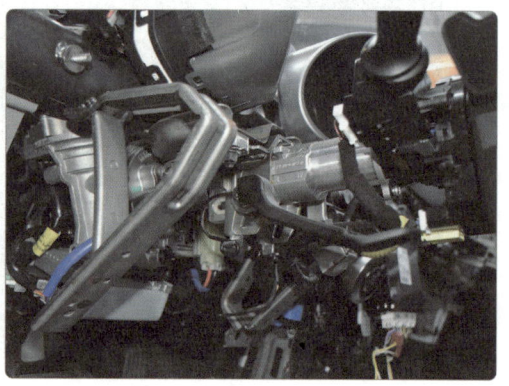

## 2-2. MDPS 모터 전류 파형 측정

**Check!**
**1안 참조 p.55**

## 2-3. 토크 센서, 조향각 센서 값 측정

### 2-3-1. 측정

1) 시험 차량과 GDS를 확인한다.

2) OBD 커넥터에 VCI를 연결한다.

3) 윈도우 화면에서 GDS를 실행한다.

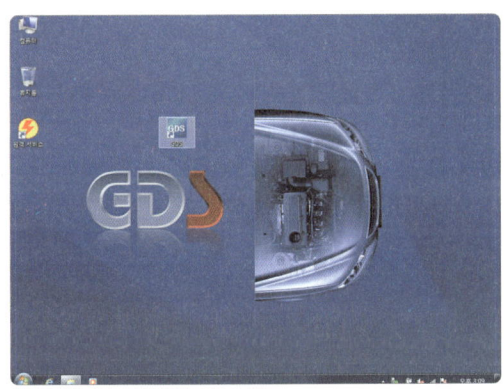

4) 로그인 창이 뜨면 GDS를 클릭한다.

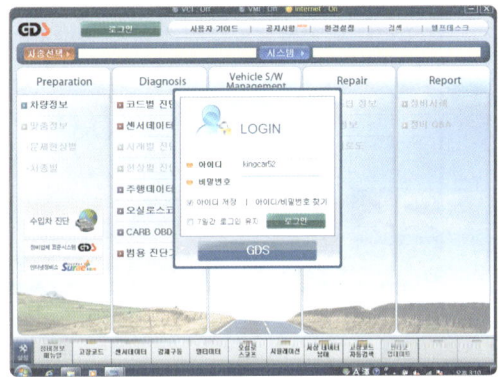

5) 경고문구가 뜨면 확인을 클릭한다.

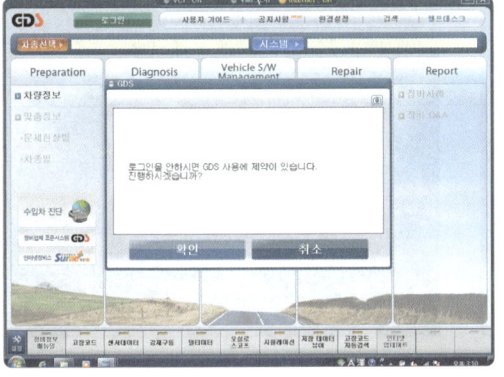

6) 차종 선택을 클릭한다.

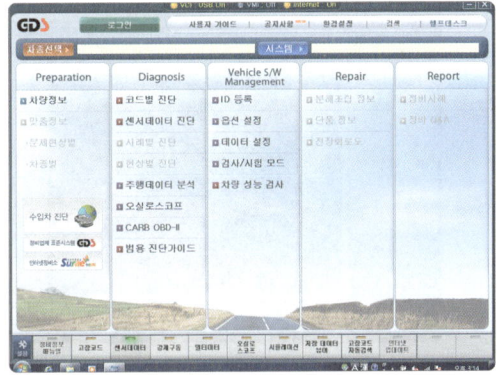

7) 제작사, 차종 연식, 엔진 형식을 선택한다.

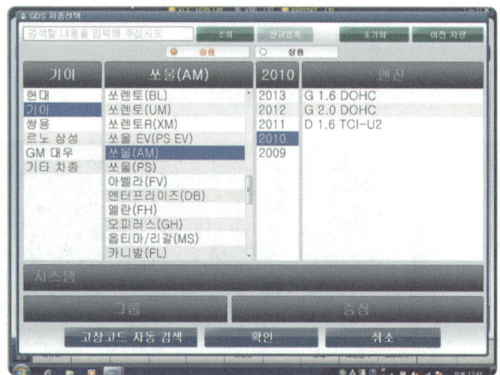

8) 시스템 선택에서 EPS를 선택한다.

9) 센서 데이터를 확인한다.

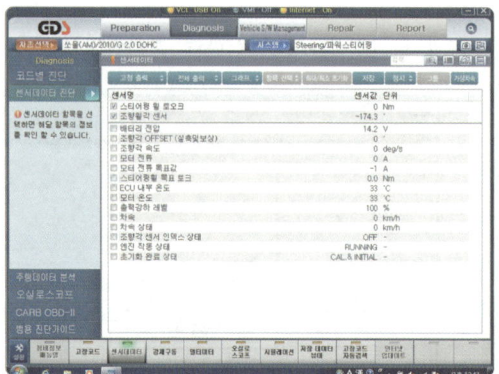

10) 스티어링 휠 토크, 조향휠각 센서를 선택한다.

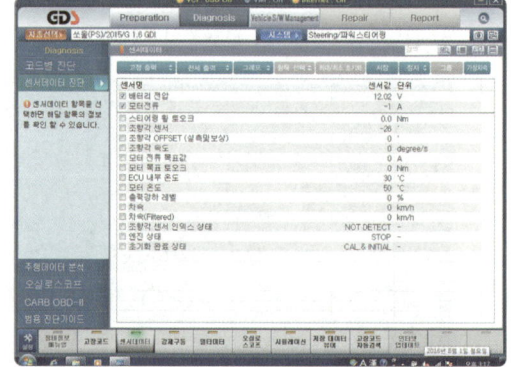

11) 메뉴 바에서 그래프를 클릭한다.

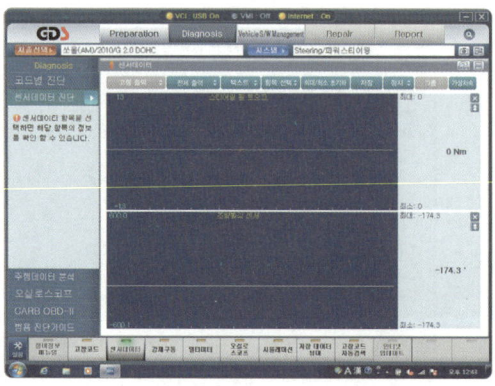

12) 엔진을 시동한다.

13) 조향각이 0°가 되도록 핸들을 돌린다.

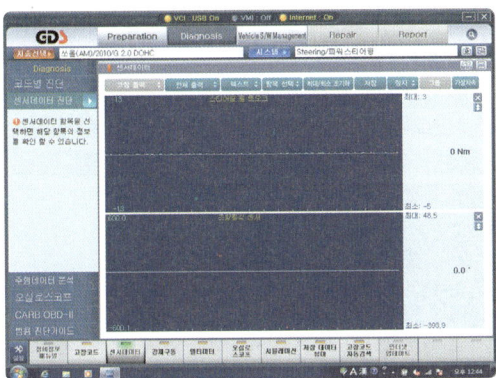

14) 핸들을 우측으로 90°정도 회전한다.

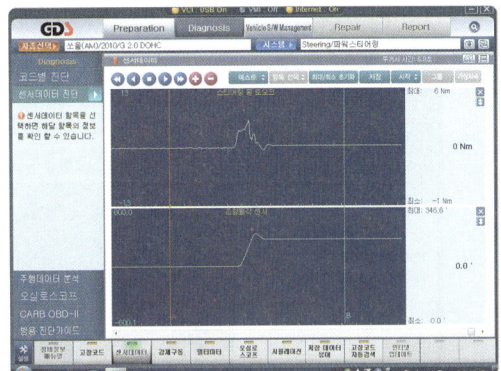

15) 토크 최대값 6Nm와 측정 토크가 일치하도록 A 커서를 조정한다.

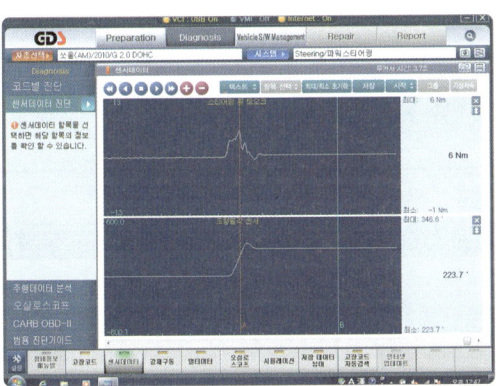

16) 카메라 아이콘을 클릭한다.

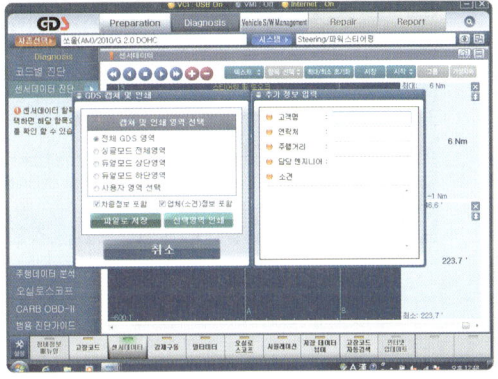

17) 선택영역 인쇄 확인을 클릭한다.

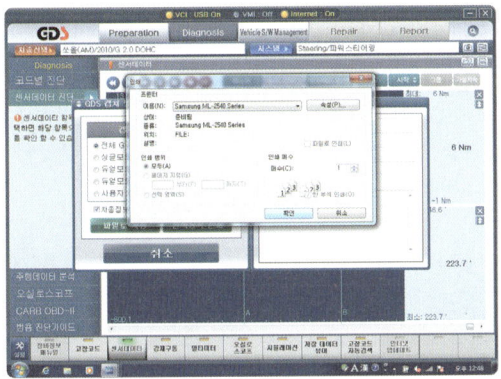

18) 출력된 파형에 최대 토크 6Nm, 조향각 센서 값 223.7°를 표기 후 답안지를 작성한다.

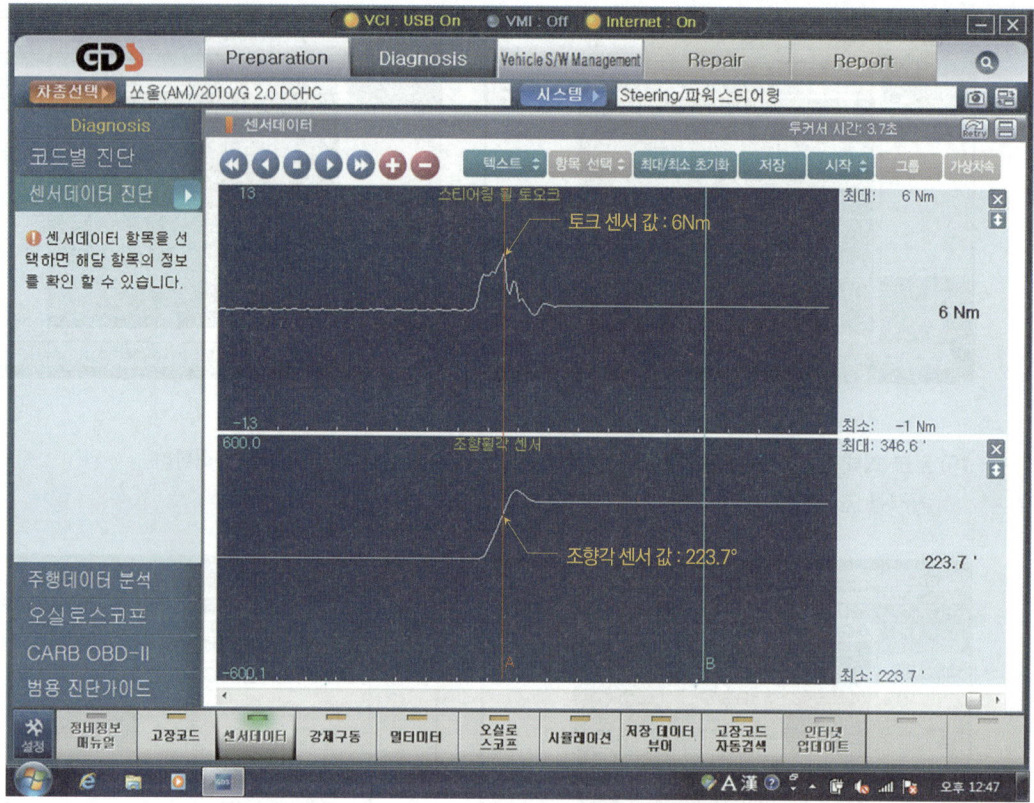

## 2-3-2. 답안지 작성

1) 토크 센서 값 6Nm, 조향각 센서 값 223.7°를 답안지에 기록한다.
2) 기준값(예) 토크 센서 값 5~7Nm, 조향각 센서 값 180~350°을 답안지에 기입한다.
3) 프린트한 파형에 측정된 값과 답안지 기입값이 일치해야 한다.

## [섀시 2 기록표]

2) 점검 및 측정    자동차 번호 :

| 위치 | 측정(또는 점검) | | 판정 및 정비(또는 조치)사항 | | 득점 |
| --- | --- | --- | --- | --- | --- |
| | 측정값 | 규정(정비한계)값 | 판정 (□에'∨'표) | 정비 및 조치사항 | |
| 토크 센서 값 | 6Nm | 5~7Nm | ☑ 양호<br>□ 불량 | 없음 | |
| 조향각 센서 값 | 223.7° | 180~350° | | | |

비번호 / 감독위원 확인

### 2-3-3. 정비 및 조치사항

1) 측정값이 기준값 범위 내에 있으므로 양호에 ☑ 표시 후 정비 및 조치사항에 "없음"으로 답안지를 작성한다.
2) 불량 시 불량에 ☑ 표시 후 정비 및 조치사항에 "토크 센서" 또는 "조향각 센서 교환/재점검"으로 답안지를 작성한다.

> Electric  **다. 전기**
>
> 1. 감독위원의 지시에 따라 자동차에서 에어컨 가스를 전부 회수하고 에어컨 컴프레셔를 탈·부착한 후 가스를 충전시킨 다음 작동 상태를 확인하고 기록표의 요구사항을 점검 및 측정하여 기록하시오.

## 1. 에어컨 컴프레셔 탈·부착 및 가스충전, 측정

### 1-1. 에어컨 컴프레셔 탈·부착 및 가스 충전

**3안 참조** p.224

### 1-2. 냉매 압력 측정

**3안 참조** p.230

### 1-3. 토출 온도 측정

**3안 참조** p.231

2. 주어진 자동차에서 정비지침서의 회로도를 이용하여 기록표에서 요구하는 회로를 점검하고, 이상이 있으면 이상 내용을 기록표에 기록한 후 정비하시오.

## 2. 회로 점검

### 2-1. 파워윈도우 회로 점검

Check!
**1안 참조** p.69

### 2-2. 미등 회로 점검

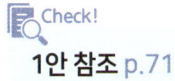

Check!
**1안 참조** p.71

### 2-3. 와이퍼 회로 점검

Check!
**1안 참조** p.74

3. 주어진 자동차에서 감독위원의 지시에 따라 기록표의 요구사항을 점검 및 측정하여 기록하시오.

## 3. 점검 및 측정

### 3-1. 안전벨트 차임벨 타이머 파형 측정

#### 3-1-1. 측정

1) 커넥터 표에서 M25-1 커넥터 13번 시트벨트경고등, 16번 GND 위치를 확인한다.

**AVANTE XD ETACS, A/C**

| 1 | 2 | 3 | 4 | 5 | 6 |   | 8 | 9 | 10 |
|---|---|---|---|---|---|---|---|---|---|
| 11 | 12 | 13 | 14 | 15 | 16 | 17 | 18 | 19 | 20 |

| 1 | 2 |   | 4 | 5 | 6 | 7 | 8 |
|---|---|---|---|---|---|---|---|
| 9 | 10 | 11 | 12 | 13 | 14 |   |   |

|   | 2 | 3 | 4 |   |   | 7 | 8 |
|---|---|---|---|---|---|---|---|
|   | 9 | 10 | 11 | 12 |   |   |   |

(M25-1)　　　　　　　　(M25-2)　　　　　　　　(M25-3)

| 1 | B+ |
|---|---|
| 2 | "P"포지션 신호 |
| 3 | 뒷도어 록/언록 신호 |
| 4 | 파워윈도우 릴레이 컨트롤 |
| 5 | ON/ST 전원 |
| 6 | IG 전원 |
| 7 |  |
| 8 | 운전석앞 도어 스위치 |
| 9 | 조수석앞 도어 스위치 |
| 10 | 트렁크 램프 컨트롤 |
| 11 | 실내등 |
| 12 | 디포거 릴레이 컨트롤 |
| 13 | 시트벨트 경고등 |
| 14 | 도어록 릴레이(록) |
| 15 | 미등 릴레이 컨트롤 |
| 16 | GND |
| 17 | 파킹브레이크 신호 |
| 18 | 전도어 스위치 |
| 19 | 엔진회전시 입력신호 |
| 20 | 도어록 릴레이(언록) |

| 1 | 키홀조명 |
|---|---|
| 2 | 도어 경고 스위치 신호 |
| 3 |  |
| 4 | 시트벨트 스위치 |
| 5 |  |
| 6 |  |
| 7 | 와셔신호 |
| 8 | 간헐와이퍼 |
| 9 | 간헐와이퍼 시간지연조절 |
| 10 | 와이퍼 릴레이 컨트롤 |
| 11 | 엔진체크 경고등 컨트롤 |
| 12 | 디포거 스위치 |
| 13 | IG 릴레이(1) 컨트롤 |
| 14 | 미등 스위치 입력 |
| 15 |  |
| 16 |  |

| 2 | 외기온도 센서 |
|---|---|
| 3 |  |
| 3 |  |
| 4 | 증발기 온도센서 |
| 5 |  |
| 6 |  |
| 7 | AQS |
| 8 |  |
| 10 |  |
| 11 |  |
| 12 | GND |

2) 바탕화면에서 Hi-DS를 클릭한다.

3) 로그인 취소를 클릭한다.

4) 경고 문구가 뜨면 확인을 클릭한다.

5) 오실로스코프를 클릭한다.

6) 제작사, 차명, 연식, 엔진 형식을 입력 후 확인을 클릭한다.

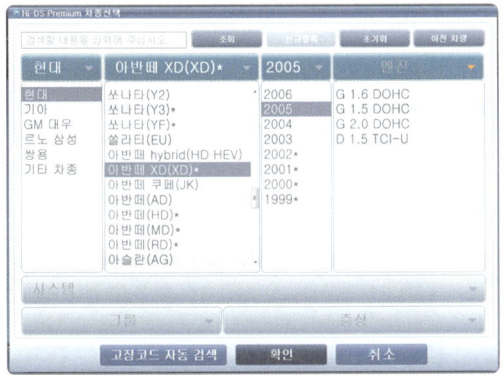

7) 엔진제어 선택 후 확인을 클릭한다.

8) 파형 표시창 확장 버튼을 클릭한다.

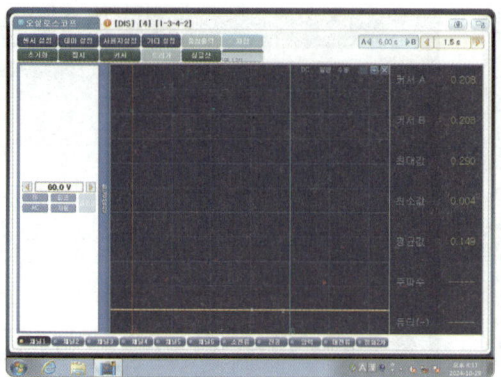

9) 환경설정에서 전압 20V, 600ms를 선택한다.

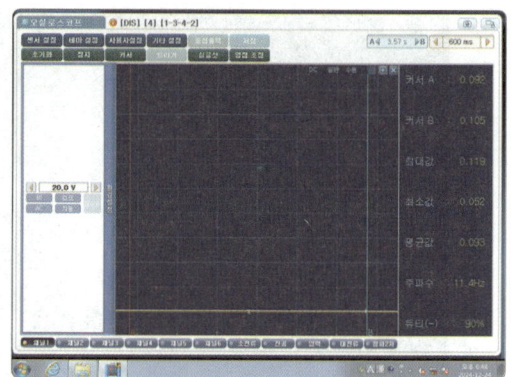

10) 시동 키를 IG ON상태로 한다.

11) 파형이 출력되면 정지 후 1주기중 작동 시간을 측정 한다.(316ms)

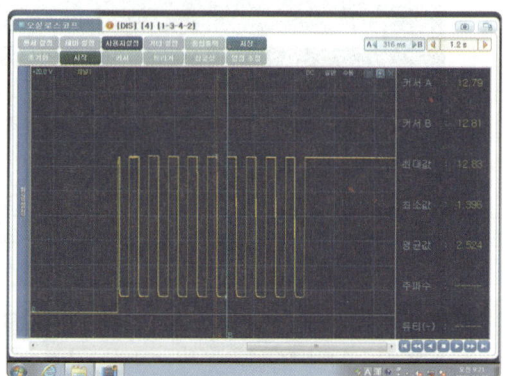

12) A, B커서를 1주기에 위치 후 작동시 전압, 듀티를 측정한다.(1.330V, 53%)

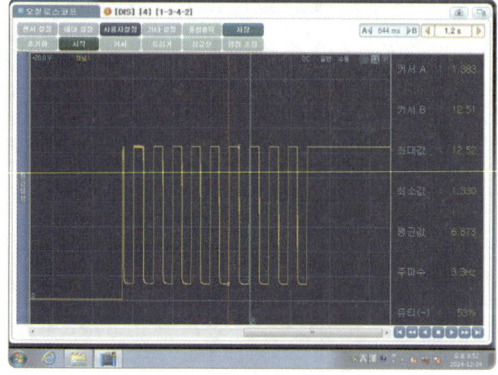

13) 캡처 인쇄 아이콘을 클릭 후 확인 버튼을 누른다.

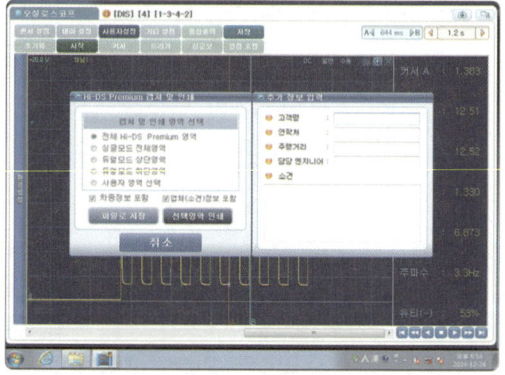

14) 프린터 창이 뜨면 확인 버튼을 눌러 프린트한다.

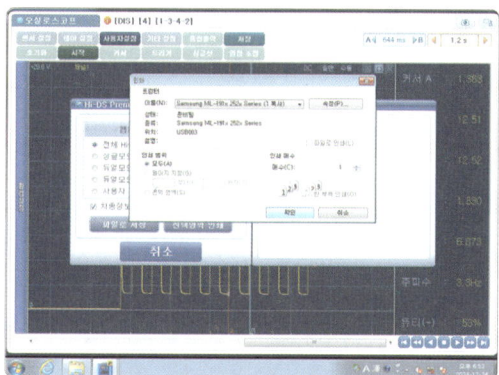

15) 출력 작동 시간(1주기) : 316ms, 작동시 전압 : 1.330V 듀티 : 53%를 출력된 파형에 기입한다.

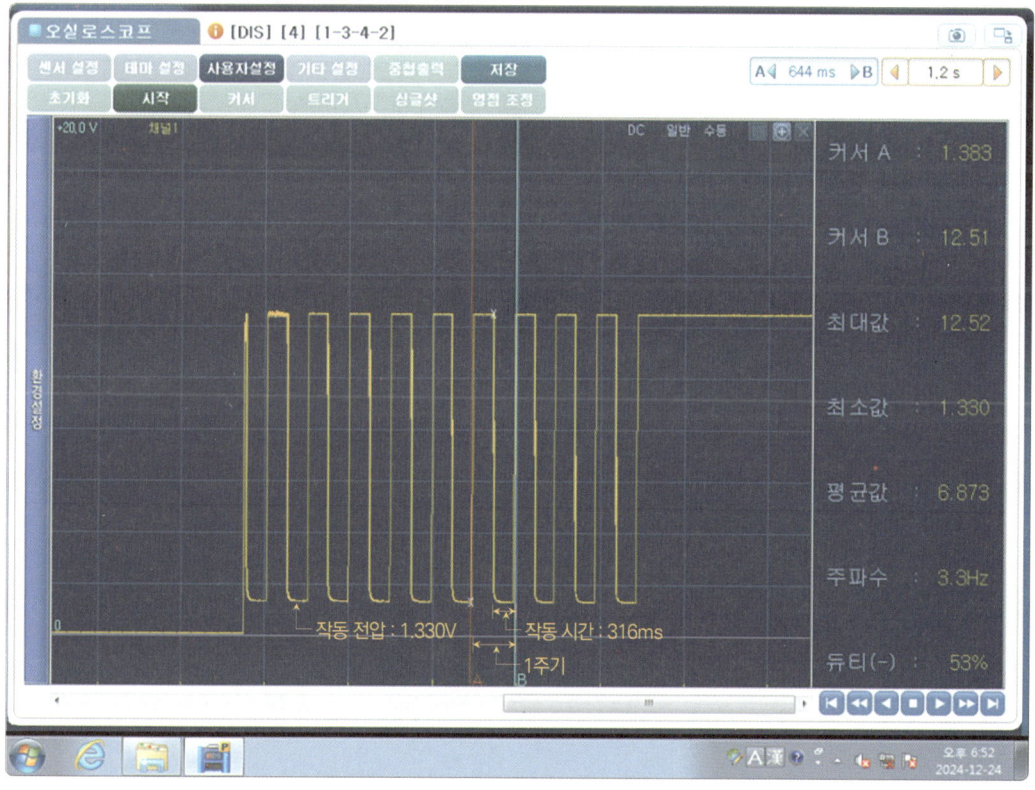

### 3-1-2. 답안지 작성

1) 작동 전압 1.330V, 출력시간 316ms, 듀티 53%를 답안지에 기입한다.
2) 규정값(예 전압 0~1.5V, 시간 300~550ms, 듀티 45~55%)을 참고하여 양호에 ☑ 표시한다.

### [전기 3 기록표]

1) 파형          자동차 번호 :

| 항목 | 파형 분석 및 판정 ||| 판정 (□에 'V'표) | 득점 |
|------|------|------|------|------|------|
| | 분석항목 || 분석내용 | | |
| 안전벨트 차임벨 타이머 파형 | 작동 전압 | 1.330V | 분석내용은 출력물에 표시하시오. | ☑ 양호<br>□ 불량 | |
| | 출력 작동 시간(1주기) | 316ms | | | |
| | 듀티(1주기) | 53% | | | |

| 비번호 | | 감독위원 확인 | |
|---|---|---|---|

### 3-1-3. 분석내용 및 판정

1) 판정이 불량 시 불량에 ☑ 표시한다.
2) 작동전압이 1.330V인 이유는 에탁스에서 ⊖제어를 하므로 ⊖제어 방식에서 측정값은 접지쪽 전압이 작동 전압이다.

## 3-2. 유해가스 감지 센서(AQS) 출력 전압 측정

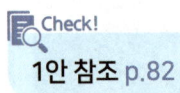
1안 참조 p.82

# 자동차 정비 기/능/장

Master Craftsman Motor Vehicles Maintenance

## 09안

**가. 엔진**
 1. 배기 캠축과 오토 래쉬(HLA) 탈·부착 및 점검
 2. 점검 및 측정
 3. 시동 결함, 부조 점검

**나. 섀시**
 1. 전륜 현가장치 로어암 탈·부착 및 점검
 2. P/S 오일 펌프 탈·부착 및 측정

**다. 전기**
 1. 와이퍼 모터 탈·부착 및 점검
 2. 회로 점검
 3. 점검 및 측정

# 09안 국가기술자격검정 실기시험문제

| 자격종목 | 자동차정비 기능장 | 작품명 | 자동차정비 작업 |

비 번호(등번호) :

※ 시험시간 : [표준시간 : 6시간 30분, 연장시간 없음]
　　　　　　엔진 : 140분　｜　섀시 : 130분　｜　전기 : 120분

## 요구사항

### Engine　가. 엔진

1. 주어진 전자제어 엔진에서 감독위원의 지시에 따라 배기 캠축을 탈거하여 오토래쉬(HLA)를 교환하고 감독위원에게 확인 후 다시 조립(부착)하여 엔진 및 시동 관련회로를 점검한 후 시동 작업과 기록표의 요구사항을 점검 및 측정 하고 기록표에 기록하시오.(단, 시동되지 않는 경우 2항은 작업할 수 없음.)

## 1. 배기 캠축과 오토 래쉬(HLA) 탈·부착 및 점검

### 1-1. 엔진 분해 및 조립

> **Check!**
> **1안 참조** p.2

### 1-2. 엔진 점검 및 시동

> **Check!**
> **1안 참조** p.21

## 1-3. 캠 높이, 양정, 오일컨트롤 밸브 저항 측정

**4안 참조** p.251

2. 주어진 엔진에서 감독위원의 지시에 따라 기록표 요구사항을 점검 및 측정하여 기록하시오.

## 2. 점검 및 측정

### 2-1. 가솔린 점화 파형 측정

**1안 참조** p.26

### 2-2. 공기유량 센서(MAP, AFS), TPS 출력 전압(파형) 측정

**4안 참조** p.258

3. 주어진 자동차에서 크랭킹은 가능하나 시동되지 않고, 시동된 후에도 부조가 발생한다. 고장 원인을 찾아 수리 후 기록표에 기록하시오.

## 3. 시동 결함, 부조 점검

### 3-1. 시동 결함 점검

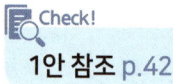
1안 참조 p.42

### 3-2. 부조 점검

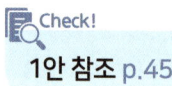
1안 참조 p.45

## Chassis 나. 섀시

1. 주어진 자동차에서 감독위원의 지시에 따라 전륜 현가장치의 로어암을 탈거하고 감독위원에게 확인 후 다시 조립(부착)하여 조향장치 작동 상태를 점검한 후 기록표 요구사항을 점검 및 측정하여 기록하시오.

## 1. 전륜 현가장치 로어암 탈·부착 및 점검

### 1-1. 로어암 탈·부착

Check!
**5안 참조** p.292

### 1-2. P/S 펌프 압력 측정

Check!
**2안 참조** p.121

### 1-3. 핸들 유격 점검

Check!
**2안 참조** p.125

2. 주어진 자동차에서 감독위원의 지시에 따라 유압식 동력 조향장치 오일 펌프를 탈거하고 감독위원에게 확인 후 다시 조립(부착)하여 에어빼기 작업을 실시하고 조향장치 작동 상태를 확인하고 기록표의 요구사항을 점검 및 측정하여 기록하시오.

## 2. P/S 오일 펌프 탈·부착 및 측정

### 2-1. P/S 오일 펌프 탈·부착

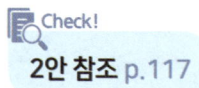
Check!
2안 참조 p.117

### 2-2. EPS 솔레노이드 밸브(밸브 작동 시) 파형

#### 2-2-1. 측정

1) 시험 차량의 OBD에 VCI를 연결한다.

2) 윈도우에서 GDS를 실행한다.

3) LOGIN 창에서 GDS를 클릭한다.

4) 사용 제약 문구에서 확인을 클릭한다.

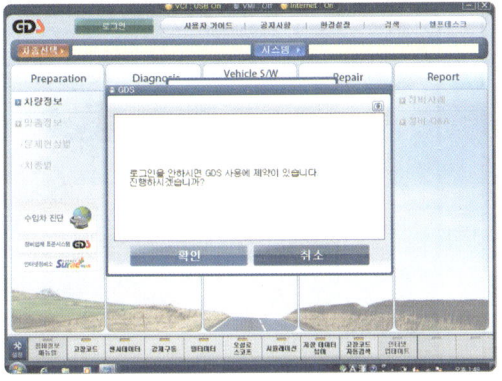

5) 시험 차량의 정보를 선택한다.

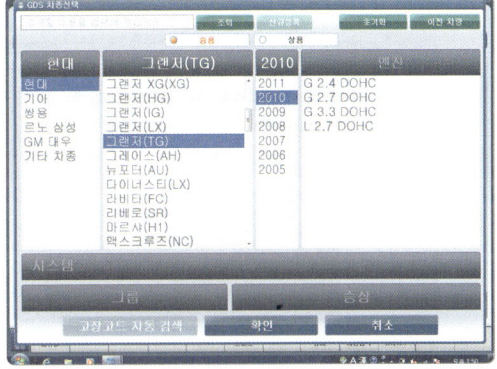

6) 시스템 선택에서 EPS 파워스티어링을 선택한다.

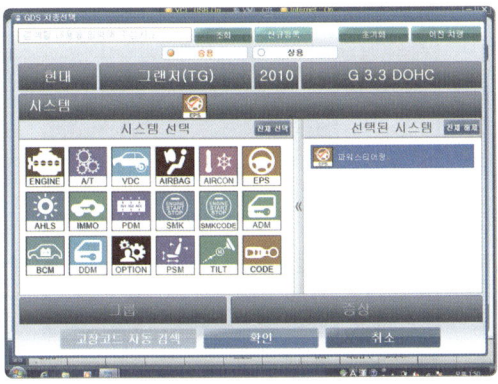

7) 차속, 배터리 전압, 솔레노이드 전류를 선택한다.

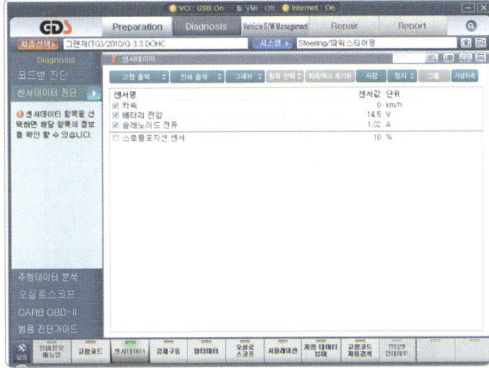

8) 이그니션 ON, 엔진 OFF 상태로 한다.

9) 차속 입력 설명에서 확인을 클릭한다.

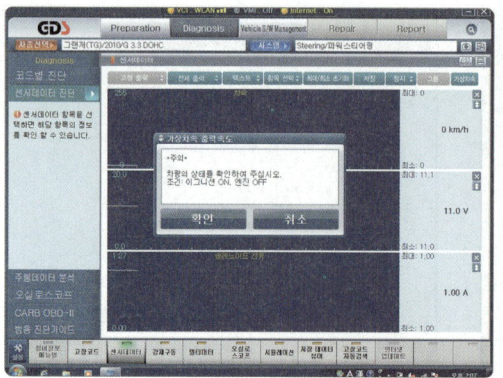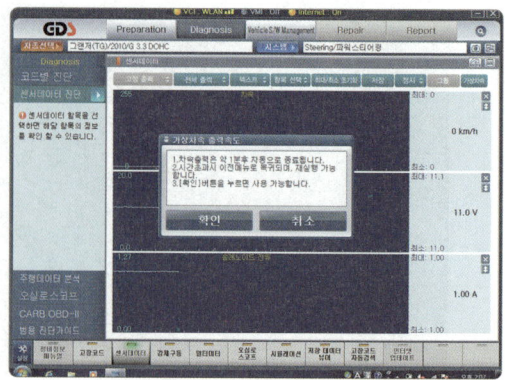

10) ●NG가 출력되면 차량을 밀어서 ●OK 표시가 되도록 한다.

11) ●OK 표시가 출력되면 다음 화면으로 이동한다.

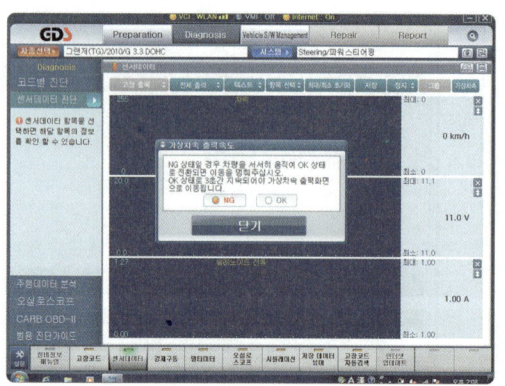

12) 차속 입력 창이 나타나면 ▲를 클릭해서 차속을 입력한다.

13) 250km가 입력되면 파형이 측정되는 것을 확인 후 닫기를 클릭한다.

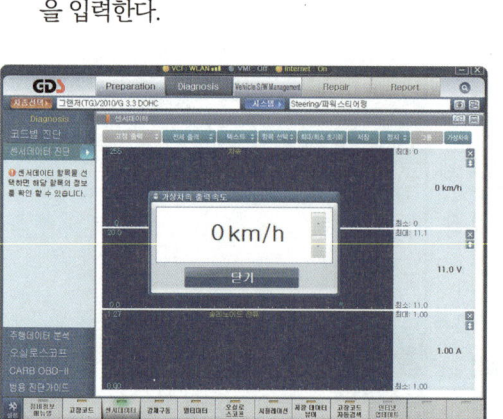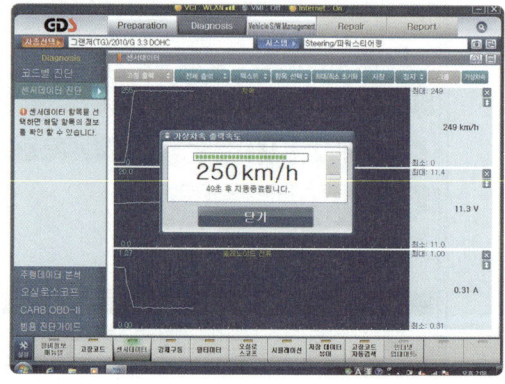

14) 파형 확인 후 정지한다.

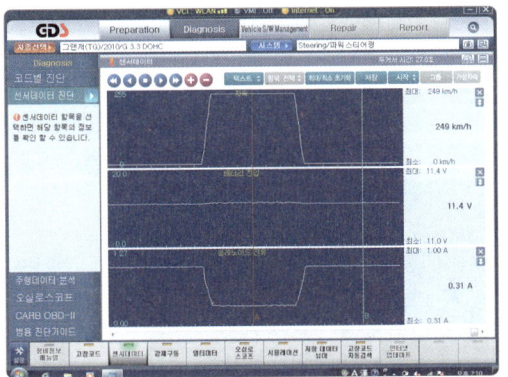

15) A 커서를 파형 중간 부위에 위치시킨다.

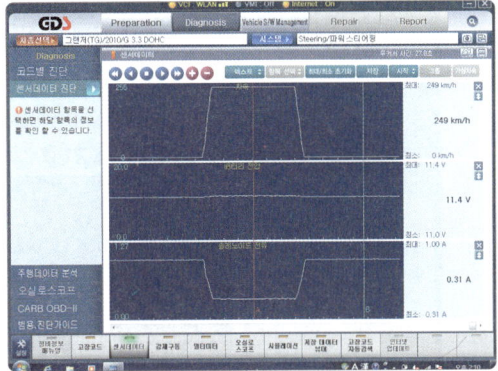

16) 카메라 버튼을 클릭하여 인쇄한다.

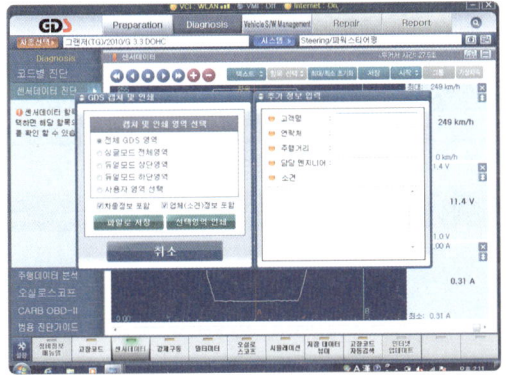

17) 확인을 클릭하여 파형을 출력한다.

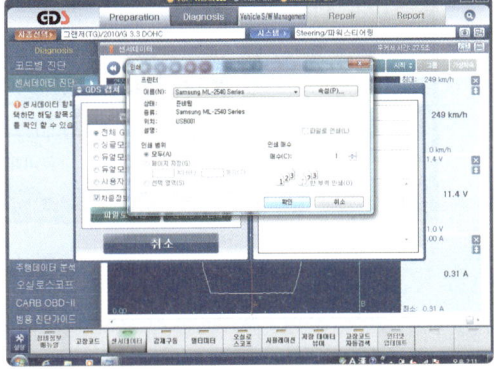

18) 작동 전압 : 11.4V, 작동 전류 : 0.31A를 출력된 파형에 기입한다.

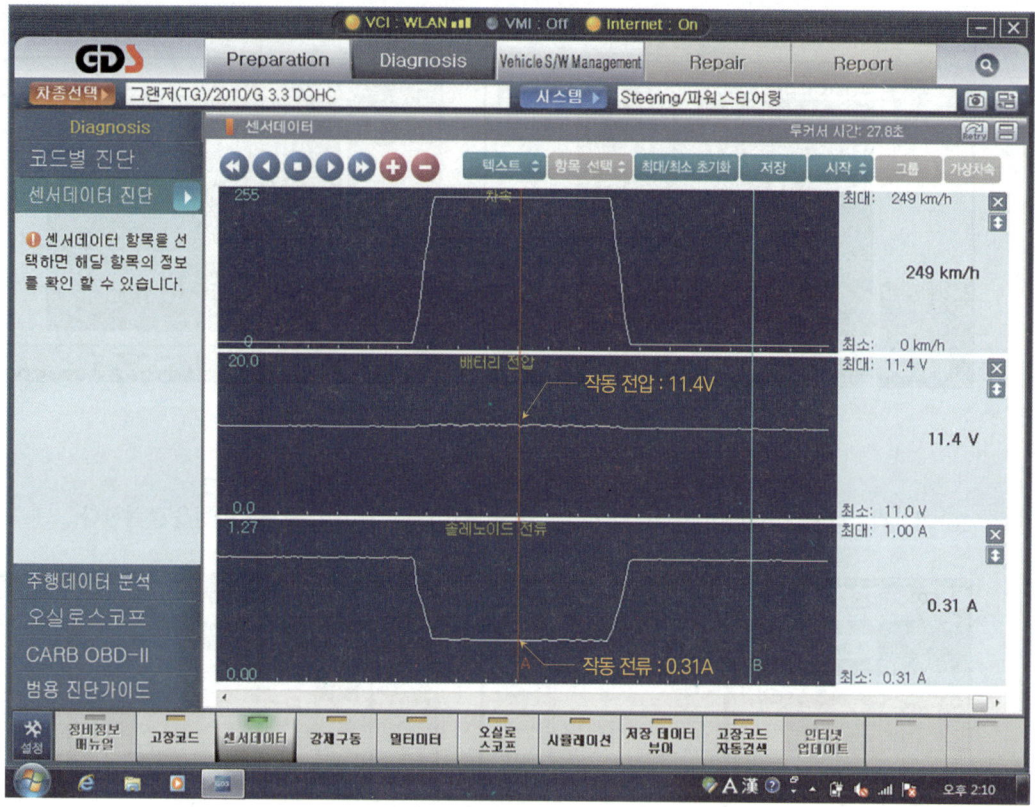

2-2-2. 답안지 작성

1) 작동 전압 11.4V, 전류 0.31A, 듀티 측정 불가를 답안지에 기입한다.
2) 기준값(예 전압 10.5~15.5V, 전류 0.1~0.4A, 듀티 측정 불가)을 참조하여 양호에 ☑ 표시한다.
3) 파형에 표기한 측정값과 답안지 값이 일치해야한다.

[섀시 2 기록표]

1) 파형    자동차 번호 :

| 항목 | 파형 분석 및 판정 | | | 득점 |
|---|---|---|---|---|
| | 분석항목 | | 분석내용 | 판정 (□에'∨'표) | |
| EPS 솔레노이드 밸브(작동 시) | 작동 전압 | 11.4V | 분석내용은 출력물에 표시하시오. | ☑ 양호<br>□ 불량 | |
| | 작동 전류 | 0.31A | | | |
| | 듀티 | 측정 불가 | | | |

*표의 열 구조: 항목 | 분석항목 | (값) | 분석내용 | 판정 | 득점*

### 2-2-3. 정비 및 조치사항

1) 측정값이 기준값 범위 내에 있으므로 양호에 ☑ 표시한다.
2) 측정값이 기준값 범위를 벗어나면 불량에 ☑ 표시한다.

## 2-3. 전륜 캠버, 토(toe) 측정

**2안 참조** p.133

## Electric  다. 전기

1. 감독위원의 지시에 따라 자동차에서 와이퍼 모터를 탈거하고 감독위원에게 확인 후 다시 조립(부착)하여 작동 상태를 확인하고 기록표의 요구사항을 점검 및 측정하여 기록하시오.

## 1. 와이퍼 모터 탈·부착 및 측정

### 1-1. 와이퍼 모터 탈·부착

**2안 참조** p.138

### 1-2. 와이퍼 Low 모드 시 작동 전압 측정

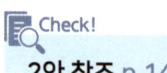
**2안 참조** p.140

### 1-3. 와이퍼 와셔모터 작동 전압 측정

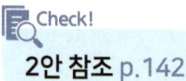
**2안 참조** p.142

Master Craftsman Motor Vehicles Maintenance

2. 주어진 자동차에서 정비지침서의 회로도를 이용하여 기록표에서 요구하는 회로를 점검하고, 이상이 있으면 이상 내용을 기록표에 기록한 후 정비하시오.

## 2. 회로 점검

### 2-1. 도난 방지 회로 점검

#### 2-1-1. 점검

1) HORN(15A) 퓨즈를 확인한다.

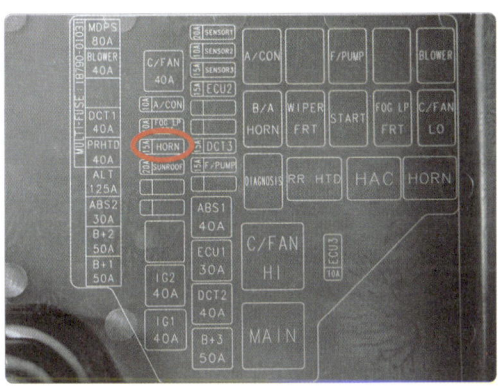

2) B/A HORN 릴레이를 확인한다.

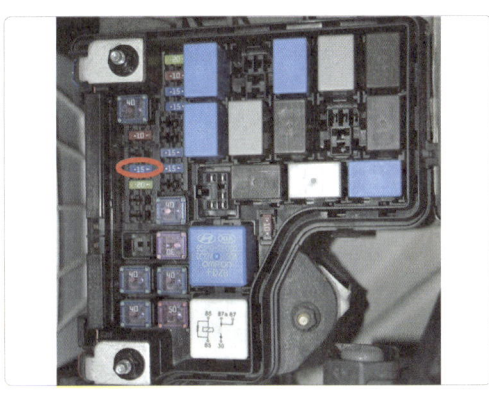

3) 도난 경보 경음기를 확인한다.

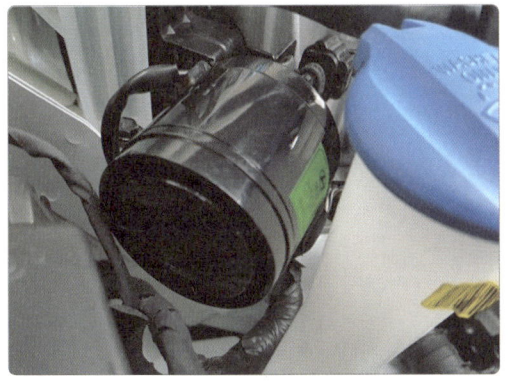

4) 후드 스위치를 확인한다.

5) 스마트정션 블록을 확인한다.

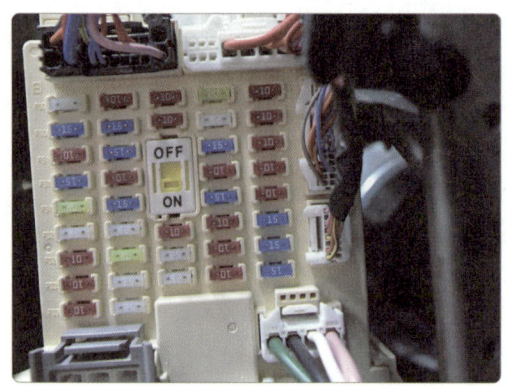

6) 리모컨 작동 시 LED 점등을 확인한다.

### 2-1-2. 답안지 작성

1) 부품의 정확한 명칭을 고장 부분 답안지에 기입한다.
2) 퓨즈가 끊어진 경우 "단선", 퓨즈, 릴레이가 없는 경우 "없음", 퓨즈, 릴레이 터미널이 부러진 경우 "파손"으로 기입한다.
3) 예상 답안
   ① HORN(15A) 단선(또는 없음, 파손)
   ② B/A HORN 릴레이(단선, 파손, 없음)
   ③ 경보기 혼 커넥터 탈거
   ④ 후드 스위치 커넥터 탈거
   ⑤ 스마트정션 블록 커넥터 탈거
   ⑥ 리모컨 건전지 방전 등

## 2-2. 미등 회로 점검

**Check!**
**1안 참조** p.71

## 2-3. 와이퍼 회로 점검

**Check!**
**1안 참조** p.74

[전기 2 기록표]

| 항목 | 점검(원인 부위) | | 내용 및 정비(또는 조치)사항 | 득점 |
|---|---|---|---|---|
| | 고장 부분 | 원인 내용 및 상태 | 정비 및 조치사항 | |
| 도난 방지 회로 | HORN(15A) 퓨즈 | 단선 | HORN(15A) 퓨즈 교환/재점검 | |
| 미등 회로 | | | | |
| 와이퍼 회로 | | | | |

자동차 번호 : / 비번호 / 감독위원 확인

# 3. 주어진 자동차에서 감독위원의 지시에 따라 기록표의 요구사항을 점검 및 측정하여 기록하시오.

## 3. 점검 및 측정

### 3-1. 감광식 룸 램프 작동 시 파형 측정

#### 3-1-1. 측정

1) 커넥터 표에서 M25-1 커넥터 11번 실내등, 16번 GND 위치를 확인한다.

**AVANTE XD ETACS, A/C**

| 1 | 2 | 3 | 4 | 5 | 6 | | 8 | 9 | 10 |
|---|---|---|---|---|---|---|---|---|---|
| 11 | 12 | 13 | 14 | 15 | 16 | 17 | 18 | 19 | 20 |

| 1 | 2 | | 4 | 5 | 6 | 7 | 8 |
|---|---|---|---|---|---|---|---|
| 9 | 10 | 11 | 12 | 13 | 14 | | |

| | 2 | 3 | 4 | | | 7 | 8 |
|---|---|---|---|---|---|---|---|
| | 9 | 10 | 11 | 12 | | | |

(M25-1)

| 1 | B+ |
|---|---|
| 2 | "P"포지션 신호 |
| 3 | 뒷도어 록/언록 신호 |
| 4 | 파워윈도우 릴레이 컨트롤 |
| 5 | ON/ST 전원 |
| 6 | IG 전원 |
| 7 | |
| 8 | 운전석앞 도어 스위치 |
| 9 | 조수석앞 도어 스위치 |
| 10 | 트렁크 램프 컨트롤 |
| 11 | 실내등 |
| 12 | 디포거 릴레이 컨트롤 |
| 13 | 시트벨트 경고등 |
| 14 | 도어록 릴레이(록) |
| 15 | 미등 릴레이 컨트롤 |
| 16 | GND |
| 17 | 파킹브레이크 신호 |
| 18 | 전도어 스위치 |
| 19 | 엔진회전시 입력신호 |
| 20 | 도어록 릴레이(언록) |

(M25-2)

| 1 | 키홀조명 |
|---|---|
| 2 | 도어 경고 스위치 신호 |
| 3 | |
| 4 | 시트벨트 스위치 |
| 5 | |
| 6 | |
| 7 | 와셔신호 |
| 8 | 간헐와이퍼 |
| 9 | 간헐와이퍼 시간지연조절 |
| 10 | 와이퍼 릴레이 컨트롤 |
| 11 | 엔진체크 경고등 컨트롤 |
| 12 | 디포거 스위치 |
| 13 | IG 릴레이(1) 컨트롤 |
| 14 | 미등 스위치 입력 |
| 15 | |
| 16 | |

(M25-3)

| 2 | 외기온도 센서 |
|---|---|
| 3 | |
| 3 | |
| 4 | 증발기 온도센서 |
| 5 | |
| 6 | |
| 7 | AQS |
| 8 | |
| 10 | |
| 11 | |
| 12 | GND |

2) Hi-DS 1번 (+) 프로브를 에탁스 M25-1 커넥터 11번 실내등 핀에, (-) 프로브를 16번 GND 핀에 연결한다.

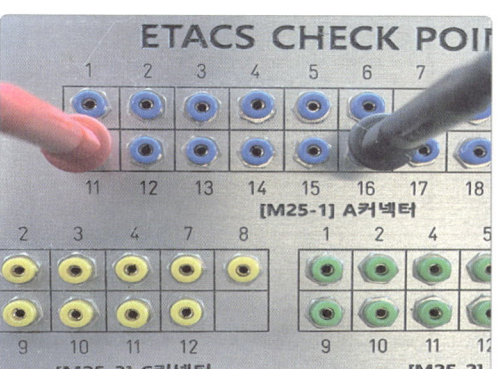

3) 시동키를 탈 후 운전석 도어를 열어놓는다.

4) 실내등을 도어 모드(●)로 점등한다.

5) 바탕 화면에서 Hi-DS를 클릭한다.

6) 로그인 창에서 로그인 취소를 클릭한다.

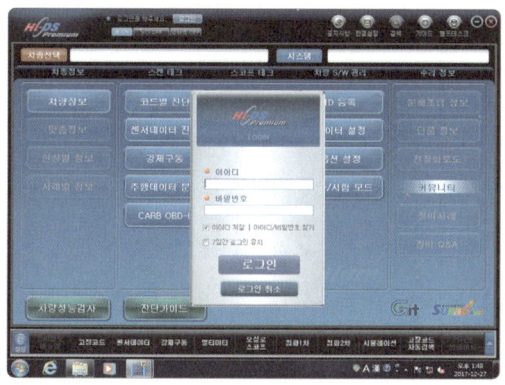

7) 다음 화면에서 사용제약 경고문에서 확인을 클릭한다.

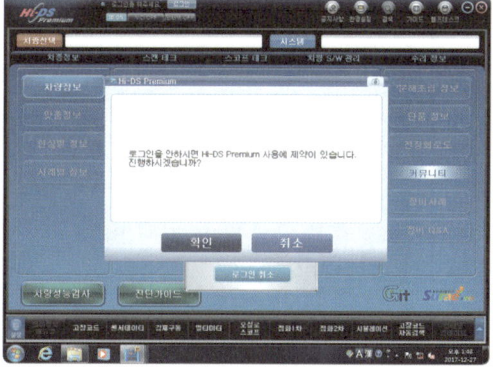

8) 다음 화면에서 오실로스코프를 클릭한다.

9) 다음 화면에서 제작사, 차종, 연식, 엔진형식을 클릭한다.

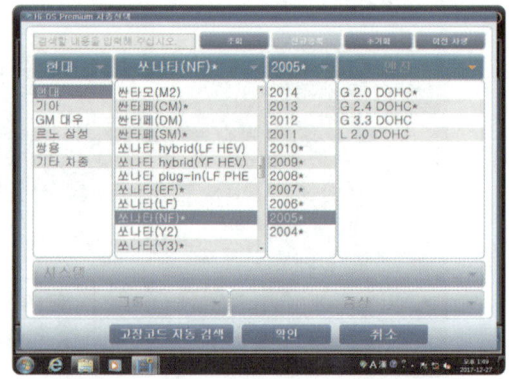

10) 측정할 시스템을 선택한다.

11) 다음 화면에서 60.0V, 1.5s로 설정 후 운전석 도어를 닫는다.

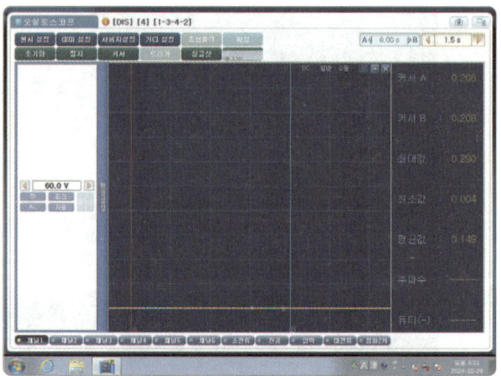

12) 실내등이 서서히 어두워지면서 완전 소등 되고 파형이 출력되면 정지을 누른다.

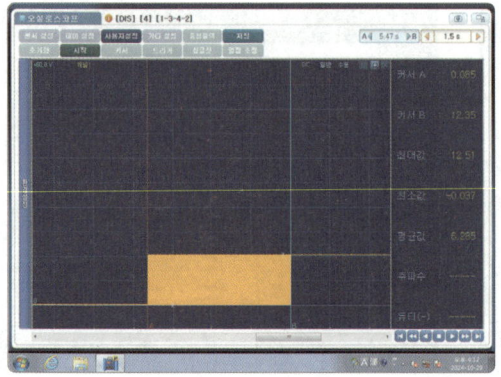

13) A 커셔를 외쪽 라인에, B 커셔를 우측라인에 정렬 후 감광 시간을 기록한다.(5.47s)

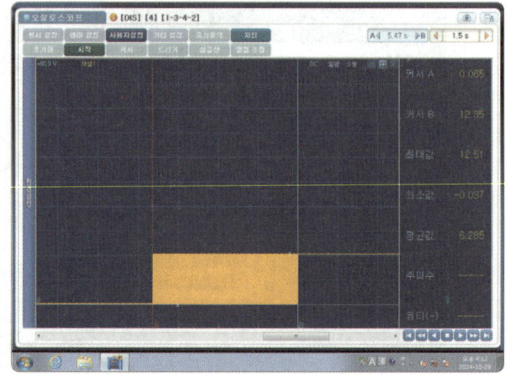

14) 전압 변화 A 커셔값 0.085V → B커셔값 12.35V 측정한다.

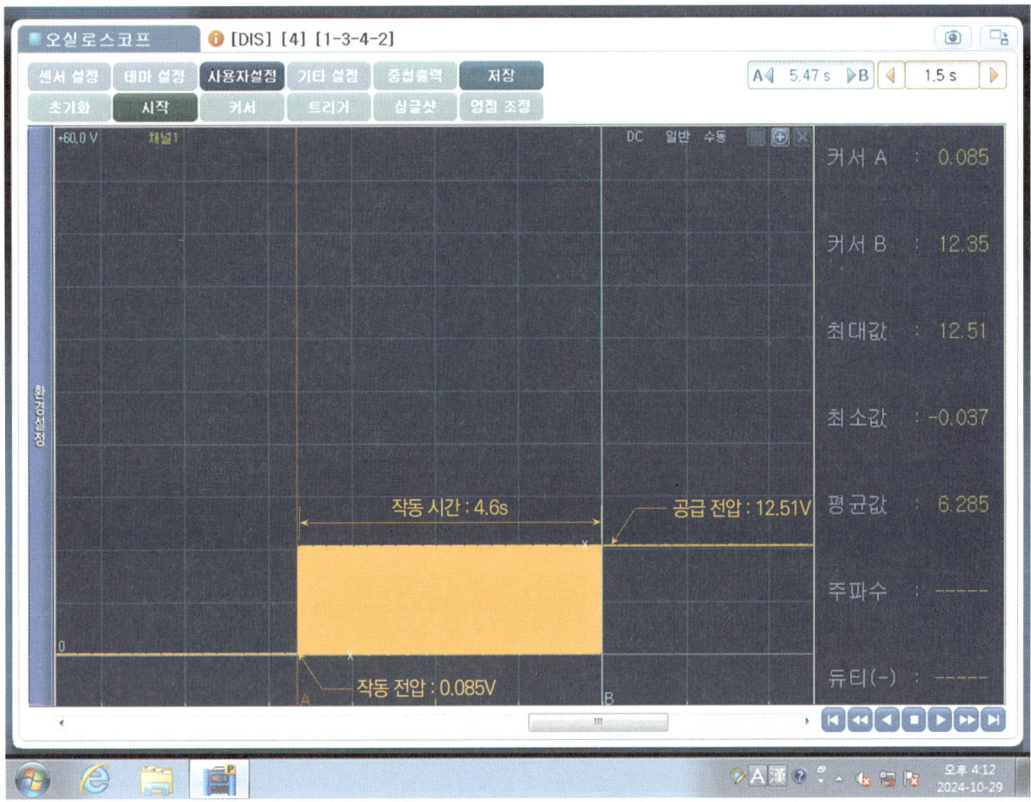

### 3-1-2. 답안지 작성

1) 작동 전압 A커서값 0.085V를 답안지에 기입한다.
2) 공급 전압 B커서값 12.51V를 답안지에 기입한다.
3) 작동 시간 5.47s를 답안지에 기입한다

### [전기 3 기록표]

1) 파형    자동차 번호 :

| 비번호 | | 감독위원 확인 | |
|---|---|---|---|

| 항목 | 파형 분석 및 판정 | | | 득점 |
|---|---|---|---|---|
| | 분석항목 | | 분석내용 | 판정 (□에 'V'표) |
| 도어 스위치 열림/닫힘 시 감광식 룸 램프 작동 파형 | 작동 전압 | 0.085V | 분석내용은 출력물에 표시하시오. | ☑ 양호<br>□ 불량 |
| | 공급 전압 | 12.51V | | |
| | 작동 시간 | 5.47s | | |

### 3-1-3. 분석내용 및 판정

1) 출력한 파형에 작동 전압, 공급 전압, 작동 시간을 기입한다.
2) 규정값(작동 전압 0~1.5V, 공급 전압 10.5~15.5V, 작동 시간 3.5~6.5s)을 참고하여 양호에 ☑ 표시한다.
3) 판정이 불량 시 불량에 ☑ 표시한다.

## 3-2. CAN 라인 저항(High -Low 라인 간) 측정

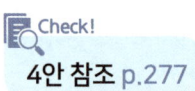
4안 참조 p.277

## 3-3. 경음기(혼) 측정

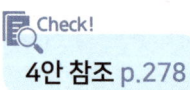
4안 참조 p.278

# 자동차 정비 기/능/장

Master Craftsman Motor Vehicles Maintenance

## 10안

**가. 엔진**
  1. MLA와 흡기 캠, 샤프트 탈·부착 및 점검
  2. 점검 및 측정
  3. 시동 결함, 부조 점검

**나. 섀시**
  1. ABS 모듈 탈·부착, 제동력 측정
  2. P/S 펌프 탈·부착 및 에어 빼기, 측정

**다. 전기**
  1. ETACS(BCM) 탈·부착 후 리모컨 입력
  2. 회로 점검
  3. 점검 및 측정

# 국가기술자격검정 실기시험문제

| 자격종목 | 자동차정비 기능장 | 작품명 | 자동차정비 작업 |

**비 번호(등번호) :**

※ **시험시간 :** [표준시간 : 6시간 30분, 연장시간 없음]
엔진 : 140분 | 섀시 : 130분 | 전기 : 120분

## 요구사항

### Engine  가. 엔진

1. 주어진 전자제어 엔진에서 감독위원의 지시에 따라 MLA와 흡기 캠 샤프트를 탈거하고(감독위원에게 확인) 다시 조립(부착)하여 시동 관련회로를 점검한 후 시동 작업과 기록표의 요구사항을 점검 및 측정하고 기록표에 기록하시오.

## 1. MLA와 흡기 캠 샤프트 탈·부착 및 점검

### 1-1. MLA와 흡기 캠 샤프트 탈·부착

1) LH, RH 실린더헤드 커버를 탈거한다.

 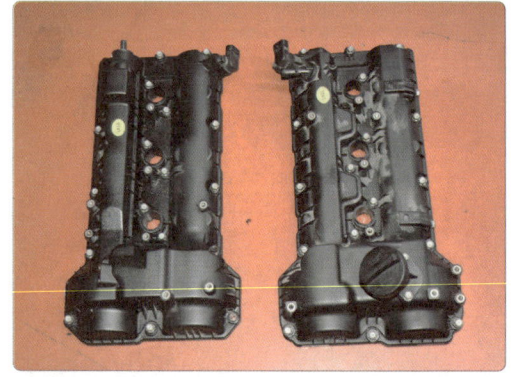

2) 크랭크축을 회전시켜 커버의 타이밍마크와 풀의 홈을 일치시킨다.

3) 캠샤프트의 LH, RH 타이밍마크를 확인한다.

4) 오일팬을 탈거한다.

 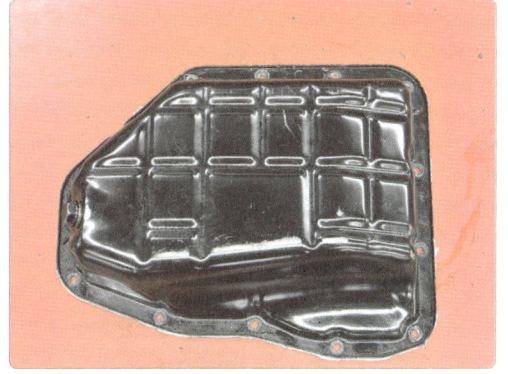

5) 크랭크샤프트 댐퍼풀리를 탈거한다.

6) 타이밍체인 커버를 탈거한다.

7) 텐셔너의 라쳇 홀에 드라이버를 이용하여 라쳇을 해제시킨 상태에서 피스톤을 뒤로 밀고, 고정용 핀으로 고정 후 탈거한다.

8) 타이밍체인 가이드를 탈거한다.

9) 타이밍체인 텐셔너 암을 탈거한다.

10) RH 타이밍체인 가이드를 탈거한다.

 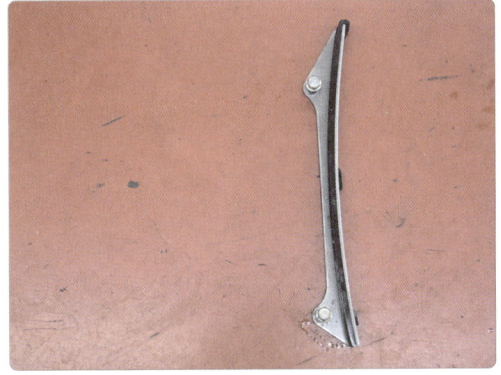

11) RH 타이밍체인을 탈거한다.

12) RH 흡기 캠축 베어링을 탈거한다.

 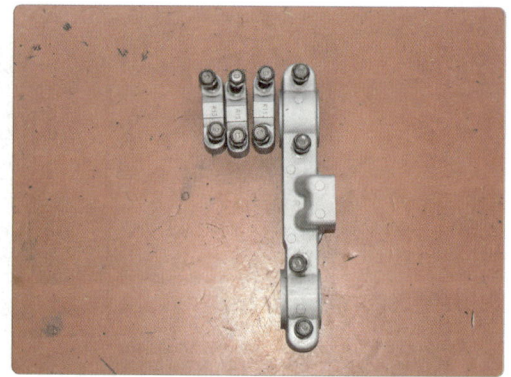

13) RH 흡기 캠축을 탈거한다.

 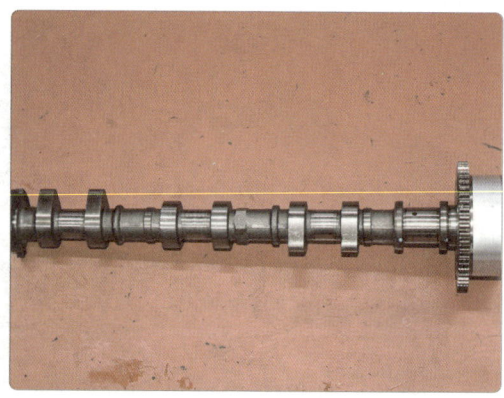

14) RH 흡기 MLA를 탈거 후 감독위원의 확인을 받는다.

15) RH 흡기 MLA를 장착한다.

16) RH 흡기 캠축을 장착한다.

 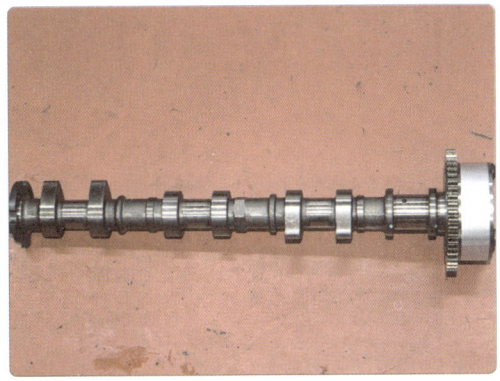

17) RH 흡기 캠축 베어링을 장착한다.

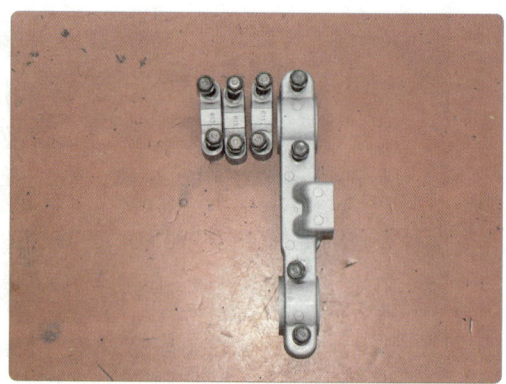

18) RH 타이밍체인을 장착한다. 크랭크샤프트 스프로켓 → 흡기 캠샤프트 스프로켓 → 배기 캠샤프트 스프로켓 순으로 장착한다.

19) RH 타이밍체인 가이드, 텐셔너암을 장착한다.

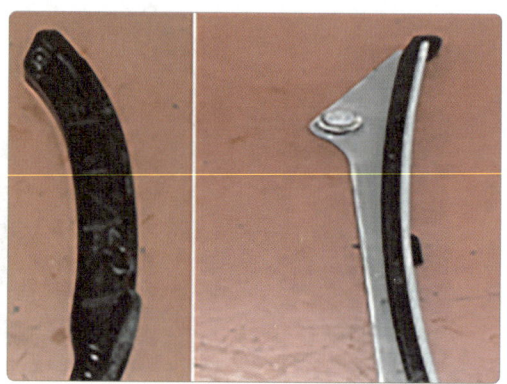

20) RH 타이밍체인 오토텐셔너를 장착하고 고정핀을 뽑는다.

21) RH 캠샤프트 사이의 타이밍체인 가이드를 장착한다.

22) 타이밍마크를 재확인 후 감독위원의 확인을 받는다.

23) 타이밍체인 커버를 장착한다.

 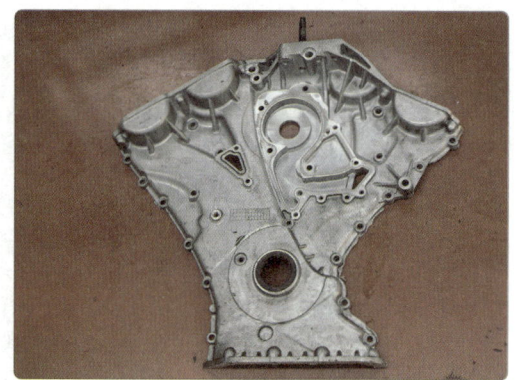

24) 크랭크샤프트 댐퍼풀리를 장착한다.

25) 오일팬을 장착한다.

 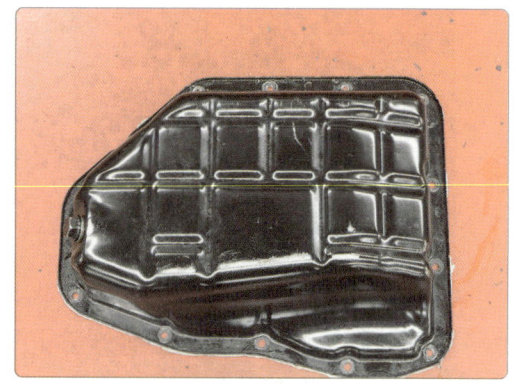

26) LH, RH 실린더헤드 커버를 장착 후 감독위원의 확인을 받는다.

 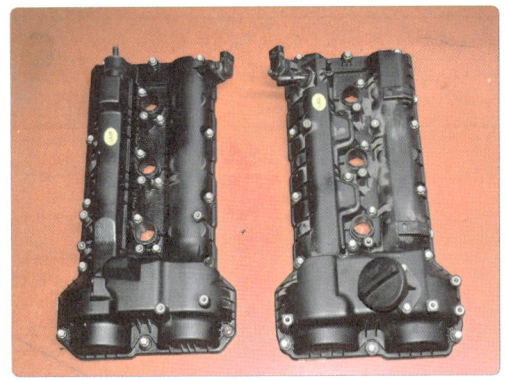

## 1-2. MLA 밸브 간극 측정

### 1-2-1. 측정

1) 감독위원이 지정한 위치의 밸브 간극을 측정한다.(0.03mm)

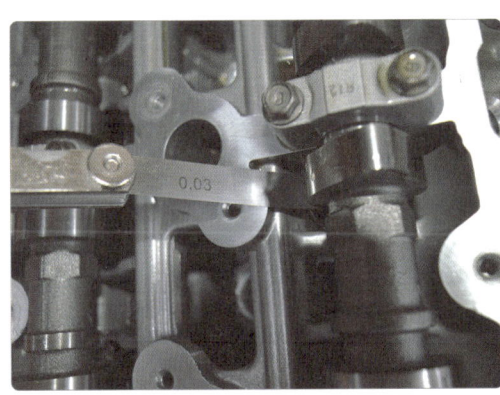 

### 1-2-2. 답안지 작성

1) 측정값 0.03mm가 규정값(0.17~0.23mm) 범위를 벗어나므로 불량에 ☑ 표시한다.

## [엔진 1 기록표]

| | 자동차 번호 : | | 비번호 | | 감독위원 확인 | |
|---|---|---|---|---|---|---|
| 항목 | 측정(또는 점검) | | 판정 및 정비(또는 조치)사항 | | | 득점 |
| | 측정값 | 규정(정비한계)값 | 판정 (□에'∨'표) | 정비 및 조치사항 | | |
| MLA 밸브 간극 | 0.03mm | 0.17~0.23mm | □ 양호<br>☑ 불량 | 3.075mm MLA 장착 후 재점검 | | |
| OCV 유량 조절 밸브 저항 | | | □ 양호<br>□ 불량 | | | |

### 1-2-3. 정비 및 조치사항

1) RH 흡기 캠축 베어링을 탈거한다.

2) RH 흡기 캠축을 탈거한다.

 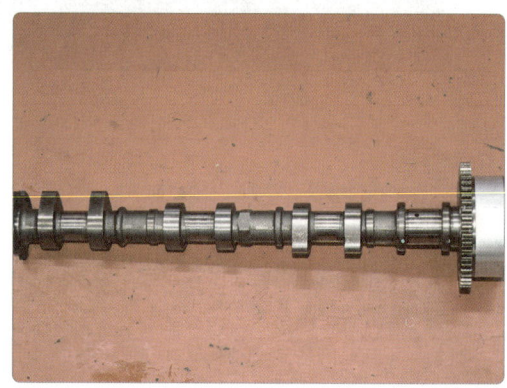

3) 간극을 측정한 밸브의 MLA 탈거 후 안쪽 수치를 확인한다.(240-17)

4) 흡기 밸브 = (밸브 간극 + 장착된 태핏 두께) - 0.2
   배기 밸브 = (밸브 간극 + 장착된 태핏 두께) - 0.3
   (0.03+3.240)-0.2 =3.07mm이므로 근사치 06번 3.075mm MLA를 장착 후 재점검한다.

### MLA 품번

| No. | SHIM 두께 (mm) | PART No. | No. | SHIM 두께 (mm) | PART No. | No. | SHIM 두께 (mm) | PART No. |
|---|---|---|---|---|---|---|---|---|
| 1 | 3.000 | 22226-3E001 | 15 | 3.210 | 22226-3E015 | 29 | 3.420 | 22226-3E029 |
| 2 | 3.015 | 22226-3E002 | 16 | 3.225 | 22226-3E016 | 30 | 3.435 | 22226-3E030 |
| 3 | 3.030 | 22226-3E003 | 17 | 3.240 | 22226-3E017 | 31 | 3.450 | 22226-3E031 |
| 4 | 3.045 | 22226-3E004 | 18 | 3.255 | 22226-3E018 | 32 | 3.465 | 22226-3E032 |
| 5 | 3.060 | 22226-3E005 | 19 | 3.270 | 22226-3E019 | 33 | 3.480 | 22226-3E033 |
| 6 | 3.075 | 22226-3E006 | 20 | 3.285 | 22226-3E020 | 34 | 3.495 | 22226-3E034 |
| 7 | 3.090 | 22226-3E007 | 21 | 3.300 | 22226-3E021 | 35 | 3.510 | 22226-3E035 |
| 8 | 3.105 | 22226-3E008 | 22 | 3.315 | 22226-3E022 | 36 | 3.525 | 22226-3E036 |
| 9 | 3.120 | 22226-3E009 | 23 | 3.330 | 22226-3E023 | 37 | 3.540 | 22226-3E037 |
| 10 | 3.135 | 22226-3E010 | 24 | 3.345 | 22226-3E024 | 38 | 3.555 | 22226-3E038 |
| 11 | 3.150 | 22226-3E011 | 25 | 3.360 | 22226-3E025 | 39 | 3.570 | 22226-3E039 |
| 12 | 3.165 | 22226-3E012 | 26 | 3.375 | 22226-3E026 | 40 | 3.585 | 22226-3E040 |
| 13 | 3.180 | 22226-3E013 | 27 | 3.390 | 22226-3E027 | 41 | 3.600 | 22226-3E041 |
| 14 | 3.195 | 22226-3E014 | 28 | 3.405 | 22226-3E028 |  |  |  |

## 1-3. 엔진 점검 및 시동

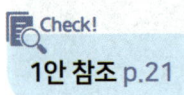

## 1-4. OCV 유량 조절 밸브 저항

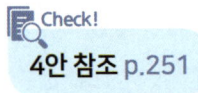

2. 주어진 엔진에서 감독위원의 지시에 따라 기록표 요구사항을 점검 및 측정하여 기록하시오.

## 2. 점검 및 측정

### 2-1. 가변 밸브 타이밍 기구 파형 측정

**5안 참조** p.286

### 2-2. 연료 압력 조절 밸브 듀티 값 측정

**3안 참조** p.195

### 2-3. 연료 온도 센서(FTS) 출력 전압 측정

**3안 참조** p.198

### 2-4. 액셀 포지션 센서 1, 2 전압 측정

**3안 참조** p.198

3. 주어진 자동차에서 크랭킹은 가능하나 시동되지 않고, 시동된 후에도 부조가 발생한다. 고장 원인을 찾아 수리 후 기록표에 기록하시오.

## 3. 시동 결함, 부조 점검

### 3-1. 시동 결함 점검

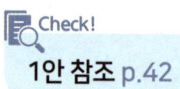

### 3-2. 부조 점검

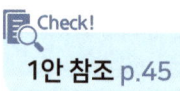

## 나. 섀시

1. 주어진 자동차에서 감독위원의 지시에 따라 ABS 모듈을 탈거하고(감독위원에게 확인) 다시 조립(부착)하여 브레이크 장치 작동 상태를 점검한 후 기록표의 요구사항을 점검 및 측정하여 기록하시오.

## 1. ABS 모듈 탈·부착, 제동력 측정

### 1-1. ABS 모듈 탈·부착

1) ABS 모듈 위치를 확인한다.

2) 인테이크 파이프와 에어크리너 어셈블리를 탈거한다.

3) ABS 모듈레이터 커넥터를 탈거한다.

4) 브레이크 마스터 실린더 오일 파이프를 탈거한다.

5) 브레이크 마스터 실린더를 탈거한다.

6) ABS 모듈레이터 유압파이프를 탈거한다.

7) ABS 모듈레이터를 탈거한다.

8) 탈거한 ABS 모듈레이터를 감독위원에게 확인받는다.

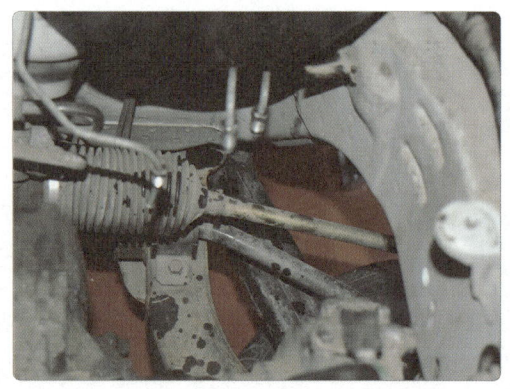

9) ABS 모듈레이터를 장착 후 유압 파이프를 연결한다.

10) 브레이크 마스터 실린더를 장착한다.

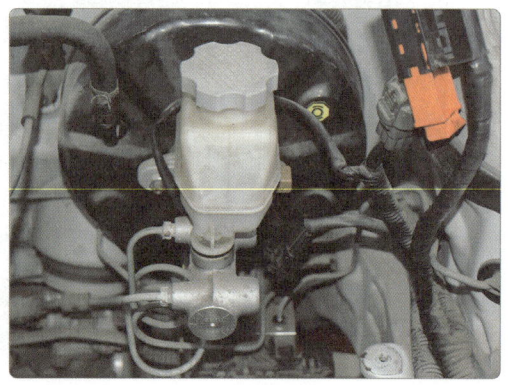

11) ABS 모듈레이터 커넥터를 장착한다.

12) 오일을 보충한다.

13) 스캐너를 OBD 커넥터에 설치한다.(IG ON 상태)

14) 차량통신을 선택한다.

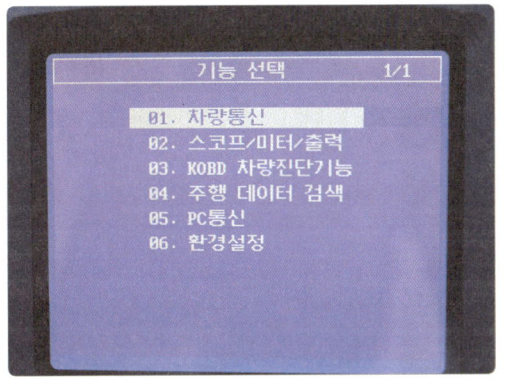

15) 차량 제작사를 선택한다.

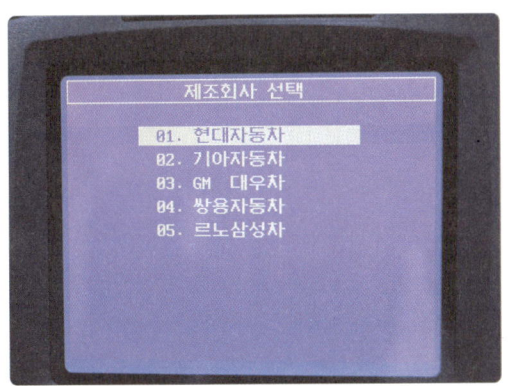

16) 차종을 선택한다.

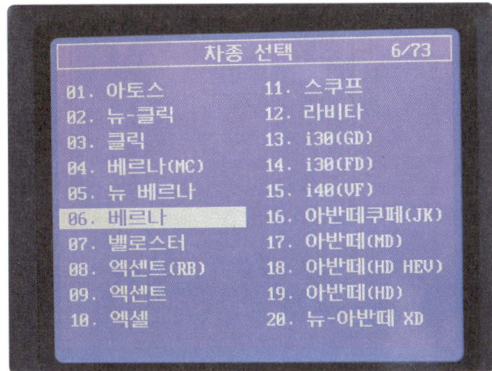

17) 제동제어를 선택한다.

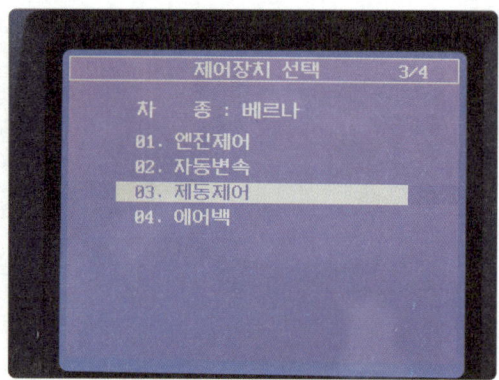

18) HCU 공기빼기를 선택한다.

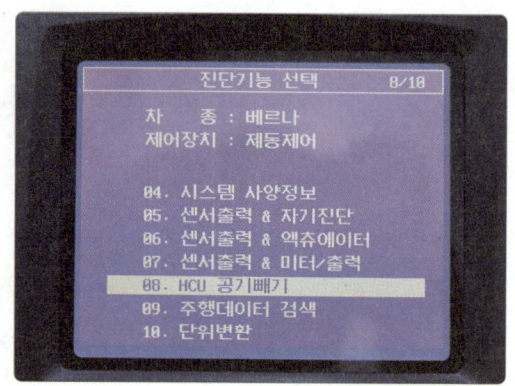

19) 시동키 ON 상태로 한다.

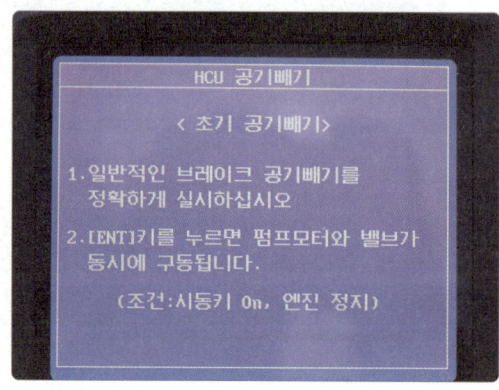

20) 오일을 보충하면서 반복하여 에어빼기 작업을 한다.

21) 에어빼기 작업을 반복 후 완료한다.

## 1-2. 제동력 측정

**1안 참조** p.49

2. 주어진 전자제어 전기유압식 동력 조향장치(EPS) 및 전자식 동력 조향장치(MDPS) 자동차에서 감독위원의 지시에 따라 파워펌프를 교환(탈·부착)하여 에어빼기 작업을 실시하고, 조향장치 작동 상태를 확인하고, 기록표의 요구사항을 점검 및 측정하여 기록하시오.

## 2. P/S 펌프 탈·부착 및 에어빼기, 측정

### 2-1. P/S 펌프 탈·부착

**1안 참조** p.52

### 2-2. MDPS 모터 전류 파형 측정

**1안 참조** p.55

### 2-3. 오일 펌프 배출 압력 측정

**1안 참조** p.60

### 2-4. 유량 제어 솔레노이드 저항 측정

**1안 참조** p.62

## Electric 　다. 전기

1. 주어진 자동차에서 감독위원의 지시에 따라 중앙 집중제어장치(BCM, ETACS, ISU)를 탈거한 후(감독위원에게 확인) 새로운 집중제어장치를(조립) 부착하여 리모컨을 입력시킨 후 작동 상태를 확인하고 기록표에 기록하시오.

## 1. ETACS(BCM) 탈·부착 후 리모컨 입력

### 1-1. ETACS(BCM) 탈·부착

1) IPC 장착 위치를 확인한다.

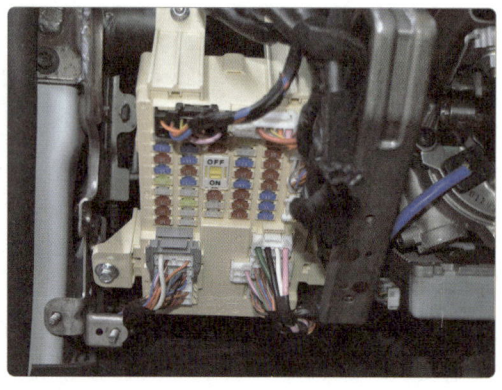

2) IPC 배선 커넥터를 탈거한다.

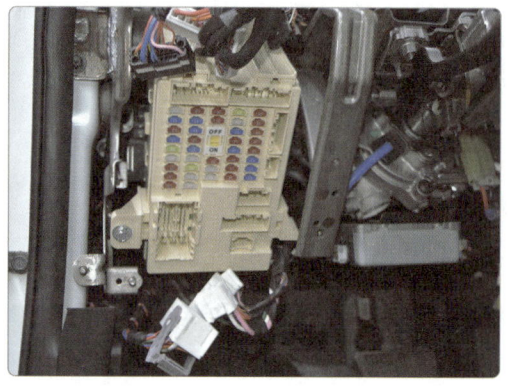

3) IPC를 탈거한다.

4) 탈거한 IPC를 감독위원에게 확인받는다.

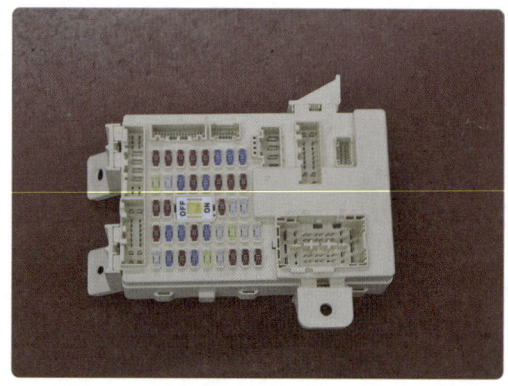

5) IPC를 장착한다.

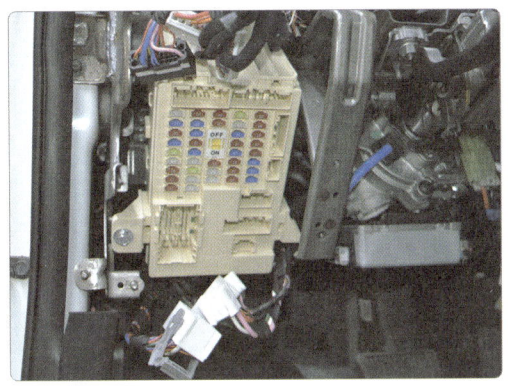

6) IPC 배선 커넥터를 연결 후 감독위원의 확인을 받는다.

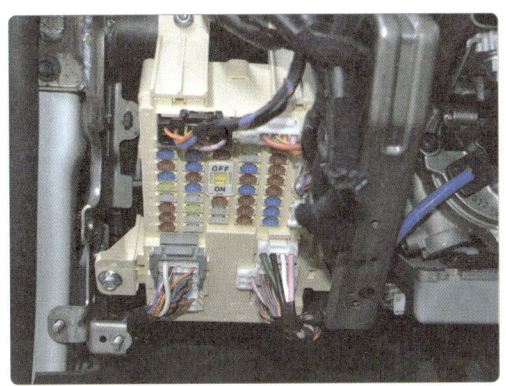

## 1-1-2. 리모컨 입력

1) 감독위원으로부터 리모컨을 지급받는다.

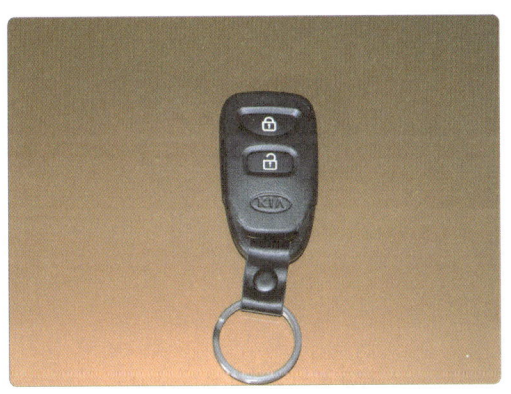

2) 스캐너를 OBD 커넥터에 설치한다.(엔진 키 탈거상태)

3) 기능 선택에서 차량통신을 선택한다.

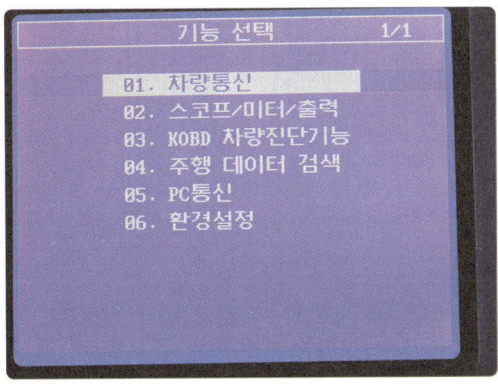

4) 차량 제작사를 선택한다.

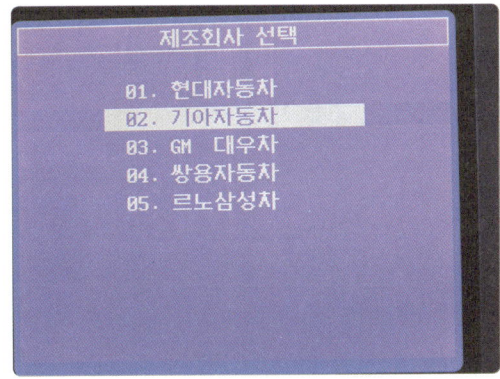

5) 차종을 선택한다.

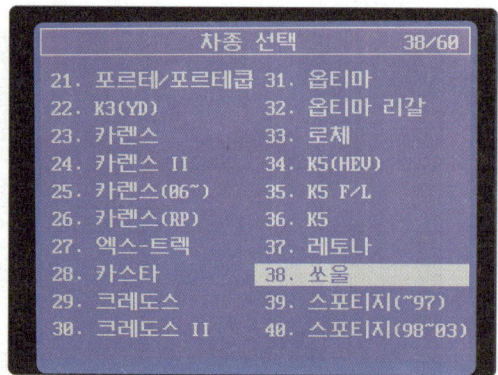

6) 트랜스미터 코드 등록을 선택한다.

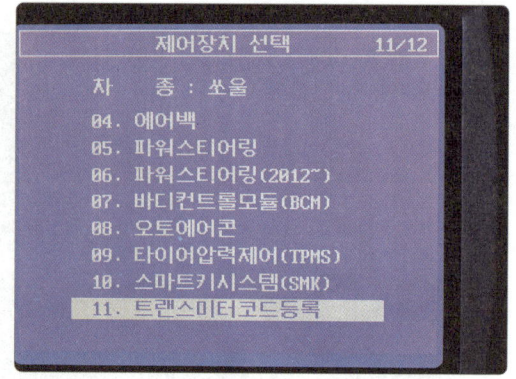

7) 리모컨 등록 문구가 출력된다.

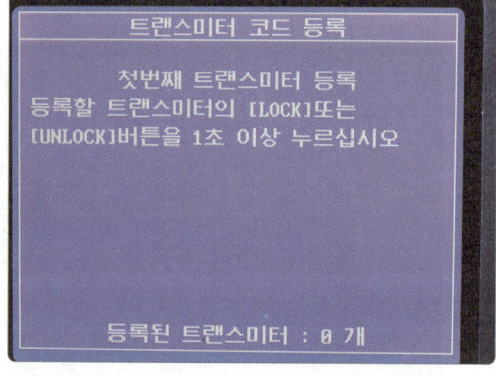

8) 지급받은 리모컨의 LOCK 버튼을 1초 이상 누른다.

9) 방향지시등이 점멸하면서 첫 번째 리모컨이 등록된다.

10) 두 번째 트랜스미터 등록 메시지가 출력되면 ESC를 눌러 종료한다.

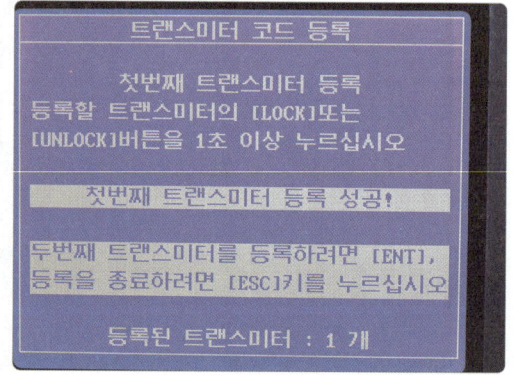

11) 등록한 리모컨이 작동하는지 확인한다.   12) 등록한 리모컨을 감독위원에게 확인받는다.

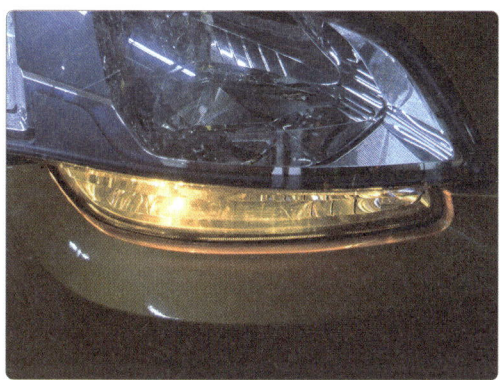 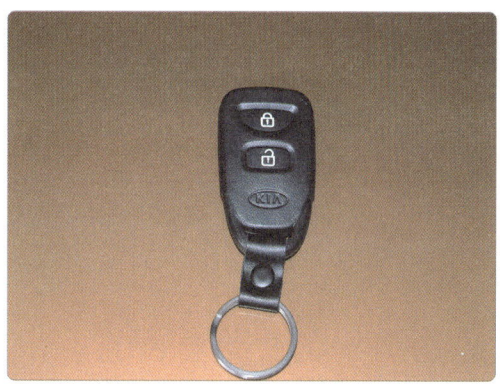

## 1-2. 도어 액추에이터 작동 전압 측정

### 1-2-1. 측정

1) 커넥터 표에서 M25-1 커넥터 14번핀 Lock, 20번핀 Unlock 도어록 릴레이, 16번 GND 핀을 확인한다.

**AVANTE XD ETACS, A/C**

| 1 | 2 | 3 | 4 | 5 | 6 |   | 8 | 9 | 10 |
|---|---|---|---|---|---|---|---|---|----|
|11 |12 |13 |14 |15 |16 |17 |18 |19 |20 |

(M25-1)

| 1 | 2 |   | 4 | 5 | 6 |   | 8 |
|---|---|---|---|---|---|---|---|
| 9 |10 |11 |12 |13 |14 |   |   |

(M25-2)

|   | 2 | 3 | 4 |   |   | 7 | 8 |
|---|---|---|---|---|---|---|---|
|   | 9 |10 |11 |12 |   |   |   |

(M25-3)

| 1 | B+ |
|---|---|
| 2 | "P"포지션 신호 |
| 3 | 뒷도어 록/언록 신호 |
| 4 | 파워윈도우 릴레이 컨트롤 |
| 5 | UN/SI 전원 |
| 6 | IG 전원 |
| 7 | |
| 8 | 운전석앞 도어 스위치 |
| 9 | 조수석앞 도어 스위치 |
| 10 | 트렁크 램프 컨트롤 |
| 11 | 실내등 |
| 12 | 디포거 릴레이 컨트롤 |
| 13 | 시트벨트 경고등 |
| 14 | 도어록 릴레이(록) |
| 15 | 미등 릴레이 컨트롤 |
| 16 | GND |
| 17 | 파킹브레이크 신호 |
| 18 | 전도어 스위치 |
| 19 | 엔진회전시 입력신호 |
| 20 | 도어록 릴레이(언록) |

| 1 | 키홀조명 |
|---|---|
| 2 | 도어 경고 스위치 신호 |
| 3 | |
| 4 | 시트벨트 스위치 |
| 5 | |
| 6 | |
| 7 | 와셔신호 |
| 8 | 간헐와이퍼 |
| 9 | 간헐와이퍼 시간지연조절 |
| 10 | 와이퍼 릴레이 컨트롤 |
| 11 | 엔진체크 경고등 컨트롤 |
| 12 | 디포거 스위치 |
| 13 | IG 릴레이(1) 컨트롤 |
| 14 | 미등 스위치 입력 |
| 15 | |
| 16 | |

| 2 | 외기온도 센서 |
|---|---|
| 3 | |
| 3 | |
| 4 | 증발기 온도센서 |
| 5 | |
| 6 | |
| 7 | AQS |
| 8 | |
| 10 | |
| 11 | |
| 12 | GND |

2) 시동키를 탈거 한다.

3) 도어 잠금 레버를 Unlock 위치로한다.

4) 도어 잠금 레버를 Lock 위치로 누름시 최저 전압을 읽는다.(0.06V)

5) 도어 잠금 레버를 Lock 위치로한다.

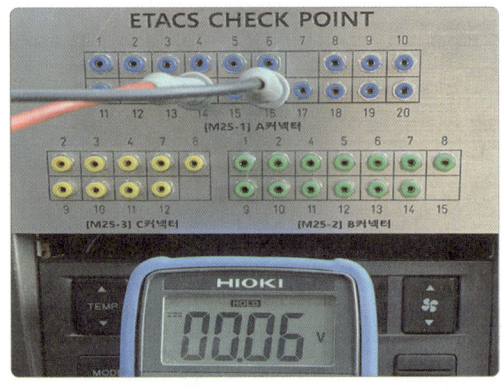

6) 도어 잠금 레버를 Unlock 위치로 당김시 최저 전압을 읽는다.(0.06V)

1-2-2. 답안지 작성

1) Lock 시 전압 0.06V를 답안지에 기입한다.
2) Un-Lock 시 전압 0.06V를 답안지에 기입한다.
3) 기준값(Lock 시 전압 0~0.15V, Un-Lock 시 전압 0~0.15V)을 답안지에 기입한다.

## [전기 1 기록표]

자동차 번호 :

| 항목 | 측정(또는 점검) | | 판정 및 정비(또는 조치)사항 | | 득점 |
|---|---|---|---|---|---|
| | 측정값 | 규정(정비한계)값 | 판정 (□에'∨'표) | 정비 및 조치사항 | |
| 도어 액추에이터 | Lock 시 전압 0.06V | 0~0.15V | ☑ 양호<br>□ 불량 | 없음 | |
| | Un-Lock 시 전압 0.06V | 0~0.15V | | | |

비번호 / 감독위원 확인

※ 감독 위원의 지시에 따라 점검하고 단위가 누락되거나 틀린 경우는 오답으로 채점합니다.

1-2-3. 답안지 작성

1) 기준값을 참고하여 양호에 ☑ 표시 후 정비 및 조치사항에 "없음"으로 기입한다.
2) 불량 시 불량에 ☑ 표시 후 정비 및 조치사항에 "도어 액추에이터 교환/재점검"으로 기입한다.

2. 주어진 자동차에서 정비지침서의 회로도를 이용하여 기록표에서 요구하는 회로를 점검하고, 이상이 있으면 이상 내용을 기록표에 기록한 후 정비하시오.

## 2. 회로 점검

### 2-1. 도난 방지 회로 점검

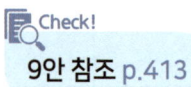
9안 참조 p.413

### 2-2. 사이드미러 회로 점검

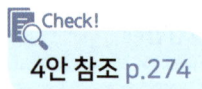
4안 참조 p.274

### 2-3. 전조등 회로 점검

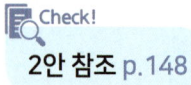
2안 참조 p.148

3. 주어진 자동차에서 감독위원의 지시에 따라 기록표의 요구사항을 점검 및 측정하여 기록하시오.

## 3. 점검 및 측정

### 3-1. LIN 통신 파형 측정

**6안 참조** p.339

## 3-2. 외기온도 센서 저항, 출력 전압 측정

### 3-2-1. 측정

1) 커낵터 표에서 M25-3 2번 외기온도 센서, 12번 GND를 확인한다.

**AVANTE XD ETACS, A/C**

| 1 | 2 | 3 | 4 | 5 | 6 | | 8 | 9 | 10 |
|---|---|---|---|---|---|---|---|---|---|
| 11 | 12 | 13 | 14 | 15 | 16 | 17 | 18 | 19 | 20 |

(M25-1)

| 1 | B+ |
|---|---|
| 2 | "P"포지션 신호 |
| 3 | 뒷도어 록/언록 신호 |
| 4 | 파워윈도우 릴레이 컨트롤 |
| 5 | ON/ST 전원 |
| 6 | IG 전원 |
| 7 |  |
| 8 | 운전석앞 도어 스위치 |
| 9 | 조수석앞 도어 스위치 |
| 10 | 트렁크 램프 컨트롤 |
| 11 | 실내등 |
| 12 | 디포거 릴레이 컨트롤 |
| 13 | 시트벨트 경고등 |
| 14 | 도어록 릴레이(록) |
| 15 | 미등 릴레이 컨트롤 |
| 16 | GND |
| 17 | 파킹브레이크 신호 |
| 18 | 전도어 스위치 |
| 19 | 엔진회전시 입력신호 |
| 20 | 도어록 릴레이(언록) |

| 1 | 2 | | 4 | 5 | 6 | 7 | 8 |
|---|---|---|---|---|---|---|---|
| 9 | 10 | 11 | 12 | 13 | 14 | | |

(M25-2)

| 1 | 키홀조명 |
|---|---|
| 2 | 도어 경고 스위치 신호 |
| 3 |  |
| 4 | 시트벨트 스위치 |
| 5 |  |
| 6 |  |
| 7 | 와셔신호 |
| 8 | 간헐와이퍼 |
| 9 | 간헐와이퍼 시간지연조절 |
| 10 | 와이퍼 릴레이 컨트롤 |
| 11 | 엔진체크 경고등 컨트롤 |
| 12 | 디포거 스위치 |
| 13 | IG 릴레이(1) 컨트롤 |
| 14 | 미등 스위치 입력 |
| 15 |  |
| 16 |  |

| 2 | 3 | 4 | | 7 | 8 |
|---|---|---|---|---|---|
| 9 | 10 | 11 | 12 | | |

(M25-3)

| 2 | 외기온도 센서 |
|---|---|
| 3 |  |
| 3 |  |
| 4 | 증발기 온도센서 |
| 5 |  |
| 6 |  |
| 7 | AQS |
| 8 |  |
| 10 |  |
| 11 |  |
| 12 | GND |

2) 시동키를 탈거 한다.

3) M25-3 12번 핀 GND, 2번 핀 외기 온도 센서에 멀티메터를 연결 후 저항을 측정한다.(19㏀)

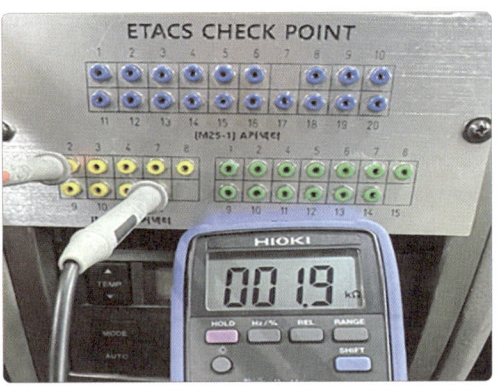

4) 시동 키를 IG On 상태로 한다.

5) M25-3 12번 핀 GND, 2번 핀 외기 온도 센서에 멀티메터를 연결 후 에어컨을 작동한다.

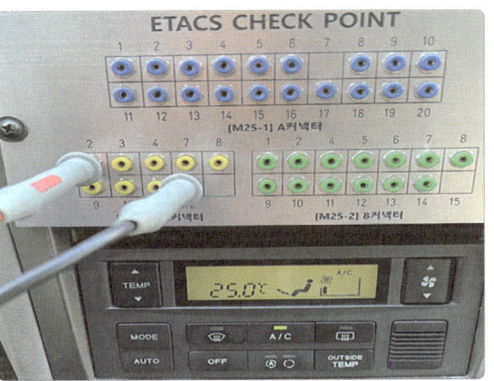

6) 출력 전압을 측정한다.(2.8V)

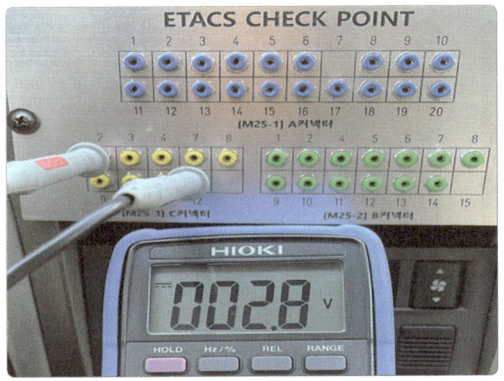

### 3-2-2. 에어컨 냉매 압력 측정

1) 기관 정지 후 매니폴드게이지를 준비한다.

2) 차량의 저압, 고압 라인을 확인한다.

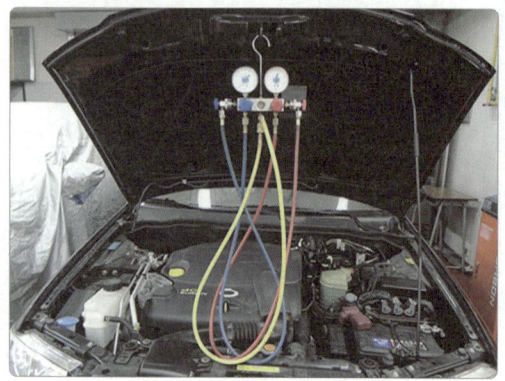

3) 게이지 청색을 저압 라인에, 적색을 고압 라인에 연결한다.

4) 엔진 시동 후 설정 온도 17℃ 송풍팬 고속으로 에어컨을 가동한다.

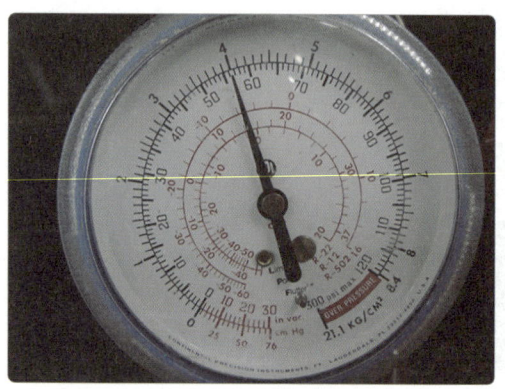

5) 2500rpm 정도에서 저압 청색 게이지 읽어 답안지를 작성한다.(4.0kgf/㎠)

6) 고압 적색 게이지를 읽어 답안지를 작성한다. (19.5kgf/㎠)

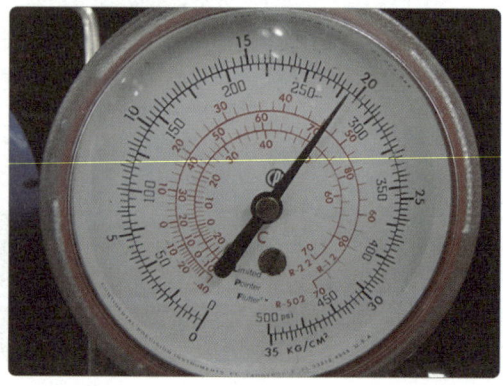

3-2-3. 답안지 작성

1) AMB 측정값 저항 1.9kΩ, 전압 2.8V를 답안지에 기록한다.
2) AMB 규정값(저항 2.5~3.5kΩ, 전압 3.5~3.8V)을 답안지에 기록한다.
3) 에어컨 냉매 압력 측정값 저압 4.0kgf/cm², 고압 19.5kgf/cm²을 답안지에 기록한다.
4) 에어컨 냉매 압력 규정값(저압 1.5~2.0kgf/cm², 고압 14~16kgf/cm²)을 답안지에 기록한다

## [전기 3 기록표]

2) 점검 및 측정    자동차 번호 :

| 위치 | | 측정(또는 점검) | | 판정 및 정비(또는 조치)사항 | | 득점 |
| --- | --- | --- | --- | --- | --- | --- |
| | | 측정값 | 규정(정비한계)값 | 판정 (□에 'V'표) | 정비 및 조치사항 | |
| 외기온도 센서 | 저항 | 1.9kΩ | 2.5~3.5kΩ | □ 양호<br>☑ 불량 | 외기온도 센서 교환/재점검 | |
| | 출력 전압 | 2.8V | 3.5~3.8V | | | |
| 에어컨 냉매 압력 | 저압 | 4.0kgf/cm² | 1.5~2.0kgf/cm² | □ 양호<br>☑ 불량 | 냉매 많음 회수 재충전/재점검 | |
| | 고압 | 19.5kgf/cm² | 14~16kgf/cm² | | | |

3-2-4. 정비 및 조치사항

1) 측정값이 규정값 범위 내에 있으면 양호에 ☑ 표시 후 정비 및 조치사항에 "없음"으로 기입한다

Memo

# 자동차 정비 기/능/장

Master Craftsman Motor Vehicles Maintenance

## 11안

### 가. 엔진
1. 타이밍벨트 가변 타이밍 장치(CVVT, VVT) 탈·부착 및 측정
2. 점검 및 측정
3. 시동 결함, 부조 점검

### 나. 섀시
1. 전륜 현가장치 쇽업쇼버 코일 스프링 탈·부착 및 점검
2. 핸들 컬럼 샤프트 탈·부착 및 점검

### 다. 전기
1. 파워윈도우 레귤레이터 탈·부착 및 측정
2. 회로 점검
3. 점검 및 측정

Master Craftsman Motor Vehicles Maintenance

# 국가기술자격검정 실기시험문제

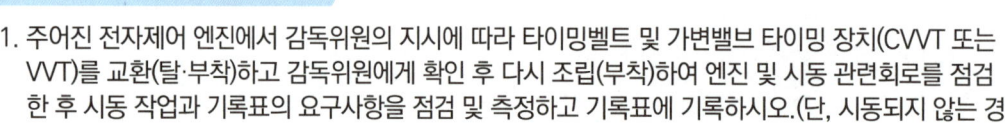

※ 시험시간 : [표준시간 : 6시간 30분, 연장시간 없음]
엔진 : 140분 | 섀시 : 130분 | 전기 : 120분

## 📝 요구사항

### Engine  가. 엔진

1. 주어진 전자제어 엔진에서 감독위원의 지시에 따라 타이밍벨트 및 가변밸브 타이밍 장치(CVVT 또는 VVT)를 교환(탈·부착)하고 감독위원에게 확인 후 다시 조립(부착)하여 엔진 및 시동 관련회로를 점검한 후 시동 작업과 기록표의 요구사항을 점검 및 측정하고 기록표에 기록하시오.(단, 시동되지 않는 경우 2항은 작업할 수 없음.)

## 1. 타이밍벨트 가변 타이밍 장치(CVVT, VVT) 탈·부착 및 측정

### 1-1. 엔진 분해 및 조립

🔍 Check!
**1안 참조** p.2

### 1-2. 엔진 점검 및 시동

🔍 Check!
**1안 참조** p.21

## 1-3. 캠, 높이 양정 측정

**4안 참조** p.251

## 1-4. 오일 컨트롤 밸브 저항 측정

**4안 참조** p.252

2. 주어진 엔진에서 감독위원의 지시에 따라 기록표 요구사항을 점검 및 측정하여 기록하시오.

# 2. 점검 및 측정

## 2-1. 가변 밸브 타이밍 기구 파형 측정

**5안 참조** p.286

## 2-2. 공기 유량 센서(MAP, AFS) 출력 전압(파형) 측정

**2안 참조** p.112

## 2-3. TPS출력 전압(파형) 측정

**2안 참조** p.114

3. 주어진 자동차에서 크랭킹은 가능하나 시동되지 않고, 시동된 후에도 부조가 발생한다. 고장 원인을 찾아 수리 후 기록표에 기록하시오.

## 3. 시동 결함, 부조 점검

### 3-1. 시동 결함 점검

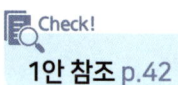

### 3-2. 부조 점검

## Chassis  나. 섀시

1. 주어진 자동차에서 감독위원의 지시에 따라 전륜 현가장치의 쇽업쇼버 코일 스프링을 탈거하고 감독위원에게 확인 후 다시 조립(부착)하여 작동 상태를 확인하고, 기록표의 요구사항을 점검 및 측정하여 기록하시오.

## 1. 전륜 현가장치 쇽업쇼버 코일 스프링 탈·부착 및 점검

### 1-1. 전륜 현가장치 쇽업쇼버 코일 스프링 탈·부착

**3안 참조** p.203

### 1-2. 사이드슬립 측정

**3안 참조** p.209

### 1-3. 타이어 점검

**3안 참조** p.212

2. 주어진 전자제어 유압식 동력 조향장치 자동차에서 감독위원의 지시에 따라 핸들 컬럼 샤프트를 교환(탈·부착)하여 작동 상태를 확인하고, 기록표의 요구사항을 점검 및 측정하여 기록하시오.

## 2. 핸들 컬럼 샤프트 탈·부착 및 점검

### 2-1. 핸들 컬럼 샤프트 탈·부착

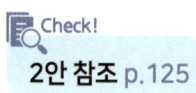

### 2-2. 자동 변속기 입(출)력 센서 파형

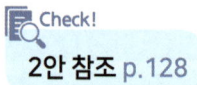

### 2-3. 전륜 캠버, 토(toe) 측정

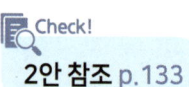

## Electric 다. 전기

1. 감독위원의 지시에 따라 자동차에서 파워윈도우 레귤레이터를 탈거하고 감독위원에게 확인 후 다시 조립(부착)하여 작동 상태를 확인하고, 기록표의 요구사항을 점검 및 측정하고 기록표에 기록하시오.

## 1. 파워윈도우 레귤레이터 탈·부착 및 측정

### 1-1. 파워윈도우 레귤레이터 탈·부착

**7안 참조** p.361

### 1-2. 파워윈도우 작동 시 전압, 전류 파형 측정

**7안 참조** p.363

2. 주어진 자동차에서 정비지침서의 회로도를 이용하여 기록표에서 요구하는 회로를 점검하고, 이상이 있으면 이상 내용을 기록표에 기록한 후 정비하시오.

## 2. 회로 점검

### 2-1. 에어컨 및 공조 회로 점검

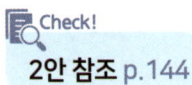

**2안 참조** p.144

### 2-2. 전조등 회로 점검

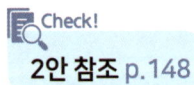

**2안 참조** p.148

### 2-3. 방향지시등 회로 점검

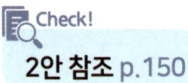

**2안 참조** p.150

3. 주어진 자동차에서 감독위원의 지시에 따라 기록표의 요구사항을 점검 및 측정하여 기록하시오.

## 3. 점검 및 측정

### 3-1. 안전벨트 차임벨 타이머 파형 측정

**8안 참조** p.396

### 3-2. 유해가스 감지 센서(AQS) 출력 전압 측정

**1안 참조** p.82

### 3-3. 핀 서모센서 저항, 출력 전압 측정

**1안 참조** p.84

# Memo

# 자동차 정비 기/능/장

Master Craftsman Motor Vehicles Maintenance

## 12안

**가. 엔진**
1. MLA와 배기 캠 샤프트 탈·부착 및 측정
2. 점검 및 측정
3. 시동 결함, 부조 점검

**나. 섀시**
1. 전륜(또는 후륜)의 한쪽 허브베어링 탈·부착 및 점검
2. 브레이커 캘리퍼 탈·부착 및 에어빼기, 점검 및 측정

**다. 전기**
1. 라디에이터 팬 탈·부착 및 점검
2. 회로 점검
3. 점검 및 측정

# 12안 국가기술자격검정 실기시험문제

| 자격종목 | 자동차정비 기능장 | 작품명 | 자동차정비 작업 |

**비 번호(등번호) :**

※ 시험시간 : [표준시간 : 6시간 30분, 연장시간 없음]
　　　　　　엔진 : 140분　|　섀시 : 130분　|　전기 : 120분

## 요구사항

### Engine  가. 엔진

1. 주어진 엔진에서 감독위원의 지시에 따라 MLA와 배기 캠 샤프트를 탈거하고(감독위원에게 확인) 다시 조립(부착)하여, 시동 관련회로를 점검한 후 시동 작업과 기록표의 요구사항을 점검 및 측정하고 기록표에 기록하시오.(단, 시동되지 않는 경우 2항은 작업할 수 없음.)

## 1. MLA와 배기 캠 샤프트 탈·부착 및 측정

### 1-1. 엔진 분해 및 조립

**Check!**
1안 참조 p.2

### 1-2. 엔진 점검 및 시동

**Check!**
1안 참조 p.21

## 1-3. 캠, 높이 양정 측정

**4안 참조** p.251

## 1-4. 오일 컨트롤 밸브 저항 측정

**4안 참조** p.252

2. 주어진 엔진에서 감독위원의 지시에 따라 기록표 요구사항을 점검 및 측정하여 기록하시오.

# 2. 점검 및 측정

## 2-1. 가솔린 인젝터 전압, 전류 파형 측정

**2안 참조** p.107

## 2-2. 공기 유량 센서(MAP, AFS) 출력 전압(파형) 측정

**4안 참조** p.258

3. 주어진 자동차에서 크랭킹은 가능하나 시동되지 않고, 시동된 후에도 부조가 발생한다. 고장 원인을 찾아 수리 후 기록표에 기록하시오.

## 3. 시동 결함, 부조 점검

### 3-1. 시동 결함 점검

**1안 참조** p.42

### 3-2. 부조 점검

**1안 참조** p.45

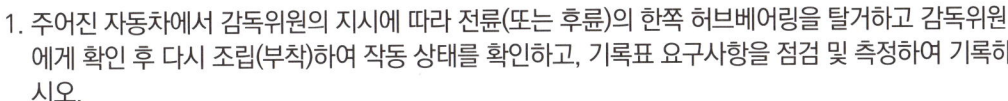

## 나. 섀시

1. 주어진 자동차에서 감독위원의 지시에 따라 전륜(또는 후륜)의 한쪽 허브베어링을 탈거하고 감독위원에게 확인 후 다시 조립(부착)하여 작동 상태를 확인하고, 기록표 요구사항을 점검 및 측정하여 기록하시오.

## 1. 전륜(또는 후륜)의 한쪽 허브베어링 탈·부착 및 점검

### 1-1. 허브베어링 탈·부착

**7안 참조** p.354

### 1-2. 사이드슬립, 타이어 점검

**3안 참조** p.209

2. VDC(또는 ESP)가 설치된 자동차에서 김독 위원의 지시에 따라 브레이크 캘리퍼를 탈거하고 감독위원에게 확인 후 다시 조립(부착)하여 에어빼기 작업을 실시하고, 브레이크 작동 상태를 점검한 후 기록표의 요구사항을 점검 및 측정하여 기록하시오.

## 2. 브레이크 캘리퍼 탈·부착 및 에어빼기, 점검 및 측정

### 2-1. 브레이크 캘리퍼 탈·부착

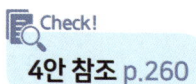

### 2-2. 휠 스피드 센서 파형 측정

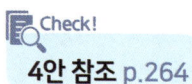

### 2-3. 브레이크 디스크 런아웃, 에어 갭 점검

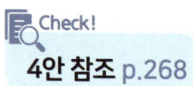

## Electric 다. 전기

1. 감독위원의 지시에 따라 자동차에서 라디에이터 팬을 탈거하고 감독위원에게 확인 후 다시 조립(부착)하여 작동 상태를 확인하고, 기록표의 요구사항을 점검 및 측정하고 기록표에 기록하시오.

## 1. 라디에이터 팬 탈·부착 및 점검

### 1-1. 라디에이터 팬 탈·부착

**6안 참조** p.334

### 1-2. 라디에이터 팬 점검

**6안 참조** p.336

2. 주어진 자동차에서 정비지침서의 회로도를 이용하여 기록표에서 요구하는 회로를 점검하고, 이상이 있으면 이상 내용을 기록표에 기록한 후 정비하시오.

## 2. 회로 점검

### 2-1. 에어컨 회로 점검

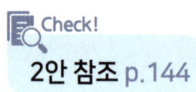

### 2-2. 사이드미러 회로 점검

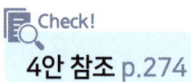

### 2-3. 와이퍼 회로 점검

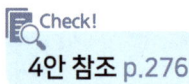

3. 주어진 자동차에서 감독위원의 지시에 따라 기록표의 요구사항을 점검 및 측정하여 기록하시오.

## 3. 점검 및 측정

### 3-1. CAN 통신 파형 측정

**1안 참조** p.78

### 3-2. 외기온도 센서, 냉매 압력 점검

**10안 참조** p.450

Memo

# 자동차 정비 기/능/장

Master Craftsman Motor Vehicles Maintenance

## 부록

국가기술자격검정 실기시험문제
1안~12안

## 자동차정비기능장 실기시험 공개문제

| 구분사 | | 1 | 2 | 3 | 4 | 5 | 6 | 7 | 8 | 9 | 10 | 11 | 12 |
|---|---|---|---|---|---|---|---|---|---|---|---|---|---|
| 엔진 | 1 교환 | • 타이밍벨트(체인)<br>• 스프로킷 베어링 | • 타이밍벨트(체인)<br>• 인젝터 | • 디젤 크랭크축<br>리테이너, 고압 펌프 | • 타이밍벨트(체인)<br>• CVT | • 타이밍벨트<br>• EGR | • 디젤 타이밍벨트<br>• 아이들 베어링<br>고압 펌프 | • 흡기 캠축<br>• 오일 펌프 | • 배기 캠축<br>• 인젝터 | • 배기 캠축<br>• 오토 테셔너 | • 흡기 캠축<br>• MLA | • 타이밍벨트<br>(체인)<br>• CVVT | • 배기 캠축<br>• MLA |
| | 1-1 시동 | | | | | | 1임 부품 교환 후 엔진 시동 | | | | | | |
| | 1-2 측정 | • 흡기 매니폴드<br>진공도 | • 연료 펌프 작동<br>전류, 공급 압력 | • 연료 펌프 작동<br>전류, 공급 압력 | • 캠 높이, 양정<br>• 오일컨트롤<br>밸브 지항 | • 공기 유량센서<br>신소센서 S1,<br>S2 | • 연료 펌프 작동<br>전류, 공급 압력 | • 엔진 오일 압력<br>압력 S/W 전압 | • 연료펌프<br>압력센서<br>• 연료 펌프 전류 | • 캠 높이, 양정<br>• 오일컨트롤<br>밸브 지항 | • MLA 밸브 간극<br>• OCV 듀티 조절<br>밸브 지항 | • 캠 높이, 양정<br>• 오일컨트롤<br>밸브 지항 | • 캠 높이, 양정<br>• 오일컨트롤<br>밸브 지항 |
| | 2 파형 | • 점화 파형 | • 인젝터 파형<br>(전압, 전류) | • CRDI<br>인젝터 파형<br>(전압, 전류) | | • 가변 밸브<br>타이밍 기구 | • CRDI<br>인젝터 파형<br>(전압, 전류) | • 노크 센서 | • CRDI<br>인젝터 파형<br>(전압, 전류) | | • 가변 밸브<br>타이밍 기구 | • 가변 밸브<br>타이밍 기구 | • CRDI<br>인젝터 파형<br>(전압, 전류) |
| | 2-1 점검 | • CO, HC, λ | • TPS<br>• AFS & MAP | • 연료압력 조절<br>밸브 듀티<br>FTS, APS<br>출력 전압 | • MAP, AFS<br>• TPS | • 연료 압력 조절<br>밸브 듀티<br>FTS, APS<br>출력 전압 | • 연료압력 조절<br>밸브 듀티<br>FTS, APS<br>출력 전압 | • HC, CO, λ | • HC, CO, λ | • MAP, AFS<br>• TPS | • 연료 압력 조절<br>밸브 듀티<br>FTS, APS<br>출력 전압 | • MAP, AFS<br>• TPS | • MAP, AFS<br>• TPS |
| | 3 고장 | | | | | 시동 결함 2개소, 부조 발생 2개소(전자제어 기솔린 엔진) | | 1임 부품 교환 후, 부조 발생 2개소(전자제어 기솔린 엔진) | | | | | |
| 새시 | 1 교환 | • 브레이크<br>마스터 실린더 | • P/S 펌프 | • 전륜 숙어쇼버<br>스프링 | • 브레이크<br>마스터 실린더 | • 로어암 | • A/T 분해 조립 | • 전후 허브베어링 | • MDPS 기어박스 | • 로어암 | • ABS 모듈 | • 전륜 숙어쇼버<br>스프링 | • 전후 허브베어링 |
| | 1-2 측정 | • 제동력 측정 | • P/S 펌프 압력<br>• 핸들 유격 | • 사이드슬립<br>타이어 점검 | • 제동력 측정 | • 최소 회전 반경 | • A/T 오일 온도<br>센서<br>• 인히비터 스위치 | • 사이드슬립<br>타이어 점검 | • 최소 회전 반경 | • P/S 펌프 압력<br>• 핸들 유격 | • 제동력 측정 | • 사이드슬립<br>타이어 점검 | • 사이드슬립<br>타이어 점검 |
| | 2 교환 | • EPS & MDPS<br>파워펌프 교환,<br>에어빼기 | • 스티어링 컬럼<br>샤프트 | • 인히비터 스위치 | • VDC 브레이크<br>패드, 캘리퍼<br>에어빼기 | • 인히비터 스위치 | • 인히비터 스위치 | • 등속 조인트<br>부토 교환 | • MDPS<br>컬럼샤프트 | • P/S 오일 교환 | • EPS & MDPS<br>파워펌프 교환<br>에어빼기 | • P/S 핸들 컬럼<br>샤프트 | • VDC 브레이크<br>패드, 캘리퍼 에<br>어빼기 |
| | 2-1 파형 | • MDPS 모터<br>전류 파형<br>(정지 시 측정) | • A/T 출력<br>센서 | • N - D 변속 시<br>파형 | • ABS 휠<br>스피드 센서 | • A/T 입 출력<br>센서 | • N - D 변속 시<br>파형 | • ABS 휠스피드<br>센서 | • MDPS 모터<br>전류 파형<br>(정지 시 측정) | • EPS<br>솔레노이드<br>(벨브 작동 시) | • MDPS 모터<br>전류 파형<br>(정지 시 측정) | • A/T 입 출력<br>센서 | • ABS 휠스피드<br>센서 |
| | 2-2 측정 | • P/S 펌프 배출<br>압력<br>• 유압제어<br>솔레노이드 저항 | • 전륜 캠버, 토 | • 클러치 압력<br>S/V 저항 | • 디스크 런아웃<br>• 휠 스피드 센서<br>에어 갭 | • 클러치 압력<br>S/V 저항 | • 클러치 압력<br>S/V 저항 | • 디스크 런아웃<br>• 휠 스피드 센서<br>에어 갭 | • MDPS 토크센서,<br>조량각센서 | • 전륜 캠버, 토 | • P/S 펌프 배출<br>압력<br>• 유압제어<br>솔레노이드 저항 | • 전륜 캠버, 토 | • 디스크 런아웃<br>• 휠 스피드 센서<br>에어 갭 |
| 전기 | 1 교환 | • 시동모터탈부착<br>작동시험 | • 와이퍼 모터<br>탈부착 작동시험 | • 에어컨 컴프레서<br>탈부착<br>가스 회수, 충전 | • 블로워 모터<br>탈부착 작동시험 | • 발전기 & 벨트 | • 라디에이터 팬<br>탈 부착 작동<br>시험 | • 라디에이터 팬<br>탈 부착 작동<br>시험 | • 에어컨 컴프레서<br>탈부착<br>가스 회수, 충전 | • 와이퍼 모터<br>탈 부착 작동시험 | • 중앙집중<br>제어장치<br>(리모컨 입력) | • 윈도우<br>레귤레이터 | • 라디에이터 팬<br>탈 부착 작동<br>시험 |
| | 1-1 측정 | • 크랭킹 시<br>방전 전류<br>• 선간 전압강하<br>(모터~배터리) | • 와이퍼 모터<br>작동 전압(Low)<br>• 와셔 모터<br>작동 전압 | • 냉매 압력,<br>토출 온도 | • 블로워 모터<br>전압, 전류 파형 | • 암 전류<br>• 발전기 출력 전압 | • 냉매 압력,<br>토출 온도 | • 등속 조인트<br>부토 교환 | • MDPS<br>컬럼샤프트 | • 와이퍼 모터<br>작동 전압(Low)<br>• 와셔 모터<br>작동 전압 | • 도어락<br>액츄에이터 전압<br>• 와셔 모터<br>작동 전압 | • 파워윈도우<br>전압, 전류 파형 | • 파워윈도우<br>전압, 전류 |
| | 2 점검 | • 파워윈도우<br>• 미등<br>• 와이퍼 | • 에어컨 공조<br>• 전조등<br>• 방향지시등 | • 에어컨 공조<br>• 사이드미러<br>• 실내등 | • 에어컨 공조<br>• 사이드미러<br>• 와이퍼 | • 방향지시등<br>• 경음기<br>• 뒷 유리열선 | • 에어컨 공조<br>• 사이드미러<br>• 방향지시등 | • 안전벨트<br>• 에어백<br>• 윈도우 모터 | • 냉매 압력,<br>토출 온도 | • 와이퍼 모터<br>• 미등<br>• 와이퍼 | • 도어락 방지<br>• 사이드미러<br>• 전조등 | • 에어컨 공조<br>• 방향지시등<br>• 도어미러 | • 에어컨 공조<br>• 사이드미러<br>• 와이퍼 |
| | 3 파형 | • CAN 파형 | • 와이퍼 INT 모드<br>(S - F 출력 전압) | • CAN 파형 | • CAN 파형 | • CAN 파형 | • LIN 파형 | • 충전 전압, 전류<br>(부하 시<br>- 무부하시) | • 안전벨트 차임벨<br>타이머 파형 | • 감광식 룸램프 | • LIN 파형 | • 안전벨트 차임벨<br>타이머 파형 | • CAN 파형 |
| | 3-1 측정 | • AQS 출력 전압<br>편 서모센서 저<br>항, 전압 | • 도어 S/W<br>작동 전압<br>• 도어락 작동 시<br>전압, 전류 | • 도어 S/W<br>작동 전압<br>• 도어락 작동 시<br>전압, 전류 | • CAN 라인 저항<br>(H - L 라인간)<br>• 음 음량 | • 전조등 광도,<br>광축 | • 전조등 광도,<br>광축 | • CAN 라인 저항<br>• 배기 음량 | • AQS 출력 전압<br>편 서모센서<br>저항, 전압 | • CAN 라인 저항<br>(H - L 라인간)<br>• 음 음량 | • 외기온 센서<br>• 냉매 압력 측정 | • AQS 출력 전압<br>편 서모센서<br>저항, 전압 | • 외기온 센서<br>• 냉매 압력 측정 |

# 국가기술자격검정 실기시험문제

| 자격종목 | 자동차정비 기능장 | 작품명 | 자동차정비 작업 |

**비 번호(등번호) :**

※ 시험시간 : [표준시간 : 6시간 30분, 연장시간 없음]
엔진 : 140분 | 섀시 : 130분 | 전기 : 120분

## 요구사항

### 가. 엔진

1. 주어진 전자제어 엔진에서 감독위원의 지시에 따라 타이밍벨트(체인)와 스로틀 바디를 탈거하고 감독위원에게 확인 후 다시 조립(부착)하여 엔진 및 시동 관련회로를 점검한 후 시동 작업과 기록표의 요구사항을 점검 및 측정하고 기록표에 기록하시오.(단, 시동되지 않는 경우 2항은 작업할 수 없음.)
2. 주어진 엔진에서 감독위원의 지시에 따라 기록표 요구사항을 점검 및 측정하여 기록하시오.
3. 주어진 자동차에서 크랭킹은 가능하나 시동되지 않고, 시동된 후에도 부조가 발생한다. 고장 원인을 찾아 수리 후 기록표에 기록하시오.

### 나. 섀시

1. 주어진 자동차에서 감독위원의 지시에 따라 브레이크 마스터 실린더를 탈거하고 감독위원에게 확인 후 다시 조립(부착)하여 작동 상태를 확인하고 기록표 요구사항을 점검 및 측정하여 기록하시오.
2. 주어진 전자제어 전기유압식 동력 조향장치(EPS) 및 전자식 동력 조향장치(MDPS) 자동차에서 감독위원의 지시에 따라 파워 펌프를 교환(탈·부착)하여 에어빼기 작업을 실시하고 조향장치 작동 상태를 확인하고 기록표의 요구사항을 점검 및 측정하여 기록하시오.

### 다. 전기

1. 감독위원의 지시에 따라 자동차에서 시동모터를 탈거하고 감독위원에게 확인 후 다시 조립(부착)하여 작동 상태를 확인하고, 기록표의 요구사항을 점검 및 측정하고 기록표에 기록하시오.
2. 주어진 자동차에서 정비지침서의 회로도를 이용하여 기록표에서 요구하는 회로를 점검하고, 이상이 있으면 이상 내용을 기록표에 기록한 후 정비하시오.
3. 주어진 자동차에서 감독위원의 지시에 따라 기록표의 요구사항을 점검 및 측정하여 기록하시오.

## 자동차정비기능장 실기시험 결과 기록표 01안

☑ 기록표는 문항별 구분 절단하여 배부하고, 각 문항별로 종료 시 회수한다.

### [엔진 1 기록표]

자동차 번호 :   비번호 :   감독위원 확인 :

| 항목 | 측정(또는 점검) | | 판정 및 정비(또는 조치)사항 | | 득점 |
| --- | --- | --- | --- | --- | --- |
| | 측정값 | 규정(정비한계)값 | 판정 (□에 'V'표) | 정비 및 조치사항 | |
| 흡기 매니폴드 진공도 | | | □ 양호<br>□ 불량 | | |

### [엔진 2 기록표]

1) 1차 파형

자동차 번호 :   비번호 :   감독위원 확인 :

| 항목 | 파형 분석 및 판정 | | | | 득점 |
| --- | --- | --- | --- | --- | --- |
| | 분석항목 | | 분석내용 | 판정 (□에 'V'표) | |
| 1차 점화 파형 측정 | 화염 전파 시간 | | 분석내용은 출력물에 표시하시오. | □ 양호<br>□ 불량 | |
| | 서지 전압 | | | | |
| | 드웰 시간 | | | | |

### [엔진 2 기록표]

2) 2차 파형

자동차 번호 :   비번호 :   감독위원 확인 :

| 항목 | 파형 분석 및 판정 | | | | 득점 |
| --- | --- | --- | --- | --- | --- |
| | 분석항목 | | 분석내용 | 판정 (□에 'V'표) | |
| 2차 점화 파형 측정 | 화염 전파 시간 | | 분석내용은 출력물에 표시하시오. | □ 양호<br>□ 불량 | |
| | 서지 전압 | | | | |
| | 드웰 시간 | | | | |

## [엔진 2 기록표]

3) 점검 및 측정  자동차 번호 :

| 비번호 | | 감독위원 확인 | |
|---|---|---|---|

| 항목 | | 측정(또는 점검) | | 판정 및 정비(또는 조치)사항 | | 득점 |
|---|---|---|---|---|---|---|
| | | 측정값 | 규정(정비한계)값 | 판정 (□에 'V'표) | 정비 및 조치사항 | |
| 배기가스 | CO | | | □ 양호 □ 불량 | | |
| | HC | | | | | |
| | λ | | | | | |

※ 주의사항 : 감독위원은 해당차량의 차대번호에 대한 정보를 제공합니다.
　　　　　CO는 소수점 둘째자리 이하는 버리고 0.1%당위로 기록합니다.
　　　　　HC는 소수점 첫째자리 이하는 버리고 1ppm%당위로 기록합니다.

## [엔진 3 기록표]

점검 및 측정  자동차 번호 :

| 비번호 | | 감독위원 확인 | |
|---|---|---|---|

| 항목 | 점검(원인 부위) | 내용 및 정비(또는 조치)사항 | | 득점 |
|---|---|---|---|---|
| | | 원인 내용 및 상태 | 정비 및 조치사항 | |
| 시동 결함 | | | | |
| 부조 발생 | | | | |

## [섀시 1 기록표]

자동차 번호 :

| 비번호 | | 감독위원 확인 | |
|---|---|---|---|

| 항목 | 구분 | 측정(또는 점검) | | 산출 근거 및 판정 | | 득점 |
|---|---|---|---|---|---|---|
| | | 측정값 | 기준값 (□에 'V'표) | 산출 근거 | 판정 (□에 'V'표) | |
| 제동력 위치 (□에 V표) 앞 □ 뒤 □ | 좌 | | 앞 □ 　　축중의 뒤 □ | 편차 | □ 양호 □ 불량 | |
| | 우 | | 제동력 편차 | 합 | | |
| | | | 제동력 합 | | | |

## [섀시 2 기록표]

1) 파형   자동차 번호 :

| 비번호 | | 감독위원 확인 | |
|---|---|---|---|

| 항목 | 파형 분석 및 판정 ||| 득점 |
| | 분석항목 | | 분석내용 | 판정 (□에 'V'표) | |
|---|---|---|---|---|---|
| MDPS 모터 전류 파형 | 작동 전압 | | 분석내용은 출력물에 표시하시오. | □ 양호 □ 불량 | |
| | 작동 최소 전류 | | | | |
| | 작동 최대 전류 | | | | |

## [섀시 2 기록표]

2) 점검 및 측정   자동차 번호 :

| 비번호 | | 감독위원 확인 | |
|---|---|---|---|

| 항목 | 측정(또는 점검) || 판정 및 정비(또는 조치)사항 || 득점 |
| | 측정값 | 규정(정비한계)값 | 판정 (□에 'V'표) | 정비 및 조치사항 | |
|---|---|---|---|---|---|
| 오일 펌프 배출 압력 | | | □ 양호 □ 불량 | | |
| 유량 제어 솔레노이드 저항 | | | □ 양호 □ 불량 | | |

## [전기 1 기록표]

자동차 번호 :

| 비번호 | | 감독위원 확인 | |
|---|---|---|---|

| 항목 | 측정(또는 점검) || 판정 및 정비(또는 조치)사항 || 득점 |
| | 측정값 || 판정 (□에 'V'표) | 정비 및 조치사항 | |
|---|---|---|---|---|---|
| 부하시험 | 크랭킹 시 방전 전류량 | 배터리와 시동모터 간 전압 강하 | □ 양호 □ 불량 | | |

※ 주의사항 : 배터리의 용량을 기준으로 판정합니다.

## [전기 2 기록표]

| | 자동차 번호 : | | 비번호 | | 감독위원 확인 | |
|---|---|---|---|---|---|---|
| 항목 | 점검(원인 부위) | | 내용 및 정비(또는 조치)사항 | | | 득점 |
| | 고장 부분 | 원인 내용 및 상태 | 정비 및 조치사항 | | | |
| 파워윈도우 회로 | | | | | | |
| 미등 회로 | | | | | | |
| 와이퍼 회로 | | | | | | |

## [전기 3 기록표]
### 1) 파형

| | 자동차 번호 : | | 비번호 | | 감독위원 확인 | |
|---|---|---|---|---|---|---|
| 항목 | 파형 분석 및 판정 | | | | | 득점 |
| | 분석항목 | | 분석내용 | | 판정 (□에 'V'표) | |
| CAN 통신 파형 측정 | High/Low 기준 전압 | | 분석내용은 출력물에 표시하시오. | | □ 양호 □ 불량 | |
| | High 전압 | | | | | |
| | Low 전압 | | | | | |

## [전기 3 기록표]
### 2) 점검 및 측정

| | 자동차 번호 : | | 비번호 | | 감독위원 확인 | |
|---|---|---|---|---|---|---|
| 위치 | 측정(또는 점검) | | 판정 및 정비(또는 조치)사항 | | | 득점 |
| | 측정값 | 규정(정비한계)값 | 판정 (□에 'V'표) | 정비 및 조치사항 | | |
| 유해 가스 감지 센서 (AQS) 출력 전압 | 감지 | | □ 양호 □ 불량 | | | |
| | 미감지 | | | | | |
| 핀 서모센서 저항 및 출력 전압 | 저항 | | □ 양호 □ 불량 | | | |
| | 전압 | | | | | |

# 국가기술자격검정 실기시험문제

**02안**

| 자격종목 | 자동차정비 기능장 | 작품명 | 자동차정비 작업 |

비 번호(등번호) :

※ 시험시간 : [표준시간 : 6시간 30분, 연장시간 없음]
  엔진 : 140분 | 섀시 : 130분 | 전기 : 120분

## 요구사항

### Engine 가. 엔진

1. 주어진 전자제어 엔진에서 감독위원의 지시에 따라 타이밍벨트(체인)와 인젝터를 탈거하고 감독위원에게 확인 후 다시 조립(부착)하여 엔진 및 시동 관련회로를 점검한 후 시동 작업과 기록표의 요구사항을 점검 및 측정하고 기록표에 기록하시오.(단, 시동되지 않는 경우 2항은 작업할 수 없음.)
2. 주어진 엔진에서 감독위원의 지시에 따라 기록표 요구사항을 점검 및 측정하여 기록하시오.
3. 주어진 자동차에서 크랭킹은 가능하나 시동되지 않고, 시동된 후에도 부조가 발생한다. 고장 원인을 찾아 수리 후 기록표에 기록하시오.

### Chassis 나. 섀시

1. 주어진 자동차에서 감독위원의 지시에 따라 유압식 동력 조향장치 오일 펌프를 탈거하고 감독위원에게 확인 후 다시 조립(부착)하여 에어빼기 작업을 실시한 뒤 조향장치 작동 상태를 확인하고 기록표의 요구사항을 점검 및 측정하여 기록하시오.
2. 주어진 현가장치에서 스티어링 컬럼 샤프트를 탈거하여 감독위원의 확인 후 다시 조립(부착)하고, 기록표의 요구사항을 점검 및 측정하여 기록하시오.

### Electric 다. 전기

1. 감독위원의 지시에 따라 자동차에서 와이퍼 모터를 탈거하고 감독위원에게 확인 후 다시 조립(부착)하여 작동 상태를 확인하고 기록표의 요구사항을 점검 및 측정하여 기록하시오.
2. 주어진 자동차에서 정비지침서의 회로도를 이용하여 기록표에서 요구하는 회로를 점검하고, 이상이 있으면 이상 내용을 기록표에 기록한 후 정비하시오.
3. 주어진 자동차에서 감독위원의 지시에 따라 기록표의 요구사항을 점검 및 측정하여 기록하시오.

# 자동차정비기능장 실기시험 결과 기록표 02안

☑ 기록표는 문항별 구분 절단하여 배부하고, 각 문항별로 종료 시 회수한다.

## [엔진 1 기록표]

자동차 번호 :

| 비번호 | | 감독위원 확인 | |
|---|---|---|---|

| 항목 | | 측정(또는 점검) | | 판정 및 정비(또는 조치)사항 | | 득점 |
|---|---|---|---|---|---|---|
| | | 측정값 | 규정(정비한계)값 | 판정 (□에 'V'표) | 정비 및 조치사항 | |
| 연료 펌프 | 작동 전류 | | | □ 양호<br>□ 불량 | | |
| | 공급 압력 | | | □ 양호<br>□ 불량 | | |

## [엔진 2 기록표]
### 1) 파형

자동차 번호 :

| 비번호 | | 감독위원 확인 | |
|---|---|---|---|

| 항목 | 파형 분석 및 판정 | | | 득점 |
|---|---|---|---|---|
| | 분석항목 | 분석내용 | 판정 (□에 'V'표) | |
| 가솔린 인젝터 전압 및 전류 파형 | TR ON(작동) 전압 | 분석내용은 출력물에 표시하시오. | □ 양호<br>□ 불량 | |
| | 서지 전압 | | | |
| | 연료 분사 시간 | | | |

※ 주의사항 : 분석 항목 및 내용은 출력물에 표기하며 관련 사항은 감독위원의 지시를 따른다.

## [엔진 2 기록표]
### 2) 점검 및 측정

자동차 번호 :

| 비번호 | | 감독위원 확인 | |
|---|---|---|---|

| 위치 | | 측정(또는 점검) | | 판정 및 정비(또는 조치)사항 | | 득점 |
|---|---|---|---|---|---|---|
| | | 측정값 | 규정(정비한계)값 | 판정 (□에 'V'표) | 정비 및 조치사항 | |
| 스로틀 위치 센서(TPS) | 전폐 | | | □ 양호<br>□ 불량 | | |
| | 전개 | | | | | |
| 공기 유량 센서 (AFS&MAP) | 스로틀 전폐 | | | □ 양호<br>□ 불량 | | |
| | 스로틀 전개 | | | | | |

## [엔진 3 기록표]

| | | 비번호 | | 감독위원 확인 | |

점검 및 측정    자동차 번호 :

| 항목 | 점검(원인 부위) | 내용 및 정비(또는 조치)사항 | | 득점 |
| --- | --- | --- | --- | --- |
| | | 원인 내용 및 상태 | 정비 및 조치사항 | |
| 시동 결함 | | | | |
| | | | | |
| 부조 발생 | | | | |

## [섀시 1 기록표]

| | | 비번호 | | 감독위원 확인 | |

자동차 번호 :

| 항목 | 측정(또는 점검) | | 판정 및 정비(또는 조치)사항 | | 득점 |
| --- | --- | --- | --- | --- | --- |
| | 측정값 | 규정(정비한계)값 | 판정 (□에 'V'표) | 정비 및 조치사항 | |
| 파워 스티어링 펌프 압력 | | | □ 양호 □ 불량 | | |
| 핸들 유격 | | | □ 양호 □ 불량 | | |

## [섀시 2 기록표]

1) 파형

| | | 비번호 | | 감독위원 확인 | |

자동차 번호 :

| 항목 | 파형 분석 및 판정 | | | | 득점 |
| --- | --- | --- | --- | --- | --- |
| | 분석항목 | | 분석내용 | 판정 (□에 'V'표) | |
| 자동 변속기 입(출)력 센서 파형 | 주파수 | | 분석내용은 출력물에 표시하시오. | □ 양호 □ 불량 | |
| | 전압(Peak to Peak) | | | | |
| | 듀티 | | | | |

※ 주의사항 : 감독위원은 입·출력 센서 중 1가지를 택일하여 수험자에게 알린다. 분석 항목 및 내용은 출력물에 표기하며 관련 사항은 감독위원의 지시에 따른다.

## [섀시 2 기록표]

2) 점검 및 측정  자동차 번호 :

| 비번호 | | 감독위원 확인 | |
|---|---|---|---|

| 항목 | 측정(또는 점검) | | 판정 및 정비(또는 조치)사항 | | 득점 |
|---|---|---|---|---|---|
| | 측정값 | 규정(정비한계)값 | 판정 (□에 'V'표) | 정비 및 조치사항 | |
| 전륜 캠버 | | | □ 양호<br>□ 불량 | | |
| 전륜 토(toe) | | | □ 양호<br>□ 불량 | | |

## [전기 1 기록표]

자동차 번호 :

| 비번호 | | 시험 위원 확 인 | |
|---|---|---|---|

| 항목 | | 측정(또는 점검) 상태 | 판정 및 정비(또는 조치) 사항 | 득점 |
|---|---|---|---|---|
| 와이퍼 | Low 모드 시 작동 전압 | | | |
| | 와셔 모터 작동 전압 | | | |

## [전기 2 기록표]

자동차 번호 :

| 비번호 | | 감독위원 확인 | |
|---|---|---|---|

| 항목 | 점검(원인 부위) | | 내용 및 정비(또는 조치)사항 | 득점 |
|---|---|---|---|---|
| | 고장 부분 | 원인 내용 및 상태 | 정비 및 조치사항 | |
| 에어컨 및 공조 회로 | | | | |
| 전조등 회로 | | | | |
| 방향지시등 회로 | | | | |

## [전기 3 기록표]

### 1) 파형

자동차 번호 :　　　비번호　　　감독위원 확인

| 항목 | 파형 분석 및 판정 | | | 득점 |
|---|---|---|---|---|
| | 분석항목 | 분석내용 | 판정 (□에'V'표) | |
| 와이퍼 INT 모드 | Slow(최저) 출력 전압 | 분석내용은 출력물에 표시하시오. | □ 양호 □ 불량 | |
| | Fast(최고) 출력 전압 | | | |

※ 주의사항 : 분석 항목 및 내용은 출력물에 표기하며 관련 사항은 감독위원의 지시에 따른다.

## [전기 3 기록표]

### 2) 점검 및 측정

자동차 번호 :　　　비번호　　　감독위원 확인

| 항목 | 측정(또는 점검) | | 판정 및 정비(또는 조치)사항 | | 득점 |
|---|---|---|---|---|---|
| | 측정값 | | 판정 (□에'V'표) | 정비 및 조치사항 | |
| 도어 S/W 작동 시 전압 | 열림 시 | | □ 양호 □ 불량 | | |
| | 닫힘 시 | | | | |
| 도어 록 액추에이터 작동 시 전압 | 전압 | | □ 양호 □ 불량 | | |
| | 전류 | | | | |

# 국가기술자격검정 실기시험문제

| 자격종목 | 자동차정비 기능장 | 작품명 | 자동차정비 작업 |

비 번호(등번호) :

※ 시험시간 : [표준시간 : 6시간 30분, 연장시간 없음]
엔진 : 140분 | 섀시 : 130분 | 전기 : 120분

## 요구사항

### 가. 엔진

1. 주어진 전자제어 디젤 엔진에서 감독위원의 지시에 따라 크랭크축 리테이너와 고압연료 펌프를 탈거하고, 감독위원에게 확인 후 다시 조립(부착)하여 엔진 및 시동 관련회로를 점검한 후 시동 작업과 기록표의 요구사항을 점검 및 측정하고 기록표에 기록하시오.(단, 시동되지 않는 경우 2항은 작업할 수 없음.)
2. 주어진 엔진에서 감독위원의 지시에 따라 기록표 요구사항을 점검 및 측정하여 기록하시오.
3. 주어진 자동차에서 크랭킹은 가능하나 시동되지 않고, 시동된 후에도 부조가 발생한다. 고장 원인을 찾아 수리 후 기록표에 기록하시오.

### 나. 섀시

1. 주어진 자동차에서 감독위원의 지시에 따라 전륜 현가장치의 쇽업쇼버 코일 스프링을 탈거하고 감독위원에게 확인 후 다시 조립(부착)하여 작동 상태를 확인하고, 기록표 요구사항을 점검 및 측정하여 기록하시오.
2. 주어진 전자제어 자동 변속기 자동차에서 감독위원의 지시에 따라 인히비터 스위치를 탈거하고 감독위원의 확인 후 다시 조립(부착)하여 작동 상태를 확인하고, 기록표의 요구사항을 점검 및 측정하여 기록하시오.

### 다. 전기

1. 감독위원의 지시에 따라 자동차에서 에어컨 가스를 회수하고 에어컨 컴프레셔를 탈·부착한 후 가스를 충전시킨 다음 작동 상태를 확인하고, 기록표의 요구사항을 점검 및 측정하고 기록표에 기록하시오.
2. 주어진 자동차에서 정비지침서의 회로도를 이용하여 기록표에서 요구하는 회로를 점검하고, 이상이 있으면 이상 내용을 기록표에 기록한 후 정비하시오.
3. 주어진 자동차에서 감독위원의 지시에 따라 기록표의 요구사항을 점검 및 측정하여 기록하시오.

# 자동차정비기능장 실기시험 결과 기록표 03안

☑ 기록표는 문항별 구분 절단하여 배부하고, 각 문항별로 종료 시 회수한다.

## [엔진 1 기록표]

| 비번호 | | 감독위원 확인 | |
|---|---|---|---|

자동차 번호 :

| 항목 | | 측정(또는 점검) | | 판정 및 정비(또는 조치)사항 | | 득점 |
|---|---|---|---|---|---|---|
| | | 측정값 | 규정(정비한계)값 | 판정 (□에'∨'표) | 정비 및 조치사항 | |
| 연료 펌프 | 작동 전류 | | | □ 양호<br>□ 불량 | | |
| | 공급 압력 | | | □ 양호<br>□ 불량 | | |

## [엔진 2 기록표]

| 비번호 | | 감독위원 확인 | |
|---|---|---|---|

1) 파형              자동차 번호 :

| 항목 | 파형 분석 및 판정 | | | | 득점 |
|---|---|---|---|---|---|
| | 분석항목 | | 분석내용 | 판정 (□에'∨'표) | |
| 디젤 인젝터 전압 및 전류 파형 | 주 분사 작동 전류 | | 분석내용은 출력물에 표시하시오. | □ 양호<br>□ 불량 | |
| | 서지 전압 | | | | |
| | 예비 연료 분사 시간 | | | | |

※ 주의사항 : 분석 항목 및 내용은 출력물에 표기하며 관련 사항은 감독위원의 지시를 따른다.

## [엔진 2 기록표]

2) 점검 및 측정  자동차 번호 :

| 비번호 | | 감독위원 확인 | |
|---|---|---|---|

| 위치 | 측정(또는 점검) | | 판정 및 정비(또는 조치)사항 | | 득점 |
|---|---|---|---|---|---|
| | 측정값 | 규정(정비한계)값 | 판정 (□에 'V'표) | 정비 및 조치사항 | |
| 연료 압력 조절 밸브 듀티 값 | | | □ 양호<br>□ 불량 | | |
| 연료 온도 센서(FTS) 출력 전압 | | | □ 양호<br>□ 불량 | | |
| 액셀 포지션 센서 (APS1 또는 APS2) 출력 전압 | 공전 | 공전 | □ 양호<br>□ 불량 | | |
| | 가속 | 가속 | | | |

※ 파형으로 점검할 경우는 파형을 프린트하여 첨부하고, 단위가 누락되거나 틀린 경우는 오답으로 채점한다.

## [엔진 3 기록표]

점검 및 측정  자동차 번호 :

| 비번호 | | 감독위원 확인 | |
|---|---|---|---|

| 항목 | 점검(원인 부위) | 내용 및 정비(또는 조치)사항 | | 득점 |
|---|---|---|---|---|
| | | 원인 내용 및 상태 | 정비 및 조치사항 | |
| 시동 결함 | | | | |
| 부조 발생 | | | | |

## [섀시 1 기록표]

자동차 번호 :

| 비번호 | | 시험위원 확인 | |
|---|---|---|---|

| 항목 | 측정(또는 점검) | | 판정 및 정비(또는 조치)사항 | | 득점 |
|---|---|---|---|---|---|
| | 측정값 | 규정 (정비한계)값 | 판정 (□에 'V'표) | 정비 및 조치사항 | |
| 사이드 슬립 양 | | | □ 양호<br>□ 불량 | | |
| 타이어 점검 | 타이어 제작 시기 / 타이어 최대 하중 / 트레드 깊이 | 트레드 깊이 | □ 양호<br>□ 불량 | | |

## [섀시 2 기록표]

### 1) 파형

자동차 번호 :

| | 비번호 | | 감독위원 확인 | |
|---|---|---|---|---|

| 항목 | 파형 분석 및 판정 ||| 득점 |
| | 분석항목 | 분석내용 | 판정 (□에 'V' 표) | |
|---|---|---|---|---|
| 레인지 변환 시(N→D) 유압제어 솔레노이드 파형 | 주파수 | 분석내용은 출력물에 표시하시오. | □ 양호<br>□ 불량 | |
| | 전압 | | | |
| | 듀티 | | | |

## [섀시 2 기록표]

### 2) 점검 및 측정

자동차 번호 :

| | 비번호 | | 감독위원 확인 | |
|---|---|---|---|---|

| 항목 | 측정(또는 점검) || 판정 및 정비(또는 조치)사항 || 득점 |
| | 측정값 | 규정(정비한계)값 | 판정 (□에 'V' 표) | 정비 및 조치사항 | |
|---|---|---|---|---|---|
| 작동 시 변속기 클러치 압력 | | | □ 양호<br>□ 불량 | | |
| 변속기 솔레노이드 저항 | | | □ 양호<br>□ 불량 | | |

## [전기 1 기록표]

자동차 번호 :

| | 비번호 | | 시험 위원 확 인 | |
|---|---|---|---|---|

| 항목 || 측정(또는 점검) || 판정 및 정비(또는 조치)사항 || 득점 |
| || 측정값 | 규정(정비한계)값 | 판정 (□에 'V' 표) | 정비 및 조치사항 | |
|---|---|---|---|---|---|---|
| 냉매 압력 | 저압 | | | □ 양호<br>□ 불량 | | |
| | 고압 | | | | | |
| 토출 온도 | | | | □ 양호<br>□ 불량 | | |

※ 감독 위원의 지시에 따라 점검하고 단위가 누락되거나 틀린 경우는 오답으로 채점합니다.

## [전기 2 기록표]

| | 비번호 | | 감독위원 확인 | |
|---|---|---|---|---|

자동차 번호 :

| 항목 | 점검(원인 부위) | | 내용 및 정비(또는 조치)사항 | 득점 |
|---|---|---|---|---|
| | 고장 부분 | 원인 내용 및 상태 | 정비 및 조치사항 | |
| 블로워 모터 회로 | | | | |
| 정지등 회로 | | | | |
| 실내등 회로 | | | | |

## [전기 3 기록표]

1) 파형

| | 비번호 | | 감독위원 확인 | |
|---|---|---|---|---|

자동차 번호 :

| 항목 | 파형 분석 및 판정 | | | 득점 |
|---|---|---|---|---|
| | 분석항목 | 분석내용 | 판정 (□에'∨'표) | |
| CAN 통신 파형 측정 | High/Low 기준 전압 | 분석내용은 출력물에 표시하시오. | □ 양호 □ 불량 | |
| | High 전압 | | | |
| | Low 전압 | | | |

## [전기 3 기록표]

2) 점검 및 측정

| | 비번호 | | 감독위원 확인 | |
|---|---|---|---|---|

자동차 번호 :

| 항목 | 측정(또는 점검) | | 판정 및 정비(또는 조치)사항 | | 득점 |
|---|---|---|---|---|---|
| | | 측정값 | 판정 (□에'∨'표) | 정비 및 조치사항 | |
| 도어 S/W 작동 시 전압 | 열림 시 | | □ 양호 □ 불량 | | |
| | 닫힘 시 | | | | |
| 도어 록 액추에이터 작동 시 전압 | 전압 | | □ 양호 □ 불량 | | |
| | 전류 | | | | |

Master Craftsman Motor Vehicles Maintenance

# 04안 국가기술자격검정 실기시험문제

| 자격종목 | 자동차정비 기능장 | 작품명 | 자동차정비 작업 |

비 번호(등번호) :

※ 시험시간 : [표준시간 : 6시간 30분, 연장시간 없음]
엔진 : 140분 | 섀시 : 130분 | 전기 : 120분

## 요구사항

### Engine 가. 엔진

1. 주어진 전자제어 엔진에서 감독위원의 지시에 따라 타이밍벨트와 가변벨트 타이밍 장치(CVVT 또는 VVT)를 교환(탈·부착)하고, 엔진 및 시동 관련회로를 점검한 후 시동 작업과 기록표의 요구사항을 점검 및 측정하고 기록표에 기록하시오.(단, 시동되지 않는 경우 2항은 작업할 수 없음.)
2. 주어진 엔진에서 감독위원의 지시에 따라 기록표 요구사항을 점검 및 측정하여 기록하시오.
3. 주어진 자동차에서 크랭킹은 가능하나 시동되지 않고, 시동된 후에도 부조가 발생한다. 고장 원인을 찾아 수리 후 기록표에 기록하시오.

### Chassis 나. 섀시

1. 주어진 자동차에서 감독위원의 지시에 따라 브레이크 마스터 실린더를 탈거하고 감독위원에게 확인 후 다시 조립(부착)하여 작동 상태를 확인하고, 기록표 요구사항을 점검 및 측정하여 기록하시오.
2. 주어진 VDC가 설치된 자동차에서 감독위원의 지시에 따라 브레이크 캘리퍼를 탈거하고 감독위원에게 확인 후 다시 조립(부착)하여 에어빼기 작업을 실시하고, 브레이크 작동 상태를 점검한 후 기록표의 요구사항을 점검 및 측정하여 기록하시오.

### Electric 다. 전기

1. 감독위원의 지시에 따라 자동차에서 실내 블로워 모터를 탈거하고 감독위원에게 확인 후 다시 조립(부착)하여 작동 상태를 확인하고, 기록표의 요구사항을 점검 및 측정하고 기록표에 기록하시오.
2. 주어진 자동차에서 정비지침서의 회로도를 이용하여 기록표에서 요구하는 회로를 점검하고, 이상이 있으면 이상 내용을 기록표에 기록한 후 정비하시오.
3. 주어진 자동차에서 감독위원의 지시에 따라 기록표의 요구사항을 점검 및 측정하여 기록하시오.

# 자동차정비기능장 실기시험 결과 기록표 04안

☑ 기록표는 문항별 구분 절단하여 배부하고, 각 문항별로 종료 시 회수한다.

## [엔진 1 기록표]

자동차 번호 :

| 비번호 | | 감독위원 확인 | |
|---|---|---|---|

| 항목 | | 측정(또는 점검) | | 판정 및 정비(또는 조치)사항 | | 득점 |
|---|---|---|---|---|---|---|
| | | 측정값 | 규정(정비한계)값 | 판정 (□에 'V'표) | 정비 및 조치사항 | |
| 캠 □흡기 □배기 | 높이 | | | □ 양호 □ 불량 | | |
| | 양정 | | | | | |
| 오일 컨트롤 밸브 저항 | | | | □ 양호 □ 불량 | | |

## [엔진 2 기록표]
### 1) 파형

자동차 번호 :

| 비번호 | | 감독위원 확인 | |
|---|---|---|---|

| 항목 | 파형 분석 및 판정 | | | 득점 |
|---|---|---|---|---|
| | 분석항목 | 분석내용 | 판정 (□에 'V'표) | |
| ASF 파형 | 출력 전압 | 분석내용은 출력물에 표시하시오. | □ 양호 □ 불량 | |
| | 공급 전압 | | | |
| | 주파수 | | | |

※ 주의사항 : 분석 항목 및 내용은 출력물에 표기하며 관련 사항은 감독위원의 지시를 따른다.

## [엔진 2 기록표]
### 2) 점검 및 측정

자동차 번호 :

| 비번호 | | 감독위원 확인 | |
|---|---|---|---|

| 위치 | | 측정(또는 점검) | | 판정 및 정비(또는 조치)사항 | | 득점 |
|---|---|---|---|---|---|---|
| | | 측정값 | 규정(정비한계)값 | 판정 (□에 'V'표) | 정비 및 조치사항 | |
| 스로틀 위치 센서(TPS) | 전폐 | | | □ 양호 □ 불량 | | |
| | 전개 | | | | | |
| 공기 유량 센서 (AFS&MAP) | 스로틀 전폐 | | | □ 양호 □ 불량 | | |
| | 스로틀 전개 | | | | | |

## [엔진 3 기록표]

점검 및 측정　　　　　　　　자동차 번호 :

| 비번호 | | 감독위원 확인 | |
|---|---|---|---|

| 항목 | 점검(원인 부위) | 내용 및 정비(또는 조치)사항 | | 득점 |
|---|---|---|---|---|
| | | 원인 내용 및 상태 | 정비 및 조치사항 | |
| 시동 결함 | | | | |
| 부조 발생 | | | | |

## [섀시 1 기록표]

자동차 번호 :

| 비번호 | | 감독위원 확인 | |
|---|---|---|---|

| 측정(또는 점검) | | | | 산출 근거 및 판정 | | 득점 |
|---|---|---|---|---|---|---|
| 항목 | 구분 | 측정값 | 기준값 (□에'∨'표) | 산출 근거 | 판정 (□에'∨'표) | |
| 제동력 위치 (□에 ∨표) 앞□ 뒤□ | 좌 | | 앞 □ 축중의 뒤 □ | 편차 | □ 양호 □ 불량 | |
| | 우 | | 제동력 편차 | 합 | | |
| | | | 제동력 합 | | | |

## [섀시 2 기록표]

1) 파형　　　　　　　　자동차 번호 :

| 비번호 | | 감독위원 확인 | |
|---|---|---|---|

| 항목 | 파형 분석 및 판정 | | | | 득점 |
|---|---|---|---|---|---|
| | 분석항목 | | 분석내용 | 판정 (□에'∨'표) | |
| ABS 휠 스피드센서 | 주파수 | | 분석내용은 출력물에 표시하시오. | □ 양호 □ 불량 | |
| | 전압(Peak to Peak) | | | | |
| | 파형 상태(양호/불량) | | | | |

※ 주의사항 : 분석 항목 및 내용은 출력물에 표기하며 관련 사항은 감독위원의 지시에 따른다.

## [섀시 2 기록표]

2) 점검 및 측정    자동차 번호 :

| 비번호 | | 감독위원 확인 | |
|---|---|---|---|

| 항목 | 측정(또는 점검) | | 판정 및 정비(또는 조치)사항 | | 득점 |
|---|---|---|---|---|---|
| | 측정값 | 규정(정비한계)값 | 판정 (□에 'V' 표) | 정비 및 조치사항 | |
| 브레이크 디스크 런아웃 | | | □ 양호<br>□ 불량 | | |
| 휠 스피드 센서 에어 갭 | | | □ 양호<br>□ 불량 | | |

## [전기 1 기록표]

자동차 번호 :

| 비번호 | | 감독위원 확인 | |
|---|---|---|---|

| 항목 | | 측정(또는 점검) | 판정 및 정비(또는 조치)사항 | | 득점 |
|---|---|---|---|---|---|
| | | 측정값 | 판정 (□에 'V' 표) | 정비 및 조치사항 | |
| 블로워 모터 | 작동 전압 | | □ 양호<br>□ 불량 | | |
| | 작동 전류 (최대 전류) | | | | |

## [전기 2 기록표]

자동차 번호 :

| 비번호 | | 감독위원 확인 | |
|---|---|---|---|

| 항목 | 점검(원인 부위) | | 내용 및 정비(또는 조치)사항 | 득점 |
|---|---|---|---|---|
| | 고장 부분 | 원인 내용 및 상태 | 정비 및 조치사항 | |
| 에어컨 및 공조 회로 | | | | |
| 사이드미러 회로 | | | | |
| 와이퍼 회로 | | | | |

## [전기 3 기록표]

### 1) 파형

자동차 번호 :

| 비번호 | | 감독위원 확인 | |
|---|---|---|---|

| 항목 | 파형 분석 및 판정 | | | 득점 |
|---|---|---|---|---|
| | 분석항목 | | 분석내용 | 판정 (□에'∨'표) | |
| CAN 통신 파형 측정 | High/Low 기준 전압 | | 분석내용은 출력물에 표시하시오. | □ 양호<br>□ 불량 | |
| | High 전압 | | | | |
| | Low 전압 | | | | |

## [전기 3 기록표]

### 2) 점검 및 측정

자동차 번호 :

| 비번호 | | 감독위원 확인 | |
|---|---|---|---|

| 항목 | 측정(또는 점검) | | 판정 및 정비(또는 조치)사항 | | 득점 |
|---|---|---|---|---|---|
| | 측정값 | 규정(정비한계)값 | 판정 (□에'∨'표) | 정비 및 조치사항 | |
| CAN 라인 저항<br>(High-Low 라인 간) | | | □ 양호<br>□ 불량 | | |
| 경음기(혼)<br>소음 측정 | | | □ 양호<br>□ 불량 | | |

※ 주의사항 : 감독위원이 지정하는 CAN 라인 저항 측정 및 경음기 소음을 측정하여 분석하시오

# 국가기술자격검정 실기시험문제

**05안**

Master Craftsman Motor Vehicles Maintenance

| 자격종목 | 자동차정비 기능장 | 작품명 | 자동차정비 작업 |

비 번호(등번호) :

※ 시험시간 : [표준시간 : 6시간 30분, 연장시간 없음]
 엔진 : 140분 | 섀시 : 130분 | 전기 : 120분

## 요구사항

### 가. 엔진

1. 주어진 전자제어 엔진에서 감독위원의 지시에 따라 타이밍벨트와 배기가스 재순환 장치(EGR)를 탈거하고 감독위원에게 확인 후 다시 조립(부착)하고 엔진 및 시동 관련회로를 점검한 후 시동 작업과 기록표의 요구사항을 점검 및 측정하고 기록표에 기록하시오.(단, 시동되지 않는 경우 2항은 작업할 수 없음.)
2. 주어진 엔진에서 감독위원의 지시에 따라 기록표 요구사항을 점검 및 측정하여 기록하시오.
3. 주어진 자동차에서 크랭킹은 가능하나 시동되지 않고, 시동된 후에도 부조가 발생한다. 고장 원인을 찾아 수리 후 기록표에 기록하시오.

### 나. 섀시

1. 주어진 자동차에서 감독위원의 지시에 따라 전륜 현가장치의 로어암을 탈거하고 감독위원에게 확인 후 다시 조립(부착)하여 조향장치 작동 상태를 점검한 후 기록표의 요구사항을 점검 및 측정하여 기록하시오.
2. 주어진 전자제어 자동 변속기 자동차에서 감독위원의 지시에 따라 인히비터 스위치를 탈거하고 감독위원에게 확인 후 다시 조립(부착)하여 1단에서 최고단까지 주행하여 작동 상태를 점검한 후 기록표의 요구사항을 점검 및 측정하여 기록하시오.

### 다. 전기

1. 감독위원의 지시에 따라 자동차에서 발전기 및 관련 벨트를 탈거하고 감독위원에게 확인 후 다시 조립(부착)하여 작동 상태를 확인하고, 기록표의 요구사항을 점검 및 측정하고 기록표에 기록하시오.
2. 주어진 자동차에서 정비지침서의 회로도를 이용하여 기록표에서 요구하는 회로를 점검하고, 이상이 있으면 이상 내용을 기록표에 기록한 후 정비하시오.
3. 주어진 자동차에서 감독위원의 지시에 따라 기록표의 요구사항을 점검 및 측정하여 기록하시오.

# 자동차정비기능장 실기시험 결과 기록표 05안

☑ 기록표는 문항별 구분 절단하여 배부하고, 각 문항별로 종료 시 회수한다.

## [엔진 1 기록표]

자동차 번호:

| 비번호 | | 감독위원 확인 | |
|---|---|---|---|

| 위치 | | 측정(또는 점검) | | 판정 및 정비(또는 조치)사항 | | 득점 |
|---|---|---|---|---|---|---|
| | | 측정값 | 규정(정비한계)값 | 판정 (□에 'V' 표) | 정비 및 조치사항 | |
| 공기 흐름 센서 출력 전압 | | | | □ 양호<br>□ 불량 | | |
| 산소 센서 출력 전압 (공회전 시) | S1 (전) | | | □ 양호<br>□ 불량 | | |
| | S2 (후) | | | | | |

## [엔진 2 기록표]

1) 파형  자동차 번호:

| 비번호 | | 감독위원 확인 | |
|---|---|---|---|

| 항목 | | 파형 분석 및 판정 | | | 득점 |
|---|---|---|---|---|---|
| | | 분석항목 | 분석내용 | 판정 (□에 'V' 표) | |
| 가변 밸브 타이밍 기구 | 출력 전압 | | 분석내용은 출력물에 표시하시오. | □ 양호<br>□ 불량 | |
| | 듀티 | | | | |
| | 주파수 | | | | |

## [엔진 3 기록표]

점검 및 측정  자동차 번호:

| 비번호 | | 감독위원 확인 | |
|---|---|---|---|

| 항목 | 점검(원인 부위) | 내용 및 정비(또는 조치)사항 | | 득점 |
|---|---|---|---|---|
| | | 원인 내용 및 상태 | 정비 및 조치사항 | |
| 시동 결함 | | | | |
| 부조 발생 | | | | |

# [섀시 1 기록표]

자동차 번호 :　　비번호　　　감독위원 확인

| 항목 | 측정(또는 점검) | | | 판정 및 정비(또는 조치)사항 | | 득점 |
|---|---|---|---|---|---|---|
| | 측정값 | | | 기준값<br>(최소회전 반경) | 산출근거 | 판정<br>(□에 'V'표) | |
| 회전 방향<br>(□에 'V'표)<br>□ 좌<br>□ 우 | γ | | | | | □ 양호<br>□ 불량 | |
| | 축거 | | | | | | |
| | 최대조<br>향시<br>각도 | 좌측<br>바퀴 | | | | | |
| | | 우측<br>바퀴 | | | | | |
| | 최소회전 반경 | | | | | | |

# [섀시 2 기록표]

1) 파형

자동차 번호 :　　비번호　　　감독위원 확인

| 항목 | 파형 분석 및 판정 | | | 득점 |
|---|---|---|---|---|
| | 분석항목 | 분석내용 | 판정<br>(□에 'V'표) | |
| 자동 변속기<br>입(출)력 센서<br>파형 | 주파수 | 분석내용은<br>출력물에 표시하시오. | □ 양호<br>□ 불량 | |
| | 전압(Peak to Peak) | | | |
| | 듀티 | | | |

※ 주의사항 : 감독위원은 입·출력 센서 중 1가지를 택일하여 수험자에게 알린다. 분석 항목 및 내용은 출력물에 표기하며 관련 사항은 감독위원의 지시에 따른다.

# [섀시 2 기록표]

2) 점검 및 측정

자동차 번호 :　　비번호　　　감독위원 확인

| 항목 | 측정(또는 점검) | | 판정 및 정비(또는 조치)사항 | | 득점 |
|---|---|---|---|---|---|
| | 측정값 | 규정(정비한계)값 | 판정<br>(□에 'V'표) | 정비 및 조치사항 | |
| 작동 시<br>변속기 클러치 압력 | | | □ 양호<br>□ 불량 | | |
| 변속기<br>솔레노이드 저항 | | | □ 양호<br>□ 불량 | | |

## [전기 1 기록표]

| | 비번호 | | 감독위원 확인 | |
|---|---|---|---|---|

자동차 번호 :

| 위치 | 측정(또는 점검) | | 판정 및 정비(또는 조치)사항 | | 득점 |
|---|---|---|---|---|---|
| | 측정값 | 규정(기준) 값 (정비한계)값 | 판정 (□에 'V'표) | 정비 및 조치사항 | |
| 암 전류 | | | □ 양호<br>□ 불량 | | |
| 발전기 출력 전류 | | | □ 양호<br>□ 불량 | | |

## [전기 2 기록표]

| | 비번호 | | 감독위원 확인 | |
|---|---|---|---|---|

자동차 번호 :

| 항목 | 점검(원인 부위) | | 내용 및 정비(또는 조치)사항 | | 득점 |
|---|---|---|---|---|---|
| | 고장 부분 | 원인 내용 및 상태 | 정비 및 조치사항 | | |
| 방향지시등 회로 | | | | | |
| 경음기 회로 | | | | | |
| 뒷유리 열선 회로 | | | | | |

## [전기 3 기록표]

1) 파형

| | 비번호 | | 감독위원 확인 | |
|---|---|---|---|---|

자동차 번호 :

| 항목 | 파형 분석 및 판정 | | | | 득점 |
|---|---|---|---|---|---|
| | 분석항목 | | 분석내용 | 판정 (□에 'V'표) | |
| CAN 통신 파형 측정 | High/Low 기준 전압 | | 분석내용은 출력물에 표시하시오. | □ 양호<br>□ 불량 | |
| | High 전압 | | | | |
| | Low 전압 | | | | |

# [전기 3 기록표]

2) 점검 및 측정    자동차 번호 :

| 위치 | 측정항목 | 측정(또는 점검) | | 판정 및 정비(또는 조치)사항 | | 득점 |
| --- | --- | --- | --- | --- | --- | --- |
| | | 측정값 | 기준값<br>(최소회전 반경) | 판정<br>(□에'V'표) | 정비 및 조치사항 | |
| 전조등<br>(□에'V'표)<br>□ 좌<br>□ 우 | 광도 | | | □ 양호<br>□ 불량 | | |
| 설치높이<br>□ ≤1.0m<br>□ >1.0m | 진폭 | | | □ 양호<br>□ 불량 | | |

# 06안 국가기술자격검정 실기시험문제

| 자격종목 | 자동차정비 기능장 | 작품명 | 자동차정비 작업 |

비 번호(등번호) :

※ 시험시간 : [표준시간 : 6시간 30분, 연장시간 없음]
엔진 : 140분 | 섀시 : 130분 | 전기 : 120분

##  요구사항

### Engine  가. 엔진

1. 주어진 전자제어 디젤 엔진에서 감독위원의 지시에 따라 타이밍벨트의 아이들(공전) 베어링과 고압 펌프를 탈거하고 감독위원에게 확인 후 다시 조립(부착)하여 엔진 및 시동 관련회로를 점검한 후 시동 작업과 기록표의 요구사항을 점검 및 측정하고 기록표에 기록하시오.(단, 시동되지 않는 경우 2항은 작업할 수 없음.)
2. 주어진 엔진에서 감독위원의 지시에 따라 기록표 요구사항을 점검 및 측정하여 기록하시오.
3. 주어진 자동차에서 크랭킹은 가능하나 시동되지 않고, 시동된 후에도 부조가 발생한다. 고장 원인을 찾아 수리 후 기록표에 기록하시오.

### Chassis  나. 섀시

1. 주어진 자동차에서 감독위원의 지시에 따라 주어진 자동 변속기를 분해 점검하여 감독위원에게 감독위원에게 확인 후 다시 조립하고 기록표 요구사항을 점검 및 측정하여 기록하시오.
2. 주어진 전자제어 자동 변속기 자동차에서 감독위원의 지시에 따라 인히비터 스위치를 탈거하고 감독위원에게 확인 후 다시 조립(부착)하여 작동 상태를 확인하고, 기록표의 요구사항을 점검 및 측정하여 기록하시오.

### Electric  다. 전기

1. 감독위원의 지시에 따라 자동차에서 라디에이터 팬을 탈거하고 감독위원에게 확인 후 다시 조립(부착)하여 작동 상태를 확인하고, 기록표의 요구사항을 점검 및 측정하고 기록표에 기록하시오.
2. 주어진 자동차에서 정비지침서의 회로도를 이용하여 기록표에서 요구하는 회로를 점검하고, 이상이 있으면 이상 내용을 기록표에 기록한 후 정비하시오.
3. 주어진 자동차에서 감독위원의 지시에 따라 기록표의 요구사항을 점검 및 측정하여 기록하시오.

# 자동차정비기능장 실기시험 결과 기록표 06안

☑ 기록표는 문항별 구분 절단하여 배부하고, 각 문항별로 종료 시 회수한다.

## [엔진 1 기록표]

자동차 번호 :

| 비번호 | | 감독위원 확인 | |
|---|---|---|---|

| 항목 | | 측정(또는 점검) | | 판정 및 정비(또는 조치)사항 | | 득점 |
|---|---|---|---|---|---|---|
| | | 측정값 | 규정(정비한계)값 | 판정 (□에 'V' 표) | 정비 및 조치사항 | |
| 연료 펌프 | 작동 전류 | | | □ 양호<br>□ 불량 | | |
| | 공급 압력 | | | □ 양호<br>□ 불량 | | |

## [엔진 2 기록표]
1) 파형

자동차 번호 :

| 비번호 | | 감독위원 확인 | |
|---|---|---|---|

| 항목 | 파형 분석 및 판정 | | | | 득점 |
|---|---|---|---|---|---|
| | 분석항목 | | 분석내용 | 판정 (□에 'V' 표) | |
| 디젤 인젝터 전압 및 전류 파형 | 주 분사 작동 전류 | | 분석내용은 출력물에 표시하시오. | □ 양호<br>□ 불량 | |
| | 서지 전압 | | | | |
| | 예비 연료 분사 시간 | | | | |

※ 주의사항 : 분석 항목 및 내용은 출력물에 표기하며 관련 사항은 감독위원의 지시를 따른다.

## [엔진 2 기록표]
3) 점검 및 측정

자동차 번호 :

| 비번호 | | 감독위원 확인 | |
|---|---|---|---|

| 항목 | | 측정(또는 점검) | | 판정 및 정비(또는 조치)사항 | | 득점 |
|---|---|---|---|---|---|---|
| | | 측정값 | 규정(정비한계)값 | 판정 (□에 'V' 표) | 정비 및 조치사항 | |
| 배기가스 | CO | | | □ 양호<br>□ 불량 | | |
| | HC | | | | | |
| | λ | | | | | |

## [엔진 3 기록표]

| | 비번호 | | 감독위원 확인 | |
|---|---|---|---|---|

점검 및 측정      자동차 번호 :

| 항목 | 점검(원인 부위) | 내용 및 정비(또는 조치)사항 | | 득점 |
|---|---|---|---|---|
| | | 원인 내용 및 상태 | 정비 및 조치사항 | |
| 시동 결함 | | | | |
| 부조 발생 | | | | |

## [섀시 1 기록표]

| | 비번호 | | 감독위원 확인 | |
|---|---|---|---|---|

자동차 번호 :

| 항목 | 측정(또는 점검) | | 판정 및 정비(또는 조치)사항 | | 득점 |
|---|---|---|---|---|---|
| | 측정값 | 규정(정비한계)값 | 판정 (□에 'V'표) | 정비 및 조치사항 | |
| 변속기 오일 온도 센서 저항 | | | □ 양호 □ 불량 | | |
| 인히비터 스위치 점검 | 통전 단자 변속 : ( )→( ) | 통전 단자 변속 : ( )→( ) | | | |

※ 단위가 누락되거나 틀린 경우는 오답으로 채점한다.(휠 얼라이먼트 시험기 사용 측정함)

## [섀시 2 기록표]

| | 비번호 | | 감독위원 확인 | |
|---|---|---|---|---|

1) 파형      자동차 번호 :

| 항목 | 파형 분석 및 판정 | | | | 득점 |
|---|---|---|---|---|---|
| | 분석항목 | | 분석내용 | 판정 (□에 'V'표) | |
| 레인지 변환 시(N→D) 유압제어 솔레노이드 파형 | 주파수 | | 분석내용은 출력물에 표시하시오. | □ 양호 □ 불량 | |
| | 전압 | | | | |
| | 듀티 | | | | |

## [섀시 2 기록표]

2) 점검 및 측정   자동차 번호 :

| 비번호 | | 감독위원 확인 | |
|---|---|---|---|

| 항목 | 측정(또는 점검) | | 판정 및 정비(또는 조치)사항 | | 득점 |
| | 측정값 | 규정(정비한계)값 | 판정 (□에 'V' 표) | 정비 및 조치사항 | |
|---|---|---|---|---|---|
| 작동 시 변속기 클러치 압력 (감독위원이 지정) | | | □ 양호<br>□ 불량 | | |
| 변속기 시프트 솔레노이드 저항 | | | □ 양호<br>□ 불량 | | |


## [전기 1 기록표]

자동차 번호 :

| 비번호 | | 감독위원 확인 | |
|---|---|---|---|

| 위치 | 측정항목 | 측정(또는 점검) | | 판정 및 정비(또는 조치)사항 | | 득점 |
| | | 측정값 | 규정(정비한계)값 | 판정 (□에 'V' 표) | 정비 및 조치사항 | |
|---|---|---|---|---|---|---|
| 라디에이터 팬 모터 (구동시) | 전압 | | | □ 양호<br>□ 불량 | | |
| | 전류 | | | | | |

※ 감독 위원의 지시에 따라 점검하고 단위가 누락되거나 틀린 경우는 오답으로 채점합니다.


## [전기 2 기록표]

자동차 번호 :

| 비번호 | | 감독위원 확인 | |
|---|---|---|---|

| 항목 | 점검(원인 부위) | | 내용 및 정비(또는 조치)사항 | 득점 |
| | 고장 부분 | 원인 내용 및 상태 | 정비 및 조치사항 | |
|---|---|---|---|---|
| 에어컨 및 공조 회로 | | | | |
| 사이드미러 회로 | | | | |
| 방향지시등 회로 | | | | |

## [전기 3 기록표]

### 1) 파형

자동차 번호 :  　　비번호　　　　감독위원 확인

| 항목 | 파형 분석 및 판정 | | | 득점 |
|---|---|---|---|---|
| | 분석항목 | 분석내용 | 판정 (□에 'V'표) | |
| LIN 통신 파형 측정 | 전압 | 분석내용은 출력물에 표시하시오. | □ 양호 □ 불량 | |
| | 듀티 | | | |
| | 주파수 | | | |

## [전기 3 기록표]

### 2) 점검 및 측정

자동차 번호 :  　　비번호　　　　감독위원 확인

| 위치 | 측정항목 | | 측정(또는 점검) | | 판정 및 정비(또는 조치)사항 | | 득점 |
|---|---|---|---|---|---|---|---|
| | | | 측정값 | 기준값 (최소회전 반경) | 판정 (□에 'V'표) | 정비 및 조치사항 | |
| 전조등 (□에 'V'표) □ 좌 □ 우 | 광도 | | | | □ 양호 □ 불량 | | |
| | 광축 | □ 좌 □ 우 | | | | | |
| | | □ 상 □ 하 | | | | | |

# 07안

## 국가기술자격검정 실기시험문제

| 자격종목 | 자동차정비 기능장 | 작품명 | 자동차정비 작업 |

비 번호(등번호) :

※ **시험시간** : [표준시간 : 6시간 30분, 연장시간 없음]
엔진 : 140분 | 섀시 : 130분 | 전기 : 120분

## 요구사항

### 가. 엔진

1. 주어진 전자제어 엔진에서 감독위원의 지시에 따라 흡기캠축과 오일 펌프를 탈거하고 감독위원에게 확인 후 다시 조립(부착)하여 엔진 및 시동 관련회로를 점검한 후 시동 작업과 기록표의 요구사항을 점검 및 측정하고 기록표에 기록하시오.(단, 시동되지 않는 경우 2항은 작업할 수 없음.)
2. 주어진 엔진에서 감독위원의 지시에 따라 기록표 요구사항을 점검 및 측정하여 기록하시오.
3. 주어진 자동차에서 크랭킹은 가능하나 시동되지 않고, 시동된 후에도 부조가 발생한다. 고장 원인을 찾아 수리 후 기록표에 기록하시오.

### 나. 섀시

1. 주어진 자동차에서 감독위원의 지시에 따라 전륜(또는 후륜)의 한쪽 허브베어링을 탈거, 교환하고 감독위원에게 확인 후 다시 조립(부착)하여 작동 상태를 확인하고, 기록표의 요구사항을 점검 및 측정하여 기록하시오.
2. 주어진 자동차에서 감독위원의 지시에 따라 등속 조인트를 탈거하여 부트를 교환한 다음 감독위원에게 확인 후 다시 조립(부착)하여 작동 상태를 점검한 후 기록표의 요구사항을 점검 및 측정하여 기록하시오.

### 다. 전기

1. 감독위원의 지시에 따라 자동차에서 파워윈도우 레귤레이터를 탈거하고 감독위원에게 확인 후 다시 조립(부착)하여 작동 상태를 확인하고, 기록표의 요구사항을 점검 및 측정하고 기록표에 기록하시오.
2. 주어진 자동차에서 정비지침서의 회로도를 이용하여 기록표에서 요구하는 회로를 점검하고, 이상이 있으면 이상 내용을 기록표에 기록한 후 정비하시오.
3. 주어진 자동차에서 감독위원의 지시에 따라 기록표의 요구사항을 점검 및 측정하여 기록하시오.

# 자동차정비기능장 실기시험 결과 기록표 07안

☑ 기록표는 문항별 구분 절단하여 배부하고, 각 문항별로 종료 시 회수한다.

## [엔진 1 기록표]

자동차 번호 :

| 비번호 | | 감독위원 확인 | | |
|---|---|---|---|---|

| 항목 | 측정(또는 점검) | | 판정 및 정비(또는 조치)사항 | | 득점 |
|---|---|---|---|---|---|
| | 측정값 | 규정(정비한계)값 | 판정 (□에 'V'표) | 정비 및 조치사항 | |
| 오일 압력 | | | □ 양호<br>□ 불량 | | |
| 오일 압력 S/W 전압 | 시동 전 | | □ 양호<br>□ 불량 | | |
| | 시동 후 | | | | |

## [엔진 2 기록표]

1) 파형

자동차 번호 :

| 비번호 | | 감독위원 확인 | | |
|---|---|---|---|---|

| 항목 | 파형 분석 및 판정 | | | | 득점 |
|---|---|---|---|---|---|
| | 분석항목 | | 분석내용 | 판정 (□에 'V'표) | |
| 노크 센서 | 출력 전압 | | 분석내용은 출력물에 표시하시오. | □ 양호<br>□ 불량 | |
| | 주파수 | | | | |

※ 주의사항 : 분석 항목 및 내용은 출력물에 표기하며 관련 사항은 감독위원의 지시를 따른다.

## [엔진 2 기록표]

3) 점검 및 측정

자동차 번호 :

| 비번호 | | 감독위원 확인 | | |
|---|---|---|---|---|

| 항목 | | 측정(또는 점검) | | 판정 및 정비(또는 조치)사항 | | 득점 |
|---|---|---|---|---|---|---|
| | | 측정값 | 규정(정비한계)값 | 판정 (□에 'V'표) | 정비 및 조치사항 | |
| 배기가스 | CO | | | □ 양호<br>□ 불량 | | |
| | HC | | | | | |
| | λ | | | | | |

## [엔진 3 기록표]

점검 및 측정  자동차 번호 :  비번호:  감독위원 확인:

| 항목 | 점검(원인 부위) | 내용 및 정비(또는 조치)사항 | | 득점 |
|---|---|---|---|---|
| | | 원인 내용 및 상태 | 정비 및 조치사항 | |
| 시동 결함 | | | | |
| 부조 발생 | | | | |

## [섀시 1 기록표]

자동차 번호 :  비번호:  감독위원 확인:

| 항목 | 측정(또는 점검) | | | | 판정 및 정비(또는 조치)사항 | | 득점 |
|---|---|---|---|---|---|---|---|
| | 측정값 | | | 규정(정비한계)값 | 판정(□에'∨'표) | 정비 및 조치사항 | |
| 사이드슬립 양 | | | | | □ 양호<br>□ 불량 | | |
| 타이어 점검 | 타이어 제작 시기 | 트레드 깊이 | 타이어 최대 하중 | 트레드 깊이 | □ 양호<br>□ 불량 | | |

## [섀시 2 기록표]

1) 파형  자동차 번호 :  비번호:  감독위원 확인:

| 항목 | 파형 분석 및 판정 | | | 판정(□에'∨'표) | 득점 |
|---|---|---|---|---|---|
| | 분석항목 | | 분석내용 | | |
| ABS 휠 스피드센서 | 주파수 | | 분석내용은 출력물에 표시하시오. | □ 양호<br>□ 불량 | |
| | 전압(Peak to Peak) | | | | |
| | 파형 상태(양호/불량) | | | | |

※ 주의사항 : 분석 항목 및 내용은 출력물에 표기하며 관련 사항은 감독위원의 지시에 따른다.

## [섀시 2 기록표]

2) 점검 및 측정    자동차 번호 :

| 비번호 | | 감독위원 확인 | |
|---|---|---|---|

| 항목 | 측정(또는 점검) | | 판정 및 정비(또는 조치)사항 | | 득점 |
| | 측정값 | 규정(정비한계)값 | 판정 (□에 'V'표) | 정비 및 조치사항 | |
|---|---|---|---|---|---|
| 브레이크 디스크 런아웃 | | | □ 양호<br>□ 불량 | | |
| 휠 스피드 센서 에어 갭 | | | □ 양호<br>□ 불량 | | |


## [전기 1 기록표]

1) 파형    자동차 번호 :

| 비번호 | | 감독위원 확인 | |
|---|---|---|---|

| 항목 | 파형 분석 및 판정 | | | | 득점 |
| | 분석항목 | | 분석내용 | 판정 (□에 'V'표) | |
|---|---|---|---|---|---|
| 파워윈도우 전압과 전류 파형 | 작동 전압(상승 시) | | 분석내용은 출력물에 표시하시오. | □ 양호<br>□ 불량 | |
| | 작동 전압(하강 시) | | | | |
| | 작동 전류(상승 시) | | | | |
| | 작동 전류(하강 시) | | | | |

※ 주의사항 : 분석 항목 및 내용은 출력물에 표기하며 관련 사항은 감독위원의 지시에 따른다.


## [전기 2 기록표]

자동차 번호 :

| 비번호 | | 감독위원 확인 | |
|---|---|---|---|

| 항목 | 점검(원인 부위) | | 내용 및 정비(또는 조치)사항 | | 득점 |
| | 고장 부분 | 원인 내용 및 상태 | 정비 및 조치사항 | | |
|---|---|---|---|---|---|
| 안전벨트 | | | | | |
| 에어백 | | | | | |
| 윈도우 모터 | | | | | |

## [전기 3 기록표]
점검 및 측정-1   자동차 번호 :

| 비번호 | | 감독위원 확인 | |
|---|---|---|---|

| 위치 | | 측정(또는 점검) | | 판정 및 정비(또는 조치)사항 | | 득점 |
|---|---|---|---|---|---|---|
| | | 측정값 | 규정(정비한계)값 | 판정 (□에 'V'표) | 정비 및 조치사항 | |
| 충전 시스템 | 충전 전압 | 무부하 시 | | □ 양호 □ 불량 | | |
| | | 부하 시 | | | | |
| | 충전 전류 | 무부하 시 | | | | |
| | | 부하 시 | | | | |

## [전기 3 기록표]
점검 및 측정-2   자동차 번호 :

| 비번호 | | 감독위원 확인 | |
|---|---|---|---|

| 항목 | 측정(또는 점검) | | 판정 및 정비(또는 조치)사항 | | 득점 |
|---|---|---|---|---|---|
| | 측정값 | 규정(정비한계)값 | 판정 (□에 'V'표) | 정비 및 조치사항 | |
| CAN 라인 저항 (High - Low 라인 간) | | | □ 양호 □ 불량 | | |
| 배기음(소음) 측정 | | | | | |

※ 주의사항 : 감독위원이 지정하는 CAN 라인 저항 측정 및 배기음(소음)을 측정하여 분석하시오.

# 국가기술자격검정 실기시험문제

| 자격종목 | 자동차정비 기능장 | 작품명 | 자동차정비 작업 |

비 번호(등번호) :

※ 시험시간 : [표준시간 : 6시간 30분, 연장시간 없음]
엔진 : 140분 | 섀시 : 130분 | 전기 : 120분

## 요구사항

### 가. 엔진

1. 주어진 전자제어 엔진에서 감독위원의 지시에 따라 배기 캠축과 인젝터를 탈거하고 감독위원에게 확인 후 다시 조립(부착)하여 엔진 및 시동 관련회로를 점검한 후 시동 작업과 기록표의 요구사항을 점검 및 측정하고 기록표에 기록하시오.(단, 시동되지 않는 경우 2항은 작업할 수 없음.)
2. 주어진 엔진에서 감독위원의 지시에 따라 기록표 요구사항을 점검 및 측정하여 기록하시오.
3. 주어진 자동차에서 크랭킹은 가능하나 시동되지 않고, 시동된 후에도 부조가 발생한다. 고장 원인을 찾아 수리 후 기록표에 기록하시오.

### 나. 섀시

1. 주어진 전자제어 전동식 동력 조향장치(MDPS) 자동차에서 감독위원의 지시에 따라 조향기어 박스를 교환(탈·부착)하여 작동 상태를 확인하고 기록표 요구사항을 점검 및 측정하여 기록하시오.
2. 주어진 자동차에서 감독위원의 지시에 따라 전동식 동력 조향장치(MDPS) 컬럼 샤프트를 탈거하고 감독위원에게 확인 후 다시 조립(부착)하여 조향장치 작동 상태를 점검한 후 기록표의 요구사항을 점검 및 측정하여 기록하시오.

### 다. 전기

1. 감독위원의 지시에 따라 자동차에서 에어컨 가스를 전부 회수하고 에어컨 컴프레셔를 탈·부착한 후 가스를 충전시킨 다음 작동 상태를 확인하고 기록표의 요구사항을 점검 및 측정하여 기록하시오.
2. 주어진 자동차에서 정비지침서의 회로도를 이용하여 기록표에서 요구하는 회로를 점검하고, 이상이 있으면 이상 내용을 기록표에 기록한 후 정비하시오.
3. 주어진 자동차에서 감독위원의 지시에 따라 기록표의 요구사항을 점검 및 측정하여 기록하시오.

# 자동차정비기능장 실기시험 결과 기록표 08안

☑ 기록표는 문항별 구분 절단하여 배부하고, 각 문항별로 종료 시 회수한다.

## [엔진 1 기록표]

자동차 번호 :   비번호:   감독위원 확인:

| 항목 | 측정(또는 점검) | | 판정 및 정비(또는 조치)사항 | | 득점 |
|---|---|---|---|---|---|
| | 측정값 | 규정(정비한계)값 | 판정 (□에 'V'표) | 정비 및 조치사항 | |
| 연료탱크 압력 센서 (FTPS) 출력 전압 | | | □ 양호<br>□ 불량 | | |
| 연료 펌프 구동 전류 | | | □ 양호<br>□ 불량 | | |

## [엔진 2 기록표]
1) 파형

자동차 번호 :   비번호:   감독위원 확인:

| 항목 | 파형 분석 및 판정 | | | | 득점 |
|---|---|---|---|---|---|
| | 분석항목 | | 분석내용 | 판정 (□에 'V'표) | |
| 가솔린 인젝터 전압 및 전류 피형 | TR ON(작동) 전압 | | 분석내용은 출력물에 표시하시오. | □ 양호<br>□ 불량 | |
| | 서지 전압 | | | | |
| | 연료 분사 시간 | | | | |

※ 주의사항 : 분석 항목 및 내용은 출력물에 표기하며 관련 사항은 감독위원의 지시를 따른다.

## [엔진 2 기록표]
2) 점검 및 측정

자동차 번호 :   비번호:   감독위원 확인:

| 항목 | | 측정(또는 점검) | | 판정 및 정비(또는 조치)사항 | | 득점 |
|---|---|---|---|---|---|---|
| | | 측정값 | 규정(정비한계)값 | 판정 (□에 'V'표) | 정비 및 조치사항 | |
| 배기가스 | CO | | | □ 양호<br>□ 불량 | | |
| | HC | | | | | |
| | λ | | | | | |

## [엔진 3 기록표]

점검 및 측정     자동차 번호 :

| 비번호 | | 감독위원 확인 | |
|---|---|---|---|

| 항목 | 점검(원인 부위) | 내용 및 정비(또는 조치)사항 | | 득점 |
|---|---|---|---|---|
| | | 원인 내용 및 상태 | 정비 및 조치사항 | |
| 시동 결함 | | | | |
| 부조 발생 | | | | |

## [섀시 1 기록표]

자동차 번호 :

| 비번호 | | 감독위원 확인 | |
|---|---|---|---|

| 항목 | 측정(또는 점검) | | 판정 및 정비(또는 조치)사항 | | 득점 |
|---|---|---|---|---|---|
| | 측정값 | 기준값(최소회전 반경) | 산출근거 | 판정 (□에 'V'표) | |
| 회전 방향 (□에 'V'표) □ 좌 □ 우 | $\gamma$ | | | □ 양호 □ 불량 | |
| | 축거 | | | | |
| | 조향각도 | | | | |
| | 최소회전 반경 | | | | |

## [섀시 2 기록표]

1) 파형     자동차 번호 :

| 비번호 | | 감독위원 확인 | |
|---|---|---|---|

| 항목 | 파형 분석 및 판정 | | | | 득점 |
|---|---|---|---|---|---|
| | 분석항목 | | 분석내용 | 판정 (□에 'V'표) | |
| MDPS 모터 전류 파형 | 작동 전압 | | 분석내용은 출력물에 표시하시오. | □ 양호 □ 불량 | |
| | 작동 최소 전류 | | | | |
| | 작동 최대 전류 | | | | |

## [섀시 2 기록표]

2) 점검 및 측정    자동차 번호 :

| 비번호 | | 감독위원 확인 | |
|---|---|---|---|

| 위치 | 측정(또는 점검) | | 판정 및 정비(또는 조치)사항 | | 득점 |
|---|---|---|---|---|---|
| | 측정값 | 규정(정비한계)값 | 판정 (□에 'V'표) | 정비 및 조치사항 | |
| 토크 센서 값 | | | □ 양호<br>□ 불량 | | |
| 조향각 센서 값 | | | | | |

## [전기 1 기록표]

자동차 번호 :

| 비번호 | | 감독위원 확인 | |
|---|---|---|---|

| 항목 | | 측정(또는 점검) | | 판정 및 정비(또는 조치)사항 | | 득점 |
|---|---|---|---|---|---|---|
| | | 측정값 | 규정(정비한계)값 | 판정 (□에 'V'표) | 정비 및 조치사항 | |
| 냉매<br>압력 | 저압 | 압력 | 압력 | □ 양호<br>□ 불량 | | |
| | 고압 | 압력 | 압력 | | | |
| 토출<br>온도 | | 압축기 작동 시 \| 압축기 비작동 시 | 압축기 작동 시 \| 압축기 비작동 시 | □ 양호<br>□ 불량 | | |

※ 감독위원의 지시에 따라 점검하고 단위가 누락되거나 틀린 경우는 오답으로 채점한다.

## [전기 2 기록표]

자동차 번호 :

| 비번호 | | 감독위원 확인 | |
|---|---|---|---|

| 항목 | 점검(원인 부위) | | 내용 및 정비(또는 조치)사항 | 득점 |
|---|---|---|---|---|
| | 고장 부분 | 원인 내용 및 상태 | 정비 및 조치사항 | |
| 파워윈도우 회로 | | | | |
| 미등 회로 | | | | |
| 와이퍼 회로 | | | | |

## [전기 3 기록표]

1) 파형

자동차 번호 : 　　　　　비번호 　　　　　감독위원 확인

| 항목 | 파형 분석 및 판정 | | | 득점 |
|---|---|---|---|---|
| | 분석항목 | | 분석내용 | 판정 (□에 'V'표) | |
| 안전벨트 차임벨 타이머 파형 | 작동 전압 | | 분석내용은 출력물에 표시하시오. | □ 양호<br>□ 불량 | |
| | 출력 작동 시간(1주기) | | | | |
| | 듀티(1주기) | | | | |

## [전기 3 기록표]

2) 점검 및 측정

자동차 번호 : 　　　　　비번호 　　　　　감독위원 확인

| 위치 | 측정(또는 점검) | | 판정 및 정비(또는 조치)사항 | | 득점 |
|---|---|---|---|---|---|
| | 측정값 | 규정(정비한계)값 | 판정 (□에 'V'표) | 정비 및 조치사항 | |
| 유해 가스 감지 센서 (AQS) 출력 전압 | 감지 | | □ 양호<br>□ 불량 | | |
| | 미감지 | | | | |
| 핀 서모센서 저항 및 출력 전압 | 저항 | | □ 양호<br>□ 불량 | | |
| | 전압 | | | | |

# 국가기술자격검정 실기시험문제

| 자격종목 | 자동차정비 기능장 | 작품명 | 자동차정비 작업 |

비 번호(등번호) :

※ 시험시간 : [표준시간 : 6시간 30분, 연장시간 없음]
　　　　　　엔진 : 140분　|　섀시 : 130분　|　전기 : 120분

## 요구사항

### Engine  가. 엔진

1. 주어진 전자제어 엔진에서 감독위원의 지시에 따라 배기 캠축을 탈거하여 오토래쉬(HLA)를 교환하고 감독위원에게 확인 후 다시 조립(부착)하여 엔진 및 시동 관련회로를 점검한 후 시동 작업과 기록표의 요구사항을 점검 및 측정 하고 기록표에 기록하시오.(단, 시동되지 않는 경우 2항은 작업할 수 없음.)
2. 주어진 엔진에서 감독위원의 지시에 따라 기록표 요구사항을 점검 및 측정하여 기록하시오.
3. 주어진 자동차에서 크랭킹은 가능하나 시동되지 않고, 시동된 후에도 부조가 발생한다. 고장 원인을 찾아 수리 후 기록표에 기록하시오.

### Chassis  나. 섀시

1. 주어진 자동차에서 감독위원의 지시에 따라 전륜 현가장치의 로어암을 탈거하고 감독위원에게 확인 후 다시 조립(부착)하여 조향장치 작동 상태를 점검한 후 기록표 요구사항을 점검 및 측정하여 기록하시오.
2. 주어진 자동차에서 감독위원의 지시에 따라 유압식 동력 조향장치 오일 펌프를 탈거하고 감독위원에게 확인 후 다시 조립(부착)하여 에어빼기 작업을 실시하고 조향장치 작동 상태를 확인하고 기록표의 요구사항을 점검 및 측정하여 기록하시오.

### Electric  다. 전기

1. 감독위원의 지시에 따라 자동차에서 와이퍼 모터를 탈거하고 감독위원에게 확인 후 다시 조립(부착)하여 작동 상태를 확인하고 기록표의 요구사항을 점검 및 측정하여 기록하시오.
2. 주어진 자동차에서 정비지침서의 회로도를 이용하여 기록표에서 요구하는 회로를 점검하고, 이상이 있으면 이상 내용을 기록표에 기록한 후 정비하시오.
3. 주어진 자동차에서 감독위원의 지시에 따라 기록표의 요구사항을 점검 및 측정하여 기록하시오.

## 자동차정비기능장 실기시험 결과 기록표 09안

☑ 기록표는 문항별 구분 절단하여 배부하고, 각 문항별로 종료 시 회수한다.

### [엔진 1 기록표]

| 비번호 | | 감독위원 확인 | |
|---|---|---|---|

자동차 번호 :

| 항목 | | 측정(또는 점검) | | 판정 및 정비(또는 조치)사항 | | 득점 |
|---|---|---|---|---|---|---|
| | | 측정값 | 규정(정비한계)값 | 판정 (□에 'V'표) | 정비 및 조치사항 | |
| 캠 □ 흡기 □ 배기 | 높이 | | | □ 양호 □ 불량 | | |
| | 양정 | | | | | |
| 오일 컨트롤 밸브 저항 | | | | □ 양호 □ 불량 | | |

### [엔진 2 기록표]

| 비번호 | | 감독위원 확인 | |
|---|---|---|---|

1) 파형   자동차 번호 :

| 항목 | 파형 분석 및 판정 | | | | 득점 |
|---|---|---|---|---|---|
| | 분석항목 | | 분석내용 | 판정 (□에 'V'표) | |
| 가솔린 인젝터 전압 및 전류 파형 | TR ON(작동) 전압 | | 분석내용은 출력물에 표시하시오. | □ 양호 □ 불량 | |
| | 서지 전압 | | | | |
| | 연료 분사 시간 | | | | |

※ 주의사항 : 분석 항목 및 내용은 출력물에 표기하며 관련 사항은 감독위원의 지시를 따른다.

## [엔진 2 기록표]

2) 점검 및 측정    자동차 번호 :

| 비번호 | | 감독위원 확인 | |
|---|---|---|---|

| 위치 | 측정(또는 점검) | | 판정 및 정비(또는 조치)사항 | | 득점 |
|---|---|---|---|---|---|
| | 측정값 | 규정(정비한계)값 | 판정 (□에'∨'표) | 정비 및 조치사항 | |
| 스로틀 위치 센서(TPS) | 전폐 | | | □ 양호 □ 불량 | | |
| | 전개 | | | | | |
| 공기 유량 센서 (AFS&MAP) | 스로틀 전폐 | | | □ 양호 □ 불량 | | |
| | 스로틀 전개 | | | | | |

## [엔진 3 기록표]

점검 및 측정    자동차 번호 :

| 비번호 | | 감독위원 확인 | |
|---|---|---|---|

| 항목 | 점검(원인 부위) | 내용 및 정비(또는 조치)사항 | | 득점 |
|---|---|---|---|---|
| | | 원인 내용 및 상태 | 정비 및 조치사항 | |
| 시동 결함 | | | | |
| 부조 발생 | | | | |

## [섀시 1 기록표]

자동차 번호 :

| 비번호 | | 감독위원 확인 | |
|---|---|---|---|

| 항목 | 측정(또는 점검) | | 판정 및 정비(또는 조치)사항 | | 득점 |
|---|---|---|---|---|---|
| | 측정값 | 규정(정비한계)값 | 판정 (□에'∨'표) | 정비 및 조치사항 | |
| 파워 스티어링 펌프 압력 | | | □ 양호 □ 불량 | | |
| 핸들 유격 | | | □ 양호 □ 불량 | | |

## [섀시 2 기록표]

### 1) 파형

자동차 번호 :  | 비번호 | | 감독위원 확인 | |

| 항목 | 파형 분석 및 판정 | | | 득점 |
| --- | --- | --- | --- | --- |
| | 분석항목 | 분석내용 | 판정 (□에 'V'표) | |
| EPS 솔레노이드 밸브(작동 시) | 작동 전압 | 분석내용은 출력물에 표시하시오. | □ 양호 □ 불량 | |
| | 작동 전류 | | | |
| | 듀티 | | | |

## [섀시 2 기록표]

### 2) 점검 및 측정

자동차 번호 :  | 비번호 | | 감독위원 확인 | |

| 항목 | 측정(또는 점검) | | 판정 및 정비(또는 조치)사항 | | 득점 |
| --- | --- | --- | --- | --- | --- |
| | 측정값 | 규정(정비한계)값 | 판정 (□에 'V'표) | 정비 및 조치사항 | |
| 전륜 캠버 | | | □ 양호 □ 불량 | | |
| 전륜 토(toe) | | | □ 양호 □ 불량 | | |

## [전기 1 기록표]

자동차 번호 :  | 비번호 | | 감독위원 확인 | |

| 항목 | | 측정(또는 점검) 상태 | 판정 및 정비(또는 조치) 사항 | 득점 |
| --- | --- | --- | --- | --- |
| 와이퍼 | Low 모드 시 작동 전압 | | | |
| | 와셔 모터 작동 전압 | | | |

## [전기 2 기록표]

자동차 번호 :

| 비번호 | | 감독위원 확인 | |
|---|---|---|---|

| 항목 | 점검(원인 부위) | | 내용 및 정비(또는 조치)사항 | 득점 |
|---|---|---|---|---|
| | 고장 부분 | 원인 내용 및 상태 | 정비 및 조치사항 | |
| 도난 방지 회로 | | | | |
| 미등 회로 | | | | |
| 와이퍼 회로 | | | | |

## [전기 3 기록표]
### 1) 파형

자동차 번호 :

| 비번호 | | 감독위원 확인 | |
|---|---|---|---|

| 항목 | 파형 분석 및 판정 | | | | 득점 |
|---|---|---|---|---|---|
| | 분석항목 | | 분석내용 | 판정 (□에 'V' 표) | |
| 도어 스위치 열림/닫힘 시 감광식 룸 램프 작동 파형 | 작동 전압 | | 분석내용은 출력물에 표시하시오. | □ 양호 □ 불량 | |
| | 공급 전압 | | | | |
| | 작동 시간 | | | | |

## [전기 3 기록표]
### 2) 점검 및 측정

자동차 번호 :

| 비번호 | | 감독위원 확인 | |
|---|---|---|---|

| 항목 | 측정(또는 점검) | | 판정 및 정비(또는 조치)사항 | | 득점 |
|---|---|---|---|---|---|
| | 측정값 | 규정(정비한계)값 | 판정 (□에 'V' 표) | 정비 및 조치사항 | |
| CAN 라인 저항 (High-Low 라인 간) | | | □ 양호 □ 불량 | | |
| 경음기(혼) 소음 측정 | | | □ 양호 □ 불량 | | |

※ 주의사항 : 감독위원이 지정하는 CAN 라인 저항 측정 및 경음기 소음을 측정하여 분석하시오

# 10안 국가기술자격검정 실기시험문제

| 자격종목 | 자동차정비 기능장 | 작품명 | 자동차정비 작업 |

비 번호(등번호) :

※ 시험시간 : [표준시간 : 6시간 30분, 연장시간 없음]
　　　　　　엔진 : 140분 ｜ 섀시 : 130분 ｜ 전기 : 120분

## 요구사항

### Engine 가. 엔진

1. 주어진 전자제어 엔진에서 감독위원의 지시에 따라 MLA와 흡기 캠 샤프트를 탈거하고(감독위원에게 확인) 다시 조립(부착)하여 시동 관련회로를 점검한 후 시동 작업과 기록표의 요구사항을 점검 및 측정하고 기록표에 기록하시오.
2. 주어진 엔진에서 감독위원의 지시에 따라 기록표 요구사항을 점검 및 측정하여 기록하시오.
3. 주어진 자동차에서 크랭킹은 가능하나 시동되지 않고, 시동된 후에도 부조가 발생한다. 고장 원인을 찾아 수리 후 기록표에 기록하시오.

### Chassis 나. 섀시

1. 주어진 자동차에서 감독위원의 지시에 따라 ABS 모듈을 탈거하고(감독위원에게 확인) 다시 조립(부착)하여 브레이크 장치 작동 상태를 점검한 후 기록표의 요구사항을 점검 및 측정하여 기록하시오.
2. 주어진 전자제어 전기유압식 동력 조향장치(EPS) 및 전자식 동력 조향장치(MDPS) 자동차에서 감독위원의 지시에 따라 파워펌프를 교환(탈·부착)하여 에어빼기 작업을 실시하고, 조향장치 작동 상태를 확인하고, 기록표의 요구사항을 점검 및 측정하여 기록하시오.

### Electric 다. 전기

1. 주어진 자동차에서 감독위원의 지시에 따라 중앙 집중제어장치(BCM, ETACS, ISU)를 탈거한 후(감독위원에게 확인) 새로운 집중제어장치를 조립(부착)하여 리모컨을 입력시킨 후 작동 상태를 확인하고 기록표에 기록하시오.
2. 주어진 자동차에서 정비지침서의 회로도를 이용하여 기록표에서 요구하는 회로를 점검하고, 이상이 있으면 이상 내용을 기록표에 기록한 후 정비하시오.
3. 주어진 자동차에서 감독위원의 지시에 따라 기록표의 요구사항을 점검 및 측정하여 기록하시오.

# 자동차정비기능장 실기시험 결과 기록표 10안

☑ 기록표는 문항별 구분 절단하여 배부하고, 각 문항별로 종료 시 회수한다.

## [엔진 1 기록표]

자동차 번호 :   비번호           감독위원 확인

| 항목 | 측정(또는 점검) | | 판정 및 정비(또는 조치)사항 | | 득점 |
|---|---|---|---|---|---|
| | 측정값 | 규정(정비한계)값 | 판정 (□에 'V' 표) | 정비 및 조치사항 | |
| MLA 밸브 간극 | | | □ 양호<br>□ 불량 | | |
| OCV 유량 조절 밸브 저항 | | | □ 양호<br>□ 불량 | | |

## [엔진 2 기록표]
### 1) 파형

자동차 번호 :   비번호           감독위원 확인

| 항목 | 파형 분석 및 판정 | | | | 득점 |
|---|---|---|---|---|---|
| | 분석항목 | | 분석내용 | 판정 (□에 'V' 표) | |
| 가변 밸브 타이밍 기구 | 출력 전압 | | 분석내용은 출력물에 표시하시오. | □ 양호<br>□ 불량 | |
| | 듀티 | | | | |
| | 주파수 | | | | |

## [엔진 2 기록표]
### 2) 점검 및 측정

자동차 번호 :   비번호           감독위원 확인

| 위치 | 측정(또는 점검) | | 판정 및 정비(또는 조치)사항 | | 득점 |
|---|---|---|---|---|---|
| | 측정값 | 규정(정비한계)값 | 판정 (□에 'V' 표) | 정비 및 조치사항 | |
| 연료 압력 조절 밸브 듀티 값 | | | □ 양호<br>□ 불량 | | |
| 연료 온도 센서(FTS) 출력 전압 | | | □ 양호<br>□ 불량 | | |
| 액셀 포지션 센서 (APS1 또는 APS2) 출력 전압 | 공전<br>가속 | 공전<br>가속 | □ 양호<br>□ 불량 | | |

※ 파형으로 점검할 경우는 파형을 프린트하여 첨부하고, 단위가 누락되거나 틀린 경우는 오답으로 채점한다.

## [엔진 3 기록표]

점검 및 측정  자동차 번호 :   비번호    감독위원 확인

| 항목 | 점검(원인 부위) | 내용 및 정비(또는 조치)사항 | | 득점 |
|---|---|---|---|---|
| | | 원인 내용 및 상태 | 정비 및 조치사항 | |
| 시동 결함 | | | | |
| 부조 발생 | | | | |

## [섀시 1 기록표]

자동차 번호 :   비번호    감독위원 확인

| 측정(또는 점검) | | | | 산출 근거 및 판정 | | 득점 |
|---|---|---|---|---|---|---|
| 항목 | 구분 | 측정값 | 기준값 (□에 'V'표) | 산출 근거 | 판정 (□에 'V'표) | |
| 제동력 위치 (□에 V표) 앞□ 뒤□ | 좌 | | 앞□ 축중의 뒤□ | 편차 | □ 양호 □ 불량 | |
| | 우 | | 제동력 편차 제동력 합 | 합 | | |

## [섀시 2 기록표]

1) 파형  자동차 번호 :   비번호    감독위원 확인

| 항목 | 파형 분석 및 판정 | | | | 득점 |
|---|---|---|---|---|---|
| | 분석항목 | | 분석내용 | 판정 (□에 'V'표) | |
| MDPS 모터 전류 파형 | 작동 전압 | | 분석내용은 출력물에 표시하시오. | □ 양호 □ 불량 | |
| | 작동 최소 전류 | | | | |
| | 작동 최대 전류 | | | | |

## [섀시 2 기록표]

2) 점검 및 측정    자동차 번호 :

| 비번호 | | 감독위원 확인 | |
|---|---|---|---|

| 항목 | 측정(또는 점검) | | 판정 및 정비(또는 조치)사항 | | 득점 |
|---|---|---|---|---|---|
| | 측정값 | 규정(정비한계)값 | 판정 (□에 'V'표) | 정비 및 조치사항 | |
| 오일 펌프 배출 압력 | | | □ 양호<br>□ 불량 | | |
| 유량 제어 솔레노이드 저항 | | | □ 양호<br>□ 불량 | | |

## [전기 1 기록표]

자동차 번호 :

| 비번호 | | 감독위원 확인 | |
|---|---|---|---|

| 항목 | 측정(또는 점검) | | | 판정 및 정비(또는 조치)사항 | | 득점 |
|---|---|---|---|---|---|---|
| | | 측정값 | 규정(정비한계)값 | 판정 (□에 'V'표) | 정비 및 조치사항 | |
| 도어 액추에이터 | Lock 시 전압 | | | □ 양호<br>□ 불량 | | |
| | Un-Lock 시 전압 | | | | | |

※ 감독 위원의 지시에 따라 점검하고 단위가 누락되거나 틀린 경우는 오답으로 채점합니다.

## [전기 2 기록표]

자동차 번호 :

| 비번호 | | 감독위원 확인 | |
|---|---|---|---|

| 항목 | 점검(원인 부위) | | 내용 및 정비(또는 조치)사항 | 득점 |
|---|---|---|---|---|
| | 고장 부분 | 원인 내용 및 상태 | 정비 및 조치사항 | |
| 도난 방지 회로 | | | | |
| 사이드미러 회로 | | | | |
| 전조등 회로 | | | | |

## [전기 3 기록표]

### 1) 파형

자동차 번호 :  　　비번호　　　　감독위원 확인

| 항목 | 파형 분석 및 판정 |  |  | 득점 |
|---|---|---|---|---|
|  | 분석항목 | 분석내용 | 판정 (□에 'V' 표) |  |
| LIN 통신 파형 측정 | 전압 | 분석내용은 출력물에 표시하시오. | □ 양호<br>□ 불량 |  |
|  | 듀티 |  |  |  |
|  | 주파수 |  |  |  |

## [전기 3 기록표]

### 2) 점검 및 측정

자동차 번호 :  　　비번호　　　　감독위원 확인

| 위치 |  | 측정(또는 점검) |  | 판정 및 정비(또는 조치)사항 |  | 득점 |
|---|---|---|---|---|---|---|
|  |  | 측정값 | 규정(정비한계)값 | 판정 (□에 'V' 표) | 정비 및 조치사항 |  |
| 외기온도 센서 | 저항 |  |  | □ 양호<br>□ 불량 |  |  |
|  | 출력 전압 |  |  |  |  |  |
| 에어컨 냉매 압력 | 저압 |  |  | □ 양호<br>□ 불량 |  |  |
|  | 고압 |  |  |  |  |  |

# 국가기술자격검정 실기시험문제

| 자격종목 | 자동차정비 기능장 | 작품명 | 자동차정비 작업 |

비 번호(등번호) :

※ 시험시간 : [표준시간 : 6시간 30분, 연장시간 없음]
  엔진 : 140분 | 섀시 : 130분 | 전기 : 120분

## 요구사항

### 가. 엔진

1. 주어진 전자제어 엔진에서 감독위원의 지시에 따라 타이밍벨트 및 가변밸브 타이밍 장치(CVVT 또는 VVT)를 교환(탈·부착)하고 감독위원에게 확인 후 다시 조립(부착)하여 엔진 및 시동 관련회로를 점검한 후 시동 작업과 기록표의 요구사항을 점검 및 측정하고 기록표에 기록하시오.(단, 시동되지 않는 경우 2항은 작업할 수 없음.)
2. 주어진 엔진에서 감독위원의 지시에 따라 기록표 요구사항을 점검 및 측정하여 기록하시오.
3. 주어진 자동차에서 크랭킹은 가능하나 시동되지 않고, 시동된 후에도 부조가 발생한다. 고장 원인을 찾아 수리 후 기록표에 기록하시오.

### 나. 섀시

1. 주어진 자동차에서 감독위원의 지시에 따라 전륜 현가장치의 쇽업쇼버 코일 스프링을 탈거하고 감독위원에게 확인 후 다시 조립(부착)하여 작동 상태를 확인하고, 기록표의 요구사항을 점검 및 측정하여 기록하시오.
2. 주어진 전자제어 유압식 동력 조향장치 자동차에서 감독위원의 지시에 따라 핸들 컬럼 샤프트를 교환(탈·부착)하여 작동 상태를 확인하고, 기록표의 요구사항을 점검 및 측정하여 기록하시오.

### 다. 전기

1. 감독위원의 지시에 따라 자동차에서 파워윈도우 레귤레이터를 탈거하고 감독위원에게 확인 후 다시 조립(부착)하여 작동 상태를 확인하고, 기록표의 요구사항을 점검 및 측정하고 기록표에 기록하시오.
2. 주어진 자동차에서 정비지침서의 회로도를 이용하여 기록표에서 요구하는 회로를 점검하고, 이상이 있으면 이상 내용을 기록표에 기록한 후 정비하시오.
3. 주어진 자동차에서 감독위원의 지시에 따라 기록표의 요구사항을 점검 및 측정하여 기록하시오.

# 자동차정비기능장 실기시험 결과 기록표 11안

☑ 기록표는 문항별 구분 절단하여 배부하고, 각 문항별로 종료 시 회수한다.

## [엔진 1 기록표]

자동차 번호 :

| 비번호 | | 감독위원 확인 | |
|---|---|---|---|

| 항목 | | 측정(또는 점검) | | 판정 및 정비(또는 조치)사항 | | 득점 |
|---|---|---|---|---|---|---|
| | | 측정값 | 규정(정비한계)값 | 판정 (□에'∨'표) | 정비 및 조치사항 | |
| 캠 □ 흡기 □ 배기 | 높이 | | | □ 양호 □ 불량 | | |
| | 양정 | | | | | |
| 오일 컨트롤 밸브 저항 | | | | □ 양호 □ 불량 | | |

## [엔진 2 기록표]
1) 파형

자동차 번호 :

| 비번호 | | 감독위원 확인 | |
|---|---|---|---|

| 항목 | 파형 분석 및 판정 | | | | 득점 |
|---|---|---|---|---|---|
| | 분석항목 | | 분석내용 | 판정 (□에'∨'표) | |
| 가변 밸브 타이밍 기구 | 출력 전압 | | 분석내용은 출력물에 표시하시오. | □ 양호 □ 불량 | |
| | 듀티 | | | | |
| | 주파수 | | | | |

## [엔진 2 기록표]
2) 점검 및 측정

자동차 번호 :

| 비번호 | | 감독위원 확인 | |
|---|---|---|---|

| 위치 | | 측정(또는 점검) | | 판정 및 정비(또는 조치)사항 | | 득점 |
|---|---|---|---|---|---|---|
| | | 측정값 | 규정(정비한계)값 | 판정 (□에'∨'표) | 정비 및 조치사항 | |
| 스로틀 위치 센서(TPS) | 전폐 | | | □ 양호 □ 불량 | | |
| | 전개 | | | | | |
| 공기 유량 센서 (AFS&MAP) | 스로틀 전폐 | | | □ 양호 □ 불량 | | |
| | 스로틀 전개 | | | | | |

## [엔진 3 기록표]

점검 및 측정    자동차 번호 :    비번호:    감독위원 확인:

| 항목 | 점검(원인 부위) | 내용 및 정비(또는 조치)사항 | | 득점 |
|---|---|---|---|---|
| | | 원인 내용 및 상태 | 정비 및 조치사항 | |
| 시동 결함 | | | | |
| 부조 발생 | | | | |

## [섀시 1 기록표]

자동차 번호 :    비번호:    감독위원 확인:

| 항목 | 측정(또는 점검) | | 판정 및 정비(또는 조치)사항 | | 득점 |
|---|---|---|---|---|---|
| | 측정값 | 규정(정비한계)값 | 판정(□에 'V'표) | 정비 및 조치사항 | |
| 사이드슬립 양 | | | □ 양호<br>□ 불량 | | |
| 타이어 점검 | 타이어 제작 시기 / 트레드 깊이 / 타이어 최대 하중 | 트레드 깊이 | □ 양호<br>□ 불량 | | |

## [섀시 2 기록표]

1) 파형    자동차 번호 :    비번호:    감독위원 확인:

| 항목 | 파형 분석 및 판정 | | | 득점 |
|---|---|---|---|---|
| | 분석항목 | 분석내용 | 판정(□에 'V'표) | |
| 자동 변속기 입(출)력 센서 파형 | 주파수<br>전압(Peak to Peak)<br>듀티 | 분석내용은 출력물에 표시하시오. | □ 양호<br>□ 불량 | |

※ 주의사항 : 감독위원은 입·출력 센서 중 1가지를 택일하여 수험자에게 알린다.
　　　　　　분석 항목 및 내용은 출력물에 표기하며 관련 사항은 감독위원의 지시에 따른다.

## [섀시 2 기록표]

2) 점검 및 측정

자동차 번호 :

| 비번호 | | 감독위원 확인 | |
|---|---|---|---|

| 항목 | 측정(또는 점검) | | 판정 및 정비(또는 조치)사항 | | 득점 |
|---|---|---|---|---|---|
| | 측정값 | 규정(정비한계)값 | 판정 (□에 'V'표) | 정비 및 조치사항 | |
| 전륜 캠버 | | | □ 양호<br>□ 불량 | | |
| 전륜 토(toe) | | | □ 양호<br>□ 불량 | | |

## [전기 1 기록표]

1) 파형

자동차 번호 :

| 비번호 | | 감독위원 확인 | |
|---|---|---|---|

| 항목 | 파형 분석 및 판정 | | | | 득점 |
|---|---|---|---|---|---|
| | 분석항목 | | 분석내용 | 판정 (□에 'V'표) | |
| 파워윈도우 전압과 전류 파형 | 작동 전압(상승 시) | | 분석내용은 출력물에 표시하시오. | □ 양호<br>□ 불량 | |
| | 작동 전압(하강 시) | | | | |
| | 작동 전류(상승 시) | | | | |
| | 작동 전류(하강 시) | | | | |

※ 주의사항 : 분석 항목 및 내용은 출력물에 표기하며 관련 사항은 감독위원의 지시에 따른다.

## [전기 2 기록표]

자동차 번호 :

| 비번호 | | 감독위원 확인 | |
|---|---|---|---|

| 항목 | 점검(원인 부위) | | 내용 및 정비(또는 조치)사항 | 득점 |
|---|---|---|---|---|
| | 고장 부분 | 원인 내용 및 상태 | 정비 및 조치사항 | |
| 에어컨 및 공조 회로 | | | | |
| 전조등 회로 | | | | |
| 방향지시등 회로 | | | | |

## [전기 3 기록표]
### 1) 파형

자동차 번호 :

| 비번호 | | 감독위원 확인 | |

| 항목 | 파형 분석 및 판정 ||| 득점 |
| --- | --- | --- | --- | --- |
| | 분석항목 | 분석내용 | 판정 (□에'∨'표) | |
| 안전벨트 차임벨 타이머 파형 | 작동 전압 | 분석내용은 출력물에 표시하시오. | □ 양호<br>□ 불량 | |
| | 출력 작동 시간(1주기) | | | |
| | 듀티(1주기) | | | |

## [전기 3 기록표]
### 2) 점검 및 측정

자동차 번호 :

| 비번호 | | 감독위원 확인 | |

| 위치 | 측정(또는 점검) || 판정 및 정비(또는 조치)사항 || 득점 |
| --- | --- | --- | --- | --- | --- |
| | 측정값 | 규정(정비한계)값 | 판정 (□에'∨'표) | 정비 및 조치사항 | |
| 유해 가스 감지 센서 (AQS) 출력 전압 | 감지 | | □ 양호<br>□ 불량 | | |
| | 미감지 | | | | |
| 핀 서모센서 저항 및 출력 전압 | 저항 | | □ 양호<br>□ 불량 | | |
| | 전압 | | | | |

# 국가기술자격검정 실기시험문제

**12안**

| 자격종목 | 자동차정비 기능장 | 작품명 | 자동차정비 작업 |

비 번호(등번호) :

※ 시험시간 : [표준시간 : 6시간 30분, 연장시간 없음]
엔진 : 140분 | 섀시 : 130분 | 전기 : 120분

## 요구사항

### 가. 엔진

1. 주어진 엔진에서 감독위원의 지시에 따라 MLA와 배기 캠 샤프트를 탈거하고(감독위원에게 확인) 다시 조립(부착)하여, 시동 관련회로를 점검한 후 시동 작업과 기록표의 요구사항을 점검 및 측정하고 기록표에 기록하시오.(단, 시동되지 않는 경우 2항은 작업할 수 없음.)
2. 주어진 엔진에서 감독위원의 지시에 따라 기록표 요구사항을 점검 및 측정하여 기록하시오.
3. 주어진 자동차에서 크랭킹은 가능하나 시동되지 않고, 시동된 후에도 부조가 발생한다. 고장 원인을 찾아 수리 후 기록표에 기록하시오.

### 나. 섀시

1. 주어진 자동차에서 감독위원의 지시에 따라 전륜(또는 후륜)의 한쪽 허브베어링을 탈거하고 감독위원에게 확인 후 다시 조립(부착)하여 작동 상태를 확인하고, 기록표 요구사항을 점검 및 측정 하여 기록하시오.
2. VDC(또는 ESP)가 설치된 자동차에서 김독 위원의 지시에 따라 브레이크 캘리퍼를 탈거하고 감독위원에게 확인 후 다시 조립(부착)하여 에어빼기 작업을 실시하고, 브레이크 작동 상태를 점검한 후 기록표의 요구사항을 점검 및 측정하여 기록하시오.

### 다. 전기

1. 감독위원의 지시에 따라 자동차에서 라디에이터팬 을 탈거하고 감독위원에게 확인 후 다시 조립(부착)하여 작동 상태를 확인하고, 기록표의 요구사항을 점검 및 측정하고 기록표에 기록하시오.
2. 주어진 자동차에서 정비지침서의 회로도를 이용하여 기록표에서 요구하는 회로를 점검하고, 이상이 있으면 이상 내용을 기록표에 기록한 후 정비하시오.
3. 주어진 자동차에서 감독위원의 지시에 따라 기록표의 요구사항을 점검 및 측정하여 기록하시오.

# 자동차정비기능장 실기시험 결과 기록표 12안

☑ 기록표는 문항별 구분 절단하여 배부하고, 각 문항별로 종료 시 회수한다.

## [엔진 1 기록표]

자동차 번호 :

| 비번호 | | 감독위원 확인 | |
|---|---|---|---|

| 항목 | | 측정(또는 점검) | | 판정 및 정비(또는 조치)사항 | | 득점 |
|---|---|---|---|---|---|---|
| | | 측정값 | 규정(정비한계)값 | 판정 (□에 'V'표) | 정비 및 조치사항 | |
| 캠<br>□ 흡기<br>□ 배기 | 높이 | | | □ 양호<br>□ 불량 | | |
| | 양정 | | | | | |
| 오일 컨트롤 밸브 저항 | | | | □ 양호<br>□ 불량 | | |

## [엔진 2 기록표]
### 1) 파형

자동차 번호 :

| 비번호 | | 감독위원 확인 | |
|---|---|---|---|

| 항목 | 파형 분석 및 판정 | | | 득점 |
|---|---|---|---|---|
| | 분석항목 | 분석내용 | 판정 (□에 'V'표) | |
| 가솔린 인젝터 전압 및 전류 파형 | TR ON(작동) 전압 | 분석내용은 출력물에 표시하시오. | □ 양호<br>□ 불량 | |
| | 서지 전압 | | | |
| | 연료 분사 시간 | | | |

※ 주의사항 : 분석 항목 및 내용은 출력물에 표기하며 관련 사항은 감독위원의 지시를 따른다.

## [엔진 2 기록표]
### 2) 점검 및 측정

자동차 번호 :

| 비번호 | | 감독위원 확인 | |
|---|---|---|---|

| 위치 | | 측정(또는 점검) | | 판정 및 정비(또는 조치)사항 | | 득점 |
|---|---|---|---|---|---|---|
| | | 측정값 | 규정(정비한계)값 | 판정 (□에 'V'표) | 정비 및 조치사항 | |
| 스로틀 위치 센서(TPS) | 전폐 | | | □ 양호<br>□ 불량 | | |
| | 전개 | | | | | |
| 공기 유량 센서 (AFS&MAP) | 스로틀 전폐 | | | □ 양호<br>□ 불량 | | |
| | 스로틀 전개 | | | | | |

## [엔진 3 기록표]

점검 및 측정   자동차 번호 :

| 비번호 | | 감독위원 확인 | |
|---|---|---|---|

| 항목 | 점검(원인 부위) | 내용 및 정비(또는 조치)사항 | | 득점 |
|---|---|---|---|---|
| | | 원인 내용 및 상태 | 정비 및 조치사항 | |
| 시동 결함 | | | | |
| 부조 발생 | | | | |

## [섀시 1 기록표]

자동차 번호 :

| 비번호 | | 감독위원 확인 | |
|---|---|---|---|

| 항목 | 측정(또는 점검) | | | 판정 및 정비(또는 조치)사항 | | 득점 |
|---|---|---|---|---|---|---|
| | 측정값 | | 규정(정비한계)값 | 판정(□에'∨'표) | 정비 및 조치사항 | |
| 사이드슬립 양 | | | | □ 양호<br>□ 불량 | | |
| 타이어 점검 | 타이어 제작 시기 | 트레드 깊이 | 타이어 최대 하중 | 트레드 깊이 | □ 양호<br>□ 불량 | |

## [섀시 2 기록표]

2) 점검 및 측정   자동차 번호 :

| 비번호 | | 감독위원 확인 | |
|---|---|---|---|

| 항목 | 측정(또는 점검) | | 판정 및 정비(또는 조치)사항 | | 득점 |
|---|---|---|---|---|---|
| | 측정값 | 규정(정비한계)값 | 판정(□에'∨'표) | 정비 및 조치사항 | |
| 브레이크 디스크 런아웃 | | | □ 양호<br>□ 불량 | | |
| 휠 스피드 센서 에어 갭 | | | □ 양호<br>□ 불량 | | |

## [전기 1 기록표]

| 비번호 | | 감독위원 확인 | |
|---|---|---|---|

자동차 번호 :

<table>
<tr><td colspan="2" rowspan="2">위치</td><td colspan="2">측정(또는 점검)</td><td colspan="2">판정 및 정비(또는 조치)사항</td><td rowspan="2">득점</td></tr>
<tr><td>측정값</td><td>규정(정비한계)값</td><td>판정<br>(□에 'V' 표)</td><td>정비 및 조치사항</td></tr>
<tr><td rowspan="4">라디에이터<br>팬 모터<br>(구동 시)</td><td rowspan="2">전압</td><td>High</td><td>High</td><td rowspan="2">□ 양호<br>□ 불량</td><td rowspan="2"></td><td rowspan="2"></td></tr>
<tr><td>Low</td><td>Low</td></tr>
<tr><td rowspan="2">전류</td><td>High</td><td>High</td><td rowspan="2">□ 양호<br>□ 불량</td><td rowspan="2"></td><td rowspan="2"></td></tr>
<tr><td>Low</td><td>Low</td></tr>
</table>

## [전기 2 기록표]

| 비번호 | | 감독위원 확인 | |
|---|---|---|---|

자동차 번호 :

<table>
<tr><td rowspan="2">항목</td><td colspan="2">점검(원인 부위)</td><td colspan="1">내용 및 정비(또는 조치)사항</td><td rowspan="2">득점</td></tr>
<tr><td>고장 부분</td><td>원인 내용 및 상태</td><td>정비 및 조치사항</td></tr>
<tr><td>에어컨 및 공조 회로</td><td></td><td></td><td></td><td></td></tr>
<tr><td>사이드미러 회로</td><td></td><td></td><td></td><td></td></tr>
<tr><td>와이퍼 회로</td><td></td><td></td><td></td><td></td></tr>
</table>

## [전기 3 기록표]

1) 파형

| 비번호 | | 감독위원 확인 | |
|---|---|---|---|

자동차 번호 :

<table>
<tr><td rowspan="2">항목</td><td colspan="3">파형 분석 및 판정</td><td rowspan="2">득점</td></tr>
<tr><td>분석항목</td><td>분석내용</td><td>판정<br>(□에 'V' 표)</td></tr>
<tr><td rowspan="3">CAN 통신<br>파형 측정</td><td>High/Low 기준 전압</td><td rowspan="3">분석내용은<br>출력물에 표시하시오.</td><td rowspan="3">□ 양호<br>□ 불량</td><td rowspan="3"></td></tr>
<tr><td>High 전압</td></tr>
<tr><td>Low 전압</td></tr>
</table>

## [전기 3 기록표]

2) 점검 및 측정    자동차 번호 :

| 비번호 | | 감독위원 확인 | |
|---|---|---|---|

| 위치 | | 측정(또는 점검) | | 판정 및 정비(또는 조치)사항 | | 득점 |
|---|---|---|---|---|---|---|
| | | 측정값 | 규정(정비한계)값 | 판정 (□에'∨'표) | 정비 및 조치사항 | |
| 외기온도 센서 | 저항 | | | □ 양호<br>□ 불량 | | |
| | 출력 전압 | | | | | |
| 에어컨 냉매 압력 | 저압 | | | □ 양호<br>□ 불량 | | |
| | 고압 | | | | | |

# 자동차 정비 기/능/장

Master Craftsman Motor Vehicles Maintenance

## 부록

**필답형 문제**
- 엔진
- 섀시
- 전기
- 차체
- 도장

# 엔진

## 필답형 문제

**1. 실린더 라이너 내측이 마모되었을 때 영향 3가지를 쓰시오.**

**정답**
① 낮은 압축 압력으로 인한 출력 감소
② 연료 소비량 증가
③ 블로워 바이 가스 발생으로 인한 오일의 열화 발생
④ 피스톤 슬랩 발생
⑤ 엔진 시동성 저하

**2. 실린더 마모 시 발생하는 현상을 5가지 쓰시오.(단, 기관 본체에 한함)**

**정답**
① 블로워 바이 가스에 오일 희석으로 인한 실린더 및 피스톤 마모
② 불안전 연소에 의한 배기가스 증가
③ 압축 압력 저하에 의한 출력 저하
④ 연료 소비량 증가
⑤ 오일의 연소실 유입으로 오일 소비량 증가

**3. 크랭크축 엔드플레이가 기관에 미치는 영향 3가지를 적으시오.**

**정답**
① 피스톤의 측압 과대
② 크랭크축 리테이너의 오일씰 파손
③ 크랭크축 메인 베어링 손상
④ 커넥팅로드의 휨 발생
⑤ 기관소음 발생
⑥ 클러치 디스크의 마모

**4. 실린더 헤드의 기계적 특성과 관련된 구비 조건 3가지를 쓰시오.(단, 실린더 헤드의 필요조건이 아님)**

**정답**
① 열에 의한 변형이 적을 것
② 내압에 견딜 수 있는 강성과 강도가 있을 것
③ 열전도가 우수하고 경량이며 주조나 가공이 쉬울 것

## 5. 크랭크축 베어링의 크러시와 스프레드를 설명하고 두는 목적을 쓰시오.

**정답**

① 크러시 : 베어링을 끼웠을 때 베어링 바깥 둘레와 하우징 안 둘레와의 차이

목적
- 베어링이 크랭크축을 따라 돌지 못하게 한다.
- 열전도율을 높이기 위해

② 스프레드 : 베어링 하우징의 지름과 베어링을 끼우지 않았을 때 베어링 바깥쪽 지름과의 차이

목적
- 조립 시 베어링이 제자리에 밀착되게 하기 위해
- 조립 시 캡에 베어링이 끼워져 있어 작업이 편리하다.
- 압축 시 안쪽으로 찌그러지는 것을 방지

## 6. 엔진이 과열되는 원인을 5가지 쓰시오.

**정답**

① 냉각수 부족
② 라지에이터 코어 막힘
③ 냉각팬 작동 불량
④ 써머스탯 닫힘 고착
⑤ 팬 밸트 장력 이완 및 절손
⑥ 헤드 가스켓, 헤드 불량
⑦ 물 펌프 불량

## 7. 엔진의 과열로 기계적인 손상이 미치는 곳을 3가지 쓰시오.

**정답**

① 실린더 헤드의 변형 및 균열
② 실린더 긁힘 또는 변형
③ 피스톤 고착
④ 피스톤링 고착
⑤ 엔진베어링 손상
⑥ 실린더 헤드 가스켓 파손
⑦ 각종 오일씰의 열화
⑧ 밸브 가이드 손상

## 8. 실린더 헤드의 변형 원인에 대하여 서술하시오.

**정답**

① 기관의 과열로 인한 변형
② 기관 노킹 발생
③ 실린더 헤드 볼트 조임 순서가 틀린 경우
④ 헤드 볼트 이완(풀림)된 상태
⑤ 헤드의 재질 불량

## 9. 엔진오일의 열화 방지책을 답하시오.

**정답**

① 산화 안전성이 좋으며 유황 성분이 적은 연료 사용
② 연료를 완전 연소시켜 카본 발생 방지
③ 수분, 연료 불순물 등 이물질 흡입을 방지
④ 오일 및 휠터를 적정 시기에 교환
⑤ 오일 라인의 청결

## 10. DIS의 장점 3가지를 쓰시오.

**정답**
① 저속, 고속에서 매우 안정된 점화 불꽃을 얻을 수 있다.
② 노크 발생 시 점화 시기를 자동으로 지각시켜 노크억제가 가능
③ 최적의 점화 시기 제어를 컴퓨터로 제어 할 수 있다.

## 11. 전자제어 엔진의 공연비 피드백 제어가 해제되는 경우 5가지를 쓰시오.

**정답**
① 시동 및 시동 후 연료 증량을 하는 경우
② 급 감속 및 고속 회전 시
③ 산소 센서로부터 희박한 신호가 일정시간 이상 지속되는 경우
④ 냉각 수온이 35도 이하 시
⑤ 인젝터 연료 분사에 영향을 미치는 센서가 고장인 경우

## 12. 가솔린 기관의 연소실에서 화염 전파 속도에 영향을 미치는 요인 5가지를 쓰시오.(점화계통, 연료계통 이상 무)

**정답**
① 압축비  ② 공기의 와류
③ 점화 시기  ④ 사용 연료의 종류
⑤ 실린더나 피스톤의 온도

## 13. 평균유효압력을 증가시키는 방법에 대하여 쓰시오.

**정답**
① 흡기 온도를 낮춘다.
② 흡기관 압력을 높인다.
③ 흡·배기 밸브의 저항을 감소시킨다.
④ 압축비를 높게 한다.
⑤ 배압을 낮게 한다.
⑥ DOHC. VICS 채택

## 14. 크랭크 앵글센서 고장 시 나타날 수 있는 현상 5가지를 쓰시오.

**정답**
① 시동 안 걸림
② 출력 부족
③ 점화 시기 불량
④ 공회전 불량 및 엔진 회전수 변화
⑤ 시동 꺼짐

## 15. 인젝터 파형에서 알아볼 수 있는 내용을 5가지 쓰시오.

**정답**
① 인젝터 공급 전압
② 인젝터 분사 시간
③ 인젝터 서지 전압
④ 인젝터 작동 후 전압
⑤ 인젝터 작동구간의 전압

### 16. 전압식 인젝터의 고장 원인 3가지를 쓰시오.

**정답**

① 솔레노이드 코일 불량
② 내부 휠터 막힘
③ 니들밸브 마모 및 고착

### 17. 연료 기본 분사량과 보정 분사량에 대하여 쓰시오.

**정답**

① 기본 분사량 = 흡입공기량 +흡기온도 +기관회전수
② 보정 분사량
- 시동 시
- 시동 후 65℃ 이하 냉각 시
- 전기적 부하를 받을 때
- 기계적 부하를 받을 때

### 18. 가솔린 엔진의 CO, HC, NOx 발생 원인과 저감 대책 방향에 대하여 기술하시오.

**정답**

① CO 발생 원인 : 산소 공급 부족에 의한 불안전 연소 시 발생
- 저감대책 : 산소센서 및 촉매장치에 의한 저감 처리
② HC 발생 원인 : 희박 연소시 불안전 연소에 의해 발생, 낮은 연소온도에 의한 화염 미전달시 발생, 블로바이 가스로 인한 발생, 증발가스로 인한 발생
- 저감대책 : 산소센서 및 촉매상치에 의한 서감처리, pcv작동으로 인한 블로바이가스 저감, 캐니스터에 의한 저감 처리,
③ NOx 발생 원인 : 높은 연소온도에 의한 산소와 질소의 화학반응으로 인해 발생
- 저감대책 : EGR 밸브를 활용한 저감, 삼원촉매장치를 활용한 저감

### 19. 가솔린 윤활유의 구비조건을 5가지 쓰시오.

**정답**

① 적당한 점도를 가질 것
② 인화점 및 발화점이 높을 것
③ 청정력이 클 것
④ 열과 산에 대한 안정도를 갖출 것
⑤ 응고점이 낮을 것
⑥ 강인한 유막 형성
⑦ 점도지수가 클 것

### 20. 단 행정 엔진의 특징을 5가지 쓰시오.

**정답**

① 피스톤의 평균속도를 올리지 않아도 엔진의 회전속도를 높일 수 있어 단위체적당 출력을 높게 할 수 있다.
② 흡기 효율을 높일 수 있다.
③ 엔진의 높이를 낮출 수 있다.
④ 피스톤이 과열되기 쉽다.
⑤ 폭발압력이 커 크랭크축의 베어링의 폭이 넓어야 한다.
⑥ 크랭크축 회전속도가 증가하면 관성력의 불평형으로 회전부분의 진동이 커진다.
⑦ 실린더 안지름이 커 기관의 전체 길이가 길어진다.

### 21. 착화지연에 영향을 미치는 요소를 서술하시오.

**정답**
① 연료에 세탄가가 낮을 때
② 연소실 온도가 낮을 때
③ 분사 시기가 늦을 때
④ 압축 압력이 낮을 때
⑤ 분사 노즐 성능이 불량할 때
⑥ 분사 압력이 낮을 때

### 24. 듀티비를 측정할 수 있는 부분을 쓰시오.

**정답**
① 아이들 스피드 액츄에이터
② 피드백 솔레노이드 밸브
③ EGR 솔레노이드 밸브
④ 증발가스 솔레노이드 밸브
⑤ 메인듀티 솔레노이드 밸브(LPG EF 소나타 믹서)
⑥ 슬로우 듀티 솔레노이드 밸브(LPG EF 소나타 믹서)
⑦ 자동 변속기
  - 로우 리버스 브레이크 솔레노이드 밸브
  - 언더 드라이브 브레이크 솔레노이드 밸브
  - 2차 브레이크 솔레노이드 밸브
  - 오버드라이브 브레이크 솔레노이드 밸브
  - 댐퍼 클러치 브레이크 솔레노이드 밸브

### 22. 연료 분사량 증량/보정을 어느 조건에서 하는지 쓰시오.

**정답**
① 시동 시
② 냉간 시동 후 연료 증량 시
③ 고온 시 증량보정

### 25. 냉각장치 입구제어 방식의 특징을 4가지 서술하시오.

**정답**
① 냉각수 온도 변화 폭이 적다.
② 바이패스 통로 삭제가 가능하다.
③ 냉각수 주입 및 에어빼기가 어렵다.
④ 써머스탯 하우징 구조가 복잡하다.
⑤ 냉각 통로 내에 진공이 발생할 수 있다.

### 23. 연료 컷의 2가지 종류를 쓰시오.

**정답**
① 감속 시 연료 컷 : 연비의 개선, 배출가스의 정화를 목적
② 고회전 시 연료 컷 : 설정회전수 이상 상승을 억제하여 기관의 파손을 방지할 목적

### 26. 피스톤 간극이 클 때 발생하는 현상을 3가지 쓰시오.

**정답**
① 압축 압력 저하
② 연소실 윤활유 유입
③ 피스톤 슬랩 현상 발생
④ 블로바이 가스 증가
⑤ 윤활유 연료와 희석
⑥ 기관 출력 저하

## 27. 전자제어 가솔린 엔진에서 지르코니아 산소센서의 오픈 루프(OPEN LOOP) 조건을 2가지 쓰시오.

**정답**

① 급감속 시 산소농도 농후 신호가 일정 시간동안 지속될 때
② 급가속 시 산소농도 희박 신호가 일정 시간동안 지속될 때
③ 산소 센서 단선
④ AFS, TPS 고장

## 28. 전자제어 가솔린 엔진에서 연료의 기본 분사량을 결정하는 기본센서 2가지를 쓰시오.

**정답**

① 공기 흐름 센서
② 크랭크 각 센서

## 29. 점화 2차 파형에서 점화 전압이 모두 낮은 원인을 쓰시오.

**정답**

① 혼합비 농후
② 배전기 로터 및 갭의 절연 파괴
③ 점화 플러그 간극이 적거나 오염되었을 때
④ 압축 압력이 낮을 때
⑤ 점화코일이 누전되었을 때

## 30. 서지 전압이(점화 2차) 높게 나오는 원인을 쓰시오.

**정답**

① 혼합기의 희박         ② 배전기 캡 불량
③ 플러그 배선이 단선    ④ 점화플러그 간극이 넓다.

## 31. 점화 시기를 구하시오.

가솔린 엔진이 3000RPM으로 회전하고 있고, 연소 최대압력이 상사점 후 12.5°에서 발생될 때 크랭크축 각도와 점화각도를 구하시오.(단, 연소 기간은 1/500초)

**정답**

$IT = 6RT$

$IT = 6 \times 3000 \times 1/500 = 36°$

## 32. 점화 플러그의 소염작용에 대하여 쓰시오.

**정답**

점화 플러그 전극에 불꽃을 방전하면 가솔린의 작은 입자에 불이 붙어 작은 화염핵이 된다. 이 화염핵이 점화 플러그 전극의 불꽃을 흡수하여 화염을 꺼버리는 현상이며 점화 플러그의 간극이 너무 작을 때 일어난다.

## 33. 전자제어 배전 DLI는 어떤 단점을 보완하고 있는지 답하시오.

**정답**

① 전압 강하         ② 누전 발생         ③ 에너지 손실
④ 전파 잡음         ⑤ 진각폭에 따른 제한

## 34. 3원 촉매장치의 촉매 부분이 붉게 가열되는 근본적인 원인을 2가지 쓰시오.

**정답**

① 미연소 혼합기가 촉매장치 내로 유입되어 연소
② 실화등에 의한 고온에 열적 열화
③ 연소 후 연소가스 중의 유해성분에 의한 화학적 열화

### 35. 전자제어 가솔린 엔진의 3원 촉매 전·후방의 산소센서 중 후방 산소센서의 기능을 쓰시오.

**정답**

촉매 장치를 통과한 연소가스 중의 산소량을 측정하여 촉매 장치의 기능을 감시

### 36. 가솔린 엔진의 연소 시 압력파의 누적에 의해 말단 가스가 보통의 압력파의 진행 속도보다 빠른 속도로 연소 되는 현상을 기술하시오.

**정답**

강한 충격 혹은 급하게 고온을 가하면 폭음과 함께 폭발하는 현상(데토네이션)으로, 보통 연소의 화염 속도는 매초 수십 미터이지만, 이러한 경우는 음속을 넘어 비정상적인 고속으로 화염이 전파된다.
이러한 충격적 압력파에 의해 노킹 발생, 엔진 손상의 원인이 된다.
고압축비 엔진이나 압축 혼합 가스 온도가 높을 때, 낮은 옥탄가 연료 사용 시 발생하기 쉽다.

### 37. DLI 점화장치에 대하여 아래 내용을 설명하시오.

**정답**

① 배전 방식 : 점화코일에서 직접 점화 플러그에 배전
② 1차 전류의 단속방법 : ECU가 파워TR의 베이스 신호를 ON, OFF 하여 점화코일의 1차 전류 단속
③ 점화 시기 조정 작동 원리 : 엔진 회전수, 엔진 부하 등 각종 센서의 정보를 받아 ECU가 최적의 점화 시기를 제어한다.

### 38. 지르코니아 산소센서와 티타니아 산소센서의 비교 특징을 쓰시오.

**정답**

① 지르코니아
- 원리 : 이온전도성
- 출력 : 기전력 변화
- 감지 : 질코니아 표면

② 티타니아
- 원리 : 전자전도성
- 출력 : 저항치 변화
- 감지 : 티타니아 내부
- 티타니아 – 희박혼합 시 : 4.3~4.7V, 농후혼합 시 : 0.3~0.8V

※ 산소 센서의 비교 특성

| 구분 | 지르코니아(Zr) | 티타니아(Ti) |
|---|---|---|
| 원리 | 이온 전도성 | 전자 전도성 |
| 출력 | 기전력 변화 | 저항값 변화 |
| 감지 | 지르코니아 표면 | 티타니아 내부 |
| 작동온도 | 400~800℃ | 600~700℃ |
| 전압 | 희박 : 약 800~1000mV | 희박 : 약 4.3~4.7V |
| 출력 | 농후 : 약 100~200mV | 농후 : 약 0.3~0.8V |

### 39. 산소 센서 기능과 점검 방법 및 주의사항을 쓰시오.

**정답**

① 산소센서 기능 : 배기가스 중의 산소 농도와 대기 중의 산소농도의 차에 따라서 전압을 출력. 농후하면 1V, 희박하면 0.8V 부분에서 잔압이 ECM으로 입력

② 주의사항
- 무연 가솔린을 반드시 사용
- 전압을 쇼트시키지 말 것
- 육안으로 니들밸브 및 내부 필터 막힘 고착 상태를 점검
- 인젝터 테스트를 이용하여 분사 상태 및 분사량 테스트를 실행

## 40. 산소 센서가 피드백하지 않는 조건을 쓰시오.

**정답**

① 냉각수 온도가 낮을 때
② 시동 시 연료 및 연료 증량 시
③ 감속 시 연료 컷 상태
④ 엔진 회전 수가 4300rpm 이상일 때
⑤ 급가속 시
⑥ 산소 센서 결함

※ 피드백 하는 조건
① 냉각수 온도가 65℃ 이상일 때
② 저속 및 증속 시
③ 공회전 시
④ 산소 센서 감지 부의 온도가 정상온도가 될 때

## 41. 산소 센서 불량 시 엔진에 미치는 영향을 5가지 쓰시오.

**정답**

① CO, HC 배출량 증가
② 연료 소비량 증가
③ 공회전 불안정
④ 가속 성능 저하
⑤ 엔진 시동 꺼짐 발생

## 42. 전자제어 페일세이프 기능이 되는 센서 4가지를 쓰시오.

**정답**

① AFS : 차량 중속 정도의 이론 공기량으로 판단
② WTS : 수온을 20℃ 또는 80℃로 간주
③ ATS : 흡기온도를 20℃로 간주
④ 산소센서 : 피드백 보정이 되지 않음
⑤ TPS : 스로틀밸브 전개 상태로 판단

## 43. 흡기다기관 진공도 시험으로 알 수 있는 결함 내용을 쓰시오.

**정답**

① 흡입장치의 점검
② 점화 시기 점검
③ 밸브의 작동 점검
④ 배기장치 점검
⑤ 실린더 압축 입력 누설 점검

## 44. 흡입공기량 계측기의 종류와 특징에 대해 쓰시오.

**정답**

① 직접계측방식
  • 베인식 : 체적유량 계측
  • 칼만와류식 : 직접유량 계측
  • 핫와이어식 : 질량유량 계측
② 간접계측방식
  • MAP센서 : 흡기다기관 절대압력 계측방식

## 45. 전자제어 시스템 ETS에 대해 쓰시오.

**정답**

① 전자 스로틀 밸브제어장치 : 운전자가 조작되는 가속페달 개도량이 스로틀 포지션 센서를 통해 엔진 ECU로 입력되면 엔진 ECU는 각종 입력 센서의 신호를 입력 받아 스로틀밸브의 개도량을 결정하여 ETS ECU로 보내준다. ETS ECU는 엔진 ECU에서 보내준 신호에 따라 스로틀 구동모터를 구동하여 필요한 만큼 밸브를 연다.

② ETS가 제어되는 영역은
  • 공회전 속도 제어
  • TCS 제어
  • 스로틀 개도 제어(크루즈 컨트롤 포함)

### 46. 전자제어 가솔린 엔진에서 연료 압력이 낮을 때 그 원인을 쓰시오.

**정답**

① 연료 펌프의 공급 압력 누설
② 연료필터의 막힘
③ 연료탱크의 연료량 부족 시
④ 연료라인의 베이퍼 록 발생 시
⑤ 연료라인의 누유
⑥ 연료압력 조절 밸브의 밀착 불량
⑦ 컨트롤 릴레이 불량
⑧ 연료 펌프 체크밸브 불량

### 47. 전자제어 가솔린 연료분사 장치에서 점화 시기를 제어하는 입력요소를 5가지 쓰시오.

**정답**

① AFS
② WTS
③ CAS
④ BPS
⑤ 노크 센서

### 48. 내연기관의 유압이 낮아지는 원인 5가지를 쓰시오.

**정답**

① 엔진 과열에 의한 오일의 점도 변화
② 크랭크축 베어링 과다 마모
③ 누유로 인한 오일 부족
④ 오일 펌프의 마멸에 의한 성능 저하
⑤ 유압 조절밸브 스프링 소손
⑥ 유압라인 이물질에 의한 막힘

### 49. 라디에이터(방열기) 관련으로 엔진 과열 시 관련원인 3가지를 적으시오.

**정답**

① 코어 막힘(20% 이상)
② 코어 파손(냉각수 누수)
③ 냉각핀 손상, 전면 부 이물질 부착
④ 오버플로 호스가 막힘
⑤ 압력식 캡 불량

### 50. 시동 불량과 부조 시 배출가스 제어장치와 관련된 사항을 적으시오.

**정답**

① EGR 밸브 불량
② 촉매변환기 불량
③ PCSV 불량
④ PVCV 불량
⑤ 산소 센서 불량

### 51. 제동열효율을 구하시오.

Ex : 100kw가 발생하는 디젤 엔진에서 매시간 연료 소비량이 28kg일 때 이 엔진의 제동열효율을 구하시오.
(단, 연료 1kg당 발열량은 10,000kcal이다.)

**정답**

1ps= 0.736kw, 1kw= 1.36ps이므로

$$100kw = \frac{100}{0.736} = 135.9ps$$

$$\eta = \frac{632.3 \times 135.9}{28 \times 10000} \times 100 = 30.7\%$$

∴ 30.7%

## 52. 디젤 진동 발생 원인에 대하여 서술하시오.

**정답**

① 연료에 공기 혼입되었을 때
② 분사량이 불균등할 때(±3% 이상일 때)
③ 밸브 간극 조정이 불량할 때
④ 각 실린더당 10% 이상 압축 압력차이가 있을 때
⑤ 각 실린더의 피스톤 및 커넥팅로드 중량차이가 2%이상일 때

## 53. 디젤 엔진에서 후연소시간이 길어지는 이유를 쓰시오.

**정답**

① 연료 압력이 낮거나 공기 혼입 시
② 분사노즐 불량으로 분사량, 분사 상태 불량 시
③ 연소실 온도가 낮을 때
④ 압축 압력이 낮을 때
⑤ 분사 시기 늦음
⑥ 연료 세탄가가 낮을 때

## 54. 연료 분사량의 불균율을 구하는 공식을 쓰시오.

**정답**

① 평균분사량 = $\dfrac{\text{각 실린더의 분사량 합}}{\text{실린더 수}} \times 100$

② + 불균율 = $\dfrac{\text{최대 분사량} - \text{평균 분사량}}{\text{평균 분사량}} \times 100$

③ − 불균율 = $\dfrac{\text{평균 분사량} - \text{최소 분사량}}{\text{평균 분사량}} \times 100$

④ 불균율 한계는 전부하 시 3~4%, 무부하 시 10~15%이하로 규정된다.

## 55. 밸브 오버랩을 두는 목적에 대하여 서술하시오.

**정답**

① 밸브 오버랩 : 배기행정이 끝나고 흡입행정이 시작되는 상사점 부근에서 흡기밸브와 배기밸브가 동시에 열려있는 기간
② 목적 : 가스의 흐름 관성을 이용하여 흡입행정 시 흡입효율을 증대시키고 배기행정 시 잔류 배기가스를 원활히 배출시키기 위해

## 56. 흡·배기 밸브 간극이 크거나 작을 시 엔진에 발생되는 현상 3가지를 적으시오.

**정답**

① 엔진 과열 및 소음 발생
② 엔진 출력 저하
③ 엔진 시동 불량 및 시동 꺼짐 발생
④ 비정상 연소

## 57. 밸브 서징 현상과 방지책에 대하여 서술하시오.

**정답**

① 밸브 서징 현상 : 캠에 의한 밸브개폐 횟수가 밸브스프링의 고유 진동수와 같거나 그 정수배로 되었을 때 밸브 스프링은 캠에 의한 강제 진동과 스프링 자체의 고유진동이 공진하여 캠에 의한 작동과 관계없이 진동하는 현상

② 방지책
- 2중 스프링사용
- 부등피치 스프링사용
- 원뿔형 스프링사용
- 강성이 큰 스프링사용

## 58. 밸브스프링 점검 방법 4가지를 쓰시오.

**정답**

① 장력 : 표준 스프링 장력의 15% 이내
② 자유고 : 표준 스프링의 3% 이내
③ 직각도 : 표준 스프링의 3% 이내
④ 밸브접촉면 : 2/3 이상 접촉할 것

## 59. 3밸브 4사이클 엔진의 개폐 시기 선도에 대해 서술하시오.

**정답**

① 흡기밸브 열림 : 상사점 전 엔진 고속화에 따라 혼합기의 관성이 커지기 때문에 상사점 전에 밸브를 열어 혼합기의 관성을 유효하게 이용
② 흡기밸브 닫힘 : 하사점 후 혼합기가 연소 실내로 유입되는 관성이 크기 때문에 이것을 이용 많은 양의 혼합기를 유입시키기 위함
③ 배기밸브 열림 : 하사점 후 잔여 압력을 이용, 배기 하는데 배기 효율을 향상
④ 배기밸브 닫힘 : 상사점 후 연소실 내에 잔여가스를 완전히 배출하기 위해

## 60. 가솔린 엔진 공전 시 부조 원인을 쓰시오.(센서 및 점화 장치 이상 무)

**정답**

① 흡기관의 가스켓 불량으로 인한 공기 유입
② EGR 밸브의 공전 시 열림 고장
③ PCSV 진공호수의 누설 및 호수 이탈
④ PCV 진공호수의 누설 및 호수 이탈
⑤ 인젝터의 막힘(연료계통의 불량 요소) 등

## 61. LPG 엔진의 장단점을 쓰시오.

**정답**

장점 : ① 연료비가 저렴하다.
② 대기오염이 적다.
③ 엔진 수명이 길다.
④ 베이퍼록 현상 없다.
⑤ 연소효율이 좋고 엔진이 정숙하다.

단점 : ① 견고한 고압용기가 필요하다.
② 저온 시동성이 나쁘다.
③ 취급과 공급이 어렵다.
④ 가솔린 엔진보다 출력이 낮다.
⑤ 공간 활용도가 떨어진다.

## 62. LPG 기관에서 베이퍼라이저의 기능을 쓰시오.

**정답**

① 감압　　　② 기화　　　③ 조압

## 63. LPG 기관에서 베이퍼라이저의 1차실 기능을 쓰시오.

**정답**

봄베로부터 전달되는 액체 LPG를 0.3kg/cm²로 감압 및 기화시켜서 2차 감압실로 보낸다.

## 64. LPG 믹서 불량으로 엔진 출력 부족 원인을 쓰시오.

**정답**

① 공회전 조정 불량 시
② 파워 밸브 작동 불량 시
③ 파워 제트가 막혔을 때
④ 메인 노즐이 막혔을 때
⑤ 믹서 출력밸브 제어장치가 작동 잘 안 될 경우

### 65. LPG 차량의 공회전 부조가 일어나는 원인을 쓰시오.

**정답**

① 베이퍼라이저 압력 조정이 불량할 때
② 슬로우듀티 솔레노이드밸브 불량
③ 메인듀티 솔레노이드밸브 불량
④ TPS 조정 불량
⑤ 메인 연료라인 고착

### 66. LPI 관련 구성 부품 5가지를 쓰시오.(믹서 부분은 제외)

**정답**

① 연료 펌프
② 인젝터
③ 인터페이스박스
④ 봄베(연료탱크)
⑤ 연료차단밸브
⑥ 펌프 드라이버
⑦ 연료압력조절기
⑧ 연료필터

### 67. 엔진의 온도와 가속·감속에 따른 CO, HC, NOx 증감 조건을 쓰시오.

**정답**

① 엔진 고온 시 : CO 감소, HC 감소, NOx 증가
② 엔진 저온 시 : CO 증가, HC 증가, NOx 감소
③ 엔진 감속 시 : CO 증가, HC 증가, NOx 감소
④ 엔진 가속 시 : CO 증가, HC 증가, NOx 증가

### 68. 크랭크 각 센서의 고장 시 엔진에 나타날 수 있는 현상 4가지를 쓰시오.(단, 부품의 손상이나 연료 소비량, 소음 및 충격, 배기가스에 대한 사항은 제외)

**정답**

① 점화 시기 불량
② 연료 분사 시기 불량
③ 연료 펌프 구동 불량
④ 공기량 계측 불량
⑤ 시동 불량
⑥ 주행 중 시동 꺼짐
⑦ 가속 불량
⑧ 출력 부족

### 69. 가솔린 엔진에서 다음 각 항목들이 NOx의 발생에 미치는 영향을 쓰시오.

① 온도의 영향
② 가·감속의 영향
③ 행정체적의 영향, 행정
④ 내경비의 영향
⑤ 밸브 오버랩의 영향

**정답**

① 온도의 영향 : 연소에 의한 온도가 높을수록 NOx 증가
② 가·감속의 영향 : 가속 시 NOx 증가하고 감속 시 NOx 감소
③ 행정체적의 영향 : 행정체적이 증가하거나 감소하면 NOx가 증가하거나 감소
④ 행정/내경비의 영향 : 장 행정 엔진은 NOx 증가하고 단 행정 엔진은 NOx 감소
⑤ 밸브 오버랩의 영향 : 밸브 오버랩이 작아지면 NOx가 증가하고 커지면 NOx 감소

### 70. EGR 밸브의 기능과 작동하지 않는 조건을 3가지 쓰시오.

**정답**

① 기능 : 배기가스의 일부를 엔진의 혼합가스에 재순환시켜 NOx의 배출량을 감소시키고 출력 감소를 최소화

② 작동하지 않는 조건
- 엔진 냉각수 온도가 낮을 때
- 공회전 시
- 급가속 시
- 전부하 시

## 71. 가변흡기 시스템의 원리와 특징을 쓰시오

**정답**

① 원리 : 관의 길이나 두께를 고속용과 저속용의 통로로 분리하여 흡기관으로 공급되는 공기를 엔진 회전수에 맞게 제어하는 시스템.

② 특징
- 저속 시 흡입공기의 흐름을 길게 하여 관성 과급과 토크를 증대
- 고속 시 흡입공기의 흐름을 짧게 하여 빠른 흡입공기의 공급으로 회전수의 빠른 증가
- 저속에서의 성능 저하를 방지하고 저·중속 토크 및 연비 향상

## 72. 가변 흡기 밸브의 작동 효과 3가지를 서술하시오.

**정답**

① 관성 과급 효과 : 흡기관을 가늘고 길게 만들어 흡기행정에서 발생된 혼합기의 흐름이 관성에 의해 피스톤이 하사점을 지나 상승을 시작하는 시점에도 실린더 내에 흡기가 유입되는 효과. 즉, 흡기행정의 후반에서 피스톤이 상승할 때 정압파에 의해 새로운 혼합기 또는 공기가 실린더 내로 유입되도록 하여 흡기 효율을 향상시키는 효과

② 가변 흡기 효과 : 고속 회전용과 중·저속 회전용의 흡기관을 별개로 가지도록 하고 이를 변환하여 사용함으로써 저속에서부터 고속까지 과급효과를 잘 활용할 수 있도록 하는 것

③ 공명 과급 효과 : 흡기 밸브가 닫히려고 하는 순간에 압력파가 흡기 밸브에 도달되도록 흡기관의 길이를 선정하여 실린더 내에 여분으로 혼합기가 흡입되도록 하는 효과. 즉, 압력의 맥동을 흡기행정 후반에 새로운 공기 또는 혼합기가 흡기관 내로 되돌아오려 할 때 동조되도록 하여 흡기효율을 향상시키는 효과

## 73. 다기통 가솔린 엔진 설계 시 점화 순서를 결정할 때 고려할 사항 3가지를 쓰시오.

**정답**

① 연소가 같은 간격으로 일어나게 한다.
② 크랭크축에 비틀림 진동이 일어나지 않게 한다.
③ 혼합가스가 각 실린더에 균일하게 분배되게 한다.
④ 인접한 실린더에 연이어 점화되지 않게 한다.

## 74. 점화 계통 이상 없이 시동이 안 걸리는 원인을 3가지 쓰시오.

**정답**

① 연료장치 불량
② CAS, ECU 등 연료 제어장치 불량
③ 압축압력 불량
④ 흡입장치 막힘
⑤ 타이밍 불일치

## 75. 전자제어 디젤기관 기본 분사량에 사용되는 센서 5가지를 쓰시오.

**정답**

① AFS  ② CAS
③ WTS  ④ ATS
⑤ NO.1 TDC 센서  ⑥ 연료압력 센서

## 76. P-V선도에서 알 수 있는 내용 3가지를 쓰시오.

**정답**

① 일량
② 평균유효압력
③ 열효율

## 77. LPG 차량 연료에 의한 가속불량의 원인을 3가지 쓰시오.

**정답**

① 연료필터 막힘
② 액·기상 솔레노이드 밸브 작동 불량
③ LPG 혼합 불량

## 78. 엔진 오일의 5가지 작용을 쓰시오.

**정답**

① 윤활작용　　② 냉각작용
③ 밀봉작용　　④ 방청작용
⑤ 응력분산작용

## 79. 전자제어 가솔린 엔진 온간 시 시동이 안 걸리는 원인을 3가지 쓰시오.

**정답**

① 점화코일의 열화
② 파워 TR의 열화
③ 연료장치의 베이퍼록 발생
④ 전기배선의 열화에 의한 전압 강하

## 80. 전자제어 가솔린 엔진의 연료압력은 정상인데 인젝터가 작동하지 않는 원인을 5가지 쓰시오.

**정답**

① ECU 불량　　② CAS 불량
③ TDC 센서 불량　　④ 인젝터 관련 회로 불량
⑤ 인젝터 니들밸브 불량

## 81. 디젤 엔진의 운전정지 기본 원리를 답하시오.(전자제어 엔진은 제외)

**정답**

① 연료 공급 차단
② 흡입공기 차단
③ 압축 해제

## 82. 가솔린 엔진의 노킹 원인 5가지를 쓰고 방지책을 쓰시오.

**정답**

① 원인
 • 흡기 및 실린더 온도가 높을 때
 • 옥탄가가 낮은 연료 사용 시
 • 압축비나 흡입 압력이 너무 높을 때
 • 점화 시기가 빠를 때
 • 엔진이 과부하가 걸릴 때

② 방지책
 • 흡기 온도를 낮춘다.
 • 옥탄가가 높은 연료 사용
 • 압축비를 낮게 한다.
 • 점화 시기를 지각
 • 혼합기를 농후하게 한다.

## 83. 노킹이 엔진에 미치는 영향에 대하여 쓰시오.

**정답**

① 노킹음 발생
② 배기가스의 색 변화
③ 실린더 온도의 상승
④ 조기 점화
⑤ 배기 온도의 강하
⑥ 최고 온도의 상승
⑦ 밸브, 실린더, 피스톤 헤드 등과 같은 부품 손상 유발

**84. 디젤노크에 대한 피해 요소를 서술하시오.**

> 정답

① 실린더 벽 및 피스톤 소손 및 소결
② 실린더 헤드 가스켓 변형
③ 실린더 헤드 변형
④ 피스톤링 소손
⑤ 커넥팅로드 변형

※ 노킹현상
착화 지연기간 중에 분사된 열량의 연료가 화염전파 기간 중에 일시적으로 연소되어 실린더 내의 압력이 급상승 되며 엔진에 충격파를 주는 현상

**85. 자동차 엔진에서 노킹 검출 방법 3가지를 쓰시오.**

> 정답

① 실린더 압력 측정
② 실린더 블록의 진동 측정
③ 폭발 연속(진동)을 측정

**86. 노크 센서에 대하여 서술하시오.**

> 정답

ECU가 노크 센서로부터 입력된 신호를 처리하여 노크 여부를 판정. 엔진토크 한계는 고정된 값이 아니라 엔진의 작동 상태에 따라 수시로 변화한다. 노크기 검출되면 곧바로 점화 시기를 늦추어주고 노크가 발생하지 않는 상태에서는 다시 점화 시기를 노크 한계까지 진각시키는 피드백 형태로 엔진의 효율을 최적화시킨다.

**87. 노크 센서에 이상이 없는데 노크 센서의 이상이 출력되는 원인 5가지를 쓰시오.**

> 정답

① 외부전파 잡음 간섭에 의해
② 쉴드선 접지 불량
③ 쉴드선 어스 포인트를 다른 센서와 공유하는 경우
④ 접속볼트 이온
⑤ 점화 시기 불량
⑥ 가솔린 옥탄가가 낮다.
⑦ 공연비 희박

**89. 점화파형이 정상보다 높을 때 원인을 분석하시오.**

> 정답

① 플러그 간극 증대
② 하이텐션 코드 결선
③ 배전기 캡 불량
④ 혼합기의 희박
⑤ 압축 압력 증대

**90. 디젤 노킹 현상을 설명하시오.**

> 정답

착화 지연 기간 중에 분사된 다량의 연료가 화염전파 기간 중에 일시적으로 연소되어 실린더 내의 압력이 상승되며 엔진에 충격파를 주는 현상

## 91. 디젤 엔진에서의 노킹 방지 방법을 5가지 서술하시오.

**정답**

① 연소실 온도를 높여준다.
② 압축비를 높여준다.
③ 착화성이 좋은 연료를 사용한다.
④ 착화 지연 기간을 짧게 한다.
⑤ 분사 시기 및 분사량을 알맞게 조정한다.
⑥ 기관의 회전속도를 높인다.
⑦ 흡입온도, 압력을 높여준다.

## 93. 터보차져 장착의 장·단점에 대해 서술하시오.

**정답**

① 장점 : • 흡입효율 증대
        • 연소효율 향상
        • 착화지연 시간 단축
        • 출력 증가
        • 저질 연료 사용 가능
        • 고지대 일정 출력 유지

② 단점 : • 엔진 강도 저하
        • 구동계 내구성이 저하
        • 엔진 소음이 큼
        • 엔진 구조가 복잡
        • 정비성 저하

## 92. 커먼레일에 대하여 서술하시오.

**정답**

기계식 엔진 시스템에서 발전하여 각종 입력센서 신호를 자동차 컴퓨터에 입력하여 분사량 및 분사시기를 제어하여 연소실에 직접분사 정밀제어가 가능하며 출력 및 연비를 향상시키고 배기가스를 최소화한다.

① 연비 향상　　② 엔진 출력 증가
③ 배기가스 최소화　　④ 정밀제어 기능
⑤ 소음 감소

## 94. 커먼레일 연료분사 상태에서 주 분사로 급격한 압력상승을 억제하기 위하여 예비 분사량을 결정하는 요소 2가지를 적으시오.

**정답**

① 냉각수의 온도　　② 흡입 공기량

## 95. 커먼레일 압력 센서의 설명과 기능을 쓰시오.

**정답**

고압연료의 압력을 감지하여 ECU에 입력신호를 보내는 센서로 ECU는 이 신호를 받아 연료량 및 분사 시기를 조정하는 신호로 사용

**101. CRDI 엔진에서 연료 필터의 역할을 쓰시오.**

> 정답

① 수분 감지
② 이물질 여과
③ 연료 히팅

**102. 디젤 엔진의 후기 연소 기간이 길어지는 원인 5가지를 쓰시오.**

> 정답

① 압축 압력이 낮을 때
② 연료의 분사 압력이 낮을 때
③ 흡입공기온도 및 냉각수 온도가 낮을 때
④ 분사 시기가 늦을 때
⑤ 노즐의 상태가 부적당할 때
⑥ 연료 세탄가가 낮을 때

**103. 분사펌프에 설치되어 있는 딜리버리 밸브의 역할을 쓰시오.**

> 정답

① 분사펌프에서 분사파이프로 연료 압송
② 분사 파이프 내에 잔압 유지
③ 연료 후적 방지
④ 연료 역류 방지

**104. 디젤 엔진의 진동 발생 원인을 쓰시오.**

> 정답

① 연료계통의 공기 혼입
② 분사량의 불균율
③ 다기통 엔진에서 1개 이상 노즐이 막혔을 때
④ 밸브간극 조정 불량 시
⑤ 피스톤 및 커넥팅 로드 중량차가 2% 이상 발생 시
⑥ 압축 압력의 편차가 클 때

**105. 매연 발생 원인을 5가지 쓰시오.**

> 정답

① 흡입 공기량 부족
② 연료의 질
③ 분사펌프의 성능 불량
④ 분무의 불량
⑤ 연료 분사 시기 불량

**106. 디젤 엔진에서 연료 계통에 공기가 혼입하였을 때 발생하는 현상을 쓰시오.**

> 정답

① 가속 성능 저하
② 공전 시 부조
③ 시동 꺼짐
④ 시동 불량
⑤ 엔진 회전수 불안정
⑥ 연료의 공급 불량

## 107. 디젤기관 분사 노즐의 구비조건을 쓰시오.

**정답**

① 무화
② 관통력
③ 분포
④ 후적
⑤ 분산도
⑥ 분사 방향

## 108. 연료 소비가 많을 때 분사 노즐에서 점검해야 할 항목 3가지를 적으시오.

**정답**

① 노즐 개변 압력
② 노즐 후적 상태
③ 노즐 동 와셔 누설에 의한 누유
④ 접속부의 누유 여부

## 109. OBD II에 대하여 설명하시오.

**정답**

① 엔진의 성능 및 배기가스 관련 기능 저하 방지
② 이상 발생 시 경고등 점등
③ 신속한 정비 감시체계
④ 세계의 자동차 ECM 통신 및 센서 통신, 출력 통일시켜 정비성 향상
⑤ 연료 공급 시스템 감시
⑥ EGR 감시
⑦ 엔진 실화 감시
⑧ 촉매 감시
⑨ 2차 공기공급 시스템 감시
⑩ 산소센서 감시
⑪ 증발가스 감시

## 110. 배출 가스 저감 대책에 대하여 서술하시오.

**정답**

① PCV - 크랭크케이스 배출가스 제어 - HC 감소
② PCSV - 연료 증발가스 제어장치 - 캐니스터 퍼지컨트롤 - HC 감소
③ MPI, 3원촉매-배기가스 제어장치(산소센서) - CO/ HC / NOx 감소
④ 배기가스 재순환 장치 - EGR, 써머밸브- NOx감소
⑤ 2차 공기 공급장치 - 배기가스를 산화시켜 배기가스에 농도 저감
⑥ 직접분사방식 - 연비/배출가스 저감

## 111. PCV 밸브 불량 또는 호스가 막혔을 때의 증상을 서술하시오.

**정답**

① 공회전 불안
② 급가속시 출력 저하
③ 엔진 정지
④ 내부 압력 증가로 인해 오일씰 이탈
⑤ 엔진오일 소모량 증가

## 112. OBD(ON-Board Diagnostic System)에 대하여 설명하시오.

**정답**

엔진 성능 및 배기가스 관련 센서의 기능 저하를 방지하고 이상 발생 시 경고등을 점등시켜 신속한 정비가 이루어지도록 도와준다.

## 113. OBD-II 시스템에서 ECU가 모니터링 하는 종류 4가지를 쓰시오.

**정답**

① 촉매 열화 감지
② 연료계통 감지
③ 증발가스 누설 감지
④ 엔진 실화 감지
⑤ 산소 센서 감지
⑤ EGR 제어 장치 감지

## 114. 자동차의 증가 시 지구 환경에 미치는 영향 3가지를 적으시오.

**정답**

① $CO_2$의 증가로 지구 온난화
② 대기 오존층 파괴
③ 이상 기후

## 115. 초 희박 연소의 효과를 쓰시오.

**정답**

① 펌핑 손실 감소 - 흡입공기 저항력 감소
② 연료 소비율 감소 - 일반 엔진에 비해 스로틀 개도량 감소

## 116. 가솔린 직접분사 장치(GDI : Gasoline Direct Injection)에 대하여 설명하시오.

**정답**

① 연료를 흡기포트가 아닌 연소실 내로 직접 분사해 연소시키는 형식
② 연소실에 직접 분사해 초 희박 연소를 실현하여 연비와 출력을 향상시킨 방식

※ GDI 방식의 장점

① 액상의 연료를 연소실 내에 직접 분사하여 연소실 내에서 기화하고 내부 냉각효과가 좋아 충진율이 개선 → 출력 증가
② 층상급기모드를 통해 EGR 비율 상승
③ 부분부하 영역에서는 혼합기의 질을 제어→ 평균유효압력 상승
  층상급기모드에서 스로틀 밸브를 완전히 열어 교축손실 저하 → 효율 증가, 출력 증가, 연료 소비율 저감
④ 간접분사식에 비해 엔진이 냉각 또는 가속 시 혼합기를 덜 농후하게 해도 된다. → 연료 소비율 저감, 유해 배출가스 저감

※ GDI 방식의 단점

① 제작 단가 및 제어와 관련 비용 상승
② 층상급기모드에서는 공기비 $\lambda$ = 2.7~3.4(40 : 1~50 : 1)의 희박한 혼합기를 사용하기 때문에 NOx 배출 증가
③ 연료 분사 압력이 높다(50~120bar). → 작동 전압(약 80V)도 높다.

## 117. 라디에이터(방열기) 관련으로 엔진과열 시 관련 원인 3가지를 적으시오.

**정답**

① 코어 막힘(20% 이상)
② 코어 파손(냉각수 누수)
③ 냉각핀 손상, 전면부 이물질 부착
④ 오버플로 호스가 막힘
⑤ 압력식 캡 불량

### 118. 실린더 배열에 따른 엔진의 종류를 4가지 쓰시오.

**정답**

① 직렬형　② V형　③ H형　④ W형
⑤ X형　⑥ 성형　⑦ 수평 대향형

### 119. 전자제어 엔진에서 ISC(Idle Speed Control) 서보모터의 작동요소 5가지를 쓰시오.

**정답**

① 시동 직후 패스트 아이들 제어
② 전기부하 시 공회전 속도 제어
③ 자동 변속기 부하 시 공회전 속도 제어
④ 파워스티어링 작동 시 공회전 속도 제어
⑤ 대쉬포트 제어

### 120. HVL(Hydraulic Valve Lifter) 장착 차량에서 밸브 소음 발생 시 수리 방법을 쓰시오.

**정답**

① 엔진오일 양을 점검하고 규정량으로 보충 및 교환
② 엔진오일 펌프나 필터가 정상인지 점검
③ 유압 밸브 리프터에 공기 유입 시 에어빼기 작업 실시
④ 유압 밸브 리프터 불량 시 또는 간극 불량 시 교환

### 121. 노크 센서는 이상이 없는데 노크 센서 경고등이 점등되는 원인을 쓰시오.

**정답**

① 노크 센서 실드선의 어스 불량
② 노크 센서의 조임 볼트 토크 불량
③ 노크 센서 배선 단선, 단락

### 122. 실린더 압축압력 시험을 한 결과 조치 내용을 답하시오.

**정답**

① 각 실린더의 최종 압축압력이 규정값의 90% 이상이면 정상
② 압축압력이 규정값보다 70% 이하이면 분해수리
③ 압축압력이 규정값보다 10% 높을 때는 연소실 안의 카본 제거
④ 실린더 간의 편차는 10% 이내
⑤ 습식 시험 후 압력이 낮을 경우 밸브 불량
⑥ 습식 시험 후 압력이 높을 경우 실린더 쪽 불량

### 123. 엔진 시동이 걸리지 않거나 시동 후 엔진 부조현상이 발생한다면 예상할 수 있는 배출가스 제어장치의 고장 원인을 5가지 쓰시오.

**정답**

① PCV 밸브의 열림 고착 및 결함
② PCSV 열림 고착 및 진공호수의 연결 불량
③ 산소센서의 결함
④ EGR 밸브의 열림 고착 및 진공호수의 연결 불량
⑤ 삼원촉매장치의 막힘

### 124. 혼합비가 엔진에 미치는 영향을 서술하시오.

> 정답

① 농후한 혼합비
- 엔진의 동력 감소
- 불완전 연소
- 엔진 과열
- 카본 생성

② 희박한 혼합비
- 저속 및 고속회전이 어렵다.
- 기동이 어렵고 동력 감소
- 배기가스 온도 상승으로 노킹 발생

### 125. 수온 조절기의 역할을 3가지 쓰시오.

> 정답

① 냉각수 온도 일정하게 유지
② 엔진 과열, 과냉 방지
③ 냉각수 온도에 따라 냉각수 통로 개폐 기능
④ 냉각수 온도 상승 방지

### 126. 가변밸브 타이밍시스템(CVVT)의 사용 목적을 3가지 쓰시오.

> 정답

① 배기가스저감 : 밸브오버랩을 크게 하여 내부 EGR을 증가, NOx와 HC 저감
② 연비 향상 : 흡기관 부압, 펌핑로스 줄여 연비 향상
③ 성능 향상 : 밸브오버랩을 변화시켜 충진 효율과 엔진 성능 향상
④ 공회전 안정 : 공회전 시 흡기밸브를 지각시켜 안정화 도모

### 127. 엔진의 분해수리 여부를 판단하는 기준을 3가지 쓰시오.

> 정답

① 압축압력 : 규정 압력의 70% 이하, 실린더 간 편차 10% 이상
② 윤활유 소비율 : 표준소비율의 50% 이상 소비
③ 연료소비율 : 표준소비율의 60% 이상 소비
④ 엔진 사용시간, 주행거리가 많은 경우

### 128. 맵 센서 결함 시 발생할 수 있는 현상을 5가지 쓰시오.

> 정답

① 엔진 출력 저하
② 엔진 부조 발생
③ 엔진 시동 꺼짐
④ 배출가스 과다 배출
⑤ 연료 소비율 증가

### 129. 실린더 마멸 원인을 4가지 쓰시오.

> 정답

① 실린더 벽과 피스톤 및 피스톤 링의 접촉
② 농후한 혼합기 유입으로 실린더 벽 유막이 끊어짐
③ 연소 생성물
④ 흡입공기 중의 먼지와 이물질
⑤ 연료나 수분이 실린더 벽에 응결되어 부식 작용 발생
⑥ 실린더와 피스톤의 간극 불량
⑦ 피스톤 링 이음 간극 불량
⑧ 피스톤 링 장력 과다
⑨ 커넥팅로드의 휨

**130. 에어 플로워(AFS) 결함 시 발생할 수 있는 현상을 3가지 쓰시오.**

**정답**

① 크랭킹은 가능하지만 시동 성능 저하
② 공회전 불안정
③ 주행 중, 공회전 시 시동 꺼짐
④ 주행 중 가속력 저하
⑤ 변속 충격 및 변속 불량

**131. 스텝모터 점검 시 문제가 없는데도 스텝 수가 규정값에 들지 않는 원인을 3가지 쓰시오.**

**정답**

① 공회전 상태의 조정 불량
② 스로틀밸브에 이물질 발생
③ 흡기다기관 진공도 불량
④ 실린더 내 폭발 압력 불균일
⑤ EGR 밸브 시트의 밀착 불량

**132. 배기가스 색상에 따른 연소 상태를 설명하시오.**

**정답**

① 흰색 : 엔진오일 연소실 혼입
② 검은색 : 불완전 연소
③ 무색(연한 청색) : 정상 연소
④ 자주색 : 흡입공기 과다(희박한 혼합비)
⑤ 회색 : 엔진오일 양 과다

**133. 혼합기가 희박해지는 원인을 5가지를 쓰시오.**

**정답**

① 연료펌프 및 연료필터의 막힘
② 흡입공기량 센서 불량
③ 냉각수 온도 센서 불량
④ 인젝터 불량
⑤ 흡기다기관 진공 누설
⑥ EGR 솔레노이드 밸브의 불량
⑦ 산소센서의 불량

**134. 자동차 분해 정비 시 반드시 신품으로 교체하여야 하는 것을 3가지 쓰시오.**

**정답**

① 가스켓 류, 오일씰 류
② 플라스틱 볼, 너트
③ 분할 핀
④ 록크 와샤, 록크 너크

**135. 삼원촉매 장치에서 촉매 컨버터의 수명을 연장시키기 위해 주의해야 할 사항을 쓰시오.**

**정답**

① 무연 가솔린 사용
② 엔진 파워 밸런스 측정 시 10초 이내로 할 것
③ 차량을 밀어서 시동을 걸지 않는다.
④ 주행 중 점화스위치를 끄지 않는다.
⑤ 엔진을 최상 상태로 유지한다.
⑥ 공회전 시간을 짧게 한다.

### 136. 엔진이 고속과 저속에서 축 토크가 저하하는 이유를 설명하시오.

**정답**

① 고속에서 토크가 저하하는 이유
- 고속일수록 기계손실이 증가
- 피스톤 속도의 증가로 화염이 피스톤을 하강시키는 힘이 감소

② 저속에서 토크가 저하하는 이유
- 흡입행정에서 공기의 유입 관성 효과가 감소
- 공기 유입 관성 효과 저하로 체적효율이 저하

### 137. 가솔린엔진의 점화 시기가 빠를 경우와 늦을 경우 엔진에 미치는 영향을 쓰시오.

**정답**

① 점화 시기가 빠를 경우
- 노킹 발생
- 피스톤 헤드 손상
- 피스톤 및 실린더 손상
- 엔진 수명 단축
- 엔진 출력 감소

② 점화 시기가 늦을 경우
- 실린더 벽 및 피스톤 스커트부가 손상
- 엔진이 과열
- 연료소비량 증가
- 배기관에 카본 퇴적
- 엔진출력 감소

### 138. 열선(hot wire)식 흡입공기량 센서에서 크린버닝의 이유와 방법을 설명하시오.

**정답**

① 크린버닝의 이유
열선에 오염물질이 부착되면 측정오차가 발생한다.
즉, 공기 흐름양에 비례해서 핫 와이어가 냉각되면서 저항이 감소하여 출력전압이 비례하여 나와야 하는데, 열선에 부착된 오염 물질에 의해 냉각이 잘 이루어지지 못해서 측정오차가 발생한다.

② 크린버닝의 방법
열선에 부착된 오염 물질에 의한 측정오차를 없애기 위해, 엔진의 작동이 정지할 때마다 일정시간 동안(열선에 높은 전류를 인가하여) 높은 온도로 핫 와이어를 가열하여 태워서 청소한다.

### 139. 연소실의 구비조건에 대하여 기술하시오.

**정답**

① 엔진출력과 효율을 높일 수 있는 구조일 것
② 배기가스에 유해한 성분이 적을 것
③ 연소실 표면적은 가능한 한 최소가 되도록 할 것
④ 노킹을 일으키지 않는 구조일 것
⑤ 추진 효율과 배기효율을 높이는 흡·배기 구조일 것
⑥ 화염 전파거리와 연소시간을 최대한 짧게 할 것
⑦ 스퀴시, 스월, 텀블플로 등의 유동을 일으키는 구조일 것

### 140. 피스톤 링의 플러터 현상과 방지법을 설명하시오.

**정답**

① 피스톤링의 플러터 현상
- 블로바이 증가로 인하여 윤활유에 슬러지(Sludge)가 발생한다.
- 블로바이 증가로 인하여 엔진 출력이 감소한다.
- 피스톤링이나 실린더 벽의 마모를 초래한다.
- 윤활유의 소비량이 증가한다.
- 피스톤 온도가 상승한다.

② 플러터 방지법
- 피스톤링의 장력을 높여서 면압을 증가시킨다.
- 얇은 링을 사용하여 링의 무게를 줄여 관성력을 감소시킨다.
- 링 이음부는 배압이 작으므로 링 이음부의 면압 분포를 높게 한다.
- 실린더 벽에서 긁어내린 윤활유 배출 홈을 링 랜드에 둔다.

### 141. 자동차용 연료의 구비조건을 기술하시오.

**정답**

① 발열량이 크고 연소 후 퇴적물이 적어야 한다.
② 공기와 잘 혼합되고 연소 상태가 안정적이어야 한다.
③ 연료의 발화점과 착화점이 적정하여야 한다.
④ 옥탄가와 세탄가가 높고 불순물이 적어야 한다.
⑤ 저렴하고 취급과 수송이 용이하며 부식되지 않아야 한다.

### 142. 전자제어 액화석유가스 분사장치(LPI)의 장점을 기술하시오.

**정답**

① 흡기 다기관에 직접 분사하므로 냉 시동성 향상
② 각종 센서의 압력신호를 바탕으로 최적 분사하여 출력과 연비 향상
③ 기존 방식에 비해 연료를 정확히 제어하여 역화(back fire) 현상이 없다.
④ 직접분사를 실시하여 기화 과정에서의 타르 발생을 줄일 수 있다.

### 143. 전자제어 디젤엔진의 연료분사에서 파일럿 분사(pilot injection)의 정의와 금지조건을 설명하시오.

**정답**

① 파일럿 분사의 정의
- 예비 분사라고도 하며 주 분사가 이루어지기 전 미세한 연료를 연소실에 사전 분사하여 연소가 잘 이루어지게 하기 위한 분사
- 실시하는 이유는 연소 시에 발생하는 급격한 압력 상승은 노킹으로 이어지며 연소실 내 심한 소음과 진동을 동반한 충격파가 전달되는데, 이러한 급격한 압력상승을 억제하기 위함이다.
- 주 분사 전 예비 분사를 실시해 압력 상승 곡선의 변화를 가져오도록 하고 엔진의 소음과 진동을 줄이기 위해 예비 분사를 실시한다.

② 파일럿 분사 금지 조건
- 예비 분사가 주 분사를 너무 앞지르는 경우
- 엔진회전수가 3,200rpm 이상인 경우
- 분사량이 너무 적은 경우
- 주 분사 시 연료량이 충분하지 않은 경우
- 연료 압력이 최소값(100bar) 이하인 경우

### 144. 디젤엔진 배출가스의 종류를 예를 들어 설명하시오.

**정답**

① 탄화수소(HC) : 엔진에서 연료가 미처 연소하지 못하여 발생
② 일산화탄소(CO) : 무색·무취의 기체이며 연료가 농후한 상태에서 공기 부족으로 인한 불완전 연소 시 주로 발생
③ 질소산화물(NOx) : 연소 시에 1500℃ 이상에서 산소와 결합하여 발생주성분은 NO, 약간의 $NO_2$ 와 합해서 NOx로서 배출
④ 입자상 물질(PM) : 불완전 연소 시 발생하는 검댕(Soot)을 말하며 주 성분은 탄소. 질이 나쁜 연료와 윤활유도 원인

## 145. 흡입공기 제어방식을 분류하고 특징을 설명하시오.

> 정답

① NA(Naturally Aspirated) 방식
피스톤의 흡입과정에 의해 공기가 유입되는 자연흡입 방식
② TC(Turbo Charger) 방식
흡기장치에 터보를 부착하여 배기가스를 이용해 흡입공기를 추가로 공급하는 장치
③ TCI(Turbo Charger Intercoole) 방식
터보 인터쿨러 방식으로 터보가 압축한 고온의 공기를 인터쿨러를 통해 낮추어 주는 장치
④ VGT(Variable Geometry Turbo charger) 방식
가변용량 터보차저 방식으로 배기가스의 토출량을 가변 날개를 이용하여 제어하는 방식

## 146. 터보 인터쿨러의 필요성을 설명하시오.

> 정답

① 터보에서 가압된 흡기는 온도가 상승하고 충전효율이 저하한다.
② 온도의 상승으로 공기의 밀도가 떨어지기 때문에 과급률이 나빠진다.
③ 불완전 연소에 의한 노킹으로 토크가 저하된다.
④ 배기 온도가 과다하게 높아짐에 따라 터빈의 내구성이 낮아진다.

## 147. VGT의 구조와 작동원리를 기술하시오.

> 정답

① VGT의 구조
터빈의 날개에 유니슨 링을 설치하여 터빈이 회전하는 원주 방향으로 이동하면서 날개를 세우거나 눕혀주게 되고, 유니슨 링의 구동은 컨트롤 액추에이터가 제어하도록 한 것이다. 컨트롤 액추에이터의 움직임 양에 따라 터보의 고속과 저속제어를 실시하게 된다.

② VGT의 작동원리
액추에이터의 구동방식에 따라 부압제어방식과 전자제어방식으로 분류한다. 액추에이터의 작동에 따라 유니슨링은 시계 또는 반시계 방향으로 작동하면서 터빈하우징과 베인 날개 사이의 공간인 배기가스의 유로 면적을 변화시켜 주는 것

## 148. VGT 작동 금지 조건을 3가지 쓰시오.

> 정답

① 엔진 회전수가 700rpm 이하인 경우
② 냉각수온이 약 0℃ 이하인 경우
③ VGT 관련 부품의 고장인 경우는 엔진ECU는 VGT 제어를 행하지 않음(VGT 액추에이터, EGR 시스템, 부스터 압력 센서, 흡입 공기량 센서, 스로틀 플랩 장치, 가속 페달 센서)

### 149. 하이브리드 자동차를 구동방식에 따라 분류하고 특징을 설명하시오.

**정답**

① 직렬형 하이브리드 자동차
엔진과 발전기가 일체로 부착되고 모터와 변속기가 일체로 조립되고 발전기와 모터를 별도로 제어하는 방식. 구조는 간단하지만 장착성 면에서는 불리하다. 또한 동력 성능과 배기가스 저감, 개발 및 제작비용 면에서는 불리한 편

② 병렬형 하이브리드 자동차
엔진과 변속기 사이에 발전기 겸용 전기모터를 장착하여 자동 변속기를 통해 바퀴를 구동시키는 방식. 제어기는 전기모터를 통해 구동과 충전을 동시에 수행하며 자동차의 장착성과 제작비용 면에서는 유리. 또한 동력 성능과 배기가스 저감 면에서 우수하여 가장 많이 적용하고 있는 방식

③ 혼합형 하이브리드 자동차
직렬형과 병렬형을 혼합한 형태의 하이브리드 자동차. 모터는 제어기를 통해 변속기와 바퀴를 구동하고 엔진 역시 변속기를 통해 바퀴를 직접 구동하는 방식. 구조는 직렬형에 비해 복잡하고 배기가스 저감 면에서는 불리

### 150. 하이브리드 자동차를 동력원인 모터의 부착 위치와 제어방법에 따라 분류하고 특징을 설명하시오.

**정답**

① 소프트 방식(soft type)
엔진을 주 동력원으로 이용하는 형식으로 모터가 엔진의 동력을 보조하는 방식. 모터가 플라이휠에 장착되어 모터만으로는 주행이 불가능한 방식

② 하드방식(hard type)
엔진을 주 동력원으로 이용하면서 모터만으로도 주행이 가능한 방식. 모터를 변속기에 장착. 모터는 소프트 방식에 비해 출력이 높은 모터를 사용하여 모터만으로 주행이 가능하며 연비 향상 효과가 크다.

### 151. 하이브리드 자동차의 주요 기능을 설명하시오.

**정답**

① 엔진 시동 기능
엔진과 변속기 사이에 장착된 하이브리드 모터에 의해 시동. 그러나 외기온도가 낮거나 고전압 배터리의 상태가 좋지 않은 경우, 기존의 시동방법에 의해 시동이 걸리게 된다.

② 동력 보조 기능
연비 및 주행 성능 향상을 위해 주행 상황에 따라 하이브리드 모터의 적절한 제어를 통해 엔진의 동력을 보조하여 고효율 고연비를 실현. 출발 시, 가속 시, 급가속과 같은 엔진의 부하가 큰 상황에서는 모터가 작동하여 엔진의 동력을 보조

③ 회생제동 기능
감속 시 발생하는 차량의 관성에너지를 전기에너지로 변환하여 배터리를 충전하는 기능. 감속 시 하이브리드 모터를 동력원이 아닌 발전기로 전환하여 고전압 배터리를 충전

④ 오토스톱 기능
아이들 스톱(idle stop)이라고도 하며 불필요한 공회전을 최소화하여 배출가스 저감 및 연료 소비를 줄이기 위한 기능. 차량이 신호대기나 정차 시, 엔진을 자동으로 정지시켰다가 브레이크 페달에서 발을 떼면 자동으로 재시동 되는 기능

⑤ 경사로 밀림 방지 기능
오르막 또는 내리막길 정지 시 운전자가 브레이크 페달을 밟아 발생한 제동력을 브레이크 페달에서 발을 떼어도 일정시간 유지하여 제동력을 확보해주는 기능

⑥ E-모드 드라이브 기능
에코 드라이브 모드(eco drive mode) 약어로 연료 소비를 줄이는 모드. 운전자가 급가속을 하더라도 완만한 가속으로 제어하여 연료소비 저하. 감속 시에는 회생 제동량을 최대한 증가시켜 고전압 배터리 충전량을 확보하는 기능

## 152. 하이브리드 자동차의 연비가 향상되는 요인을 설명하시오.

**정답**

① 엔진과 모터의 동력 분배와 에너지 최적 제어기능
② 자동차 정차 및 출발 시 시동을 제어하는 Idle-stop & Go기능을 적용
③ 제동에너지를 흡수하여 재사용하는 회생제동 기능
④ 배기량을 작게하는 엔진의 다운사이징
⑤ 발전기의 구동용 벨트에 의한 동력 손실 저감
⑥ 자동 변속기의 토크컨버터를 삭제하여 동력 손실 저감
⑦ 소형화로 차량의 공기저항의 최소화

## 153. 하이브리드 자동차의 오토스톱 작동 조건과 금지조건 및 해제조건을 설명하시오.

**정답**

① 오토스톱 작동 조건
차량의 속도가 12km/h 이상의 속도로 3초 이상 운행한 후에 브레이크 페달을 밟은 상태로 4km/h 이하 시

② 오토스톱 금지 조건(엔진 재시동)
- 엔진 냉각수온이 50℃ 이하이거나 CVT 유온이 30℃ 이하일 경우
- 오토스톱 스위치가 OFF일 때
- 메인 배터리의 충전 상태가 낮은 경우(충전량이 18% 이하)
- 브레이크 마스터 백의 부압이 낮은 경우(500mmHg 이하)
- 가속페달을 밟거나 변속레버가 P, R단일 경우
- 엔진의 전기부하가 크거나 12V의 배터리 전압이 낮은 경우
- 하이브리드 시스템의 결함이 검출될 경우
- 차량이 급 감속하거나 ABS가 작동하고 있을 경우

③ 오토스톱 해제 조건(엔진 재시동)
- 오토스톱 진행 중에 상기의 금지조건이 발생 시
- D단에서 브레이크를 뗄 경우(N단에서는 계속 유지)
- 오토 스톱 진행 중 차속이 발생할 경우

## 154. 하이브리드 자동차에 쓰이는 각종 용어를 설명하시오.

**정답**

① HCU(Hybrid Control Unit) : 하이브리드 제어기
② ECU(Engine Control Unit) : 엔진 제어기
③ MCU(Motor Control Unit) : 모터 제어기
④ TCU(Transmission Control Unit) : 변속기 제어기
⑤ BMS(Battery Management System) : 배터리 제어기
⑥ ETC(Electronic Throttle Control) : 전자제어 스로틀 제어기

## 155. 하이브리드 자동차의 차량동작 제어모드를 설명하시오.

**정답**

① 모드-1(방전 모드)
모터 구동을 위해 고전압 배터리가 전기에너지를 방출하는 동작 모드. 모터 동작 요구 토크에 따라 방전 전류량은 달라진다.

② 모드-2(정지 모드)
고전압 배터리의 전기 에너지 입출력이 발생되지 않는 동작 모드

③ 모드-3(충전/회생/제동 모드)
고전압 배터리가 소모한 전기 에너지를 회수 및 충전하는 모드. 충전과 회생제동 모드로 구분. 충전 모드는 일반 주행 상태에서 고전압 배터리의 충전 상태가 낮을 경우 모터에서 발생된 전기에너지를 고전압 배터리로 충전시키는 동작 모드

# 섀시

## 필답형 문제

### 변속기

**1. 클러치의 필요성과 구비조건을 쓰시오.**

*정답*

① 필요성
- 엔진 무부하 상태로 둘 수 있다.
- 관성운전을 위한 엔진의 동력 차단
- 변속 시 일시적으로 동력 차단하여 변속을 쉽게 함

② 구비 조건
- 동력 차단 시 신속하고 확실할 것
- 회전관성이 작을 것
- 회전 부분의 평형이 좋은 것
- 방열이 잘 되고 과열되지 않을 것
- 구조가 간단하고 취급이 용이하고 고장이 없을 것
- 소음 및 진동이 작고 수명이 길 것

**2. 주행 중 클러치가 미끄러지는 원인을 쓰시오.**

*정답*

① 디스크 페이싱 재질 불량(오일 부착, 과다 마모)
② 압력판 스프링 장력 약화 및 파손
③ 클러치 페달 조작기구의 작동이 원활하지 못할 때
④ 클러치 페달 유격이 작거나 없을 때
⑤ 압력판과 플라이 휠의 표면 경화 시

**3. 수동 변속기 기어 빠짐 원인을 쓰시오.**

*정답*

① 싱크로 메시 기구 마모 및 이상
② 각 기어 과다 마모
③ 베어링 및 부쉬 마모
④ 시프트 포크 마모
⑤ 록킹 볼 마모 및 볼 스프링 장력 약화

**4. 클러치 단속이 안 되는 원인을 쓰시오.**

> 정답

① 클러치 스프링 장력 과대
② 페달 유격 과다
③ 클러치 마스터 실린더 및 릴리스 실린더 이상
④ 릴리스 베어링 이상
⑤ 클러치 디스크 허브와 스플라인 부 섭동 불량

**5. 수동 변속기 변속이 원활하지 않은 원인을 3가지 쓰시오.**

> 정답

① 변속레버 조정 불량
② 변속기 내부 싱크로 메시 기구 불량
③ 변속 링크 불량
④ 인터록 불량

**6. 클러치 페달을 밟았을 때 소음이 발생되는 원인 3가지를 쓰시오.**

> 정답

① 클러치 페달의 유격이 적다.
② 클러치 디스크의 페이싱 마멸 과다
③ 릴리스 베어링의 마멸, 손상, 오일 부족
④ 클러치 어셈블리 및 릴리스 베어링 조립 불량

**7. 수동 변속기의 변속 시 트랜스액슬의 떨림 및 소음에 관련한 사항을 적으시오.**

> 정답

① 싱크로 메시 기구 불량
② 기어 마모
③ 싱크로나이저링 마모
④ 종감속장치의 링기어와 피니언기어의 접촉불량

**8. 클러치 댐퍼 스프링의 파손 원인을 쓰시오.**

> 정답

① 급격한 클러치 조작
② 과중 과부하
③ 과적 상태에서 주행
④ 재질 불량

**9. 토크 컨버터의 3요소를 쓰시오.**

> 정답

① 펌프(임펠러)
② 터빈(런너)
③ 스테이터

**10. 토크 컨버터의 3요소와 1단 2상에 대하여 설명하시오.**

> 정답

① 3요소 : 펌프, 터빈, 스테이터
② 1단 : 터빈의 개수
③ 2상 : 유체클러치 영역과 토크 컨버터 영역

## 11. 댐퍼 클러치를 두는 이유를 설명하시오.

**정답**
① 동력 전달 효율 증대
② 가속력 및 연비 향상
③ 엔진 정숙성 및 주행 성능 향상

## 12. 자동 변속기 각단에서 충격이 큰 원인을 쓰시오.

**정답**
① 오일의 불량
② 라인에 이물질이 약함
③ 라인압력 조정 불량
④ 필터가 막힘
⑤ 밸브바디 불량

## 13. 댐퍼 클러치가 작동하지 않는 조건을 쓰시오.

**정답**
① 냉각수온 50℃ 이하 시
② 유온이 일정 온도 이하 시
③ 엔진 회전수 신호가 입력되지 않을 시
④ 1단 및 후진 시
⑤ 변속 시, 공회전 시
⑥ 급가속 시
⑦ 브레이크 작동 시
⑧ 엔진 브레이크 작동 시

## 14. 자동 변속기 1단에서 2단으로 변속 시 충격 원인을 쓰시오.

**정답**
① 펄스제너레이터 A의 불량 시
② 밸브바디 불량 시
③ 유압컨트롤 밸브 불량 시
④ 언더드라이브 클러치 불량 시
⑤ 세컨드 브레이크 불량 시
⑥ 로우엔리버스 브레이크 압력 불량 시

## 15. 4단 자동 변속기의 압력 점검 요소 5가지를 적으시오.

**정답**
① 언더드라이브(UD)
② 리버스 클러치 압력
③ 오버드라이브 클러치 압력(OD)
④ 세컨드 브레이크 압력(2ND)
⑤ 로우 엔 리버스 브레이크 압력(LR)
⑥ 토크 컨버터의 원웨이 클러치(OWC)

## 16. 매뉴얼 밸브, 시프트 밸브, 유압제어 밸브를 설명하시오.

**정답**
① 매뉴얼 밸브 : 셀렉트 레버를 원하는 레인지에 선택 시 셀렉트 레버와 연결된 링키지를 통해 밸브바디의 매뉴얼 밸브 위치가 이동하여 각 레인지별로 필요한 유압이 공급되거나 해제되게 하는 밸브
② 시프트 밸브 : 차량의 속도와 TPS의 값에 따라 속도변화를 일으키는 밸브
③ 유압 제어 밸브 : TCU에 의해 듀티로 작동되며 해당 클러치에 유압을 공급하고 해제하는 역할

## 17. 킥다운의 정의를 설명하시오.

**정답**

자동 변속기 차량에서 주행 중 가속을 위해 가속페달을 힘껏 밟아 풀 액셀 부근까지 작동 시 강제적으로 다운 시프트 되는 현상

## 18. 자동 변속기 성능시험을 하기 전에 점검해야 할 사항 3가지를 기술하시오.

**정답**

① 자동 변속기 오일양
② 변속 레버 링크기구의 점검 및 조정
③ 엔진 작동 상태 및 엔진 공전속도
④ 자동 변속기 오일 누수

## 19. 자동 변속기 오버 드라이브에 대하여 쓰시오.

**정답**

엔진의 여유 출력을 이용하여 추진축의 회전속도를 엔진의 회전속도보다 빠르게 하는 장치

장점
- 엔진 운전이 정숙
- 연비 향상
- 엔진 수명 연장
- 차량 주행속도를 빠르게 할 수 있다.

## 20. 자동 변속기의 히스테리시스 현상에 대하여 쓰시오.

**정답**

스로틀밸브의 열림 정도가 같아도 업시프트와 다운시프트의 변속점 부근에서 7~15km/h 정도 차이가 나는 현상. 자주 발생하면 주행이 불안하다.

## 21. 자동 변속기의 스톨 테스트에 대하여 쓰시오.

**정답**

변속 레버로 D나 R 위치에서 엔진 스로틀 밸브 완전 개방 시 토크 컨버터의 속도비가 0일 때 엔진의 최고 속도를 측정하여 토크 컨버터의 스테이터 원웨이 클러치 작동과 클러치 및 브레이크 성능 점검을 하는데 이용

## 22. 자동 변속기의 스톨테스트 점검 목적과 시험 방법을 쓰시오.

**정답**

① 점검 목적 :
- 엔진 구동력 시험
- 토크 컨버터의 동력 전달 기능 시험
- 클러치의 미끄럼 점검
- 브레이크 밴드의 미끄러짐 점검

② 시험 방법
- 엔진을 정상 온도까지 워밍업 시킨다.
- 변속기 오일량을 점검한다.
- 바퀴에 고임목을 받친다.
- 엔진에 타코메타를 설치한다.
- 주차브레이크를 당기고 브레이크 페달을 밟는다.
- 변속레버를 "D" 레인지에 놓은 후 액셀 페달을 완전히 밟고 rpm을 측정(5초 이내 실시), "R"레인지 에서도 동일하게 실시

※ ① 엔진의 회전속도가 규정값보다 높다
- 라인압이 낮다.
- ATF의 점도가 낮다.
- 변속기 내 클러치 및 브레이크 슬립

② 엔진의 회전속도가 규정값보다 낮다.
- 토크 컨버터 내 스테이터 이상
- 엔진의 출력 부족

### 23. 토크 컨버터 1방향 클러치 설치 위치와 기능을 쓰시오.

**정답**

① 위치 : 토크 컨버터 내 스테이터에 설치
② 기능 : 1방향 클러치는 스테이터를 한쪽 방향으로 회전하게 한다.

### 24. 자동 변속기의 HOLD 기능에 대하여 쓰시오.

**정답**

① 빙판길, 눈길 등 미끄러운 노면 출발 시 수동 변속기 2단 출발 기능과 같이 2속 출발하여 미끄러짐을 제어
② 주행 중 사용하면 3속으로 고정되므로 급가속, 추월 시 편리하며 긴 내리막길 등에서 엔진 브레이크 효과

### 25. 자동 변속기의 점검 중 타임 래크에 대하여 쓰시오.

**정답**

엔진 공회전 시 변속 레버를 변속시킬 때 충격이 있는데 변속 레버 변환 순간부터 충격을 느끼는 순간까지 지연을 측정하여 클러치 및 브레이크 상태를 점검한다.(1.5초 이내)

### 26. 자동 변속기 크리프(creep) 현상에 대하여 쓰시오.

**정답**

① 액셀 페달을 밟지 않아도 차량이 조금씩 이동하는 현상
② 토크 컨버터의 유체 클러치가 엔진의 공회전 시에도 약한 회전력을 전달해 클러치가 끊어지지 않아 발생
③ 필요성 : 원활한 발진, 타이어 마모 방지, 언덕길 밀림 방지

### 27. 자동 변속기의 압력제어밸브의 종류를 쓰시오.

**정답**

① 시프트 밸브 : 자동변속이 되도록 오일 유도
② 스로틀 밸브 : 액셀 페달을 밟은 정도에 따라서 유압변화
③ 거버너 밸브 : 차속에 따라 알맞은 유압 형성

### 28. 토크 컨버터 유압이 낮은 원인을 쓰시오.

**정답**

① 댐퍼 클러치 조절 솔레노이드 밸브 고착
② 오일 누출 및 오일 쿨러 파이프 막힘
③ 변속기 입력 축 오일 실 손상
④ 토크 컨버터 기능 불량

### 29. 무단 변속기에 대해 간단히 설명하시오.

**정답**

구동 바퀴에 연결된 풀리와 엔진에 연결된 풀리를 그 사이를 두고 V 밸트로 연결, 풀리 지름비를 변화시켜 변속하는 방식
① 저속 : 구동 풀리의 직경은 작으며, 피동 풀리의 직경은 크다.
② 고속 : 구동 풀리의 직경은 크며, 피동 풀리의 직경은 작다.
③ 장점
- 변속 시 무리가 없다.(변속 충격이 없다)
- 변속 수행 중에도 동력의 차단이 없다.
- 최대 출력 상태 및 최적 연비 상태 제어 가능

### 30. 엔진의 출력은 일정한 조건에 차속을 올리는 방법을 쓰시오.

**정답**

① 변속비를 낮춘다.
② 종감속 기어비를 낮춘다.
③ 차량의 중량을 줄인다.
④ 구름 저항을 줄인다.
⑤ 공기 저항을 줄인다.

### 31. 수동변속기 변속 시 소음이 나는 원인을 쓰시오.

**정답**

① 페달 간극이 크다.
② 클러치판의 런아웃 과다
③ 유압계통 누유
④ 싱크로나이져링의 마모

### 32. 싱크로메시 기구 구성품 3가지를 쓰시오.

**정답**

① 싱크로나이져 허브 : 주축기어의 콘 기어와 결합되면 주축은 싱크로나이져 허브에 의해 회전
② 싱크로나이져 슬리브 : 시프트 레버의 조작에 의해 전후 방향으로 섭동하여 기어 클러치의 역할
③ 싱크로나이져 링 : 싱크로나이져 슬리브가 각 기어에 설치된 콘 기어와 물리도록 하는 클러치 작용
④ 싱크로나이져 키 : 스프링 장력에 의한 밀착

### 33. 다이어프램 스프링의 장점을 4가지 쓰시오.

**정답**

① 구조가 간단하다.
② 압력판에 작용하는 힘이 일정하다.
③ 원판형으로 되어 있어 평형이 좋다.
④ 클러치 페달 조작력이 작다.
⑤ 라이닝이 마모되어도 압력판에 가해지는 압력 변화가 적다.

### 34. 자동 변속기 오일(ATF)의 구비조건을 쓰시오.

**정답**

① 점도가 낮을 것
② 비중이 클 것
③ 착화점이 높을 것
④ 내산성이 클 것
⑤ 유성이 좋을 것
⑥ 비점이 높을 것

### 35. 자동 변속기 오일(ATF)이 우유색으로 변색되는 이유를 쓰시오.

**정답**

냉각수의 혼입

※ 오일의 색
- 투명한 붉은색 : 정상
- 갈색 : 가혹한 상태로 사용 열화
- 검은색 : 클러치, 브레이크, 부싱, 기어 등의 마멸에 의한 오염
- 황색 : 오일의 파열

### 36. 토크컨버터의 기능을 쓰시오.

**정답**

자동 변속기에서 기관의 출력을 받아서 유체를 이용하여 엔진의 동력을 자동 변속기에 전달하는 클러치

### 37. 유성기어의 장점을 4가지 쓰시오.

**정답**

① 자동 변속기의 증감속에 사용하므로 운전이 편리하고 피로 감소
② 기계적 충격을 완화시켜 엔진 수명 연장
③ 승차감 향상
④ 발진, 가·감속 원활

### 38. 자동 변속기에서 듀티 제어를 하는 부분을 4가지 쓰시오.

**정답**

① 압력제어 솔레노이드 밸브
② 댐퍼클러치 솔레노이드 밸브
③ 오버드라이브 솔레노이드 밸브
④ 역전 및 저속 솔레노이드 밸브
⑤ 저속 드라이브 솔레노이드 밸브

### 39. 자동 변속기 주행 중 킥 다운이 작동되지 않는 원인을 3가지 쓰시오.

**정답**

① 스로틀 포지션센서 출력이 80% 이하
② 킥 다운 서보스위치 불량
③ 킥 다운 서보 불량
④ 스로틀 케이블 조정 불량

### 40. 변속기의 필요성과 구비조건을 쓰시오.

**정답**

① 필요성
- 엔진의 공회전 상태 유지
- 후진 선택 시 후진 가능
- 주행저항 변수에 대한 적절한 대응
- 저속, 고속 주행하고자 할 때 회전토그 변화 대응
- 발진 시 동력 전달 장치부에 가해지는 응력 완화, 마찰 최소화

② 구비조건
- 조작 용이, 확실, 정숙 및 민감하게 작동
- 주행 상태에 대응하여 회전속도와 회전력의 변환이 빠르고 연속적으로 이루어질 것
- 동력 전달 성능이 좋고 효율적일 것
- 강도, 내구성 및 신뢰성 좋고 수명이 길 것
- 고장이 적고 진동이 없으며 정비가 쉬울 것
- 소형, 경량으로 취급이 쉬울 것

**41. 자동 변속기(무단변속기) 내 오일의 점도가 낮아지면 고온 시 나타나는 현상을 3가지 쓰시오.**

> 정답

① 클러치, 브레이크, 피스톤, 제어밸브, 오일실 등에서 누유 발생
② 유압이 낮아져 정밀 제어 불가능
③ 유온성능 저하로 마모 발생
④ 마찰열에 의해 유온 상승
⑤ 펌프의 효율 저하

**42. 자동 변속기에 사용되는 유체(ATF)의 역할을 3가지 쓰시오.**

> 정답

① 토크컨버터 내에서 동력 전달
② 기어 및 각부 베어링 등의 회전요소에 대한 윤활
③ 유압기구의 작동유와 윤활
④ 변속 시 충격 완화
⑤ 변속기 내부 냉각 작용

### 조향장치

**1. 주행 중 스티어링 휠의 떨림 현상에 대하여 적으시오.**

> 정답

① 타이어 휠 밸런스 불량
② 브레이크 디스크 동적. 정적 불균형
③ 등속 조인트 변형
④ 유니버설 조인트 과대 마모, 추진축 변형
⑤ 프런트 허브 베어링 불량, 허브 베어링 유격 과다, 허브 변형
⑥ 타이어 편마모, 타이어 런아웃 과다

**2. 주행 중 핸들이 한쪽으로 쏠리는 원인을 서술하시오.**

> 정답

① 휠 얼라이먼트 불량
② 너클, 스핀들의 휨
③ 현가 스프링 절손
④ 뒤차축이나 프레임이 휨
⑤ 브레이크 라이닝 간극 조정이 불량
⑥ 좌우 타이어 공기압이 다르다.
⑦ 스티어링 링키지의 변형
⑧ 로우암과 어퍼암의 변형
⑨ 휠 허브 베어링 불량

**3. 주행 중 동력 조향장치의 핸들이 갑자기 무거워질 때 점검 방법을 쓰시오.**

정답

① 파워 펌프 밸트의 미끄러짐 및 손상
② 오일 부족
③ 오일 내의 공기 유입 또는 누유
④ 오일 펌프의 압력 저하
⑤ 컨트롤 밸브의 고착
⑥ 파워 호수의 막힘 및 손상

**4. 자동차 조향장치 검사 중 조향 핸들 유격 세부 검사 내용 3가지를 쓰시오.**

정답

① 조향핸들 유격 세부 검사인 경우
 • 조향핸들 유격(핸들)의(12.5)% 이내
 • 조향너클과 볼 조인트의 유격점검
 • 허브너트의 유격점검
 • 조향기어의 백래시 점검

② 조향핸들 검사항목인 경우
 • 조향핸들 유격이 핸들 지름의 12.5% 이내 일 것
 • 조향력 검사
 • 조향 핸들의 정 중앙 위치
 • 조향각 검사
 • 복원력 검사

**5. 전동식 모터(MDPS)의 종류 3가지를 쓰시오.**

정답

① 칼럼 구동식 MDPS
② 피니언 구동식 MDPS
③ 랙 구동식 MDPS

**6. 조향 특성에서 언더 스티어링과 오버 스티어링의 현상을 기술하시오.**

정답

① 언더 스티어링(Under steering)
 조향 시 뒷바퀴에 발생하는 코너링 포스가 커지면 선회 시 조향각이 커서 회전 반경이 커지는 현상
② 오버 스티어링(Over steering)
 조향 시 앞바퀴에 발생하는 코너링 포스가 커지면 선회시 조향각이 작아 회전 반경이 작아지는 현상

※ 토크 스티어
좌우 드라이브 샤프트의 길이가 다르고 그에 따라 굴절각이 다르므로 구동력의 변화 발생 시 자이로스코프에 의한 회전력 차이에 의하여 발생되는 차량의 스티어링 현상

※ 타이트코너 브레이크 현상
커브에서 후륜이 전륜보다 안쪽을 통과하며, 이를 내륜차라고 한다. 또, 외측 차륜이 내측 차륜보다 긴 거리를 통과해야 선회 주행이 가능하다. 4WD 차량에서 전·후륜을 같은 회전수로 회전시키는 방식에선 진행거리가 긴 전륜 외측 타이어 회전수가 부족하게 되어 미끄러져 브레이크를 밟은 것처럼 느끼는 현상이다.

※ 코너링 포스
자동차가 선회 시 원심력이 발생하는데 이에 대항하기 위해 타이어와 노면 사이에 생기는 구심력을 말한다.

※ 코너링 포스에 영향을 미치는 요소
 ① 타이어의 규격
 ② 수직으로 작용하는 하중
 ③ 자동차의 주행 속도
 ④ 타이어의 공기압 및 트레트 패턴
 ⑤ 타이어의 슬립 각도

### 7. 조향장치에서 충격을 흡수하는 안전장치는 무엇인지 서술하시오.

> 정답

① 파워 핸들 : 파워펌프의 유압을 사용해 핸들 작용력을 설정하고 유체도 동력을 전달하기에 충격을 흡수
② 디프렉스 타입 핸들 조인트 : 파워 렉크 피니언조인트 보호를 위해 안으로 접힘으로써 충격을 흡수
③ 2중 핸들 컬럼샤프트 : 충돌 시 핸들 컬럼이 운전자 보호를 위해 안으로 접힘으로써 충격을 흡수

### 8. 조향핸들을 가볍게 하기 위한 조건을 기술하시오.

> 정답

① 동력 조향장치 장착
② 조향 기어비를 크게 한다.
③ 앞바퀴 정렬을 정확하게 조정
④ 자동차 하중을 감소
⑤ 타이어 공기압을 높인다.

### 9. 속도계 테스터기의 시험 순서를 쓰시오.

> 정답

① 리프트를 상승시킨다.
② 자동차를 롤러에 직각 방향으로 진입시킨다.
③ 리프트를 하강시킨다.
④ FR 차량은 앞바퀴, FF 차량은 뒷바퀴를 움직이지 않도록 고정한다.
⑤ 구동륜이 롤러 위에서 안정될 때 까지 회전시킨다.
⑥ 변속기어를 넣고 속도를 높여 자동차의 속도계가 40km/h가 되게 한다.
⑦ 지시값을 읽는다.

### 10. 사이드슬립 측정 전 준비사항을 적으시오.

> 정답

① 타이어 공기압 확인
② 타이어 이물질 제거
③ 허브베어링 유격 상태 점검 및 조정
④ 각종 볼 조인트, 타이로드 헐거움
⑤ 현가장치의 이상 유무

### 11. 사이드슬립 테스터기 시험 준비 완료 상태에서 측정하는 순서를 서술하시오.

> 정답

① 차량을 천천히(약 5km/h) 답판 위로 직진시킨다.
② 전륜이 답판을 통과할 때까지 지시계의 지침을 보고 최대치(IN/OUT)를 읽는다.
③ 측정이 끝나면 전원스위치를 OFF한다.
  • 판정
    정상(녹색)(IN/OUT 0~3mm 이내)
    양호(황색)(IN/OUT 3~5mm 이내)
    불량(적색)(IN/OUT 5mm 이상)
  • 조정 : 타이로드 길이로 조정

### 12. 동력 조향장치의 장점을 쓰시오.

> 정답

① 작은 조작력으로 조향 가능
② 조향기어비를 자유로이 선정
③ 노면 충격을 흡수하여 킥백(kick back) 방지
④ 스티어링계의 이음, 진동 흡수
⑤ 조향에 따른 적절한 반력의 피드백

### 13. 요 모멘트(yaw moment)와 요 레이트(yaw rate)에 대하여 설명하시오.

**정답**

① 요 모멘트
- 차체의 앞뒤가 좌우 또는 선회할 때 바깥쪽으로 이동하려는 힘
- 요 모멘트로 인해 언더 스티어링, 오버 스티어링 현상이 발생하며 주행 및 선회 시 주행 안정성 저하

② 요 레이트
- 자동차의 중심 주위에서 발생하는 자전운동의 속도와 회전 각속도
- 요 레이트 비례 제어는 요 레이트를 감지함에 따라 뒷바퀴의 조향을 제어함

### 14. 조향에 영향을 주는 요소를 3가지 쓰시오.

**정답**

① 프레임의 정렬 상태
② 쇼크 업소버의 기능
③ 현가장치의 기능
④ 뒷 차축의 위치
⑤ 타이어의 마모 상태

## 제동장치

### 1. 제동장치에서 브레이크 페달을 놓아도 브레이크가 풀리지 않는 원인을 쓰시오.

**정답**

① 마스터 실린더 리턴 구멍 막힘
② 브레이크슈 리턴 스프링 장력 약화
③ 휠 실린더 고착
④ 페달 유격 부적절(작다)
⑤ 주차브레이크 해체 불량 혹은 조정 불량

### 2. 브레이크 페달 유효 행정이 짧아지는 원인을 5가지 쓰시오.

**정답**

① 공기 흡입
② 드럼과 라이닝 간극 과대
③ 과도한 브레이크 사용 베이퍼록 발생
④ 브레이크 오일 누설
⑤ 마스터 실린더 체크밸브 불량 잔압 저하

### 3. 제동 시 자동차가 한쪽으로 쏠리는 원인 3가지를 적으시오.

**정답**

① 브레이크 라이닝의 편마모
② 한쪽 휠 실린더의 작동 불량
③ 브레이크 드럼 편마모
④ 라이닝 간극의 불균일
⑤ 라이닝 마찰계수의 불균일

### 4. 브레이크 잔압을 두는 목적 3가지를 적으시오.

> 정답

① 베이퍼록 현상 방지
② 오일 누출 방지
③ 신속한 브레이크 작동
④ 공기의 혼입 방지

### 5. 프로포셔닝 밸브의 역할을 쓰시오.

> 정답

① 제동 시 뒷바퀴가 조기에 고착되지 않도록 뒷바퀴 유압이 증가하는 것을 방지
② 제동 시 하중이 전륜으로 쏠리기 때문에 이를 제어하여 전·후륜 제동률을 안정하게 하기 위한 장치
③ ABS 작동 시 마스터 실린더의 압력을 휠 실린더와 차단하는 역할

※ ABS 프로포셔닝 밸브의 역할 : 모듈레이터 내에 설치되어 마스터 실린더의 유압을 솔레노이드로 유도하여 ABS가 작동되었을 때에는 마스터 실린더의 압력을 휠 실린더와 연결되지 않도록 차단하는 역할을 한다.

※ L.C.R.V(Load Conscious Reducing Valve) 하중 감압밸브 : 뒷바퀴에 작동하는 브레이크 압력을 차량 적재 조건에 따라 변화시켜 이상적인 압력 제어

### 6. 자동차 브레이크 장치에서 베이퍼록 원인과 방지책을 쓰시오.

> 정답

긴 내리막길에서 브레이크 페달을 자주 사용하면 마찰열로 브레이크 액이 끓어올라 브레이크 파이프에 기포가 발생하여 브레이크가 듣지 않는 현상

① 원인
- 드럼 및 디스크 발열성 불량
- 라이닝 간극 과소 끌림
- 브레이크 회로내에 잔압 부족
- 오일 변질
- 페이드 현상 발생

② 방지책
- 발열성 좋은 드럼 및 디스크 사용
- 라이닝 간극을 적절하게 한다.
- 양질의 브레이크 오일 사용
- 엔진 브레이크 병행 사용

### 7. 브레이크 페이드 현상에 대하여 쓰시오.

> 정답

① 원인 : 브레이크 조작을 반복하여 드럼과 라이닝 사이에 마찰열이 축적되어 라이닝의 마찰계수가 저하되는 현상
② 방지책
- 드럼의 냉각 성능을 향상
- 마찰계수의 변화가 적은 라이닝 사용
- 심하면 자동차를 세워 열을 식힌다.

### 8. TCS의 차륜 슬립율을 구하는 공식을 쓰시오.

**정답**

S : 슬립률
V : 차량 속도(m/s) : 차륜(TCS 구동륜) 각속도(rad/s)
R : 차륜(구동륜) 유효반경(m)
r : 차륜 유효반경(m)

$$S = \frac{Rw - V}{Rw}$$

### 9. 제동력 합과 편차를 구하는 공식을 기술하시오.

**정답**

- 제동력 합 = $\dfrac{앞 \cdot 뒤, 좌 \cdot 우 \ 제동력의 \ 합}{차량 \ 총 \ 중량} \times 100$

※ 판정기준 : 차량 총 중량의 50% 이상

- 앞 제동력 합 = $\dfrac{앞, 좌 \cdot 우 \ 제동력의 \ 합}{앞 \ 축중} \times 100\%$

※ 판정기준 : 앞 축중의 50% 이상

- 뒤 제동력 합 = $\dfrac{뒤, 좌 \cdot 우 \ 제동력의 \ 합}{뒤 \ 축중}$

※ 판정기준 : 뒤 축중의 20% 이상

- 좌·우 제동력 편차 = $\dfrac{큰 \ 쪽 \ 제동력 \ 작은 \ 쪽 \ 제동력}{해당 \ 축중}$

※ 판정기준 : 좌·우 편차 8% 이하

### 10. 구동륜의 슬립 원인을 3가지 쓰시오.

**정답**

① 클러치를 급히 연결했을 시
② 타이어 마찰계수가 작을 시
③ 노면의 마찰계수가 작을 시

### 11. 구동륜(타이어)이 슬립을 일으키는 요소를 5가지 쓰시오.

**정답**

① 타이어 트래이드 패턴
② 타이어 트래이드 홈 깊이
③ 타이어의 재질
④ 타이어 공기압
⑤ 타이어와 노면과의 마찰계수

### 12. 브레이크 제동 시 소음 및 진동이 발생하는 원인을 5가지 쓰시오.

**정답**

① 디스크 열 변형에 의한 런아웃 발생
② 브레이크 드럼 열 변형에 의한 진원도 불량
③ 브레이크 패드 및 라이닝의 경화나 과다 마모
④ 백 플레이트 설치 불량 및 변형에 의한 간섭
⑤ 브레이크 패드 및 드럼 내 이물질 유입

## 13. ABS의 구성 부품 3가지를 설명하시오.

**정답**

① 휠 속도센서 : 바퀴의 회전 속도를 감지하여 ECU에 입력
② ECU : 휠 속도센서 신호를 받아 차륜 속도를 검출한 후 바퀴 상태를 예측하여 최적의 제동력 및 조향 안전성을 위해 브레이크 압력을 제어
③ 하이드로릭 유닛 : 휠 실린더까지의 유압을 증감
④ ABS 경고등 : ABS 시스템의 고장 발생시 경고등이 점등되어 운전자에게 시스템 결함 상태 표출
⑤ ABS 릴레이 : 모터펌프 릴레이와 밸브 릴레이가 있으며, 하이드로릭모터와 솔레노이드 밸브에 전원을 공급

## 14. TCS(Traction Control System)에 대하여 서술하시오.

**정답**

① 눈길 등 미끄러지기 쉬운 노면에서 가속성 및 선회 안전성을 향상시키는 슬립 컨트롤 기능
② 일반도로 주행 중 선회 가속 때 차량의 횡 가속도 과대로 인한 언더, 오버 스티어링 현상을 방지하여 조향 안전성을 향상

## 15. TCS 제어 종류를 2가지 쓰시오.

**정답**

① 엔진토크 제어 : 연료 분사량 저감 또는 컷, 점화 시기 지연, 스로틀밸브의 개폐에 의해 엔진토크를 조정
② 브레이크 제어 : 구동 타이어를 직접 제어하므로 split 노면에서 가속성이 좋고 한쪽 타이어가 빠졌을 경우 탈출 용이
③ 구동계 제어 : 클러치 제어, 2WD-4WD 제어, 차동장치 제어
④ 미끄럼 제어 : 뒷바퀴와 구동바퀴의 비교에 의해 미끄럼 비율이 적절하도록 제어
⑤ 추적 제어 : 급 회전 시 횡가속도의 증가로 주행 성능이 떨어지므로 구동력을 제어하여 안정된 선회가 가능하도록 한다.

※ EBD란
전·후륜 제동 압력을 이상적으로 배분하기 위하여 전자적으로 제동압력을 제어하여 급제동 시 후륜의 선행 록킹을 방지하여 차량의 스핀 및 제동 성능을 향상시키는 시스템

※ 셀렉트 로우란
후륜의 좌·우 휠 중 어느 한쪽 휠이 먼저 잠기어 휠이 스키드를 일으키려 하면 정상적인 휠보다도 회전수가 낮은 상태의 그 휠을 선택하여 후륜의 좌,우 휠을 동시에 감압시키는 제어시스템으로 조향 성능 향상이 목적이다.

## 16. 제동력을 향상시키는 방법을 서술하시오.

**정답**

① 브레이크 드럼의 방열성을 좋게 한다.
② 라이닝에 열적 부하가 걸리지 않게 한다.
③ 고온·고속의 슬립 상태에서는 마찰계수가 증가하지 않도록 한다.
④ 외부 물질에 의해 오염이 되지 않게 한다.

### 17. ABS의 목적과 효과에 대하여 설명하시오.

**정답**

① 목적

방향 안전성 확보(스핀 방지)
- 조정성 확보
- 제동거리 단축
- 타이어 편마모 방지 및 제동이음 방지

② 효과
- 제동거리 단축
- 비균일 노면 직진 제동
- 제동 하면서 장애물 회피

### 18. 파스칼의 원리에 대하여 설명하시오.

**정답**

밀폐된 용기 내에 액체를 가득 채우고 그 용기에 힘을 가하면 유체 속에서 일부에 가해진 압력은 용기의 각 면에 작용하여 용기 내의 어느 곳이든지 동일한 압력이 작용된다.

### 19. 제동장치의 구비조건을 3가지 쓰시오.

**정답**

① 브레이크 미작동 시 바퀴의 회전에 방해되지 않을 것
② 최고 속도와 중량에 대하여 충분한 제동 작용을 할 것
③ 조작이 간단하고 운전자에게 피로감을 주지 않을 것
④ 작동이 확실하고 점검, 조정이 용이할 것
⑤ 신뢰성이 높고 내구력이 클 것

### 20. 디스크식 브레이크의 장단점을 3가지 쓰시오.

**정답**

① 장점
- 디스크가 대기에 노출되어 방열성 우수
- 페이드 현상이 방지되어 제동성능 안정
- 자기배력이 없어 좌·우 제동력 안정
- 반복 사용하여도 제동력 변화가 적어 제동 성능 안정
- 열에 강해 변형 발생이 적어 브레이크 페달의 거리 변화가 적다.
- 점검, 정비가 간단하고 용이

② 단점
- 마찰 면적이 적어 패드 작동력이 커야 한다.
- 패드의 강도가 커야한다.
- 브레이크 페달 밟는 힘이 커야 한다.
- 가격이 비싸다.

### 21. 브레이크 드럼과 슈의 자기배력 작용에 대하여 설명하시오.

**정답**

회전 중인 브레이크 드럼에 제동을 걸면 슈는 마찰력에 의해 드럼과 함께 회전하려는 경향이 발생하여 확장력이 커지므로 마찰력이 증대되는 작용

### 22. 브레이크 배력 장치의 원리를 설명하시오.

**정답**

외부로부터 에너지를 이용하여 작은 힘으로 페달을 밟아도 큰 제동력을 얻을 수 있는 보조 장치
① 대기압과의 압력차를 이용
② 진공식은 엔진의 흡기 매니폴드나 진공펌프에 의한 진공과 대기압과의 압력차를 이용
③ 압축공기식은 엔진으로부터 구동되는 공기압축기로부터 압축공기와의 압력차를 이용

### 23. 브레이크 오일의 구비조건을 쓰시오.

**정답**

① 점도가 알맞고 점도지수가 클 것
② 윤활성이 있을 것
③ 비등점이 높고 빙점이 낮을 것
④ 화학적 안정성이 클 것

### 24. 마스터실린더 탈착 시 작업 방법을 설명하시오.

**정답**

① 작업 중 브레이크 오일이 타 부품에 오염되지 않도록 조치한다.
② 브레이크 오일 레벨센서 커플러를 탈거한다.
③ 오일 저장 탱크에서 오일을 빼낸다.
④ 마스터실린더에서 브레이크 튜브(파이프)를 떼어낸다.
⑤ 포트 부분에서 오일이 새지 않도록 플러그로 막는다.
⑥ 푸시로드와 연결된 클레비스 핀을 탈거한다.(차종에 따라 상이)
⑦ 체결 너트를 풀어 마스터실린더 어셈블리를 탈거한다.

### 25. 브레이크 부스터 작동 시험 방법을 설명하시오.

**정답**

① 엔진을 1~2분 구동 후 정지시킨 후 브레이크 페달을 여러 번 밟는다. 브레이크 페달이 들어갔다가 점차 올라오면 양호
② 엔진 정지 상태에서 브레이크 페달을 여러 번 밟은 후 페달 높이 점검 후 브레이크 페달을 밟은 상태에서 엔진 시동을 건다. 이 때 브레이크 페달이 아래로 약간 들어가면 양호
③ 엔진 구동 상태에서 브레이크 페달을 밟고 엔진 정지 시 브레이크 페달 높이가 변화하지 않으면 양호

## 현가장치

### 1. 쇽업쇼버의 역할을 3가지 쓰시오.

**정답**

① 충격 흡수　　② 스프링의 진동 억제
③ 롤링 방지　　④ 무게 지탱

※ 맥퍼슨 타입 현가장치
　독립 현가 방식의 하나이며, 위시본 타입의 현가와 비교해서 엔진 룸의 공간을 넓게 사용할 수 있으며, 구조가 간단하고 정비성이 우수하다.

### 2. 차량의 스프링 위 진동 3가지를 쓰고 설명하시오.

**정답**

① 바운싱(Bouncing : 상하 진동) – 차체가 상하 방향으로 출렁이는 진동
② 피칭(Pitching : 앞뒤 진동) – 차체가 앞뒤로 출렁이는 진동
③ 롤링(Rolling : 좌우 진동) – 차체가 옆으로 회전하는 진동
④ 요잉(Yawing : 차체 회전 진동) – 차체가 지면과 평행으로 회전하는 진동

### 3. 자동차 선회 시 롤링현상을 잡아주는 스테빌라이저의 원리를 설명하시오.

**정답**

서스펜션 조인트 양쪽에 연결되어 있는 일종의 스프링 강이며, 코너링 시 차량은 코너 외측은 올라가고 내측은 주저 앉게 된다.
이 때 스테빌라이저는 토션바 스프링 역할을 해서 올라 가려고 하는 쪽을 억제 하게 된다

## 4. ECS의 공압식 액티브 리어 압력 센서의 역할과 출력전압이 높을 시 승차감이 나빠지는 이유에 대하여 설명하시오.

**정답**

① 역할 : 뒤쪽 쇽업소버 내의 공기 압력을 감지하는 역할이다. 자동차 뒤쪽의 무게를 감지하여 무게에 따라 뒤 쇽업쇼버의 공기스프링에 급·배기를 할 때 급기 시간과 배기 시간을 다르게 한다.
② 출력 전압이 높을 시 승차감이 나빠지는 이유 : 출력전압이 높은 경우 자세를 제어할 때 뒤쪽 제어를 금하기 때문에 승차감이 나빠진다.

## 5. ECS에 대하여 설명하시오.

**정답**

① 전자제어 현가장치는 운전자의 스위치 선택, 주행조건 및 노면 상태에 따라 자동차의 높이와 스프링의 상수 및 완충 능력이 ECU에 의해 자동 조절
② 승차감을 향상하고 조향성 및 안정성을 향상시켜 안전하고 편안한 운행이 가능함

## 6. 현가 스프링을 너무 강한 것을 사용했을 때 자동차에 미치는 영향을 쓰시오.

**정답**

① 스프링이 절손되기 쉽다.
② 충격 흡수 불량으로 프레임 변형
③ 추진축 떨림 현상
④ 엔진 및 섀시 각 부분에 손상

## 7. ECS 프리뷰 센서의 역할을 쓰시오.

**정답**

앞 범퍼 내측에 초음파 센서를 장착하여 타이어 전방에 돌기나 단차가 있을 때 반사되는 초음파로 장애물 유무 판단

## 8. 저속주행 시 시미현상을 일으키는 원인을 서술하시오.

**정답**

① 현가장치 불량
② 조향 링키지나 불이음 이완되었을 때
③ 앞바퀴 정렬의 불량
④ 타이어 및 휠의 변형
⑤ 타이어의 공기압이 다를 때

※ 고속 시미
① 엔진 지지 볼트 이완
② 프레임의 약화, 균열, 변형
③ 추진축에서의 진동 발생
④ 자재이음 마모
⑤ 타이어의 동적 불균형

## 9. 차량자세 제어장치에서 VDC 입력 요소 4가지를 적으시오.

> 정답

① 조향휠 각도 센서
② 요레이트 센서
③ 브레이크 스위치
④ 휠속도 센서
⑤ APS
⑥ 횡 G-센서

## 12. 자동차 스프링 아래 진동에 대하여 설명하시오.

> 정답

스프링 밑 질량 운동이라고도 하며, 바퀴를 중심으로 한 진동
① 휠 홉(wheel hop) : Z축을 방향으로 움직이는 상하 진동
② 휠 트램프(wheel tramp) : X축을 중심으로 회전하는 좌우 진동
③ 와인드 업(wind up) : Y축을 중심으로 회전하는 앞뒤 진동
④ 조(jaw) : Z축 둘레의 회전 진동

※ 스프링 위 진동
스프링 위 질량 운동이라고도 하며, 차체의 진동으로 승차자에게 가장 영향을 주는 진동
① 바운싱(bouncing) : Z축 방향으로 움직이는 상하 진동
② 피칭(pitching) : Y축을 중심으로 회전하는 앞뒤 진동
③ 롤링(rolling) : X축을 중심으로 회전하는 좌우 진동
④ 요잉(yawing) : Z축을 중심으로 회전하는 수평 진동

## 10. 코일스프링의 장점과 공기스프링의 특징을 3가지씩 쓰시오.

> 정답

① 코일 스프링
- 승차감 우수
- 판스프링에 비해 작은 진동 흡수율이 크다.
- 판 간 마찰이 없어 진동 감쇠작용이 없다.
- 횡 방향저항력이 없어 쇽업소버 병행 사용

② 공기 스프링
- 고유 진동을 낮게 할 수 있어 유연하다.
- 자체 감쇠성이 있어 작은 진동 흡수
- 차체의 높이 일정하게 유지
- 스프링의 세기가 하중에 비례
- 구조가 복잡하고 고가

## 13. 현가장치의 기본적인 기능을 3가지 쓰시오.

> 정답

① 적정한 자동차의 높이 유지
② 차체에 받는 충격 완화
③ 차체의 무게 지지
④ 적절한 휠 얼라이먼트 유지
⑤ 타이어 접지 상태를 유지
⑥ 주행 방향을 조정

## 11. 맥퍼슨 타입 현가장치의 특징을 쓰시오.

> 정답

독립 현가 방식의 하나이며, 위시본 타입의 현가와 비교해서 엔진 룸의 공간을 넓게 사용할 수 있으며, 구조가 간단하고 정비성이 우수하다.

### 14. 셀프 레벨라이져(Self Levelizer) 쇼크 업소버에 대하여 설명하시오.

**정답**

① 차고 유지 : 차량 하중 변화에 따른 차고의 급격한 변화를 보정
② 승차감 향상 : 하중의 변화에 따른 승차감의 변동을 최소화

### 15. 금속 스프링과 비교하여 공기 스프링의 장점을 쓰시오.

**정답**

① 하중에 관계없이 차고를 일정하게 유지하여 전후, 좌우 기울어짐 방지
② 하중 변화에 따라 스프링 정수 자동 변화
③ 하중 변화에 관계없이 고유진동수 일정
④ 고주파 진동 흡수 잘됨
⑤ 승차감 좋으며 차량 수명 연장

## 동력전달장치

### 1. 주행 중 자재이음 추진축에서 소음(진동)이 발생하는 원인을 5가지 쓰시오.

**정답**

① 추진축 휨
② 슬립이음 마모
③ 자재이음 베어링 파손
④ 센터베어링 마모
⑤ 동적·정적 불평형

### 2. 등속조인트 분해 시 점검 요소 4가지를 적으시오.

**정답**

① 베어링의 마모 점검
② 하우징의 마모 점검
③ 고무 부트의 손상 점검
④ 축의 휨 점검

### 3. 자동차 직진 주행 시 차동장치 및 후차축에서 소음이 발생되는 원인 4가지를 쓰시오.(단, 각종 베어링, 간극, 윤활 장치는 정상)

**정답**

① 사이드기어와 액슬축의 스플라인 마모
② 액슬축의 휨
③ 링기어의 런아웃 불량
④ 종감속 기어의 접촉 상태 불량
⑤ 종감속 기어의 백래시 과대

## 4. 중감속 기어의 페이스면 접촉 상태 수정 방법에 대해 서술하시오.

**정답**

구동피니언을 안쪽으로, 링 기어를 바깥쪽으로 이동시킨다.

## 5. LSD(차동제한장치)에 대하여 서술하시오.

**정답**

자동차가 선회하지 않을 때 자동으로 차동기어 장치가 제한되어 양쪽 바퀴가 똑같이 구동되게 하는 장치

① 미끄러운 노면에서 출발 용이
② 슬립을 방지하여 타이어 수명 연장
③ 급속 직진 주행에 안전성 양호
④ 요철 노면 주행 시 후부위의 흔들림 방지
⑤ 빠지기 쉬운 노면에서 탈출 용이

## 6. 전륜 구동 차량의 특징을 쓰시오.

**정답**

① 동력전달 효율 우수
② 차량의 경량화
③ 선회 및 미끄러운 노면 주행안전성 우수
④ 적차 시 앞, 뒤 하중 분포가 비교적 균일
⑤ 추진축이 없어 실내 공간 여유
⑥ 앞 차축 구조 복잡
⑦ 앞 타이어 마모가 빠름
⑧ 고속 선회 시 언더스티어 경향

## 7. 슬립이음과 자재이음에 대하여 설명하시오.

**정답**

① 슬립이음 : 축의 길이 변화가 가능하며 스플라인을 통해 연결
② 자재이음 : 각도를 가진 2개의 축 사이에 동력을 전달할 때 사용하는 축 이음(각도 변화)으로 십자형, 트러리언, 플렉시블, 등속도 자재이음 등이 있다.

## 8. 등속 조인트(CV조인트) 종류를 쓰시오

**정답**

① 이중 십자이음
② 제파 자재이음
③ 벨 타입 자재이음
④ 더블 오프셋 자재이음

## 9. 추진축의 필요성과 기능을 설명하시오.

**정답**

① 필요성
- FR 자동차의 경우 엔진의 동력을 종감속 기어로 전달
- 주행 중 충격과 적재량에 따른 차고 변화에 대응
- 추진축 양 끝에 자재이음을 설치하여 길이, 각도 변화에 대응

② 기능
- 구동토크 전달
- 자재이음으로 각도 변화 가능
- 슬립이음으로 축 방향의 길이 변화 가능
- 플렉시블 자재이음으로 회전진동 운동을 감쇠

## 10. 하이포이드 기어의 장단점을 쓰시오.

**정답**

① 장점
- 기어의 편심으로 인해 추진축의 위치를 낮게 할 수 있어 전고가 낮아진다.
- 전고가 낮아지므로 무게중심도 낮아져서 안전성과 거주성 향상
- 기어 잇면의 접촉 면적이 증가하여 강도 향상
- 기어물림이 많아 회전이 정숙

② 단점
- 기어 이폭의 방향으로 슬립 접촉하므로 특별한 극압성 윤활유가 필요하다.
- 가공이 어렵다.

## 11. 뒷 차축 지지 형식에 따른 종류 3가지를 쓰시오.

**정답**

① 전부동식 : 자동차의 모든 중량을 액슬 하우징에서 지지하고 차축은 동력만 전달
② 3/4 부동식 : 전부동식과 반 동식의 중간 형태. 뒷차축의 바깥 끝단에 허브를 장치하며 수직 및 수평 하중의 대부분을 액슬 하우징이 받는다.
③ 반부동식 : 구동 바퀴가 직접 뒷바퀴의 바깥 끝에 장치되며 뒷차축은 베어링을 거쳐서 액슬 하우징에 장치되어 있다.

### 주행장치

## 1. 휠 얼라이먼트의 목적을 쓰시오.

**정답**

① 직진성 확보
② 핸들의 조작력을 가볍게 한다.
③ 바퀴의 복원성 확보
④ 타이어의 편마모를 방지한다.

## 2. 자동차의 앞부분의 하중을 지지하는 바퀴는 어떤 기하학적인 각도를 가지고 있다. 그 이유를 3가지 쓰시오.

**정답**

① 캠버 : 바퀴의 조작력을 가볍게 하기 위함
② 캐스터 : 바퀴의 직진성 확보
③ 킹핀경사각 : 바퀴의 복원성 확보
④ 토인 : 캠버에 의한 바퀴의 편마모 방지

※ 토우인을 주는 이유 3가지
① 토우인 : 차를 위에서 보았을 때 타이어의 간격이 뒤쪽보다 앞쪽이 좁은 것
② 토우인을 주는 이유
- 조향링키지의 마모에 의해 토우 아웃 되는 것을 방지
- 선회 주행 시 코너링포스를 증가시킨다.
- 캠버각에 의한 토우 아웃 방지
- 사이드슬립 방지

### 3. 킹핀 경사각의 역할(두는 이유)을 2가지 쓰시오.

**정답**

① 바퀴의 복원성
② 핸들 조작을 가볍게 한다.
③ 노면의 충격을 흡수한다.

### 6. 셋백에 대하여 서술하시오.

**정답**

차량의 전후 중심선과 앞바퀴 추진선이 이루는 각도

※ **스러스트각**
 ① 자동차의 진행 방향과 자동차의 기하학적인 중심과의 각도
 ② 차량의 전후 중심선과 전륜 축, 후륜 축의 수직으로 그은선과 이루는 각

### 4. 캠버 불량 시 발생하는 현상 3가지를 기술하시오.

**정답**

① 차체의 쏠림 현상
② 타이어 편마모 발생
③ 핸들의 회전력 저항 증가

### 7. 휠 얼라이먼트의 수정 시기를 쓰시오.

**정답**

① 자동차 사고 시(관련 부품 탈거 시)
② 타이어 편마모 및 조기 마모 시
③ 주행 안전성 저하 시(쏠림, 떨림 등)
④ 승차감 및 연비 증가 시
⑤ 스티어링 휠(핸들)의 기울어짐

### 5. 자동차의 주행저항을 감소시키거나 동력 전달계통의 전달 효율을 향상시키기 위해 연료 소비를 억제할 수 있는 방법을 쓰시오.

**정답**

① 타이어 규격/공기압 점검
② 휠 베어링 장비
③ 전 차륜 정렬 점검
④ 클러치 슬립 점검
⑤ 브레이크 끌림 점검

### 8. 자동차 속도계의 지침에 오차가 발생하는 원인을 쓰시오.

**정답**

① 차속센서 불량
② 계기판 속도계 고장 및 불량
③ 타이어의 규격이 크거나 작을 시
④ 구동기어, 피동기어 과다 마모 시

## 9. 자동차 캐스터(Caster)가 과다한 경우와 과소한 경우 나타날 수 있는 현상을 쓰시오.

**정답**

① 과다한 경우
- 조향 휠이 무겁다.
- 과도한 노면 충격으로 좌우 진동 발생

② 과소한 경우
- 조향 휠 떨림 현상 발생
- 고속 주행 시 안정성 저하

③ 좌우 캐스터의 차이가 날 경우는 자동차가 한쪽으로 쏠림 발생

## 10. 자동차 토(Toe)가 불량한 경우 타이어 트레드 마모 상태를 설명하시오.

**정답**

① 토가 과다한 경우 : 타이어 트레드 외측이 톱니 모양으로 마모
② 토가 과소한 경우 : 타이어 트레드 내측이 톱니 모양으로 마모
③ 좌우 차이날 경우 : 토가 과다한 쪽으로 조향 휠이 돌아간

## 휠 및 타이어

### 1. 타이어의 규격을 설명하시오.

**정답**

215 / 60 R 15 85 H

215 = 타이어의 폭(mm)
60 = 편평비(%)
R = 레이디얼 타이어
15 = 타이어의 내경 혹은 림의 사이즈(inch)
85 = 허용하중 표기
H = 속도기호

### 2. 타이어의 필요조건을 서술하시오.

**정답**

① 자동차의 사용목적에 알맞은 타이어
② 적재 하중          ③ 제동 성능
④ 주행 속도          ⑤ 안정성
⑥ 도로 조건

### 3. 튜브리스 타이어의 장점을 3가지 쓰시오.

**정답**

① 고속 주행에도 방열이 잘 된다.
② 펑크 수리가 간단하다.
③ 펑크 시 급격한 공기 배출이 적다.
④ 튜브가 없어 가볍다.

### 4. 하이드록 플레이닝 현상과 방지책을 쓰시오.

**정답**

고속 주행 시 우천 등으로 도로에 2~3㎜ 이상 물이 고여 있을 때 타이어의 트레드부가 물을 완전히 배출하지 못하고 물위를 떠서 주행하는 상태가 되어 노면과 타이어의 마찰이 없는 현상

• 방지책
① 저속 주행, 타이어 공기압은 10~20% 높인다.
② 리프패턴 타이어 사용
③ 트레드에 카트형으로 가공한 타이어를 사용

### 5. 스탠딩 웨이브 현상과 방지책을 쓰시오.

**정답**

고속 주행시 타이어의 공기압이 적을 때 트레드가 받는 원심력과 공기의 압력에 의해 트레드가 노면에서 떨어진 직후에 찌그러짐이 생기는 현상

• 방지책
① 타이어 공기압을 높인다.
② 강성이 큰 타이어를 사용한다.
③ 주행속도를 줄인다.
④ 레디얼 타이어를 사용한다.

### 6. 주행저항에 영향을 주는 요소들에 대해 쓰시오.

**정답**

① 구름저항　　② 공기저항
③ 가속저항　　④ 구배(등판)저항

### 7. 튜브리스 타이어의 취급 시 주의사항을 3가지 쓰시오.

**정답**

① 변형되거나 손상된 림 사용 금지
② 타이어 비드부가 손상된 것 사용 금지
③ 공기압 상태 점검, 관리 철저
④ 타이어 내부 수리 시 확실한 방법으로 할 것

### 8. 타이어의 수명에 영향을 미치는 요인을 4가지 쓰시오.

**정답**

① 타이어 공기압력의 높고 낮음의 관계
② 적재방법 및 적재량에 따른 하중관계
③ 공기압력과 노면과의 접촉 상태
④ 차량의 주행속도와의 관계
⑤ 노면의 상태
⑥ 운전자의 운전방법

### 9. 휠의 평형이 불량해지는 원인을 4가지 쓰시오.

**정답**

① 바퀴의 정렬 상태 불량
② 과대한 사이드슬립 발생
③ 타이어의 편마모
④ 림의 불량
⑤ 타이어 튜브 등 수리 불량
⑥ 운전자 운전방법(급가속, 급제동, 급선회)

# 전기

# 필답형 문제

1. 에어컨 냉매의 구비조건을 서술하시오.

**정답**

① 냉매의 증발 잠열이 클 것
② 응축 압력이 적당히 낮을 것
③ 비점이 적당히 낮을 것
④ 부식성이 적을 것
⑤ 화학적 안전성이 높을 것
⑥ 누설 감지가 쉬울 것
⑦ 전기 절연성이 좋을 것

2. 에어컨 어큐뮬레이터의 기능을 서술하시오.

**정답**

① 냉매의 축적 및 2차 증발 기능
② 압축기 액의 압축 방지 기능
③ 수분 흡수 기능
④ 이물질 제거 기능
⑤ 냉매와 오일의 분리 기능
⑥ 압축기로의 오일 순환 기능

3. 에어컨 시스템에서 듀얼 압력 스위치의 작동을 설명하시오.

**정답**

① 블로워 릴레이로부터 전원을 받아 A/C 릴레이로 전원 공급 역할
② 시스템 내의 압력을 감지해 A/C 릴레이 전원 차단. 콤프레샤 및 시스템 보호 기능

4. FATC(Full Automatic Temperature Control) 에어컨 컨트롤 유닛 입력 센서 3가지와 기능을 서술하시오.

**정답**

① SUN 센서(일사센서) : 일사량 감지
② 실내 온도 센서 : 차량 실내 공기온도를 감지
③ 외기 온도 센서 : 차량 외부 공기온도를 감지
④ 수온 센서 : 엔진 냉각수 온도를 감지하여 엔진 과열 시 에어컨 콤프레셔를 OFF시킨다.
⑤ 핀 센서 : 에바에 장착되어 에바 온도를 감지, 동결방지 역할을 한다.
⑥ 실내 습도 센서 : 차량 실내 습도 감지

**5. 에어컨 냉매오일 취급 시 주의사항을 쓰시오.**

정답

① 차체에 묻지 않게 한다.
② 피부에 닿지 않게 한다.
③ 규정 용량의 냉매오일을 교환한다.
④ 냉매오일 교환 시 규정된 오일로 교환한다.

**6. FATC 가 제어하는 요소 4가지를 쓰시오.**

정답

① 실내 온도 센서 : 실내 온도 감지
② 외기 온도 센서 : 외부의 공기 온도 감지
③ 핀 서모 센서 : 에베포레이터 코어 핀의 온도 감지
④ 일사량 센서 : 실내 빛의 양을 감지
⑤ 습도 센서 : 실내의 습도를 감지
⑥ 냉각 수온 센서 : 히터 코어 내를 순환하는 냉각수 온도 감지
⑦ AQS 센서 : 배기가스를 비롯한 대기 중 유해 가스 감지

**7. 구 냉매가 설치된 에어컨에서 신 냉매를 사용할 경우 교체하여야 하는 부품 5가지를 쓰시오.**

정답

① 컴프레셔 오일 변경
② 응축기(방열 성능 향상)
③ 리시버 드라이브(건조제 변경)
④ 팽창 밸브(공기 작동 특성)
⑤ 배관(배관 호스의 재질 보강)
⑥ 압력스위치(작동 압력 변경)

**8. 에어컨 냉매 순환 사이클을 쓰시오.**

정답

압축기 → 응축기 → 리시버 드라이어 → 팽창밸브 → 증발기 → 압축기

**9. 리시버 드라이어 기능을 쓰시오.**

정답

① 냉매 저장
② 냉매의 양 관찰 기능
③ 압력 안전밸브 기능
④ 냉매 속의 이물질 제거 기능
⑤ 냉매 속의 기포 분리 기능
⑥ 냉매 속의 수분 제거

**10. 에어컨 FATC(Full Automatic Temperature Control)의 AQS 센서의 기능을 쓰시오.**

정답

① 외부공기 중에 인체에 유해한 성분을 검출하여 에어컨 ECM 전달
② 검출 성분은 아황산가스, 이산화탄소, 일산화탄소, 알레르기성 가스

**11. 트리플 S/W(에어컨)에 대하여 쓰시오.**

정답

① 저압 S/W : 냉매압력이 낮을 경우 컴프레셔 작동을 정지
② 고압 S/W : 냉매압력이 높을 경우 컴프레셔 작동을 정지
③ 미듐 S/W : 중간 이상 압력이 되면 에어컨 시스템 과열로 간주하여 냉각 팬 및 콘덴서 팬은 고속을 회전시킨다.

**12. 배터리의 셀페이션 원인을 3가지 쓰시오.**

정답

① 의미 : 배터리의 방전 상태가 오래되어 극판이 회백색의 황산화납이 되어 수명이 단축되는 현상.

② 원인
- 방전 후 장기간 방치
- 전해액 부족 및 불순물 유입
- 전해액의 비중이 너무 높거나 낮다.
- 극판의 단락이나 탈락
- 불충분한 충전을 반복하는 경우

③ 현상
- 극판이 회백색으로 변한다.
- 내부 저항이 증가한다.
- 충전 시 전해액의 온도가 상승하고 다량의 가스가 발생
- 비중의 저하
- 충전 용량 감소

**13. HEV에서 리튬 이온 폴리머 배터리에 셀 밸런싱을 하는 이유를 쓰시오.**

정답

배터리 셀이 직렬로 연결되어 있는데 셀 간 밸런스가 달라지면 배터리 성능(수명)이 줄어들기 때문에 이를 방지하기 위함이다.

**14. 60AH 축전지가 매일 1%씩 방전을 할 때 몇 A로 충전 하여야 하는지 쓰시오.**

정답

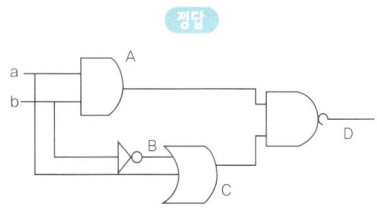

하루 방전용량 = 60AH × 0.01 = 0.6AH 이므로

방전전류(A) × 하루(24H) = 0.6AH

$$방전전류 = \frac{0.6HH}{2HH} = 0.025A$$

**15. 배터리 과충전 시 나타나는 현상을 쓰시오.**

정답

① 가스 발생에 의하여 전해액 감소
② 열에 의한 배터리케이스 변형
③ 배터리 단자 산화
④ 극판의 단락으로 폭발 발생
⑤ 수명 단축

**16. 축전지 충·방전 시의 화학식을 쓰시오.**

정답

충전 시 : $PbO_2 + 2H_2SO_4 + Pb$
방전 시 : $PbSO_4 + 2H_2O + PbSO_4$

## 17. 축전지 충전 불량 원인을 서술하시오.

**정답**

① 발전기 내부 결함
② 구동벨트 장력 불량
③ 배터리 터미널 접속 불량
④ 배터리 노화
⑤ 충전회로의 단선

## 18. 자기방전의 원인을 쓰시오.

**정답**

① 구조상 부득이한 것
② 불순물에 의한 것
③ 단락에 의한 것

## 19. 다음 보기의 (　) 안에 들어갈 내용을 쓰시오.

> 아주 얇은 유리섬유로 된 특수 매트가 배터리 연판들 사이에 놓여 있어 모든 전해액을 잡아주고 높은 접촉 압력이 활성 물질의 손실을 최소화하면서 내부 저항은 극도로 낮게 유지하며 전해액과 연판 재료 사이의 반응이 빨라져 까다로운 상황에서 보다 많은 양의 에너지가 전달되도록 한 배터리를 (　) 배터리라고 한다.

**정답**

AGM

## 20. 부특성, 정특성 서미스터에 대하여 서술하시오.

**정답**

① 부특성 서미스터(NTC) : 온도가 상승하면 저항은 감소하고 온도가 하강하면 저항값이 커져 전류의 흐름을 방해한다.(WTS, ATS, 핀 써모센서, 연료잔량 경고등, 유온센서, 외기온 센서)

② 정특성 서미스터(PTC) : 온도가 하강하면 저항값은 낮아지고 온도가 상승하면 저항값이 증가하여 전류의 흐름을 방해한다.(도어 액츄에이터, 와이퍼 모터, 시트열선)

## 21. 논리기호 중 AND회로, OR회로 NOT회로에서 논리기호와 논리식 진리표 값을 그리시오

**정답**

① AND(논리적회로) : A, B가 동시에 1일 때 출력도 1이다.

| 정의 | 진리표 | | 기호 |
|---|---|---|---|
| | 입력 | 출력 | |
| A와 B 모두 1이 입력되면 출력이 1 | 0　0 | 0 | |
| | 0　0 | 0 | |
| | 0　1 | 0 | |
| | 1　1 | 1 | |

② OR(논리회로) : A, B 둘 중 어느 하나라도 1이면 출력도 1이다.

| 정의 | 진리표 | | 기호 |
|---|---|---|---|
| | 입력 | 출력 | |
| A와 B중에 하나라도 1이 입력되면 출력이 1 | 0　0 | 0 | |
| | 1　0 | 1 | |
| | 0　1 | 1 | |
| | 1　1 | 1 | |

③ NOT(논리부정회로) : 입력 A가 1이면 출력 0이고 A가 0이면 출력 B는 1이다.

| 정의 | 진리표 | | 기호 |
|---|---|---|---|
| | 입력 | 출력 | |
| OR 게이트 출력에 NOT | 0 | 1 | |
| | 1 | 0 | |

## 22. 다음 그림의 논리 회로의 결과값을 구하고 간단하게 설명하시오.

**정답**

a=1, b=1 이다.

A는 AND(논리곱) 회로이며,
B는 NOT(부정) 회로,
C는 OR(논리합) 회로,
D는 NAND(부정논리곱) 회로이다.

a=1, b=1 입력조건에서 A의 AND 출력값은 1
b=1 입력조건에서 B의 NOT 출력값은 0
B=0, a=1 입력조건에서 C의 OR 출력값은 1
A=1, C=1 입력조건에서 D의 NAND 출력값은 0이다.

## 23. 진성반도체 P형, N형에 대하여 서술하시오.

**정답**

① P형 : 3가의 불순물 반도체를 섞으면 P형 반도체가 됨(3가 : 인듐, 붕소, 알루미늄)
② N형 : 5가의 불순물 반도체를 섞으면 N형 반도체가 됨(5가 : 인, 비소, 안티몬)

## 24. 자동차에서 포토다이오드를 이용한 센서 5가지를 쓰시오.

**정답**

① 옵티컬 방식의 크랭크 각 센서
② 옵티컬 방식의 1NO TDC 센서
③ ECS 차고 센서
④ ECS 조향휠 각도 센서
⑤ 와이퍼의 우적 감지 센서(레인센서)
⑥ 일사량 센서

## 25. 자동차에서 포토다이오드를 이용하는 센서를 서술하시오.

**정답**

① 옵티컬 방식 크랭크 각 센서
② 옵티컬 방식 1번 상사점 위치 센서
③ 조향핸들 각도 센서
④ 와이퍼 우적 감지 센서
⑤ 차고 센서

## 26. 교류 발전기의 특징을 서술하시오.

**정답**

① 소형 경량이며 출력이 크다.
② 저속에서도 충전 성능이 우수하다.
③ 내구성이 우수하며 고속회전에도 유리하다.
④ 잡음이 적다.
⑤ 전압 조정기가 꼭 필요하다.

### 27. 다음 보기의 ( )에 알맞은 용어를 써 넣으시오.

> AC 발전기의 스테이터 코일에서 ( )에 의해 최대 출력에 제한을 받기 때문에 전압 조정기가 필요하게 되고, 컷아웃 릴레이는 실리콘 다이오드가 역방향 흐름을 방지하기 때문에 필요 없게 되었다.

**정답**

임피던스

### 28. 다음 보기의 ( )에 알맞은 용어를 써 넣으시오.

> 교류발전기는 전류조정기가 필요 없다.
> 발전기의 회전수가 높으면 ( )가 전류를 제한한다.

**정답**

리액턴스

### 29. 크랭킹 시 전류가 규정값보다 높게 나올 수 있는 원인을 2가지 쓰시오.

**정답**

① 시동모터 내부의 전기자 축 휨 또는 이물질로 인한 기계적 부하 증가
② 시동모터 내부의 축 베어링 손
③ 시동모터 내부의 전기자 또는 계자의 누전
④ 엔진 기관의 고착

### 30. 기동전동기 무부하 시험 시 준비해야 할 부품(장비) 5가지를 쓰시오.

**정답**

① 전류계
② 전압계
③ 가변저항
④ 축전지
⑤ 회전계

### 31. 직·병렬회로의 특징을 서술하시오.

**정답**

① 직렬회로 특징
- 회로 내의 전류값은 일정하다
- 각 저항이 걸리는 전압의 합은 전원 전압과 같다.
- 회로 내의 저항값은 분개된 저항의 총합과 같다.

② 병렬회로의 특징
- 각 저항에는 같은 크기의 전원 전압에 걸린다.
- 전원으로부터 흐르는 전류는 각 저항에 흐르는 전류의 합과 같다.
- 회로 전체 저항과 합계는 각 저항의 어느 것보다 작다.

32. 다음 회로에서 합성 저항, 통합 전류, 개별 전류를 구하시오.

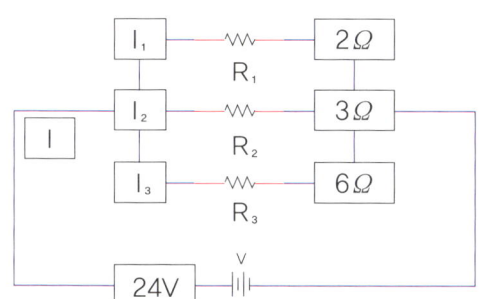

정답

① 합성 저항 = $\dfrac{1}{\dfrac{1}{2}+\dfrac{1}{3}+\dfrac{1}{6}} = 1\,\Omega$

② 통합흐름 전류 : $24V = I \times 1\,\Omega$, $I = 24A$

③ 각 저항에 흐르는 전류

  $I_1 = 12A$

  $I_2 = 8A$

  $I_3 = 4A$

33. 합성 저항을 구하시오.

Ex : 나음회로에서 A와 B사이의 합성저항을 구하시오.

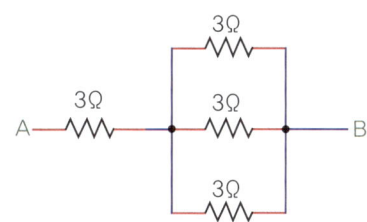

정답

$R = 3 + \dfrac{1}{\dfrac{1}{3}+\dfrac{1}{3}+\dfrac{1}{3}} = 4$

34. 헤드라이트의 소켓이 녹는 원인을 3가지 쓰시오.

정답

① 규정보다 큰 용량의 퓨즈 사용
② 정격 용량 이상의 전구 사용
③ 전기회로 단락
④ 커넥터 접촉 불량
⑤ 회로 배선의 노후화

35. 스태딕 밴딩 라이트(코너링 램프)와 다이나믹 밴딩 라이트를 설명하시오.

정답

① 스태딕 밴딩 라이트(코너링 램프) : 별도의 라이트를 점등시켜 코너 구간의 시야를 확보
② 다이나믹 밴딩 라이트 : 헤드램프의 각도를 조절시켜 진행 방향의 시야를 확보

36. 전조등 밝기가 흐려지는 원인을 서술하시오.

정답

① 발전기 충전 불량
② 배터리 성능 저하
③ 전조등 반사경 불량
④ 커넥터 및 퓨즈 접속저항 증가
⑤ 배선에 열화
⑥ 팬 벨트 이완 장력 감소

### 37. 전기배선에 접촉 저항을 감소시키는 방법을 서술하시오.

**정답**

① 접촉 면적을 증가시킨다.
② 접촉 압력을 증가시킨다.
③ 단자에 설치할 때 와셔를 사용한다.
④ 접촉 부위를 납땜한다.
⑤ 단자에 도금을 한다.
⑥ 접점 부위를 청소한다.

### 38. 자동차 전기 배선 점검 시 주의사항을 쓰시오.

**정답**

① 규정 용량의 전기 배선을 사용한다.
② 단선 및 저항 점검은 키 스위치 OFF 후 배터리(-)탈거 후 작업한다.
③ 전원 확인 시에는 고압 케이블 감전에 주의한다.

### 39. 전기회로를 설계할 때 배선의 단면적과 관련하여 고려사항을 2가지 쓰시오.

**정답**

① 허용 전류   ② 전압 강하

### 40. 자동차 전기배선 접촉 저항 감소 방법을 쓰시오.

**정답**

① 접촉면을 증가시킨다.
② 접촉 부위를 납땜한다.
③ 단자에 설치할 때 와셔를 사용한다.
④ 접촉 압력을 증가시킨다.
⑤ 접촉 부위를 청소한다.
⑥ 단자에 도금을 한다.

### 41. 도난장치에서 입력되는 신호 3가지를 적으시오.(3점)

**정답**

① 후드 닫힘 신호
② 각 도어 스위치 닫힘 신호
③ 트렁크 스위치 닫힘 신호
④ 각 도어 잠김 스위치 잠김 신호

### 42. 에어백이 터졌을 때 교환 부품을 서술하시오.

**정답**

① 에어백 ECU   ② 에어백 모듈   ③ 프리텐셔너
④ 충격 센서     ⑤ 클록스프링 및 배선

### 43. 클록스프링의 작업 공정을 작업 순서에 의해서 설명하시오.

**정답**

① Key off 배터리(-) 탈거 후 최소 30초 이상 기다린 후 작업을 실시
② 에어백 모듈 장착 볼트를 풀고 모듈을 스티어링 휠에서 분리한다.
③ 에어백 모듈은 커버측이 위로 향하도록 놓는다.
④ 스티어링 휠을 분리한다.
⑤ 클록스프링 커넥터와 스티어링 휠 리모컨 스위치 커넥터를 클록스프링에서 분리 후 재장착
⑥ 클록 스프링을 위치시키고 정렬 마크를 일치시켜 중심위치를 맞춘다. 중심 위치는 시계방향으로 클록스프링을 멈출 때까지 돌린 후 다시 반대 방향으로 약 3회전 시켜서 정렬 마크를 일치시킨다.
⑦ 스티어링 컬럼 커버를 끼우고 장착
⑧ 스티어링 휠을 장착
⑨ 에어백 모듈 커넥터를 에어백 모듈과 언결
⑩ 에어백 모듈 장착 볼를 체결
⑪ 배터리(-)를 연결
⑫ 에어백 모듈 장착 후 에어백 시스템과 혼이 정상 작동 여부를 확인

## 44. 에어백 작업 시 주의사항을 서술하시오.

**정답**

① 작업 전 배터리 접지선을 제거하고 30초 경과 후 작업을 한다.
② 에어백 모듈은 탈거 후 상향으로 보관한다.
③ 클록스프링은 탈·부착 혹은 교환 시 중심마크를 일치시킨다.
④ 에어백 모듈에 전기테스트 하거나 충격을 가하지 않는다.
⑤ 임팩트 센서는 충격을 가하거나 분해하여서는 안 된다.
⑥ 에어백 모듈은 분해 혹은 소각하여서는 안 된다.
⑦ 에어백 모듈은 저항 측정하지 않는다.
⑧ 배선 불량 시 수리하지 않고 교환한다.

## 45. 자동차에 사용되는 마이크로 컴퓨터(컨트롤 유닛) 3가지를 쓰고 역할에 대해 설명하시오.

**정답**

① ECU : 엔진제어를 컨트롤하는 컴퓨터
② TCU : 자동 변속기를 컨트롤하는 컴퓨터
③ FATC : 에어컨 시스템을 컨트롤하는 컴퓨터
④ ETACS : 편의 장치를 컨트롤하는 컴퓨터

## 46. 하이브리드 자동차의 고전압 정비 시 주의사항 3가지를 쓰시오.

**정답**

① EV 모드(시동 버튼 on 상태)에서는 고전압 배터리의 충전을 위해 HSG가 작동할 수 있으므로 벨트 점검 및 교환을 하지 않는다.(트렁크 안전퓨즈 제거 후 작업)
② 서비스 플러그 제거 후 고전압 부품 취급 전 5~10분 이상 대기 후 Tester기로 DC-Link 전압을 측정하여 OV임을 확인 후 작업한다.
③ 차량 도색 후 고온 건조 시 고전압 배터리 탈거 후 고온 건조작업을 한다.
④ 엔진룸 내부 청소 시 고압 세차나 물세척은 감전의 위험이 있으므로 하지 않는다.

## 47. 하이브리드 카 혹은 전기자동차의 특성을 서술하시오.

**정답**

① 전기모터를 구동용으로 사용하는 차세대 환경 친화 차량의 기본이 되는 차량으로 배터리를 모터의 구동 에너지원으로 함.
② 장점 : 환경오염이 없다.(친환경적이다)
③ 단점 : 에너지 소비

## 48. 네비게이션의 구성품을 서술하시오.

**정답**

① 모니터
② 휠 속도센서
③ 조향 휠 각도센서
④ 지자기 센서
⑤ GPS 센서
⑥ GPS 안테나
⑦ CD-ROM

### 49. 후방 경고장치(백워닝) 시스템의 주요 기능 3가지를 쓰시오.

**정답**

① 초음파 센서를 이용한 후방 물체 감지 기능
② 부저를 통한 물체와의 거리 경보 기능
③ 표시창을 통한 감지된 물체 방향 표시 기능
④ 진단기 및 부저를 통한 자기진단

### 50. 차선이탈 방지장치(LDWS)의 정의와 센서의 종류 2가지를 쓰시오.

**정답**

① 정의
 - 졸음운전 등 차선 이탈을 경고하는 장치
 - 고속도로와 같은 간선 도로상에서 운전자가 차선을 이탈하지 않고 운전할 수 있도록 지원해주는 시스템
 - 자동차가 주행 중인 차로를 벗어났을 때 운전자에게 경고를 주는 HMI와 본래 주행 중이던 차로로 복귀하는 제어 장치

② 센서의 구성
 - 적외선 센서 또는 카메라
 - 제어 컨트롤 유닛
 - 디스플레이 클러스터 및 작동 스위치
 - 진동 스티어링 휠 및 부저

### 51. 전조등 테스터기 시험 완료된 상태에서 측정하는 순서를 쓰시오.

**정답**

① 시동이 걸린 상태에서 1인 탑승하고 하이빔을 켠다.
② 상하 이동을 핸들로 점검창의 중심을 보면서 전조등 높이를 맞춘다.
③ 시험기 전원 스위치를 ON 시킨다.
④ 좌우 및 상하 각도 조정기로 점검 창에 투영된 전조등을 정중앙에 위치시킨다.
⑤ 이때 좌우 및 상하 움직임 값을 기록한다.
⑥ 가속페달을 밟아 엔진 회전수 2000rpm으로 하고 하이빔의 광도를 측정기록 한다.
⑦ 측정이 끝나면 전원 S/W를 off 시킨다.

### 52. 전조등 테스터기 사용 시 주의사항을 쓰시오.

**정답**

① 공차 상태에서 1인이 탑승한다.
② 타이어 공기압 규정대로 조정한다.
③ 차량의 현가장치를 점검한다.
④ 시험기 수평상태를 점검한다.
⑤ 측정 차량과 시험기와의 거리 3m
⑥ 테스터기 정기적으로 정도 검사

### 53. 자동차 속도계 지침에 오차가 발생하는 원인을 쓰시오.

**정답**

① 차속 센서 불량
② 타이어 규정보다 작을 때
③ 계기판 속도계 불량
④ 타이어 공기압이 규정값과 맞지 않을 때
⑤ 속도계 구동기어나 피동기어의 과대 마멸

### 54. 헤드라이트 광폭 기준을 쓰시오.

**정답**

| 헤드라이트 | 법정 규정치 |
|---|---|
| 좌측 헤드라이트 | 좌 진폭 ≤ 15cm<br>우 진폭 ≤ 30cm |
| 우측 헤드라이트 | 좌 진폭 ≤ 30cm<br>우 진폭 ≤ 30cm |
| 상향 진폭 | 10m에서 측정 10cm 이하 |
| 하향 진폭 | 헤드라이트 높이에 × 3/10 |
| 광도 | 2등식 15000cd 이상<br>4등식 12000cd 이상 |

### 55. 자동차 검사 기준에서 정도검사를 받아야하는 검사용 기계를 쓰시오.

**정답**

① 제동력 테스터기
② 사이드슬립 테스터기
③ 속도계 테스터
④ 전조등 테스터기
⑤ 배기가스 테스터기
⑥ 소음 테스터기

### 56. 배터리가 과충전되었을 때 일어나는 현상 3가지를 서술하시오.

**정답**

① 전해액의 비중 상승
② 전해액의 온도 상승
③ 양극 커넥터 부풀음 발생
④ 배터리 전해액의 부족이 자주 발생
⑤ 양극판의 격자가 산화
⑥ 배터리 수명 단축

### 57. 축전지 충전 시 충전이 불량한 원인 5가지를 쓰시오.

**정답**

① 구동 밸트의 장력 저하
② 발전기가 불량
③ 배터리 터미널 접속 불량
④ 배터리의 전해액 부족
⑤ 배터리의 노화

### 58. 기동전동기의 회전이 느린 원인에 대하여 쓰시오.

**정답**

① 배터리의 전압이 낮음
② 배터리의 접속 케이블 부식 등으로 전기 공급이 불충분
③ 메인 접점이 소손
④ 정류자가 소손
⑤ 브러시의 소손 및 접촉 불량
⑥ 아마추어코일 및 계자코일의 단락

### 59. 시동모터는 회전하는데 피니언이 플라이휠 링기어에 물리지 않는 원인을 쓰시오.

**정답**

① 솔레노이드 스위치 불량
② 오버런닝 클러치 불량
③ 피니언 기어의 과다 마모
④ 플라이휠의 링기어 과다 마모

## 60. 방향지시기의 점멸이 느릴 때의 원인 3가지를 쓰시오.

**정답**

① 전구의 용량 및 접지 불량
② 회로 배선에 단락 및 접촉 불량
③ 축전지 용량 저하
④ 플래셔 유닛 결함

## 61. 자동차에 사용되는 전구가 자주 끊어지는 원인을 3가지 쓰시오.

**정답**

① 회로 내의 결함으로 과대전류 발생
② 과충전으로 인한 과대전류 흐름
③ 관련 회로배선 접촉 불량
④ 관련회로 전구 소켓(커넥터)부 노후로 열에 소손 발생
⑤ 접지 불량
⑥ 규격 용량 전구 미사용

## 62. 자동차의 바디 전장품들 간의 통신 네트워크를 적용하는 이유를 쓰시오.

**정답**

① 배선의 경량화
② 전기장치의 설치 장소 확보 용이
③ 시스템 신뢰성 향상
④ 진단 장비를 이용한 자기진단 가능

## 63. 파워 TR의 기호를 보고 전류의 흐름을 설명하시오

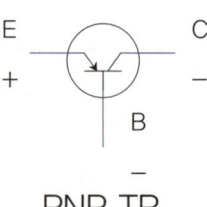

PNP TR

**정답**

① 대전류 흐름 : 이미터에서 컬렉터로 통전
② 소전류 흐름 : 이미터에서 베이스로 통전

## 64. 다음 회로에서 통합전류, 개별전류, 합성저항을 구하시오.

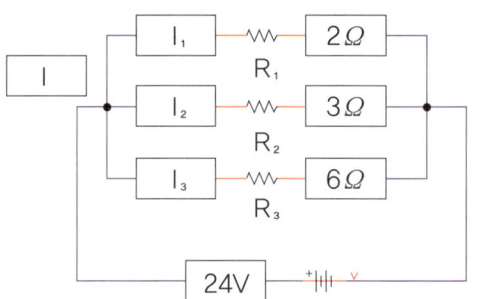

**정답**

① 통합전류

$$I = \frac{E}{R} = \frac{24}{1} = 24A \rightarrow \text{수식에서 } I, I_1 \text{의 위치 조건}$$

② 개별전류

$$I_1 = \frac{24}{2} = 12A \quad I_2 = \frac{24}{3} = 8A \quad I_3 = \frac{24}{6} = 4A$$

③ 합성저항

$$R = \frac{1}{\frac{1}{R_1}+\frac{1}{R_2}+\frac{1}{R_3}} = \frac{1}{\frac{1}{2}+\frac{1}{3}+\frac{1}{6}} = \frac{1}{\frac{3+2+1}{3}} \cdot \frac{1}{} = 1\Omega$$

# 필답형 문제

## 차체

**1. 고장력 강판의 사용 목적을 3가지 쓰시오.**

① 경량화
② 내구 강도의 확보
③ 충격에 의한 강도 확보
④ 외부 패널의 국부 변형 방지

**2. 차체 구조의 구비 조건을 쓰시오.**

① 차체 형상 유지
② 차량의 수명 이상
③ 진동, 소음 억제
④ 승객의 보호

**3. 탄성과 소성에 대하여 설명하시오.**

① 탄성 : 소재가 변형이 일어나도록 힘을 가했다 제거했을 경우 다시 원래 상태로 돌아오는 성질
② 소성 : 소재가 변형이 일어나도록 힘을 가했다 제거했을 경우 원래 상태로 돌아오지 않고 변형된 상태를 유지하는 성질

**4. 스프링 백 현상에 대하여 서술하시오.**

소성 재료의 굽힘 가공을 할 때 재료를 굽힌 다음 가한 힘을 제거하면 재료의 탄성 변형 부분이 원상태로 되돌아 오는 현상을 말한다.

### 5. 차체 수정의 3요소를 쓰시오.

**정답**

고정, 계측, 견인

### 6. 차체 응력이 집중되는 부분 3곳을 쓰시오.

**정답**

① 홀이 있는 부위
② 곡면이나 각이 있는 부위
③ 단면적이 적은 부위
④ 패널이 겹쳐진 부위
⑤ 모양이 변한 부위

### 7. 모노코크 바디의 장점과 단점을 적으시오.

**정답**

① 장점
- 자동차의 경량화 및 강성 우수
- 넓은 실내 공간
- 충격 흡수 우수
- 정밀도가 높아 생산성 우수

② 단점
- 소음, 진동에 불리
- 충돌 시 복원 및 수리가 어렵다.
- 충격력에 대해 차체 저항력이 낮다.

### 8. 모노코크 바디의 응력이 집중되는 부분 3곳을 적으시오.

**정답**

① 구멍이 있는 부위
② 단면적이 적은 부위
③ 곡면부 또는 각이 있는 부위
④ 패널을 보강한 부위(겹쳐진 부위)
⑤ 모양이 변한 부위

### 9. 모노코크 바디의 손상 종류를 쓰시오.

**정답**

① 상하 구부러짐
② 좌우 구부러짐
③ 찌그러짐

### 10. 수 공구 중 스푼의 용도를 3가지 쓰시오.

**정답**

① 강판의 굽힘 수정
② 피트를 수정
③ 일반 돌리로 수리가 안 되는 부분
④ 돌리의 대용으로 사용
⑤ 지렛대 원리를 이용해 패널 부위를 교정
⑥ 해머에 의한 타격 전달의 보조기구

**11. 트램 트래킹 게이지의 용도(측정 방법)를 2가지 쓰시오.**

> 정답

① 바디의 대각선 측정
② 특정 부위의 길이 측정
③ 홀과 홀 사이의 길이 측정

**14. 계측기기 사용 시 주의사항을 쓰시오.**

> 정답

① 수평으로 확실히 고정할 것
② 계측기기의 손상이 없을 것
③ 차체 치수도를 활용할 것

**12. 센터링 게이지의 측정 용도를 쓰시오.**

> 정답

① 언더바디의 좌우 변형 측정
② 언더바디의 상하 변형 측정
③ 언더바디의 비틀림 변형 측정

**15. 바디 프레임 수정 공구 및 기기 3가지를 적으시오.**

> 정답

① 센터링 게이지
② 트램 트래킹 게이지
③ 줄자

**13. 센터링 게이지를 이용하여 측정할 때 기준이 되는 요소를 쓰시오.**

> 정답

① 핀과 핀 사이
② 홀과 홀 사이
③ 대각선의 길이
④ 각진 곳의 거리
⑤ 구성품 설치 위치 간 거리

**16. 유압 바디 잭 사용 시 주의사항을 쓰시오.**

> 정답

① 램에 무리한 부담을 주지 말 것
② 램 플런저가 늘어나면 유압을 올리지 말 것
③ 나사 부분을 보호할 것
④ 유압계통에 먼지 등 이물질이 들어가지 않을 것
⑤ 유압 호수 손상에 유의할 것
⑥ 펌프 실린더 패킹의 손상에 주의할 것

### 17. 체인 사용 시 주의 사항을 쓰시오.

**정답**

① 비틀린 체인은 바로 펴서 사용
② 차체에 고정한 훅에 체인 훅을 직접 연결하지 말 것
③ 차체에 고정한 훅에 체인 연결 시 여유 있게
④ 체인을 해머나 망치로 치지 말 것
⑤ 변형된 체인 사용 금지

### 18. 패널이 늘어난 곳의 수축 작업 방법을 쓰시오.

**정답**

① 산소-아세틸렌 가스 용접기에 의한 방법
② 전기에 의한 방법
③ 해머와 돌리에 의한 방법

### 19. 차체 수리 작업 순서에 대하여 쓰시오.

**정답**

제1단계 : 차체 손상 및 분석
제2단계 : 차체 고정
제3단계 : 차체 인장
제4단계 : 패널 절단 및 탈거
제5단계 : 패널 부착 및 용접

### 20. 차량 충돌 시 사고 수리 손상 분석 4요소를 쓰시오.

**정답**

① 센터라인(Center Line) : 언더보디의 평행을 분석
② 데이텀(Datum) : 언더보디의 상하 변형을 분석
③ 레벨(Level) : 언더보디의 수형 상태를 분석
④ 치수(Measeurment) : 보디의 원래 치수와 비교

### 21. 승용차 사고 시 손상 개소 4개소를 쓰고 내용을 설명하여 기술하시오.

**정답**

① 사이드 스위핑 : 강판이 찌그러진 손상이 많은 것이 특징
② 사이드 데미지 : 센터필러, 플로어, 바디 등을 크게 수리해야 하는 경우가 있다.
③ 리어 엔드 데미지 : 리어 사이드 멤버, 플로어, 루프 패널에까지 영향을 미치는 경우가 있다.
④ 프론트 엔드 데미지 : 센터멤버, 후드리지, 프런트 필러까지 변형되고 바디는 다이아몬드, 트위스트, 상하 굴곡 등의 변형을 가져올 수 있다.
⑤ 롤 오버 : 필러, 루프, 바디패널 등을 수리해야 하는 경우이다.

### 22. 차체 고정 작업 중 추가고정의 필요성을 쓰시오.

**정답**

① 기본 고정의 보강
② 모멘트 발생 제거
③ 지나친 인장 방지
④ 용접부 보호
⑤ 힘의 범위 제한

### 23. 차체 변형에는 스웨이 변형과 ( ① ) 변형, ( ② ) 변형, ( ③ ) 변형과 다이아몬드 변형 등이 있다.

**정답**

① 새그(Sag) 변형
② 트위스트(Twist) 변형
③ 콜랩스(Collapse) 변형

## 24. 다이아몬드 변형에 대하여 설명하시오.

**정답**

차체의 한쪽 면이 전방이나 후방 쪽으로 밀려난 형태로 사각 구조물이 다이아몬드 모양으로 변형된 상태

## 25. A 필러의 정의 및 A 필러 앞쪽의 구성품을 3가지 적으시오.

**정답**

① A 필러의 정의 : 차체와 지붕을 연결하는 기둥
② 구성품
- 펜더에이프런
- 대시포트 패널
- 프런트 사이드 멤버
- 라디에이터 코어 서포트
- 플런트 펜더

## 26. 차체 수리 시 효과적인 견인 작업을 위해 2개소 이상 견인하는 경우를 5가지 쓰시오.

**정답**

① 손상의 부위가 넓은 경우
② 손상부의 강성이 높은 경우
③ 과도한 견인 방지
④ 차체의 손상 방지
⑤ 회전 모멘트 방지

## 27. 자동차 차체 수리 작업 시 바디 실러(body sealer)의 목적을 쓰시오.

**정답**

① 이음부의 밀봉
② 방수, 방진
③ 기밀성 유지
④ 부식 방지
⑤ 미관성 향상

## 28. 전기저항 스포트(점) 용접의 3단계를 쓰시오.

**정답**

가압 → 통전 → 냉각 고착

## 29. 차체 점용접의 3요소를 쓰시오.

**정답**

용접 전류, 통전 시간, 가압력

## 30. 이산화탄소 아크 용접법의 특징을 쓰시오.

**정답**

① 기계적 성질이 우수하다.
② 빠른 속도로 용접이 가능하다.
③ 시공이 간편하다.
④ 용입이 깊다.
⑤ 조작이 쉽다.

## 31. 가스 용접 시 역류 역화 원인을 쓰시오.

**정답**

① 토치 성능 불량
② 토치 나사 부분 조임 불량
③ 팁의 막힘
④ 팁의 과열
⑤ 가스 압력과 유량의 부적절
⑥ 토치의 취급 불량

## 32. 브레이징 용접의 목적을 3가지 쓰시오.

**정답**

① 방수성 향상
② 미관의 향상
③ 패널의 벌어짐 방지

## 33. 와이어 로프가 손상되는 원인 및 교체 기준을 쓰시오.

**정답**

① 손상 원인
　로프의 선택 불량, 로프의 피로, 부식, 변형, 꼬임, 과 하중, 과다 마모
② 교체 기준
　• 피치당 소선수가 10% 이상 절단 시
　• 공칭 지름이 7% 이상 마모 시
　• 꼬임 발생 시
　• 부식 및 변형 시
　• 열에 의한 손상 시

## 34. 리벳 이음과 비교하여 용접의 장단점을 쓰시오.

**정답**

① 장점
　• 자재 절약
　• 공정수 감소
　• 제품 성능 향상
　• 이음면 향상
　• 기밀, 수밀성 우수

② 단점
　• 품질 검사가 어렵다
　• 열에 의한 재질 변화 발생
　• 응력 집중력이 발생하기 쉽다.
　• 작업자의 기술에 따른 강도 및 품질의 차이가 발생

## 35. 리벳 이음의 장·단점을 쓰시오.

**정답**

① 장점
　• 제품의 성능 향상
　• 공정수 감소
　• 자재 절약
　• 기밀, 수밀성이 좋다.
② 단점
　• 품질검사가 어렵다.
　• 열에 대한 재질 변화가 생긴다.
　• 응력 집중력이 생기기 쉽다.
　• 기술에 따른 강도, 품질 차이가 크다.

## 36. 잔여 응력 제거법에 대하여 쓰시오.

① 해머링 병행
② 가열에 의한 제거
③ 기준치보다 2~3mm 더 당긴다.

## 37. 산소, 아세틸렌 가스 용접 시 역화가 발생하는 원인을 쓰시오.

① 산소, 아세틸렌의 방출속도가 불꽃의 연소 속도 보다 느릴 때 발생
② 가스의 압력이 부족할 때 인화나 역화 발생

## 38. 용접 자세 3가지를 쓰시오.

① 수평자세(아래 보기) : 평평한 표면을 위로부터 용접
② 수직자세(서서 보기) : 직립 혹은 수직면의 용접
③ 오버헤드 자세(위 보기) : 수평 표면을 쳐다보고 용접

# 도장

## 필답형 문제

### 1. 도료의 기능을 5가지 쓰시오.

**정답**

① 표면 부식 방지
② 도장에 의한 표시
③ 상품성 향상
④ 미관의 향상
⑤ 외부 충격이나 오염물질로부터 표면 보호

### 2. 도료의 구성요소 4가지를 쓰시오.

**정답**

① 수지 : 안료의 부착, 광택 및 내구성 유지
② 안료 : 색채와 은폐력 부여
③ 첨가제 : 도료에 필요한 기능을 발휘하도록 보조하는 역할
④ 용재 : 건조 속도를 조절하며 도막에 평활성 부여

### 3. 자동차용 도료의 요구조건을 5가지 쓰시오.

**정답**

① 방청 기능
② 부착 기능
③ 메움 기능
④ 차단 기능
⑤ 외관 향상
⑥ 작업성

### 4. 가사시간(pot life)에 대하여 설명하시오.

**정답**

① 2액형 도료에서 주제와 경화제를 혼합한 후 정상적인 도장에 사용할 수 있는 시간
② 가사시간을 초과하게 되면 도료가 젤리의 상태가 되어 도장을 할 수 없게 됨
③ 도료의 종류 및 기온에 따라 차이가 있으나 우레탄 도료는 20℃ 상태에서 8~10시간이 일반적이다.

## 5. 도료의 구성 요소 중 안료의 역할과 갖추어야 조건을 쓰시오.

**정답**

① 역할 : 색채와 은폐력 부여
② 조건
- 은폐력, 착색력, 분산성이 좋을 것
- 독성이 없을 것
- 내열성이 우수할 것

## 6. 도료의 건조 시간에서 후레쉬 타임과 세팅 타임에 대하여 쓰시오.

**정답**

① 후레쉬 타임 : 후속 도장이나 중복 도장 시 전에 도장된 피도물에서 용제가 증발하도록 필요한 도장간의 대기시간
② 세팅 타임 : 도장 후 강제 건조 전에 자연적으로 용제가 증발하도록 방치하는 시간

## 7. 자동차 도막의 구조 및 기능을 쓰시오.

**정답**

① 하도 : 세정, 방청 및 부착성 제공
② 중도 : 충진 및 부착성 제공
③ 상도 : 미관 제공

## 8. 도장작업에서 보디실링의 효과를 쓰시오.

**정답**

① 표면 부식방지
② 이음부의 밀봉 작용
③ 방수 및 방진 기능
④ 기밀성 유지, 미관 향상

## 9. 보수도장의 마스킹 테이퍼의 구비조건 4가지를 쓰시오.

**정답**

① 마스킹 테이프 제거 시 접착제가 붙어있지 않을 것
② 용제 침투가 없을 것
③ 접착력이 좋을 것
④ 굴곡성이 있을 것
⑤ 용제에 녹지 않을 것
⑥ 열처리 시 접착제가 도막면에 붙어있지 않을 것
⑦ 건조 후 도료가 벗겨지지 않을 것
⑧ 접착제가 혼합되어 도막을 손상시키지 않을 것

## 10. 프라이머 서페이스의 기능 4가지를 쓰시오.

**정답**

① 부착력 향상 : 도막 상호 간 부착력 향상
② 부식 방지
③ 메꿈 기능 : 퍼티 및 연마자국 메꿈 기능
④ 상도 외관 향상 기능
⑤ 충격 완화 기능 : 외부 충격에 의한 도막 벗겨짐 방지

### 11. 오렌지 필의 정의와 발생 원인을 4가지 쓰시오.

**정답**

① 정의 : 건조된 도막이 귤껍질처럼 나타나는 현상
② 원인
- 도료의 점도가 높다.
- 시너 건조가 빠르다.
- 표면 온도 및 부스 온도가 높다.
- 도료의 분출량이 적다.
- 분무 시 미립화가 잘 안 될때

### 12. 도장의 건조 상태를 2가지 쓰시오.

**정답**

① 지촉건조 : 손가락 끝을 도막에 가볍게 대었을 때 점착성은 있으나 도료가 손끝에 묻어나지 않는 상태
② 점착건조 : 손가락 끝에 힘을 주지 않고 도막면을 가볍게 좌우로 스칠 때 손끝 자국이 심하게 나타나지 않는 상태
③ 고착건조 : 도막면의 손끝에 닿는 부분이 약 1.5cm가 되도록 가볍게 눌렀을 때 도막면에 지문 자국이 남지 않는 상태
④ 고화건조 : 엄지와 인지사이에 시험편이 물리되 도막이 엄지쪽으로 가게 하여 힘껏 눌렀다가 떼어내어 부드러운 헝겊으로 가볍게 문질렀을 때 도막에 자국이 없는 상태.
⑤ 경화건조 : 도막면을 엄지손가락으로 누르면서 90° 각도로 비틀어 볼 때 도막이 늘어나거나 주름이 생기지 않고 다른 이상이 없는 상태
⑥ 완전건조 : 도막을 손톱이나 칼끝으로 긁었을 때 흠이 잘 나지 않고 힘이 든다고 느끼는 상태

### 13. 프라이머 서페이서의 중도 공정 중 보조 공정으로 굴곡 및 움푹 패임을 막는 공정 작업은?

**정답**

메움 기능(filling)

### 14. 보수도장 표면 검사 방법에 대하여 쓰시오.

**정답**

① 육안 관측법 : 태양, 전등을 이용하여 반사되는 면을 관찰하여 검사
② 감촉 탐지법 : 면장갑을 끼고 도장면을 손바닥으로 감지하여 검사
③ 직선자 탐지법 : 직선자를 이용하여 손상되지 않은 패널과 손상된 패널과의 차이를 비교 점검

### 15. 백화현상의 원인과 방지책을 2가지씩 쓰시오.

**정답**

① 백화현상 : 도막 표면에 안개가 낀 것 같이 광택이 떨어지는 현상
② 원인
- 고온 다습 할 때
- 증발속도가 빠른 신너를 사용할 때
- 스프레이 건의 압력이 높을 때

③ 방지책
- 도장면을 예열하여 습기 제거
- 증발 속도가 빠른 신너 사용
- 스프레이 건의 압력을 낮춘다.

### 16. 스프레이 건의 조절부 3곳을 적으시오.

**정답**

① 방아쇠 : 공기 조절밸브 및 도료 토출 조절밸브 작동
② 공기량 조절밸브 : 스프레이 건의 공기량 조절
③ 니들밸브 : 스프레이 건으로부터 분사되는 도료의 토출량 조절
④ 노즐(팁) : 니들과 연관 작동하며 분사되는 도료 상태 조절
⑤ 토출량 조절밸브 : 방아쇠 당겼을 때 니들과 노즐간의 간격 조절
⑥ 패턴 조절밸브 : 압축공기의 흐름을 조절하여 스프레이 패턴 조절
⑦ 공기캡 : 압축공기의 흐름 조절

### 17. 자동차 도장의 목적 3가지를 적으시오.

**정답**

① 물체의 부식 방지
② 도장에 의한 표시
③ 상품의 가치 향상
④ 외부 오염물질로부터 차체 보호
⑤ 물체의 미관 향상

### 18. 스프레이 건의 종류 중 흡상식과 중력식에 대하여 쓰시오.

**정답**

① 흡상식 : 도료 용기는 건의 하단부에 장착되어 공기압력에 의해 도료가 흡입되어 분사
② 중력식 : 도료 용기는 건의 상단부에 장착되어 중력과 노즐의 공기압에 의해 흡입되어 분사
③ 압송식 : 도료가 가압되어 도료노즐로 보내며 분사

### 19. 스프레이 패턴이 한쪽으로 쏠리는 원인을 3가지 쓰시오.

**정답**

① 에어노즐이 막혔을 경우
② 에어노즐의 조임이 불량할 경우
③ 불순물이 혼합될 경우
④ 스프레이 건과 피도물이 직각을 이루지 못할 경우
⑤ 스프레이 건 이동 시 수평이 맞지 않을 경우

### 20. 육안 조색 시 기본 원칙 5가지를 적으시오.

**정답**

① 일출 및 일몰 직후 색상을 비교하지 않는다.
② 조명의 밝기는 800Lux 이상으로 한다.
③ 수광 면적을 동일하게 한다
④ 소량씩 섞어가면서 작업
⑤ 동일한 색상을 장시간 응시하지 않는다.

### 21. 건조 전과 건조 후의 솔리드와 메탈릭에 대하여 기술하시오.(예 밝음, 어두움으로 표현)

**정답**

① 솔리드 : 건조 전 – 밝음, 건조 후 – 어두움
② 메탈릭 : 건조 전 – 어두움, 건조 후 – 밝음

**22.** 자동차의 보수도장에서 다음 단계별 공정에 대하여 표의 ( ) 안에 해당되는 적당한 용어를 선택어 중에서 골라 쓰시오.

| 단계 | 도장 공정 | 선택어 |
|---|---|---|
| 1단계 | 차체 혹은 도장부위 세정 | • 세정<br>• 연마<br>• 전처리<br>• 마스킹<br>• 중도<br>• 상도 |
| 2단계 | 구도막면( ) | |
| 3단계 | 눈메움 작업 및 도막면( ) | |
| 4단계 | 비도장 부위( ) 작업( ) | |
| 5단계 | 하도 도장 적용 및 도막면 연마 | |
| 6단계 | 비도장 부위( ) 작업( ) | |
| 7단계 | 색상( ) 적용 | |
| 8단계 | 투명 상도 적용 및 마무리 | |

**정답**

| 단계 | 도장 공정 | 선택어 |
|---|---|---|
| 1단계 | 차체 혹은 도장부위 세정 | • 세정<br>• 연마<br>• 전처리<br>• 마스킹<br>• 중도<br>• 상도 |
| 2단계 | 구도막면(**전처리**) | |
| 3단계 | 눈메움 작업 및 도막면(**연마**) | |
| 4단계 | 비도장 부위(**마스킹**) 작업(**초기**) | |
| 5단계 | 하도 도장 적용 및 도막면 연마 | |
| 6단계 | 비도장 부위(**마스킹**) 작업(**최종**) | |
| 7단계 | 색상(**상도**) 적용 | |
| 8단계 | 투명 상도 적용 및 마무리 | |

**23.** 자동차 보수도장 작업의 순서 중( ) 안에 해당되는 과정을 쓰시오.

차체 표면 검사 → 차체 표면 오염물 제거 →( ) → 단 낮추기 작업 →( ) → 퍼티 바르기 →( ) → 래커 퍼티 바르기 →( ) → 중도 도장 → ( ) → 조색 작업 → 상도도장 → ( ) → 광택 및 왁스

**정답**

차체 표면 검사 → 차체 표면 오염물 제거 → (구도막 및 녹 제거) → 단 낮추기 작업 → (퍼티 혼합) → 퍼티 바르기 → (퍼티 연마) → 래커 퍼티 바르기 → (래커 퍼티면 연마 및 전면 연마) → 중도 도장 → (중도 연마) → 조색 작업 → 상도도장 → (투명 도료 도장) → 광택 및 왁스

**24.** 조색의 방법 3가지를 쓰시오.

**정답**

① 목측 조색법(육안 조색법) : 원색을 기본적으로 결정하고 보조색으로 조합
② 계량 조색법(현장 조색법) : 직접 배합표를 보면서 차체의 색상과 비교하면서 조색
③ 컴퓨터 조색법 : 원색의 특정치를 컴퓨터에 입력 후 배합률 계산을 컴퓨터로 하는 조색

**25.** 페더 에지(단 낮추기)에 대하여 쓰시오.

**정답**

패널을 보수도장 할 경우 퍼티나 프라이머 등의 도료와 부착력을 향상시키기 위해 표면적을 넓게 만들어주는 작업

## 26. 가이드 코트에 대해 쓰시오.

**정답**

검은색(래커 페인트)을 도장하여 연마

※ 가이드 코트
연마 작업 전 연마 과정을 쉽게 확인할 수 있도록 활성탄 같은 검정색 가루를 표면에 바르고 연마

## 27. 블랜딩(blending, 부분도장) 작업에 대하여 쓰시오.

**정답**

① 보수도장 부위의 색상과 기존 차체의 색상 차이가 육안으로 확인되지 않도록 하기 위한 작업
② 보수도장 부위를 최소 면적으로 도장하며 보수부위를 겹침 도장하는 작업

## 28. 보수도장의 퍼티 종류 3가지를 쓰시오.

**정답**

① 판금 퍼티
② 폴리에스테르 퍼티
③ 래커 퍼티

## 29. 퍼티 작업 시 주의사항을 4가지 쓰시오.

**정답**

① 퍼티 혼합 시 공기가 포함되지 않도록 혼합한다.
② 퍼티 혼합 시 주제와 경화제의 혼합 비율을 정확히 확인한다.
③ 퍼티를 한 번에 두껍게 도포하지 않는다.
④ 퍼티에 실버, 시너 및 기타 도료를 혼합 사용하지 않는다.
⑤ 퍼티의 밀도를 높이기 위하여 초벌 퍼티와 마무리 퍼티로 나눈다.
⑥ 연마는 한쪽 방향으로만 하지 않는다.

## 30. 도장용 샌더의 종류를 3가지 쓰시오.

**정답**

① 싱글액션 샌더 : 단순 원 운동하며 더블액션 샌더에 비해 연마력이 우수하다. 강판의 녹 제거, 구도막 제거에 사용
② 더블액션 샌더 : 단 낮추기, 전면 연마등 하지 작업에 사용하며 회전축은 본체 중심에 어긋나 본체 중심의 주위를 공전하는 이중회전 운동을 한다.
③ 오비탈 샌더 : 패드가 사각형인 것이 특징이며 퍼티면의 거친 연마나 프라이머 서페이서 연마에 주로 사용
④ 기어액션 샌더 : 연마력과 작업 속도가 매우 빠르며 접지성이 좋아 퍼티 연마에 적당

## 31. 플라스틱 도장의 목적을 3가지 쓰시오.

**정답**

① 장식효과 : 다양한 색상의 이미지 부여
② 물리적 효과 : 내광성 부여
③ 특수 효과 : 도전성 부여, 먼지 부착 방지

## 32. 도료를 저장하는 중에 발생하는 겔화 현상에 대하여 쓰시오.

**정답**

① 현상 : 도료의 점도가 높아져 도료의 유동성이 없어지는 현상
② 원인
 • 주변 온도가 높은 곳에 보관
 • 도료 용기의 뚜껑을 닫지 않아 용제의 증발과 수분 유입
 • 장시간 저장으로 도료가 굳어 버림

### 33. 도장 건조 불량의 원인을 3가지 쓰시오.

> 정답

① 도막이 너무 두껍게 형성
② 저온, 고습도에서 통풍 불량
③ 신너의 사용 부적절
④ 오래된 도료 중의 건조 촉진제 작용 미흡

### 34. 도장 작업 시 도장 표면에 영향을 미치는 요인을 5가지 쓰시오.

> 정답

① 적절한 공기 압력 유지
② 압축 공기 속의 수분 함유 여부
③ 스프레이건의 적절한 선택 및 올바른 사용
④ 도료의 점도
⑤ 퍼티 도막의 두께
⑥ 퍼티 도막의 경화 상태
⑦ 작업장의 온도
⑧ 도장 횟수

### 35. 도막 결함의 종류를 5가지 쓰시오.

> 정답

① 오렌지 필 : 도장면이 평활하지 않고 오렌지 껍질처럼 불규칙하게 된 결함
   • 원인
   ㉮ 도료의 점도가 높을 경우
   ㉯ 신너의 증발 속도가 빠를 경우
   ㉰ 건의 공기압이 너무 높거나, 이동 속도가 빠를 경우

② 부풀음(브리스타) : 도막이 크고 작은 수포로 부풀어 오르는 결함
   • 원인
   ㉮ 온도와 습도가 높을 경우
   ㉯ 도장면의 오염물 제거 미흡
   ㉰ 압축 공기 속 수분 및 유분의 혼입

③ 백화(브러싱) : 도막 표면에 안개가 낀 것처럼 불투명하고 광택이 없는 결함
   • 원인
   ㉮ 온도와 습도가 높을 경우
   ㉯ 도장면의 온도가 낮을 경우
   ㉰ 신너의 증발속도가 빠를 경우

④ 크레터링 : 수분 및 유분 등의 영향으로 도막 표면이 분화구처럼 움푹 패이는 결함
   • 원인
   ㉮ 도료의 혼합이 불량할 경우
   ㉯ 도장면의 수분 및 유분 제거가 불량할 경우
   ㉰ 압축 공기 속 수분 및 유분의 혼입

⑤ 핀홀(기포 발생) : 도막 표면이 바늘로 찌른 것 같은 모양의 결함
   • 원인
   ㉮ 신너의 증발 속도가 빠를 경우
   ㉯ 세팅 타임이 부족할 경우
   ㉰ 점도가 높은 도료를 두껍게 도장했을 경우

**36. 아크릴 락카와 우레탄 도장의 차이를 3가지 쓰시오.**

🟦 정답

① 아크릴 락카 도장
- 건조가 우레탄 도장보다 빠르다.
- 열처리 불필요
- 도장 작업이 쉽다.
- 도막 형성이 좋지 못함

② 우레탄 도장
- 건조가 아크릴 락카보다 느리다.
- 특수 열처리 시설 필요
- 작업 후 광택 작업이 불필요
- 도막 형성이 우수

**37. 에어 트랜스 포머(air transformer)에 대하여 쓰시오.**

🟦 정답

① 압축 공기 중의 수분, 유분, 먼지 등을 제거
② 고압의 압축 공기를 도장 작업에 적합한 압력으로 조절하는 장치
③ 불순물은 여과통의 하부에 설치되어 있는 밸브에 의해서 배출

**38. 공기 압축기의 이상적인 설치 조건을 쓰시오.**

🟦 정답

① 직사광선을 피하여 설치
② 실내 온도가 40℃ 이하인 장소
③ 소음, 진동을 차단한 장소
④ 먼지나 불순물 유입이 없는 장소
⑤ 지면이 단단한 곳에 수평으로 설치
⑥ 습기가 적은 장소

**39. 프라이머 서페이스를 도장해야 하는 부위를 쓰시오.**

🟦 정답

① 철판 위
② 퍼티 위
③ 래커도막 위
④ 교환 부품 위

**40. 강제 건조가 도장에 영향을 주는 요인을 4가지 쓰시오.**

🟦 정답

① 부착성 향상
② 광택 증가
③ 평활성 향상
④ 건조 촉진

**41. 자동차 보수도장에서 강제 건조 과정 중 도막 건조 상태에 영향을 미치는 요소를 4가지 쓰시오.**

🟦 정답

① 부스의 온도
② 도료의 점도
③ 도장의 횟수
④ 도막의 두께

### 42. 조색 시 필요한 조건에 대하여 쓰시오.

**정답**

① 조명 조건 : 가장 좋은 광원은 태양 빛, 옥내 데이라이트 사용
② 조도 : 적당한 조도는 1500~3000룩스 정도
③ 조색 시간 : 일출 3시간 후부터 일몰 3시간 전이 최적
④ 조색실 내벽 색상 : 무채색. 회색 계통 색상이 무난

### 43. 색상을 비교하는 각도와 거리에 대하여 설명 하시오.

**정답**

색상을 비교할 때 가장 적당한 3~5m의 거리에서 다각도로 비교하며 광원을 안고, 등지고 비교한다.

### 44. 자동차 보수도장의 종류를 4가지 쓰시오.

**정답**

① 터치 업
② 부분도장(블랜딘, 숨김, 보카시)
③ 패널도장
④ 전 도장

### 45. 자동차 보수도장에서 사용하는 스프레이 부스는 건식이고 생산라인에는 습식 부스가 적용되고 있다. 보수도장의 스프레이 부스가 하는 역할에 대하여 설명하시오.

**정답**

① 스프레이 작업 중에 발생되는 도료의 분진을 여과하여 대기중으로 방출
② 2액형 도료를 강제 열처리

### 46. 시각의 기본 3요소에 대해 설명하시오.

**정답**

① 광선 : 항상 특정 광원으로부터 나오는 것으로 지구상에서 가장 좋은 광원은 태양빛이다.
② 물체 : 태양, 전등과 같은 광원에서 나오는 광선을 반사함으로써 보이는 것
③ 관찰자 : 인간에 있어서 눈은 색을 판별하는 색 분석기의 역할

### 47. 조색작업에서 보색관계에 대해 설명하시오.

**정답**

① 두 색을 혼합 시 무채색이 되는 상호 간의 색
② 색상환 중에서 서로 마주보고 있는 색
③ 색의 혼합 결과 검정, 회색이 되는 것

### 48. 신차 도장법에 대하여 설명하시오.

**정답**

① 화학적 전처리(화성 처리) : 금속 표면에 대한 화학처리제로 우수한 방청성 부여와 도막과의 부착성을 향상 시키는 역할
② 전착도장 : 전기적인 석출의 과성을 통해서 피도물에 도료가 달라붙어 도막 형성
③ 정전도장 : 도료 입자의 (-) 전하와 피도물의 (+) 전하를 이용

**49. 조색작업에서 색상의 이상 요인에 대하여 4가지 설명하시오.**

정답

① 자동차 차체에 의한 요인
- 자동차 메이커 생산 공정에 따른 도료 타입 및 도장 설비 차이
- 자동차 생산 일자별 표준색 변화
- 차량 관리 상태

② 도료에 의한 요인
- 도료 생산 로트별 조색 차이
- 사용 도료 타입(락카, 우레탄)에 의한 차이

③ 도장 작업 현장에서의 차이
- 작업자의 작업 방법에 따른 차이
- 작업 조건의 차이
- 도장 기기의 차이

④ 보관 중인 도료의 침전

**50. 블렌딩 도장에서 미드코트를 적용 시 미드코트의 효과를 쓰시오.**

정답

① 얼룩 현상 방지 : 경계 부위의 알루미늄 입자의 배열을 일정하게 하여 얼룩 방지
② 센딩마크 방지 : 연마 작업 시 발생되는 연마 자국을 메꾸어 주는 역할

**51. 퍼티 주제와 경화제의 혼합 비율을 쓰시오.**

정답

주제 : 경화제 = 100 : 1~3으로 혼합

**52. 보수도장 설비 중 부스의 역할을 쓰시오.**

정답

① 스프레이 부스
- 도장 작업 시 작업자의 안전을 위한 환기시설
- 대기오염 방지를 위한 도료의 냄새 및 먼지 제거
- 도장 작업 시 불순물 피도면 부착 방지
- 도장 작업에 알맞은 온도 조절

② 샌딩 부스
연마 작업 중 발생된 도료의 연마 분진을 여과하여 배출

**53. 조색 작업 시 주의사항을 3가지 쓰시오.**

정답

① 한 번에 여러 가지 조색제를 투입하여 미조색하지 않는다.
② 한 번에 한 가지 조색제만 투입 후 비색한다.
③ 고농도 조색제 사용 시 한 방울이라도 색상 방향을 바꿀 수 있기 때문에 희석 신너에 희석하여 사용한다.
④ 시편 도장 시 실차 패널에 도장하는 것과 같은 방법으로 도장한다.

**54. 퍼티에 사용하는 단량체(SM ; Styrene Monomer)란 무엇을 말하는지 설명하시오.**

정답

비닐기를 가진 중합성 단량체로 불포화 폴리에스테르를 용해시킬 때 사용하는 용제. 보통 30~50% 사용

**55. 플라스틱 프라이머 도장 시 주의사항을 쓰시오.**

> 정답

① 한꺼번에 두껍게 도장하지 않는다.
② 탈지 작업은 두 번에 걸쳐 실시한다.
③ 에어압력을 과다 사용하지 않는다.
④ 물로 세정할 때 물기를 완전 제거 후 탈지제로 재탈지한다.

**56. 워시 프라이머의 역할과 기능을 설명하시오.**

> 정답

① 알루미늄, 아연 도금 강판과 같은 비철금속류와의 부착력 향상
② 금속 표면에 내식성과 부착 성능 향상
③ 블리스터(Blistering), 리프팅(Lifting) 등의 녹 발생 예방
④ 신차 도장라인에서의 인산아연 피막 처리 대신 사용

**57. 워시 프라이머를 도장하는 부위 3곳을 쓰시오.**

> 정답

① 철판, 알루미늄, 아연 도금 강판 등
② 연마가 잘된 신차 전착도막(프라이머) 위
③ 연마가 잘된 구도막 위
④ 우레탄 보수도막 위
⑤ 폴리에스테르 퍼티 도막 위 및 주변 철판이 드러난 곳

**58. 솔리드 색상과 메탈릭 색상에 대하여 설명하시오.**

> 정답

① 솔리드 색상
- 수지, 안료, 첨가제, 용제의 기본적인 도료의 구성요소로 구성
- 알루미늄 입자인 은분(silver)이 미포함된 도료

② 메탈릭 색상
- 수지, 안료, 첨가제, 용제의 기본적인 도료의 구성요소로 구성
- 알루미늄 입자인 은분(silver)이 포함된 도료. 솔리드와 구별되는 색상

## 자동차정비 기능장 실기

2013년 6월  1일 초판 인쇄
2013년 6월  5일 초판 발행
2019년 1월  4일 개정 1판 발행
2025년 2월 25일 개정 2판 발행

**저자**   김승수 · 김형진 · 김영직
**발행인** 조규백
**발행처** 도서출판 구민사
         (07293) 서울특별시 영등포구 문래북로 116, 604호(문래동3가 46, 트리플렉스)
**전화** (02) 701-7421
**팩스** (02) 3273-9642
**홈페이지** www.kuhminsa.co.kr

**신고번호** 제 2012-000055호(1980년 2월 4일)
**ISBN** 979-11-6875-502-4  13550

값 42,000원

이 책은 구민사가 저작권자와 계약하여 발행했습니다.
본사의 서면 허락 없이는 어떠한 형태나 수단으로도
이 책의 내용을 이용할 수 없음을 알려드립니다.